面 向 21 世 纪 课 程 教 材

高校土木工程学科专业指导委员会规划推荐教材

混凝土结构基本原理

世界银行贷款资助项目
上海市教育委员会组编

同济大学混凝土结构研究室　集体编著
张　誉　主编
苏小卒　李　杰　龚绍熙　林宗凡　熊本松　编著
赵　鸣　陆浩亮　郑步全　薛伟辰

U0330706

中国建筑工业出版社

图书在版编目（CIP）数据

混凝土结构基本原理/张誉主编 .—北京：中国建筑工业出版社，
2000.8
面向 21 世纪课程教材
ISBN 978-7-112-04294-4

Ⅰ.混… Ⅱ.张… Ⅲ.混凝土结构-结构设计-高等学校-教材
Ⅳ.TU37

中国版本图书馆 CIP 数据核字（2000）第 28138 号

混凝土结构是土木工程中应用最广泛的一种结构形式。本书全面
系统地介绍了普通钢筋混凝土结构、预应力混凝土结构构件受力性能、
承载能力、使用性能、耐久性能的基本原理。主要内容有：材料基本力
学性能；粘结锚固性能；轴心受力性能；偏心受力性能；受弯性能；受剪
性能；受扭性能；受冲切性能；构件使用性能；构件耐久性；灾害作用下
的结构性能等。

本书根据国家教育部大学本科新专业目录规定的土木工程专业培
养要求编写，可作为土木工程专业基础教材或参考书，也可供从事土
木工程钢筋混凝土结构设计与施工的工程技术人员参考。

面向 21 世纪课程教材

高校土木工程学科专业指导委员会规划推荐教材

混凝土结构基本原理

世界银行贷款资助项目

上海市教育委员会组编

同济大学混凝土结构研究室 集体编著

张 誉 主编

苏小卒 李 杰 龚绍熙 林宗凡 熊本松

赵 鸣 陆浩亮 郑步全 薛伟辰 编著

*

中国建筑工业出版社出版、发行（北京西郊百万庄）

各地新华书店、建筑书店经销

北京建筑工业印刷厂印刷

*

开本：787×960毫米 1/16 印张：$23\frac{1}{2}$ 字数：598千字

2000年8月第一版 2011年3月第十二次印刷

定价：**32.00元**

ISBN 978-7-112-04294-4

（9749）

前　　言

我国高级工程专门人才培养模式正在面向专业宽口径方向转变，教育部新的本科专业目录，已将建筑工程、交通土建工程、矿井建设、城镇建设、涉外建筑工程、饭店工程等专业合并扩宽为一个土木工程专业。编写适用于宽口径专业的专业基础课——《混凝土结构基本原理》的教材是实施教学改革的一个必要条件。

土木工程专业涉及工程领域很广，混凝土结构的类型很多，但其基本受力构件的受力特点还是共性的。鉴于目前土木工程不同结构类别采用的设计规范尚不一致，本教材精选内容，突出受力性能分析，加强基础理论，而不拘泥于规范的具体规定。教材内容和体系注意到学生从数学、力学基础课过渡到学习专业课的认识规律，从材料性能、截面受力特征到构件抗力机理、承载力及变形的计算方法，形成完整体系，建立正确的基本概念和科学分析的逻辑思维。本教材为进一步学习混凝土结构设计专业课打下基础，为此，在计算方法中适当照顾到新修订的混凝土结构设计规范的规定和要求。每章都附有思考题和习题。为拓宽学生的知识面，在教材中对灾害下的混凝土结构的性能和混凝土结构的耐久性也作了适当介绍。

本教材在同济大学土木工程学院的组织下，由长期担任该课程教学的教师共同编写，委托我担任主编，参加编写的有张誉（第1章、第12章）、郑步全（第2章）、陆浩亮（第3章）、龚绍熙（第4章）、熊本松（第5章）、李杰（第6章、第13章）、苏小卒（第7章、第8章）、赵鸣（第9章）、薛伟辰（第10章）、林宗凡（第11章）。

清华大学江见鲸教授在百忙中为本教材审阅，并提出宝贵意见，在此表示诚挚谢意。

本教材作为土木工程专业基础课来编写是初次尝试，由于编者知识所限，书中可能会有诸多不妥或错误之处，敬请读者批评指正。

张　誉

2000 年 3 月 15 日

目　　录

第1章 绪 论

§1.1 混凝土结构的特点及其应用概况

1.1.1 混凝土结构的特点

混凝土结构包括有素混凝土结构、钢筋混凝土结构、预应力混凝土结构及配置各种纤维筋的混凝土结构。最常用的是由钢筋和混凝土两种材料组成的钢筋混凝土结构。我国每年混凝土用量 9 亿 m³，钢筋用量 2000 万 t，我国每年用于混凝土结构的耗资达 2000 亿元以上。

钢筋混凝土结构是混凝土结构中最具代表性的一种结构。混凝土材料抗压强度较强，抗拉能力很低，而钢筋抗拉强度很高，将两者结合在一起协同工作，能充分发挥两种材料各自特长，而且可以克服钢材易锈、需要经常维护的麻烦，钢筋置于混凝土中不易受腐蚀，可提高其耐火性；混凝土材料本身脆性，有钢筋协同工作，可以增加其延性。钢筋混凝土结构已成为土木工程中应用最为广泛的一种结构形式，它具有很多优点：

(1) 可以根据需要，浇筑成各种形状和尺寸的结构，如曲线型的梁和拱、空间薄壳等形状复杂的结构；

(2) 强价比相对要大，用同样的费用做的木、砖、钢结构受力构件的承载力远比用钢筋混凝土制成的构件要小；

(3) 耐火性能比其他材料结构要好，遭火灾时与钢结构相比，钢筋有混凝土保护层包裹，不会因升温软化；

(4) 比其他结构的耐久性能要好，钢结构为防锈腐蚀需要经常维护，钢筋被混凝土包裹，不易生锈，钢筋混凝土结构使用寿命最长，混凝土结构还可以用于防辐射的工作环境，如用于建造原子反应堆安全壳等；

(5) 整体浇筑的钢筋混凝土结构整体性好，对抵抗地震、风载和爆炸冲击作用有良好性能；

(6) 混凝土中用量最多的砂、石等原料，可以就地取材。

事物总是一分为二，钢筋混凝土结构同样也存在一些弱点，如自重大，不利于建造大跨结构；抗裂性差，过早开裂虽不影响承载力，但对要求防渗漏的结构，如容器、管道等，使用受到一定限制；现场浇筑施工工序多，需养护，工期长，并受施工环境和气候条件限制等等。

随着对钢筋混凝土结构的深入研究和工程实践经验的积累，混凝土结构的缺点在逐步克服，如采用预应力混凝土可以提高其抗裂性，并扩大其使用范围，可以用到大跨结构和防渗漏结构；采用高性能混凝土，可以改善防渗漏性能；采用轻质高强混凝土，可以减轻结构自重，并改善隔热隔声性能；采用预制装配式结构，可以减少现场操作工序，克服气候条件限制，加快施工进度等等。

1.1.2　混凝土结构的应用及其发展历史

钢筋混凝土结构与砖石结构、钢木结构相比，历史并不长，仅有 150 年左右，但因其可以就地取材，发展非常迅速。在 20 世纪初以前，所采用的钢筋和混凝土强度都非常低，仅限于建造一些小型梁、板、柱、基础等构件，钢筋混凝土本身计算理论尚未建立，设计沿用材料力学容许应力方法；1920 年以后，预应力混凝土的发明和应用，混凝土和钢筋强度有所提高，试验研究的发展，计算理论已开始考虑材料的塑性性能，1938 年左右已开始采用按破损阶段计算构件破坏承载力；进入 1950 年，随着高强混凝土、高强钢筋的出现，采用装配式钢筋混凝土结构、泵送商品混凝土工业化生产方式，许多大型结构，如超高层建筑、大跨桥梁、特长隧道的不断兴建，计算理论已过渡到按极限状态设计方法；近数十年来，国内外在钢筋混凝土学科领域进行了大量研究，使这门学科的计算理论日趋完善，引入数学统计理论，设计已过渡为以概率论为基础的可靠度设计方法；随着计算机的发展，钢筋混凝土结构分析中引入了数值方法，结构受力性能已发展采用非线性有限元分析；钢筋混凝土构件在复合受力和反复荷载作用下的计算理论正朝着从受力机理建立统一计算模式的方向发展，从而使钢筋混凝土结构计算理论和工程实践提高到一个新的水平。混凝土结构已成为土木工程中最重要的一种结构形式，广泛应用于土木工程各个领域，现摘要举例说明。

在房屋工程中，多层住宅、办公楼大多采用砌体结构作为竖向承重构件，然而楼板和屋面几乎全部采用预制钢筋混凝土板或现浇钢筋混凝土板；多层厂房和小高层房屋更多的是采用现浇的钢筋混凝土梁板柱框架结构；单层厂房也多是采用钢筋混凝土柱，钢筋混凝土屋架或薄腹梁、V 形折板等；高层建筑采用钢筋混凝土结构体系更是获得很大发展，如澳洲最高建筑是澳大利亚墨尔本的里奥托中心，56 层，高 242m；欧洲最高建筑是莱茵河畔的密思垛姆大厦，63 层，高 257m；美国芝加哥的咨询大厦，64 层，高 298m；香港中环大厦，78 层，高 374m；马来西亚吉隆坡彼得罗纳斯双塔大厦，88 层，高 450m；广东中天大厦，80 层，高 322m；上海金茂大厦，88 层，建筑高度 421m，为正方形框筒结构，内筒墙厚 850mm，混凝土强度 C60，外围为钢骨混凝土柱和钢柱；上海正在建造的 95 层 460m 高的浦东环球金融中心大厦，内筒为钢筋混凝土结构，建成后将成为世界最高建筑物。有很多公共建筑采用钢筋混凝土结构建成很有特色的建筑，如 1979 年竣工的澳大利亚悉尼歌剧院，主体结构由三组巨大壳体组成，壳片曲率半径 76m，整个结构建在 186m×97m 的现浇钢筋混凝土基座上，建筑壳体涂成白色，在蓝色的海洋上宛如白色帆船，十分秀丽，成为悉尼的标志性建筑和世界著名风景点。

在桥梁工程中，中小跨桥梁绝大部分采用钢筋混凝土结构建造，如 1976 年建造的洛阳黄河桥共 67 孔，由跨度为 50m 的简支梁组成，1989 年建成的厦门高集跨海大桥，主跨 46m，桥体结构由平行的两个带翼箱形梁组成。用钢筋混凝土拱建桥更具优势，我国江南水乡到处可见混凝土拱桥，目前世界上跨度最大的混凝土拱桥是克罗地亚的克尔克 II 号桥，为上承式空腹拱桥，跨度 390m，拱券厚 6.5m；我国 1997 年建成的四川万县长江大桥，为上承式拱桥，采用钢管混凝土和型钢骨架建成三室箱形截面，跨长 420m，跃居为目前世界第一位拱桥。即使有些大跨桥梁，当跨度超过 500m 采用钢悬索或钢制斜拉索，但其桥墩、塔架和桥面结构都是采用钢筋混凝土结构，如 1993 年建成的上海杨浦斜拉桥，主跨 602m；1997 年建成的香港青马大桥跨度 1377m，桥体为悬索结构，支承悬索的两端塔架，是高度 203m 的钢筋混凝土结构；1997 年建成的江阴长江大桥为悬索桥，主跨 1385m，已跃居世界第 4 位。

在隧道工程中，我国解放后修建了 2500km 长的铁道隧道，其中成昆铁路线中有隧道 427 座，总长 341km，占全线路长 31％；我国修建的公路隧道约 400 座，总长 80km，公路隧道也向双向每洞双车道发展，仅上海就修建 4 条过江隧道，其中一条为人行道。地铁具有安全、运输量大、减小噪声污染等优点，已成为现代城市重要交通设施，我国除北京、上海、天津已有地铁外，广州、南京等城市也将建造地铁。与此同时，很多城市正在大力发展高架轻轨交通，北京、上海正在规划建造高速磁悬浮列车，其中架空轨道线路也是钢筋混凝土结构。

在水利工程中，水利枢纽中的水电站、拦洪坝、引水渡槽、污水排灌管也都是采用钢筋混凝土结构，世界上最高的重力坝为瑞士大狄克桑斯坝，高 285m；我国黄河小浪底水利枢纽中小浪底大坝最大坝高 154m，其主体工程中混凝土和钢筋混凝土用量达 269 万 m³；我国在建的三峡水利枢纽中的西陵峡水电站主坝也是重力坝，坝高 190m，设计装机容量 1820 万 kW，它将成为世界最大水电站。南水北调是一项跨世纪大型工程，沿线将建很多预应力混凝土渡槽。

除上述一些工程外，还有一些特种结构，如电线杆、烟囱、水塔、筒仓、储水池、电视塔、核电站反应堆安全壳、近海采油平台等也多是用钢筋混凝土结构建造，如我国宁波北仑火力发电厂有高度达 270m 的筒中筒烟囱；我国曾建造过倒锥形水塔，容量为 1500m³；世界容量最大水塔是瑞典马尔默水塔，容量达 10000m³；我国山西云岗建成两座预应力混凝土煤仓，容量 6 万 t。随着滑模施工方法的发展，很多高耸建筑采用钢筋混凝土结构，世界最高的电视塔加拿大多伦多电视塔，塔高 553.3m，就是用钢筋混凝土建造；其次是莫斯科奥斯坦电视塔，高 537m；上海东方明珠电视塔由三个钢筋混凝土筒体组成独特造型，高 456m，居世界第三位。

§1.2　混凝土结构的形式

1.2.1　混凝土结构的组成

钢筋混凝土结构由很多受力构件组合而成，主要受力构件有楼板、梁、柱、墙、基础等。

楼板：是将活荷载和恒载通过梁或直接传递到竖向支承结构（柱、墙）的主要水平构件，其形式可以是实心板、空心板、带肋板等。

梁：是将楼板上或屋面上的荷载传递到立柱上，前者为楼盖梁，后者为屋面梁，有时梁与板整浇在一起，中间的梁形成 T 形梁（图 1-1），边梁构成 L 形梁。

柱：其作用是支承楼面体系，属于受压构件，荷载有偏心作用时，柱受压的同时还会受弯。

墙：与柱相似，是受压构件，承重的混凝土墙常用作基础墙、楼梯间墙，或在高层建筑中用于承受水平风载和地震作用的剪力墙，它受压的同时也会受弯。

基础：是将上部结构重量传递到地基（土层）的承重混凝土构件，其形式多样，有独立基础、桩基础、条形基础、平板式片筏基础和箱形基础等。

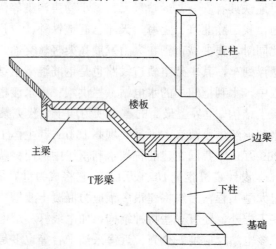

图 1-1　混凝土结构的组成

1.2.2　混凝土结构的基本构件

每一个承重结构都是由一些基本构件组成，按其形状和受力特点，可以汇总如下。

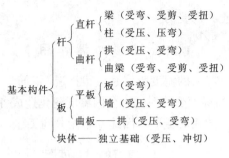

图 1-2 基本构件类型

1.2.3 混凝土结构的类型

混凝土结构按其构成的形式可分为实体结构和组合结构两大类。坝、桥墩、基础等通常为实体，称为实体结构；房屋、桥梁、码头、地下建筑等通常由若干基本构件连接组成，称为组合结构。连接组成的节点，如只能承受拉力、压力的称为铰接；如同时能承受弯矩等其他力作用时，称为刚接。前者有由压杆与拉杆铰接组成的桁架、梁与柱铰接的排架等；后者有压杆与拉杆刚接的空腹桁架、梁与柱刚接的框架等。

若组成的结构与其所受的外力在计算中视为皆在同一平面之内时，则称为平面结构，如平面排架、平面框架、平面拱等；若组成的结构可以承受不在同一平面内的外力，且计算时也按空间受力考虑时，则称该结构为空间结构，如壳体结构及考虑到双向地震作用时的框架，需作为空间结构计算。

以普通混凝土为主制成的结构，包括素混凝土结构、钢筋混凝土结构和预应力混凝土结构。素混凝土结构主要用于承受压力的结构，如基础、支墩、挡土墙、堤坝、地坪路面等；钢筋混凝土结构适用于各种受拉、受压和受弯的结构，如各种桁架，梁、板、柱、拱、壳等；预应力混凝土由于抗裂性好、刚度大和强度高，更适宜建造一些跨度大、荷载重及有抗裂抗渗要求的结构，如大跨屋架、桥梁、水池等。

§1.3 混凝土与钢筋共同工作的基础

1.3.1 粘 结 作 用

钢筋和混凝土两种材料组成为钢筋混凝土能有效地协同工作，有赖于混凝土硬化后钢筋与混凝土接触表面之间存在粘结作用，粘结作用来源于水泥浆胶体与钢筋接触面的化学粘着力、由于混凝土结硬的收缩将钢筋紧紧握裹而产生的摩擦力和钢筋表面凹凸不平而产生的机械咬合力。通过粘结应力可以传递两材料间的应力，使钢筋和混凝土共同受力。

1.3.2   变形协调作用

钢筋和混凝土两种材料的温度膨胀系数很接近，钢筋为 1.2×10^{-5}，混凝土为 $(1.0 \sim 1.4) \times 10^{-5}$。当温度变化时，不会因温度变化造成各自伸长（或缩短）而不协调，从而产生较大的相对变形，因此二者能共同工作。

1.3.3   良好的材料匹配

钢筋与混凝土两者粘结在一起能很好地共同工作，还需注意混凝土要有良好的配合比、浇捣工艺和养护。混凝土在空气中结硬体积会收缩，在水中结硬体积会膨胀，收缩比膨胀要大得多。仅混凝土一种材料时，其收缩自由不会产生裂缝；而与钢筋结合在一起，混凝土要收缩必然要带动钢筋，但钢筋在空气中不收缩，将阻止混凝土自由缩短。混凝土收缩会使钢筋受压，而钢筋使混凝土受拉，甚至开裂，混凝土退出工作，拉力会全部转移给钢筋承担，因此对混凝土必须减少水灰比、加强振捣和良好养护。

§1.4   混凝土结构抗御灾害的能力

在人们的日常生活中，难免遭受到各种自然灾害（如地震作用、风灾、洪水等）和人为的灾害（如火灾、爆炸、冲撞等）。混凝土结构必须具有一定抗御这些灾害的能力。

1.4.1   抗御自然灾害的能力

地震是一种自然现象，是由于地球表面板块构造运动引起，地壳内的地应力积累到一定程度就会产生岩石层的错动与断裂，能量的释放以波动形式向地表传播而引起地面强烈震动。全球每年要发生地震约 500 万次，其中 5 级以上强烈地震会对结构造成破坏，如 1960 年智利地震，1964 年美国阿拉斯加地震，1968 年日本十胜冲地震，1970 年秘鲁地震都引起大面积工程结构破坏；1976 年我国唐山地震造成极大损失。相对而言，钢筋混凝土结构有较好的抗震能力，但也不乏因处理不当而造成严重破坏的实例，比较典型的例子是 1972 年南美马那瓜地震，有二幢钢筋混凝土高层建筑隔河相望，一幢 15 层中央银行大厦地震时遭严重破坏，地震后拆除；另一幢 18 层的美洲银行大厦只受到轻微损坏，地震后稍加修理便恢复使用。近几十年来工程结构抗震研究有了长足发展，抗震理论经历了从静力到动力，从反应谱理论到时程反应分析，从线弹性理论计算到各种非线性理论计算，工程结构抗震从一般结构向复杂型、超大跨、超高层研究方向，抗震措施已发展有积极耗能、隔震减震和自动控制多种方法，且已取得明显效果。

建筑结构遭受风灾袭击时损失也是很严重的，有些高层建筑、高耸建筑、大跨桥梁对风的作用极为敏感，1940 年美国刚建成数月的 Tocama 峡谷大桥在八级左右风力作用下，发生了强烈扭转颤振而振塌；1965 年英国某电站三座 115m 高的钢筋混凝土双曲线冷却塔在飓风作用下顷刻间发生倒塌；1997 年河南多座水库因强台风作用而坍塌，使数万人遇难。因风诱发的振动已成为设计时的首要控制因素。风荷载是一种随机性的瞬时动力荷载，风致振动理论非常复杂，包括颤振抖动、涡激振动、弛振等，是难度较大的一项研究工作，需通过大量实测统计和风洞试验来研究，目前国内外在这方面已取得可喜的成果。

洪水的灾害也是很严重的，1998 年我国长江流域和松花江流域的严重水灾，使我国遭受巨大损失，江河堤埂在汛期中防洪作用十分艰巨，必须采取标本兼治，一方面加强上游的水土保持，另一方面要疏淤和加固并举。

1.4.2 抗御人为灾害的能力

钢筋混凝土结构与钢、木结构相比，有较好抗火性能，但遭受火灾后由于高温作用，会降低结构承载力，加大结构变形，使结构局部失效甚至倒塌。火灾是城市中一种多发性的灾害，应加强火灾后结构物的鉴定和加固修复的研究。火灾温度场及其升温曲线对混凝土不同燃烧层的强度和粘结力的影响，以及如何提高预应力混凝土结构构件耐久性能等问题，都还有待进一步研究。

爆炸是发生概率很低的灾害，但对受其作用的混凝土结构来说，破坏性极大，爆炸灾害有武器爆炸、燃料爆炸、化学药品爆炸等。家用燃气爆炸也是一种常见的人为灾害。它不同于化学爆炸和核爆炸，其压力过程是一个燃烧波随时间推进的过程，由于可燃预混气体燃烧热的释放，导致空间内压力不断上升，对结构造成破坏。混凝土结构抗御核武器和常规武器破坏，既要解决抗爆炸荷载的结构强度和抗力问题，解决打不垮的问题，同时要解决防护冲击震动（爆炸震动），解决震不死、震不坏问题。

对结构的冲撞引起的事故，如车辆冲撞道路护栏、船只冲撞桥墩和岸堤、工厂吊车吊物对结构的冲撞等。虽然都属于一次瞬时性作用，但其瞬时作用力会比静物重量大几倍到几十倍，而且会引起结构的振动。钢筋混凝土结构有较好的抗冲击性能。

§1.5　混凝土结构的拓展及展望

钢筋混凝土结构作为主要材料在 20 世纪获得很大发展，为进一步发挥其优越性，在所用的材料上和配筋方式上有了很多新进展，从而拓宽了钢筋混凝土结构使用范围，而且形成了一些新性能的钢筋混凝土结构形式，如高性能混凝土结构、纤维增强混凝土结构、钢骨混凝土结构、钢管混凝土结构、钢—钢筋混凝土组合结构等等。

1.5.1　高性能混凝土结构

普通混凝土单位体积重量为 $2400kg/m^3$ 左右，远比钢、木等材料重，其强度与单位重量比值远小于钢、木等结构材料，因此用其制作相同承载力的构件和结构就比钢、木结构要重。结构自重大，势必加大支承结构和基础的荷载，增大结构构件截面，减小有效空间，上海有幢高层建筑底层柱截面甚至达到 $3m×3m$；在软土地区，结构重量增大还加剧了地基的沉降量；在地震区，结构重量增大，还加大了惯性力和结构地震反应；且其抗拉强度低容易开裂，降低了结构使用性能，由于这些缺点，妨碍了它在工程中更广泛的应用。因此，发展具有高强度、高耐久性、高流动性、提高其抗震、抗渗透、抗爆、抗冲击多方面优越性能的高性能混凝土是其发展的一个重要方面。

目前我国工程中普遍使用的混凝土强度等级为C20～C40，在高层建筑中，也使用C50～C60级混凝土，个别工程用到C80，国外有些重大工程甚至用到C130。高强混凝土尚无明确的标准，我国《高强混凝土结构设计与施工指南》将混凝土等级≥C50的混凝土划为高强混凝土范围。高强混凝土优点是强度高、变形小、耐久性好。其配合比的重要特点是低水灰比和多组掺合剂。降低水灰比可减少混凝土中孔隙，提高密实性和强度，并减少收缩徐变。外加高效减水剂、粉煤灰、沸石粉、硅粉等掺合剂可以改善拌料工作度，降低泌水离析，改善混凝土微观结构，增加混凝土抗酸碱腐蚀和防止碱骨料反应的作用。材料强度的提高和性能的改善，为钢筋混凝土结构进一步向大跨化、高耸化发展创造了条件，桥梁的跨度本世纪末已突破 $500m$，正逼近 $2000m$，大跨度空间结构跨度也将突破 $200m$，印度正在设计拟在孟买建造 $560m$ 高的钢筋混凝土电视塔，我国拟在雅砻江拐弯处建一座混凝土拱式电站大坝，高 $325m$。

高强混凝土具有优良物理力学性能和良好的耐久性，但受压时呈高度脆性，延性较差，为正确采用高强混凝土结构，上海已颁布地方标准《高强混凝土结构设计规程》(DBJ 08—77—98)，中国工程建设标准化协会已出版《高强混凝土结构技术规程》(CECS104：99)。

1.5.2　纤维增强混凝土结构

为了提高混凝土结构的抗拉、抗剪、抗折强度和抗裂、抗冲击、抗疲劳、抗震、抗爆等性能，在普通混凝土中掺入适当的各种纤维材料而形成的纤维混凝土结构，现已得到很大发展和推广应用。

纤维材料有钢纤维、合成纤维（尼龙基纤维、聚丙烯纤维等）、玻璃纤维、碳纤维等，其中钢纤维混凝土结构应用比较成熟，美国混凝土学会 ACI544 委员会制定了钢纤维混凝土施工导引（3R—84）；日本土木学会于 1983 年制定了纤维混凝土设计施工建议；我国也于 1992 年出版了《钢纤维混凝土结构设计与施工规程》(CECS38：92)。

钢纤维混凝土是将短的、不连续的钢纤维均匀乱向地掺入普通混凝土制成一种"特殊"混凝土，钢纤维混凝土结构有无筋钢纤维混凝土结构和钢筋钢纤维混凝土结构。可以采用浇筑振捣施工，有时也采用喷射方法施工。目前我国常用的钢纤维截面有圆形（圆直形）、月牙形（熔抽形）和矩形（剪切形），国外尚有波形纤维、变截面纤维、骨棒形纤维等。钢纤维长度从 20mm 到 50mm 分 7 级，钢纤维截面直径或等效直径在 0.3mm 到 0.8mm，长径比为 $40 \sim 100$。钢纤维的抗拉强度要求不低于 380N/mm^2，钢纤维掺量为混凝土体积的 $0.5\% \sim 2\%$，钢纤维混凝土破坏时，钢纤维一般是从基体混凝土中拔出而不是拉断，因此钢纤维与基体混凝土的粘结强度是影响钢纤维增强和阻裂效果的重要因素。

钢纤维的工程应用很广，用于预制桩的桩尖和桩顶部分，可以取消桩顶防护钢板和铁制桩尖，并减少两端横向钢筋用量；用于抗震框架节点，可减少钢筋用量，并便于浇筑节点区混凝土；还可以用于刚性防水屋面、地下人防工程、地下泵房；在水工结构中，用于高速水流冲刷腐蚀部位、闸门的门槽、渡槽的受拉区，喷射钢纤维混凝土用于水电站中有压隧道衬砌工程、大坝防渗面板、隧洞及泄洪洞；在桥梁中用于混凝土拱桥受拉区段可提高抗拉强度，降低主拱高度，减轻拱圈自重。

合成纤维可以作为主要加筋材料，提高混凝土的抗拉、韧性等结构性能，用于各种水泥基板材；也可以作为一种次要加筋材料，主要用于提高水泥混凝土材料的抗裂性。用于混凝土材料的合成纤维，应具有较高的耐碱性及在水泥基体中的分散性与粘结性，目前应用较理想的有尼龙单丝纤维、纤化聚丙烯纤维、纤维长度一般为 20mm，一般掺量为 $600 \sim 900g/m^3$，上海市建筑科学院研制的尼龙基合成纤维，已在上海东方明珠电视塔、地铁 1 号线和八万人体育场看台板面层使用，取得较好效果。

碳纤维具有轻质、高强、耐腐蚀、耐疲劳、施工便捷等优异性能，已广泛用于建筑、桥梁结构的加固补强。碳纤维长丝直径为 $5 \sim 8\mu m$ 之间，并合成含 3000 ~ 18000 根的长丝束，加固混凝土结构用的碳纤维有单向碳纤维布，双向碳纤维交织布，单向碳纤维层压板材，以及用于可施加预应力棒材，其拉伸模量均为 230GPa，拉伸强度为 $3200 \sim 3500GPa$。1981 年瑞典最早采用碳纤维复合材料加固 Ebach 桥，此后十几年间此项技术在日美等国发展很快，日本至今已有 1000 多个工程加固项目采用这项技术，日本、美国、加拿大在 90 年代先后制定了加固设计规程。国内从 1997 年始也开始研究并在很多工程中应用，取得很好社会效果和经济效益，目前国家工业建筑诊断与改造工程技术研究中心正在主持编制我国《碳纤维布加固修复混凝土结构技术规程》。

1.5.3   钢骨混凝土结构

钢骨混凝土结构有实腹式钢骨和空腹式钢骨两种形式，前者通常是采用由钢板焊接拼成，或用直接轧制而成的工字形、Ⅱ形、十字形截面，外包钢筋混凝土（图1-3）；后者是用轻型型钢拼成构架埋入混凝土中（图1-4）。抗震结构多采用实腹式钢骨混凝土结构。

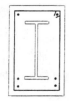 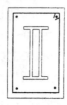

图 1-3   实腹式钢骨混凝土构件截面形式   图 1-4   空腹式钢骨混凝土
构件截面形式

钢骨混凝土的钢骨与外包钢筋混凝土共同承受荷载作用，且外包混凝土可以防止钢构件的局部屈曲，提高了构件的整体刚度，显著地改善钢构件的平面扭转屈曲性能，使钢材的强度可以得到充分发挥。此外，外包混凝土可增加结构的耐火性和耐久性，钢骨混凝土结构比钢结构节省钢材，增加刚度和阻尼，有利于控制结构的变形和振动；因此钢骨混凝土结构的承载力更大，且能提高延性和耗能能力，可显著地改善抗震性能。

钢骨混凝土结构中的钢材，根据构件的重要性及焊接要求，可以选用Q235B、C、D级的碳素结构钢或Q345B～E级低合金结构钢，混凝土强度等级不低于C25，有的高层建筑则用到C80。

各种结构体系，如框架、框架-剪力墙、剪力墙、框架-核心筒中的梁、柱、墙均可采用钢骨混凝土构件，在多数情况下，高层中仅有少数楼层或局部部位采用钢骨混凝土构件。钢骨混凝土构件也常常在混合结构中使用，如在不同的抗侧力单元中分别采用钢骨混凝土、钢或钢筋混凝土结构，也可能是在同一抗侧力结构中梁、柱或墙分别采用不同材料。

钢骨混凝土结构在美、英、俄、日等国早已开始应用，并分别编制有相应的结构设计规范。我国自改革开放以来，也广泛应用这种结构，已经建成的高层建筑也有30余幢，如26层的北京香格里拉饭店就是采用钢骨混凝土结构，88层的上海金茂大厦外围柱就是采用钢骨混凝土结构。正在建造的95层高的上海浦东世界环球金融中心大厦的外框筒柱是采用C80，内埋H型钢的钢骨混凝土柱。我国现已制定行业标准《钢骨混凝土结构设计规程》（YB 9082—97）。

展望21世纪，土木工程将是智能化建筑和高速交通时代，混凝土结构将起着愈来愈重要的作用。面对控制人口增长、节约能源、保护环境的可持续发展的战略新形式，混凝土结构材料将继续开发轻质、高强、高性能材料，混凝土结构形式将进一步向组合结构形式方向发展，以适应大跨、高耸化的需要。对混凝土结构学科的研究和发展，也不再仅限于设计方法的研究，还要注意到采用虚拟现实的计算机仿真技术，作好设计分析及决策工作。为确保施工安全和工程质量，要研究施工监测技术，为延长混凝土结构使用寿命，要进一步研究维修、加固技术。为促进混凝土结构的发展，学习和加深其基本原理至关重要。

第2章 混凝土与钢筋材料的基本力学性能

混凝土与钢筋材料的基本力学性能是混凝土、钢筋各自强度、变形的受力性能。通过对此的讨论，为进一步研究作为两种材料复合而成的钢筋混凝土材料的基本力学性能打下基础。

§2.1 混凝土的物理力学性能

普通混凝土是由水泥、石子和砂三种材料用水拌和经凝固硬化后形成的人造石材。它是一种各组成成分具有不同性质的多相复合材料。

混凝土组成结构的含义是一个广泛的综合概念，其中包括从混凝土组成成分的原子、分子结构到混凝土宏观结构在内的不同层次的材料结构。在大量的混凝土结构分类中，最普通的是把混凝土内部结构分为三种基本类型：微观结构即水泥石结构；亚微观结构即混凝土中的水泥砂浆结构；宏观结构即砂浆和粗骨料两组分体系。

上述每一种结构都有各自与形成条件有关的特性。水泥石结构由水泥凝胶体、晶体骨架、未水化完的水泥颗粒和凝胶孔组成，其物理力学性能取决于水泥的化学矿物成分、粉磨细度、水灰比及硬化条件；水泥砂浆结构可看作以水泥石为基相、砂为分散相的两组分体系，砂和水泥石的结合面是薄弱面。对于水泥砂浆结构，除上述决定水泥石结构的因素外，砂浆配合比、砂的颗粒级配与矿物组成、沙粒形状、颗粒表面特性及砂中的杂质含量是重要的控制因素；混凝土的宏观结构与亚微观结构有许多共同点，因为这时可以把水泥砂浆看作基相，粗骨料分布在砂浆中，砂浆与粗骨料的结合面也是薄弱面。对于亚微观和宏观结构，影响其性能的除粗细骨料的特性外，骨料的分布及其与基相之间的结合面的强度有很大意义。

由于混凝土在浇筑时的泌水作用造成的混凝土的沉陷和硬化过程中水泥浆水化引起的化学收缩和干收缩（物理收缩）受到硬骨料的限制，因而在不同层次结合面的薄弱处会引起结合破坏，形成许多非外荷载所致的随机分布的微裂缝。

结硬的混凝土中所有未被原材料与生成物固相所占据的非密实部分形成孔隙，包括因硬化混凝土中游离水的作用形成的毛细孔、混凝土拌和物中夹带的空气未被完全排除而形成的气孔以及水泥石凝胶固相之间的凝胶孔等。随混凝土硬化条件的不同，毛细孔和凝胶孔可不同程度地被水或空气充填。

从上可知，混凝土是一种复杂的多相复合材料。其组成成分中的砂、石、水泥胶块中的晶体、未水化的水泥颗粒组成了混凝土中错综复杂的能承受外力的弹性骨架并使混凝土具有弹性变形的特点。水泥胶块中的凝胶、孔隙和结合界面的初始微裂缝在外荷载作用下使混凝土产生塑性变形。孔隙、初始裂缝等先天缺陷往往是混凝土受力破坏的起源，并且，微裂缝在荷载作用下的展开对混凝土的力学性能有着极为重要的影响。由于水泥胶块的硬化过程需历经若干年，所以混凝土的强度、变形也要在较长时间内随时间而变化，在强度逐渐增长的同时，变形也要逐渐加大。

2.1.1 混凝土的强度

1. 立方体抗压强度

边长相等的混凝土立方体，经标准养护后，按照规定的标准试验方法所测得的极限抗压强度称为立方体强度 f_{cu}（单位为 MPa）。我国通常采用150mm×150mm×150mm 立方体试件作为标准试件，在相对湿度不小于 90%，温度 $20\pm3℃$ 条件下养护 28 天，按标准的试验方法所测得的立方体强度。试件尺寸也有采用 200mm×200mm×200mm 的。

试验研究表明，对于同一种混凝土材料，采用不同尺寸的立方体试件，所测得的强度不同，尺寸越大，测得的强度越低。当采用边长为 200mm 和 100mm 的立方体试件测得的强度要转换为150mm 试件的强度时，应分别乘以 1.05 和 0.95 的尺寸效应换算系数。

国外有些国家采用圆柱体试件测定混凝土的抗压强度，试件的标准尺寸是直径为 6in.（约 150mm），长 12in.（约 300mm）。

圆柱体的直径越小，测得的强度越高，对 $\phi250\times500mm$ 的试件乘以 1.05；对 $\phi100\times200mm$ 的试件乘以 0.97 系数，可换算成标准圆柱体强度。圆柱体抗压强度 f_c' 和立方体抗压强度 f_{cu} 之间的关系约为

$$f_c' = (0.79 \sim 0.81)f_{cu,15} \tag{2-1}$$

混凝土测定强度与试验方法有关，其中有两个因素影响最大，一是加载速度，加载速度越快，所测得的数值越高，通常规定的加载速度是每秒增加压力 0.3～0.8MPa；二是压力机垫板与立方体试块接触面的摩擦阻力对试块受压后的横向变形的阻碍作用，其破坏如图 2-1（a）所示。如果在此接触面上涂一层油脂，使摩擦力减小到不能阻碍试件的横向变形的程度，其破坏如图 2-1（b）所示，后者测得的强度较前者低，国际上都采用前一种试验方法。

2. 棱柱体轴心抗压强度

混凝土的抗压强度与试件的形状、尺寸有关。在实际结构中，受压构件中的混凝土并非立方体而是棱柱体，因此用棱柱体的抗压强度 f_c 表示混凝土的轴心抗压强度。试验表明，棱柱体试件的抗压比立方体抗压强度低，棱柱体越细长，强度越低；但当高宽比大于 3 时，棱柱体抗压强度的变化很小，所以高宽比一般取

3 和 4，试件尺寸一般用 100mm×100mm×300mm，150mm×150mm×450mm，200mm×200mm×600mm，100mm×100mm×400mm 和 150mm×150mm×600mm 等。

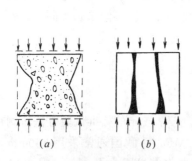

图 2-1　立方体抗压强度试块

（a）不涂油脂；（b）涂油脂

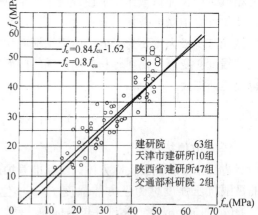

图 2-2　棱柱体抗压强度试验结果

图 2-2 为 122 组 150mm×150mm×450mm 截面的棱柱体抗压强度试验的结果，由图可见 f_c 和 f_{cu} 大致成直线关系，平均值为 0.8。考虑到试验误差及实践经验

$$f_c = 0.76 f_{cu,15} \qquad (2-2)$$

3. 轴心抗拉强度

混凝土的轴心抗拉强度 f_t 很低，一般约为立方体强度的 1/18～1/10，这项比值随混凝土立方体强度的增大而减小，即抗拉强度的增加幅度比抗压强度的增加幅度要小。

混凝土轴心受拉试件可采用两端预埋钢筋的棱柱体，试验加载时，拉力由钢筋传至素混凝土截面，受拉混凝土截面出现横向裂缝而被拉断。这种试件制作时，预埋钢筋难以对中，由于偏心的影响一般所得的抗拉强度比实际强度略低。

混凝土的轴心抗拉强度随其立方体抗压强度单调增长，但增长幅度渐减，见图 2-3，其关系可以由下式表达

$$f_t = 0.26 f_{cu}^{2/3} \qquad (MPa) \qquad (2-3)$$

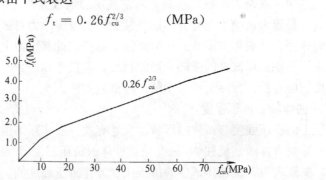

图 2-3　轴心抗拉强度与立方体抗压强度

为了避免偏心对抗拉强度的影响，国内外常以圆柱体和立方体试件做劈裂试验以确定混凝土的抗拉强度，如图2-4所示。在试件上通过弧形垫条和垫层施加一线荷载（压力），这样在中间垂直截面上，除加力点附近很小的范围以外，产生了均匀的水平向的拉应力，当拉应力达到混凝土的抗拉强度时，试件沿中间垂直截面被劈裂拉断，根据弹性理论，劈裂抗拉强度按下式计算：

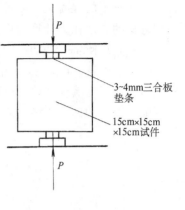

$$f_{sp} = 2P_u/\pi d^2 \quad \text{（立方体试件）(MPa)} \quad (2\text{-}4)$$

$$f_{sp} = 2P_u/\pi l d \quad \text{（圆柱体试件）(MPa)} \quad (2\text{-}5)$$

图 2-4　混凝土轴心受拉试验

式中　P_u——劈裂破坏时的力；

　　　d——立方体试件的边长，或圆柱体试件的直径；

　　　l——圆柱体试件的长度。

试验表明，劈裂抗拉强度略大于直接受拉强度，劈裂抗拉试件大小对试验结果有一定影响，标准试件尺寸为 150mm×150mm×150mm。若采用 100mm×100mm×100mm 非标准试件时，所得结果应乘以尺寸换算系数 0.85。

4. 抗剪强度

混凝土的抗剪强度有纯剪强度（又称直接抗剪强度）和弯曲抗剪强度两种，前者用 R_j 表示，后者用 R_{wj} 表示。

纯剪强度为构件一部分沿着力的作用方向对其余部分作相对的移动时的材料强度，由于试验时剪力伴随压应力的存在，很难得到精确的试验结果，通常采用下列修正公式估计：

$$\tau_p = 0.75(f_c f_t)^{0.5} \quad (2\text{-}6)$$

5. 局部承压强度

当构件的承压面积 A 大于荷载的局部传力面积 A_c 时（图2-5），混凝土的极限承压强度称为局部承压强度，以 f_{cl} 表示。局部承压时，承压混凝土仅局部受力，周围混凝土可以约束核芯混凝土受压后产生的侧向变形，所以局部承压强度比棱柱体强度大得多，两者大小按下式表示：

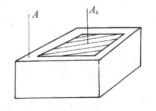

图 2-5　混凝土局部承压示意

$$f_{cl} = \beta_l f_c \quad (2\text{-}7)$$

β_l 为大于 1 的局部承压强度提高系数，它与局部承压的荷载作用位置、局部承压面积 A_l 大小有关，$\beta_l = (A/A_c)^{0.5}$。A 与 A_c 参见图2-5。

6. 复合应力状态下的混凝土强度

在工程结构中，实际构件的受力情况往往是处于复杂的复合应力状态下，研究这种应力状态下的混凝土强度问题具有重要意义。由于混凝土材料的特点，复合应力状态下的混凝土强度理论还待进一步完善。目前仅借助有限的资料，介绍一些近似的方法作为计算的依据。

图2-6 所示为一平面应力状态的双向受力（压力或拉力）的混凝土强度试验曲线，在压压象限（第Ⅳ象限）中的强度曲线表明当 $2\sigma_2 = \sigma_1$ 时，σ_1 的强度可提高为棱柱体抗压强度 f_c 的1.27 倍。双向受拉的应力状态（第Ⅲ象限），对极限抗拉强度影响不大。如两个方向的应力异号时，例如一拉一压，则强度要降低（第Ⅰ或第Ⅱ象限）。

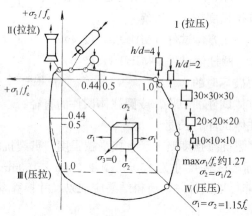

图 2-6   混凝土在双向应力作用下的强度曲线

在三向受压状态中，由于侧向压应力的存在，混凝土受压后的侧向变形受到了约束，延迟和限制了沿轴线方向的内部微裂缝的发生和发展，因而极限抗压强度和极限压缩应变均有显著提高和发展，并显示了较大的塑性。当混凝土圆柱体三向受压时，最大主压应力（σ_1）轴的极限强度 f_{cc}' 随其两侧向应力（σ_2、σ_3）的比值和大小而不同，常规三轴受压是两侧等压（$\sigma_2 = \sigma_3$），见图2-7；当 σ_2、σ_3 不很大时，最大主压应力（σ_1）轴的极限强度 f_{cc}' 可用试验测得的经验公式表达为：

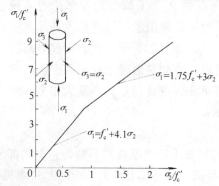

图 2-7   三轴受压下混凝土的强度关系（$\sigma_1 > \sigma_2 = \sigma_3$）

$$f_{cc}' = f_c' + 4.1\sigma_2 \tag{2-8}$$

式中 f_c'——混凝土圆柱体抗压强度;

σ_2——侧向约束压应力。

有些试验表明,当侧向压应力较低时,上式第二项的系数将大于4.1,达到5.0以上。

图2-8所示为法向应力和剪应力组合受力时的混凝土强度曲线,从图中可知,混凝土的抗剪强度随正压力的增大而提高,但当正压力大于约$0.6f_c'$时,混凝土的抗剪强度反而随正压力的增大而下降。同时可以看出,由于剪应力的存在,混凝土的极限抗压强度要低于单向抗压强度f_c',所以当结构中出现剪应力时,其抗压强度会有所降低,而且也会使抗拉强度降低。

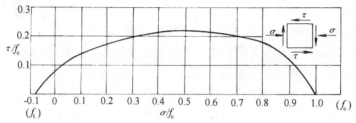

图2-8 法向应力和剪应力组合的混凝土强度曲线

图2-8所示曲线可以经验关系式表示为

$$\tau/f_c = (0.00981 + 0.112\sigma/f_c - 0.122\sigma^2/f_c^2)^{0.5} \tag{2-9}$$

式中,σ和τ分别为破坏时截面上的正应力和剪应力。

2.1.2 混凝土的变形

混凝土的变形与荷载大小、荷载持续时间以及混凝土所处环境湿度有关。一次短期加载下的混凝土变形与荷载大小有关,荷载下的变形通常可分为弹性变形和塑性变形两部分。弹性变形是在卸载的同时可恢复的变形。塑性变形是在卸载后不可恢复的变形。长期荷载下的变形与时间和环境湿度有关,可分为收缩变形、膨胀变形及徐变变形,收缩变形、膨胀变形是由混凝土体的湿度变化引起的,与荷载无关;徐变变形则是混凝土构件受力后,在应力保持不变的情况下,应变随时间而增加的现象,其变形方向和受力方向一致。是在加载后由混凝土凝胶体的变化引起的。

1. 一次短期加载下混凝土的变形性能

混凝土棱柱体试件在一次短期加载下的应力-应变曲线如图2-9所示。曲线上任意一点K处的应变由弹性应变ε_t和塑性应变ε_s两部分组成,即$\varepsilon_h = \varepsilon_t + \varepsilon_s$。

受压应力-应变曲线OCD可分成两段,应力σ达到棱柱体抗压强度f_c之前的OC段为上升段,之后的CD段为下降段。在上升段开始时的OA部分,相应的σ_h

为 $0.2\sim0.3f_c$ 时，因水泥凝胶体流动较小，混凝土的变形主要取决于骨料和水泥石的弹性变形，所以应力-应变关系接近一直线；以后由于混凝土微裂缝的产生和开展，应变增长速度大于应力增长速度，应力-应变关系呈现出明显的塑性性质；过了 B 点，相应于 σ_h 为 $0.75f_c$ 以后，应变增长速度更快，随着应力的增大，混凝土内部裂缝增大且贯通；当混凝土应力达到最大值 f_c 的 C 点时，相应的应变 $\varepsilon_0=1.5\times10^{-3}\sim2\times10^{-3}$。

当应力达到最大值 f_c 以后，如试验机刚度较大，积蓄的弹性变形能较小，缓慢地卸载（降低压应力），则应变还会增大直至 D 点，试件破坏，此时达到混凝土的最大压应变 $\varepsilon_{max}=3\times10^{-3}\sim5\times10^{-3}$。

为了准确地拟合混凝土受压应力-应变试验曲线，研究者提出了多种经验公式，有双直线公式、二次抛物线加直线公式、三角函数与指数函数公式、多项式和有理分式公式、曲线加双直线公式和两根曲线公式等。其中最常用的是 Hognestand 建议的应力-应变关系式，其形式是抛物线加直线，应力-应变试验曲线的上升段为抛物线形式，下降段为直线形式，见图 2-10。

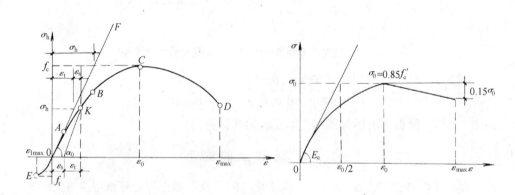

图 2-9　混凝土受压应力-应变曲线　　　　图 2-10　Hognestand 建议的
　　　　　　　　　　　　　　　　　　　　　　　　　应力-应变关系

当 $\varepsilon\leqslant\varepsilon_0$ 时（上升段）　　　　$\sigma=\sigma_0[2(\varepsilon/\varepsilon_0)-(\varepsilon/\varepsilon_0)^2]$ 　　　　　(2-10)

当 $\varepsilon_{max}\geqslant\varepsilon>\varepsilon_0$ 时（下降段）　　$\sigma=\sigma_0[1-0.15(\varepsilon-\varepsilon_0)/(\varepsilon_{max}-\varepsilon_0)]$ 　　(2-11)

式中，$\varepsilon_0=2\sigma_0/E_s$（实际取值 $\varepsilon_0=0.002$）

试验表明，低强度混凝土的下降比较明显，延伸较长且平缓；高强度混凝土的下降段则短而陡，可见高强度混凝土的延性比低强度混凝土的低。

在工程实际中，混凝土的卸载速度不能象在试验时那样的控制，均匀受压构件的素混凝土的应力-应变关系是不存在下降段的，其最大压应变值 $\varepsilon_{amax}=\varepsilon_0$。

钢筋混凝土梁的极限压应变值约为 $\varepsilon_{amax}=2\times10^{-3}\sim6\times10^{-3}$；钢筋混凝土偏心受压柱的极限压应变值 $\varepsilon_{amax}=2\times10^{-3}\sim5\times10^{-3}$；

混凝土的最大应变与加载速度相关，加载速度越快，ε_{amax} 越小；加载速度越慢，

ε_{amax}越大，且抗压强度降低。见图2-11。

2. 混凝土的变形模量和弹性模量

混凝土在荷载作用下的应力-应变关系见图2-12，其变形含弹性和塑性变形两部分，应力、应变之比不是常数，所以实际不存在像弹性材料那样的反映应力-应变关系的常量的弹性模量。

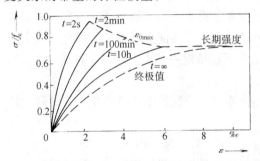

图 2-11 加载速度对混凝土
极限压应变的影响

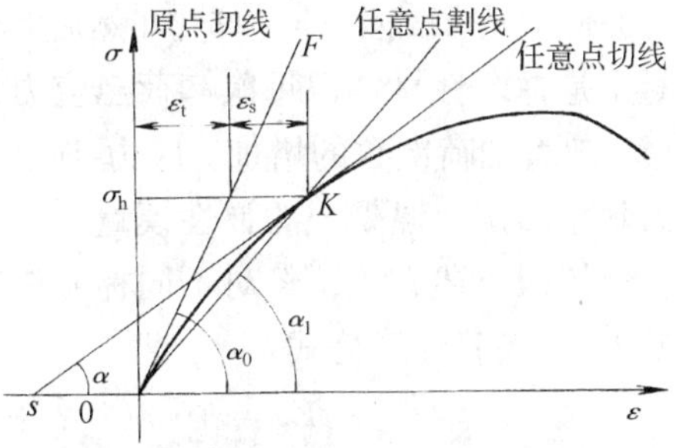

图 2-12 混凝土各种弹（塑）
性模量的表示方法

如按照概念"弹性模量是材料应力应变曲线上任意应力处的正切"求混凝土的弹性模量，则

$$E_c = \mathrm{d}\sigma/\mathrm{d}\varepsilon = \mathrm{tg}\alpha \qquad (2\text{-}12)$$

上式表示图2-12中曲线上任意一点K的切线斜率，但按此式求该点的弹性模量是困难的，这是因为应力-应变关系的函数表达式是复杂的，并且曲线上每点的弹性模量是变化的，即应力越大，弹性模量越小，从而无法用作设计值。

如果要求理论上的弹性模量，就要消除混凝土变形中的塑性部分，试验时的加载速度必须很快，使混凝土的塑性变形来不及产生，在$\sigma-\varepsilon$图上通过坐标原点O作一切线OF，见图2-12，OF与横坐标轴的交角α_0的正切，称为原始弹性模量E_0

$$E_0 = \sigma/\varepsilon_t = \mathrm{tg}\alpha_0 \qquad (2\text{-}13)$$

用这种方法求混凝土弹性模量以表征其弹性性质或变形性质也是困难的，因为要在一次加载的$\sigma-\varepsilon$曲线上量测得到α_0是难以做得准确的。

为了较确切地反映混凝土的弹塑性变形性质，常采用"变形模量E_c'"来表示。变形模量也称弹塑性模量或割线模量，常采用在$\sigma-\varepsilon$曲线上连接原点O和曲线上任意一点K的割线OK的斜率

$$E_c' = \sigma/\varepsilon_c = \sigma/(\varepsilon_t + \varepsilon_s) = \mathrm{tg}\alpha_1 \qquad (2\text{-}14)$$

式中 ε_t——弹性应变；

ε_s——塑性应变。

上式所表示的变形模量E_c不是常数，它随应力的大小而改变，由上式可得

$$E'_h = \sigma/\varepsilon_c = \varepsilon_t/\varepsilon_c \times \sigma/\varepsilon_t = \upsilon E_0 \tag{2-15}$$

式中 $\upsilon = \varepsilon_t/\varepsilon_h$，为弹性应变与总应变（$\varepsilon_t + \varepsilon_s$）的比值，称为弹性特征系数。$\upsilon$ 与应力 σ 的大小有关，当 $\sigma = 0.5f_c$ 时，$\upsilon = 0.8\sim0.9$；$\sigma = 0.9f_c$ 时，$\upsilon = 0.4\sim0.8$。混凝土强度越高，υ 值越大，弹性特征较为明显。

弹性模量试验通用的做法是对棱柱体试件（标准尺寸为 150mm×150mm×300mm）先加载至 $\sigma = 0.5f_c$，然后卸载至零，再重复加荷卸荷 5～10 次。由于混凝土是弹塑性材料，每次卸荷至应力为零时，变形不能全部恢复，即存在残余变形，随着加荷次数的增加，应力-应变曲线渐趋稳定并基本上接近于直线。该直线的斜率即定为混凝土的弹性模量。

按照上述方法，经对不同标号混凝土测得的弹性模量统计分析得到的弹性模量 E_c 的经验计算公式

$$E_c = 10^5/(2.2 + 34.7/f_{cu,k}) \quad (\text{N/mm}^2) \tag{2-16}$$

必须指出的是，对于混凝土材料不能象对弹性材料那样，用已知的混凝土应变乘以弹性模量去求混凝土的应力。只有当混凝土应力很低时，它的弹性模量与变形模量值才近似相等。

根据水利水电科学研究院的试验资料，混凝土的受拉弹性模量与受压弹性模量之比为 0.82～1.12，平均为 0.995，因此可以认为混凝土的受拉弹性模量与受压弹性模量 E_h 相等。

混凝土的剪切弹性模量 G 可由理论关系求得

$$G = 0.5E_c/(1 + \mu) \tag{2-17}$$

式中 μ 为混凝土的横向变形系数，即泊松比，根据试验值 $\mu = 0.08\sim0.18$，取 $\mu = 1/6$ 代入上式可得 $G = 0.425E_c$。

3. 长期荷载作用下混凝土的变形性能

在混凝土试件上加载，试件就会产生变形，在维持荷载（例如施加使试件产生小于 $0.5f_c$ 应力的荷载）不变的条件下，混凝土的应变还会继续增加。长期荷载作用下，混凝土的应力保持不变，它的应变随着时间的增长而增大的现象称为混凝土的徐变。

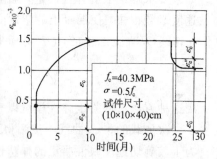

图 2-13　混凝土徐变与时间的关系曲线

混凝土徐变主要与时间参数有关。根据铁道部科学研究院所做的试验结果，将混凝土的典型徐变曲线绘于图 2-13。

从图中可以看出，某一组棱柱体试件，当加载应力为 $0.5f_c$ 时，其加载瞬间产生的应变为瞬时应变 ε_c。若荷载保持不变，随着加载时间的增加，应变也将继续增长，增长的部分就是混凝土的徐变变形 ε_c。徐变初始增长较快，以后逐渐减缓，经过较长的时间后逐渐趋于稳定。徐变应变值约为瞬时应变的 1～4 倍。图 2-13 中还

可以看出，两年后卸载时，试件瞬时就恢复的一部分变形称为瞬时恢复应变 ε'_e。其值比加荷时的瞬时变形略小。当长期荷载完全卸除后，混凝土还要经历徐变恢复过程，卸载后的徐变恢复变形称为弹性后效 ε''_e。弹性后效的绝对值仅为徐变变形的 1/12 左右，恢复的时间约为 20 天。在试件中还有绝大部分应变是不可恢复的，作为残余应变 ε'_c 留在混凝土中。

对混凝土徐变产生的原因有各种不同的解释，通常理解为：原因之一是混凝土结硬以后，骨料之间的水泥浆的一部分变为完全弹性的结晶体，其他为充填在晶体间的凝胶体而具有粘性流动的性质。水泥石在承受荷载的瞬间，结晶体与凝胶体共同受力。然后，随着时间的推移，凝胶体由于粘性流动而逐渐卸载，此时晶体承受过多的外力，并产生弹性变形，从而使水泥石变形（混凝土徐变）增加，即由水泥凝胶体和水泥结晶体之间产生应力重分布所致。另一原因是混凝土内部的微裂缝在荷载长期作用下不断发展和增加，从而导致应变的增加。在应力不大时，徐变以第一种原因为主；应力较大时，以第二种原因为主。

试验表明，混凝土的徐变与混凝土的应力大小有着密切的关系，应力越大徐变也越大，随着混凝土应力的增加，混凝土徐变将发生不同的情况，见图 2-14。当应力较小时（例如 $\sigma < 0.5f_c$），徐变变形与应力成正比，曲线接近于等间距分布，这种情况下的徐变称为线性徐变。在线性徐变的条件下，加载初期徐变增长较快，到 6 个月时，一般徐变的大部分已完成，以后的徐变增长逐渐趋缓，一年以后趋于稳定。一般认为 3 年左右徐变基本终止，徐变—时间曲线逐渐收敛，渐近线与横坐标平行。混凝土应力较大（例如 $\sigma > 0.5f_c$）时，徐变变形与应力不成正比，徐变比应力增长更快，这种情况下的徐变称为非线性徐变。在非线性徐变的范围内，当荷载过高时，徐变变形急剧增加不再收敛，呈现非稳定徐变的现象，见图 2-15。因此，混凝土构件在使用期间长期处于高应力作用是不安全的，这可能造成混凝土的破坏，尽管混凝土应力还小于混凝土的破坏强度。所以以取混凝土的应力约等于 $(0.75 \sim 0.8)f_c$ 为混凝土的长期极限强度。

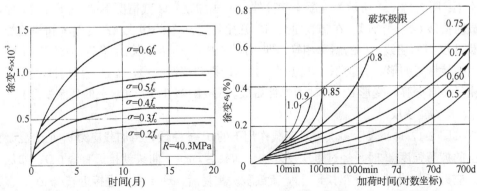

图 2-14　压应力与徐变的关系　　图 2-15　不同应力—强度比值的徐变时间曲线

试验还表明，加载时混凝土的龄期越早，徐变越大。此外，混凝土的组成成分对徐变也有很大影响。水泥用量越多，徐变越大；水灰比越大，徐变也越大。骨料弹性性质对徐变值有明显影响，一般骨料越硬、弹性模量越高，对水泥石徐变的约束作用越大，从而混凝土的徐变越小，见图 2-16。混凝土的制作方法、养护条件、特别是养护时的温度对徐变有影响。养护时温度高、湿度大，混凝土中的水泥水化作用充分，徐变就小；相反，混凝土受载后所处环境的温度越低、湿度越小，徐变越大。另外，构件的形状、尺寸也会影响徐变值，大尺寸构件由于内部水分散发受到限制，徐变就减小。钢筋的存在以及混凝土所受应力的性质等对徐变也有影响。

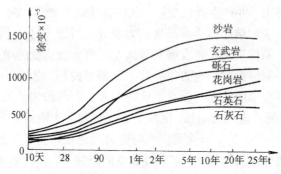

图 2-16 骨料对徐变的影响

由于混凝土具有徐变的特性，它不仅造成构件的变形增加，而且，会引起超静定结构的内力重分布；引起钢筋混凝土截面的应力重分布以及引起预应力混凝土构件的预应力损失。

2.1.3 混凝土在重复荷载作用下的变形（疲劳变形）

混凝土在重复荷载即多次重复加载卸载作用下的强度与变形，与一次加载时不同。图 2-17 (a) 所示为混凝土棱柱体在一次加载并卸载情况下的 $\sigma - \varepsilon$ 曲线。加载时曲线 OA 呈凸形。在卸载曲线 AC 开始处过 A 点的切线 AB 的斜率和初始加载过 O 点的切线 OF 的斜率相等，即 $AB // OF$。当全部卸载完毕后，立即产生瞬时弹性恢复变形 ε_t 并留下 ε_s，但此 ε_s 并非最终的塑性变形，经过一段时间后还可恢复一部分弹性变形 ε'_t，ε'_t 称为弹性后效。最终的塑性变形（永久的残余变形）为 ε'_s，即 OC' 线段。

图 2-17 (b) 表示多次重复荷载作用下的 $\sigma - \varepsilon$ 曲线，当加载应力 σ_1 小于混凝土的疲劳强度 f_c^f 时，经过多次反复加、卸载后，$\sigma - \varepsilon$ 曲线就接近直线 CD；如加大应力至 σ_2 曲线（仍然小于 f_c^f），荷载多次重复后，$\sigma - \varepsilon$ 曲线也接近直线 EG；直线 CD 和 EG 的斜率基本接近过原点 O 的切线 OF，混凝土呈现出弹性性质。如果将加载应力再加大至 $\sigma_3 > f_c^f$，则经过不多几次循环，$\sigma - \varepsilon$ 曲线很快就变成直线，接

着反向弯曲,斜率变小,变形加大,试件很快就破坏。值得注意的是σ_3还小于一次加载的棱柱体强度f_c,这种破坏称为"混凝土疲劳破坏",破坏的特征是裂缝很少而变形很大。

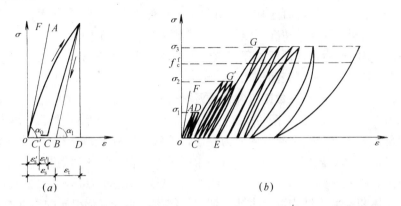

图 2-17　混凝土不同加载方式下的$\sigma-\varepsilon$曲线

(a)—一次加载$\sigma-\varepsilon$曲线;(b)重复荷载$\sigma-\varepsilon$曲线

通常承受200万次以上重复荷载而不产生疲劳破坏的强度叫做疲劳强度f_c^f。

2.1.4　混凝土的收缩、膨胀和温度变形

混凝土在凝结过程中,体积会发生变化。在空气中结硬时,体积要缩小,混凝土的收缩量可达3×10^{-4};在水中结硬时,则体积膨胀。一般来说,收缩值比膨胀值大得多,混凝土结硬初期收缩发展较快,三个月后增长缓慢,混凝土收缩变形与时间的关系见图2-18。收缩会造成钢筋混凝土结构产生裂缝,引起附加应力,对预应力混凝土结构则引起预应力损失。为此,在混凝土浇筑以后进行养护以避免出现裂缝。混凝土的膨胀特性对混凝土构件往往是有利的,故一般不予考虑。

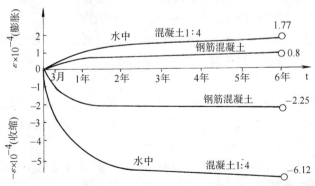

图 2-18　混凝土收缩变形与时间的关系

试验表明,影响混凝土收缩的因素有:

1) 水泥品种：所用水泥等级越高，混凝土的收缩越大。

2) 水泥用量：水泥用量越多，收缩越大；水灰比越大，收缩也越大。

3) 骨料性质：骨料弹性模量越大，收缩越小。

4) 养护条件：混凝土在结硬过程中，构件周围环境湿度越大，收缩越小。

5) 混凝土的浇筑情况：混凝土震捣越密实，收缩越小。

6) 使用环境：构件所处环境湿度大，收缩小；环境干燥，收缩大。

7) 构件的体积与表面积比值：比值大时，收缩小。

混凝土的线膨胀系数随骨料性质及配合比而变化，约为 $(0.82 \sim 1.1) \times 10^{-5}$，一般取 1.0×10^{-5}，它与钢的线膨胀系数 1.2×10^{-5} 是相近的。因此，温度变化时，在混凝土和钢筋之间引起的内应力很小，不致产生有害的变形。根据试验资料分析，在 $0 \sim 150℃$ 温度范围内，含有正常配筋率的普通骨料钢筋混凝土和预应力混凝土的热膨胀系数为 1.0×10^{-5}，实测值的变化幅度为 $(0.7 \sim 1.3) \times 10^{-5}$。

大体积混凝土结构以及水池、烟囱等结构由温度变化引起的温度应力是必须计及的，设计中应予以考虑。

水泥在水化作用时排出的热量导致构件内部的温度上升，构件表面由于便于散热而温度相对较低。构件内外的这种温差就会引起应力，从而导致混凝土开裂。温度的变化与水泥种类的水化热、水泥含量、新拌混凝土的温度、混凝土硬化速度、构件尺寸等因素有关，为此，对混凝土的原材料、级配和养护有一系列的要求。

水泥：大体积混凝土应优先采用水化热低的水泥。通过添加具有潜在水化作用的外加剂代替一部分水泥可减少水化热。

骨料：骨料的最大粒径应尽量选得大些（约150mm）。筛分曲线应选得得当，以保证减少用水量而又能达到要求的和易性。由于细砂含量对新拌混凝土和硬化混凝土的特性影响很大，所以应减小细砂含量误差。最大粒径150mm的连续骨料的配合比一般由6组颗粒组成，其中的两组位于沙粒范围。

混凝土级配：大体积混凝土一般用C35～C55（或R35～R55）级混凝土，其成分应由合格试验确定，并在满足强度和防腐要求的前提下，少用水泥可以降低水化热。

对于骨料最大粒径为125mm的水坝心墙无筋混凝土，在用非轧碎颗粒时，最低水泥含量为125kg/m³；用轧碎颗粒时约为140kg/m³；而面墙混凝土的强度和防冻要求较高，其最低水泥含量约为200kg/m³。

混凝土的搅拌、运输及和易性：搅拌混凝土所需时间取决于搅拌机的功率（用自落式搅拌机约需90s）。大体积混凝土用混凝土罐、大卡车、移动式搅拌机或混凝土泵进行运输。选用运输工具的关键问题是防止混凝土离析。骨料最大粒径为63mm的泵送混凝土需要用公称直径约为200mm的泵送管道。应采用特别强力的内部振捣器捣实混凝土。由于混凝土硬化缓慢，大体积混凝土需要相当长的养护时间。

降低混凝土水化热的措施：为了使水泥水化热尽可能降低，应降低新拌混凝土的温度，例如用凉水喷淋骨料、用冰代替一部分搅拌用水、将混凝土结构分成垂直和水平段进行浇筑，易于水化热散发。同时必须采取措施使混凝土内部和迅速冷却的外表面之间的温差尽可能地小，例如，采用绝热模板。在某些特殊情况下要在预埋管子中通冷却水对混凝土进行冷却。

另外，大体积混凝土的强度试验的试件最小尺寸至少为最大粒径的3倍，一般采用边长为200mm的立方体试件。

§2.2 钢筋的物理力学性能

2.2.1 钢筋的成分、品种和等级

在钢筋混凝土结构中所用的钢筋品种很多，主要分为两大类：一类是有物理屈服点的钢筋，如热轧钢筋。另一类是无物理屈服点的钢筋，如钢丝、钢绞线及热处理钢筋。后者主要用于预应力混凝土结构。

钢筋按外形分，有光面钢筋和变形钢筋两种，变形钢筋有热轧螺纹钢筋、冷轧带肋钢筋等，见图2-19。光面钢筋直径为6～50mm，握裹性能差；变形钢筋直径一般不小于10mm，握裹性能好，因其外表有花纹，其直径是"标志尺寸"，即与光面钢筋具有相同重量的"当量直径"，其截面积即按此当量直径确定，故当量直径即计算直径。

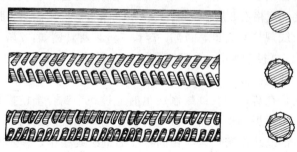

图2-19　钢筋外形形式

钢筋混凝土结构中所配制的钢材按照材料的化学成分分类，可分为碳素钢和普通低合金钢。碳素钢除含有铁元素以外还含有少量的碳、硅、锰、硫、磷等元素。根据含碳量的多少，碳素钢又可分为低碳钢（含碳量＜0.25％）、中碳钢（含碳量0.25％～0.6％）及高碳钢（含碳量0.6％～1.4％），含碳量越高强度越高，但塑性和可焊性降低，反之则强度降低而塑性和可焊性好。普通低合金钢除碳素钢中已有的成分外，再加入少量的合金元素如硅、锰、钛、钒、铬等元素，可以

有效地提高钢材的强度和改善钢材的其他性能。目前我国普通低合金钢按其加入元素的种类有以下几种体系：锰系（20 锰硅、25 锰硅）；硅钒系（40 硅 2 锰钒、45 硅锰钒）；硅钛系（45 硅 2 锰钛），硅锰系（40 硅 2 锰、48 硅 2 锰）；硅铬系（45 硅铬）。

用于钢筋混凝土结构中的钢筋和用于预应力混凝土结构中的非预应力普通钢筋主要是热轧钢筋。

热轧钢筋是由低碳钢、普通低合金钢在高温状况下轧制而成。根据其力学指标的高低，分为热轧光面钢筋 HPB 235（Q235）、HRB 335（20MnSi）、HRB 400（20MnSiV、20MnSiNb、20MnTi）、RRB 400（20MnSi）。

用于预应力混凝土结构中的预应力钢筋有以下几种：

（1）高强度钢丝　预应力混凝土结构常用的高强钢丝按交货状态分为冷拉和矫直回火两种，按外形分为光面并经消除应力的高强度圆形钢丝、刻痕钢丝和螺旋肋钢丝等。

冷拉钢丝是经过处理后适用于冷拔的热轧盘圆拔制的盘圆成品，其表面光滑，并可能有润滑剂的残渣。然后用机械方式对钢丝进行压痕而成为刻痕钢丝，对钢丝进行矫直回火处理后就成为矫直回火钢丝。预应力钢丝经过矫直回火后，可消除钢丝冷拔中产生的残余应力，提高钢丝的比例极限、屈服强度和弹性模量，并改善塑性；同时也解决钢丝的伸直性，方便施工。

预应力钢丝的发展方向是大直径和低松弛（关于钢筋的松弛见后）。

（2）钢绞线　预应力混凝土用钢绞线用冷拔钢丝制造而成，方法是在绞线机上以一种稍粗的直钢丝为中心，其余钢丝围绕其进行螺旋状绞合，再经低温回火处理即可。钢绞线规格有 2 股、3 股、7 股、19 股等，常用的是 3 股、7 股钢绞线。我国生产的钢绞线规格有 $7\phi2.5$、$7\phi3$、$7\phi4$、$7\phi5$ 四种，例如，$7\phi5$ 钢绞线是由 6 根强度为 150MPa、直径为 5mm 的钢丝围绕一根直径为 $5.15 \sim 5.2$mm 的钢丝绞捻后，经低温回火处理而成。

模拔钢绞线是在普通钢绞线绞制成型时通过一个钨合金模拔制，并经低温回火处理而成。由于每根钢丝在挤压接触时被压扁，钢绞线的内部空隙和外径都大为减小，提高了钢绞线的密度，与相同外径的钢绞线相比，有效面积增加 20% 左右（图 2-20）。而且，由于周边面积较大、易于锚固。

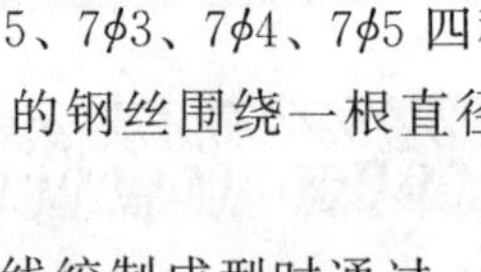

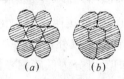

(a)　　　　(b)

图 2-20　钢绞线截面形式

(a) 七股钢绞线；(b) 模拔成型钢绞线

（3）热处理钢筋 热处理钢筋是由特定强度的热轧钢筋通过加热、淬火和回火等调质工艺处理的钢筋。热处理后，钢筋强度能得到较大幅度提高，而塑性降低并不多。

（4）冷拉钢筋和热处理钢筋 在预应力筋中，高强度钢筋分为两类：冷拉热轧低合金钢筋，另一类为热处理低合金钢筋。冷拉钢筋是指经过冷拉提高了抗拉强度的热轧低合金钢筋。热处理低合金钢筋是经过调质热处理而成的热处理钢筋。

我国桥梁工程中采用的预应力高强钢筋主要是冷拉 Ⅱ 级钢筋，品种有 $44Mn_2Si$、$44Si_2Ti$、$40Si_2V$ 及 $45MnSiV$ 等合金钢，由于碳和合金元素含量较高，当含碳量为上限或直径较粗时，焊接质量不稳定，解决这一问题的方法是，采用套筒接长钢筋端部的冷轧螺纹，或是钢厂用热轧方法直接生产一种无纵肋的精轧螺纹钢筋，在端部用螺纹套筒进行连接接长。

（5）冷拔低碳钢丝 $\phi 6 \sim \phi 8$ 的细直径热轧钢筋圆盘经多次冷拔而得到的 $\phi 3 \sim \phi 5$ 的钢丝。经过冷拔，钢材的强度明显提高，极限强度达 $550 \sim 800MPa$。由于各地采用的盘圆强度不同，拔制工艺也不尽相同，所以，工程应用前，应对冷拔低碳钢丝进行逐盘的抗拉强度、伸长率和弯曲试验，并应满足表 2-1 的要求。

冷拔低碳钢丝机械性能 表 2-1

直径（mm）	抗拉强度（MPa）	伸长率（%）	冷 弯	备 注
3	≥750	≥2		
4	≥700	≥3	反复弯曲180°四次	伸长率标距为100mm
5	≥650	≥3		

各级钢筋的 $\sigma - \varepsilon$ 曲线示意图见图 2-21。从图中可以看到：低级钢筋的强度小但塑性好，高级钢筋则反之。

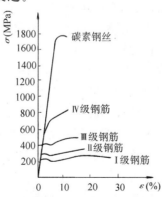

图 2-21 各级钢筋的 $\sigma - \varepsilon$ 曲线示意

普通钢筋的强度标准值应按表 2-2 采用；预应力钢筋的强度标准值应按表2-3采用。

普通钢筋强度标准值 （N/mm²）   表 2-2

	种 类	符号	d （mm）	f_{yk}
热 轧 钢 筋	HPB 235 （Q235）	Φ	6～50	235
	HRB 335 （20MnSi）	Φ	6～50	335
	HRB 400 （20MnSiV、20MnSiNb、20MnTi）	Φ	6～50	400
	RRB 400 （20MnSi）	Φ	8～40	400

预应力钢筋强度标准值 （N/mm²）   表 2-3

种 类		d （mm）	f_{ptk}
钢绞线	1×3	8.6、10.8、12.9	1570、1670、1720、1860
	1×7	9.5、11.1、12.7、15.2	1720、1860
消除应力钢丝、螺旋 肋钢丝		4、5、6	1570、1670、1770
		6	1570、1670
		7、8、9	1570
刻痕钢丝		5、7	1570
热处理钢筋	40Si₂Mn	6	1470
	48Si₂Mn	8.2	
	45Si₂Cr	10	

    钢筋混凝土和预应力混凝土在建筑结构中的应用是广泛的，但混凝土中配置的钢筋在腐蚀性环境中会锈蚀，人们对因此引起的钢筋腐蚀损坏及其影响构件长期使用寿命的问题日益关注，对策是采用阻锈剂。环氧树脂作为一种惰性材料具有很好的隔离作用，环氧树脂涂层钢筋应运而生，它于70年代中期进入建筑市场。因为环氧树脂涂层能将钢筋与周围混凝土隔开，所以侵蚀性介质，如氯离子和氧即使能侵入混凝土中，也难以接触钢筋表面，从而环氧树脂涂层钢筋具有很好的长期防腐性能，易于满足结构平均设计寿命50年或更长的要求。

    环氧树脂涂层钢筋适用于处于潮湿环境或侵蚀性介质中的工业与民用建筑物、地下建筑物、道路、桥梁、港口、码头等的钢筋混凝土结构构件中。在实际结构中，可根据工程的具体要求，全部或部分地采用环氧树脂涂层钢筋。

    环氧树脂涂层钢筋采用静电喷涂环氧粉末工艺制造。静电喷涂过程在工厂专门的生产线上进行，其工艺过程为：

    1）钢筋抛丸除锈；

    2）钢筋预热至约232℃；

    3）将环氧粉末静电喷涂至预热的钢筋上；

    4）钢筋经水槽冷却水淬火。

一般普通钢筋涂层厚度为 $0.2 \sim 0.3$mm；由于涂层的存在，钢筋与混凝土之间的粘结强度有所降低，降低值小于 20%，45 天氯离子渗透试验小于 1×10^{-4}m。

2.2.2 钢筋的强度与变形

根据材料力学已知，低碳钢钢筋受拉时的应力－应变曲线如图 2—22 所示。钢筋应力在达到比例极限 σ_P 之前，应力－应变关系呈直线变化，是一种典型的弹性材料；在达到屈服强度 f_y 后的一个阶段，应力不再增加，应变却增加很大，变形出现很大的塑性，曲线出现一锯齿型的流幅，称为屈服台阶，其最高点 B_s，称为上屈服点；最低点 B_x 称为下屈服点，此点在试验中比较稳定，是取值的依据。流幅终止后，过了 B_x 点，$\sigma - \varepsilon$ 曲线呈明显的弯曲，到达 C 点是钢筋的强化阶段，表现为弹塑性性质，应力仍有很大的提高，但变形很大，随后伴着应变增大而应力下降，试件某处截面渐渐变小，出现颈缩现象，直至达到 D 点而断裂。标准试件断裂后的标距长度（取直径大 5 倍或 10 倍）的增量与原标距长度的百分比称为延伸率。其值大小标志钢材塑性的大小。延伸率大的钢筋，在配筋混凝土结构构件破坏前，能给出构件行将破坏的警告，而可及时予以加固或停止使用。所以在钢筋混凝土结构的设计中，屈服强度和延伸率是选择钢筋的重要指标。例如：普通热轧钢筋在最大力作用下的延伸率应大于 2.5%。

对于没有明显屈服强度的高强碳素钢丝、热处理钢筋，常以名义屈服强度作为设计依据，名义屈服强度即条件屈服强度，是对应于加载后卸载时材料的残余变形为 0.2% 的应力 $f_{0.2}$。

钢筋受拉的弹性模量显然是

$$E_s = \sigma/\varepsilon = \text{tg}\alpha = 常数 \tag{2-18}$$

钢筋受压时的应力－应变曲线，在屈服阶段以前，与受拉的应力－应变曲线基本一致而重合，见图 2-22，故其比例极限强度、屈服强度和弹性模量完全与受拉的相同。但在屈服阶段之后，受压的应力－应变曲线上升很快，强度反而有所提高，试件只是横向变形不断增大而不会断裂。

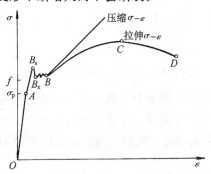

图 2-22 钢筋受拉、压的典型 $\sigma-\varepsilon$ 曲线

2.2.3   钢筋的冷加工性能

钢筋冷加工是将热轧钢筋通过冷拉或冷拔提高屈服强度，以达到节约钢材、降低工程造价目的。

1. 冷拉

冷拉适用于Ⅰ～Ⅳ级钢，除冷拔Ⅰ级钢筋用作普通非预应力钢筋外，其余多用作预应力钢筋，在桥梁工程中，以冷拉高屈服强度的热轧钢筋为经济适用。

冷拉是用超过屈服强度的应力对热轧钢筋进行拉伸。拉伸机具为卷扬机或千斤顶。如图2-23的$\sigma-\varepsilon$曲线所示，将应力σ_K加至K点，$\sigma_K > f_y$，然后卸载，则试件获得残余变形（永久变形）OL。此时，如立即重新加载，则应力－应变曲线仍沿卸载线LK上升并重合一致，LK与表示钢材弹性特征的OA直线平行，即弹性模量不变，仍符合虎克定律的应力－应变线性规则。但屈服点从原来的B_x提高到K点，如将应力继续提高到试件断裂的极限强度，则$\sigma-\varepsilon$曲线按着$LKDE$变化，可见屈服强度提高了，但没有流幅，极限破坏强度虽然没变，但延伸率降低了，如图中虚线所示。如果在K点卸载后，经过一段时间再张拉钢筋，则$\sigma-\varepsilon$曲线仍然沿LK直线变化，但是要上升到K'点才屈服，即屈服强度可进一步提高，较未冷拉前的f_y提高约$25\% \sim 30\%$，并且流幅较明显；而$\sigma-\varepsilon$曲线改为$LK'D'E'$变化至破坏，延伸率进一步减小，这种现象称为"冷拉时效硬化"，冷拉时效后钢筋的弹性模量减少较小，而未经时效的略大。

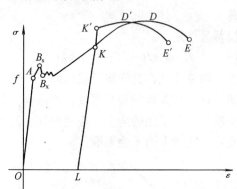

图2-23   钢筋冷拉的$\sigma-\varepsilon$曲线

常温时，冷拉时效硬化Ⅰ号钢筋约需20d。如果用电热时效（将钢筋通电），加温在100℃时，仅需2h即可完成。冷拉时效后的钢筋，如再次加温，则强度降低甚至恢复到冷拉前的力学指标，所以，需要焊接的冷拉钢筋，必须先焊好后再实施冷拉。

控制冷拉钢筋的质量主要有两个指标：冷拉应力和冷拉率，即K（或K'）点处的应力及其对应的应变值。为了保证冷拉以后的钢筋仍具有一点的塑性，并有一定的强度安全储备（冷拉以后的极限破坏强度与屈服强度之比规定有一个大于一的安全系数），故对于各种钢筋进行冷拉时，必须规定冷拉控制应力和冷拉率。如果两者都必须满足标准规定的称为双控；仅控制冷拉率的称为单控。钢筋冷拉只能提高抗拉的屈服强度，不能提高抗压的屈服强度，这是应用中必须注意的。

2. 冷拔

冷拔是将热轧的直径为6～8mm的Ⅰ级钢筋，采用强力迫使钢筋通过特制的钨合金拔丝钢模具，见图2-24，使钢筋产生塑性变形，从而改变钢筋的物理力学性能，使钢筋的抗拉极限强度提高50%～90%，但冷拔以后钢筋的延伸率和弹性模量都有所降低。

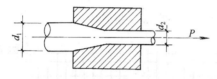

图 2-24　钢筋冷拔模具

冷拔与冷拉相比，冷拉是单向拉伸的线应力，而冷拔是兼有拉伸与压缩的立体应力，抗拉强度与抗压强度较冷拔前都有较大的提高，但塑性很差，延伸率比冷拉钢筋还小。

2.2.4　钢筋的成型

在浇筑混凝土之前，构件中的钢筋由单根钢筋按设计位置构成空间受力骨架，构成骨架的方法主要有两种：绑扎骨架与焊接骨架。为了使单根钢筋受力可靠，在将其连接成型之前，首先得进行弯钩、弯转和接头加工。

1. 绑扎骨架

将单根经放样加工好的钢筋用铁丝人工绑扎成骨架，见图2-25。这种成型方法不需其他机具设备，施工简便灵活，但速度较慢，多用于现场就地浇筑的整体结构的施工。

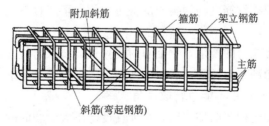

图 2-25　钢筋绑扎骨架

2. 焊接骨架

将单根经放样加工好的钢筋用焊接方法构成焊接骨架，见图2-26；或焊接钢筋网，见图 2-27。这种成型方法可避免设置弯钩，省工省料，适合于工业化批量生产和装配式钢筋混凝土结构的生产，能减少现场钢筋工的工作量，加快施工进度。

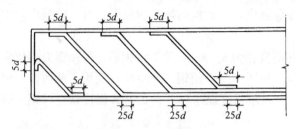

图 2-26　钢筋焊接骨架

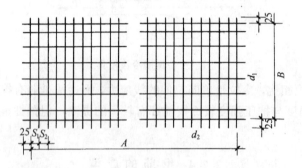

图 2-27　焊接钢筋网

3. 弯钩

为了防止承受拉力的光面钢筋在混凝土中滑动，钢筋的端部要设置半圆弯钩，见图 2-28（a）；受压的光面钢筋可不设弯钩，这是因为钢筋在受压时会横向变形加粗，提高了握裹力。变形钢筋因表面有齿肋花纹，握裹力大，可不设半圆形弯钩，而改用直角形弯钩，见图 2-28（b）。弯钩的轴线半径 R 不宜过小，光面钢筋的 R 一般应大于 $1.75d$；变形钢筋的 R 一般应大于 $3d$，d 为钢筋的计算直径。

焊接骨架和焊接钢筋网与混凝土的握裹较好，可不设弯钩。

4. 弯转

为了满足承受拉力的要求，钢筋有时需按设计要求弯转方向，为了避免在弯转处的混凝土被局部压力压碎，所以在弯转处的半径 R（至钢筋轴线）不得小于 $10d$，见图 2-28（c）；更不能急转成锐角。

环氧涂层钢筋进行弯曲加工时，对于直径 d 不大于 20mm 的钢筋，其弯曲直径不应小于 $4d$；对于直径 d 大于 20mm 的钢筋，其弯曲直径不应小于 $6d$。

5. 接头

为了便于运输。出厂的钢筋除小直径的盘圆外，一般长约为 10～12m，在使用过程中就需要用接头接长至设计长度。

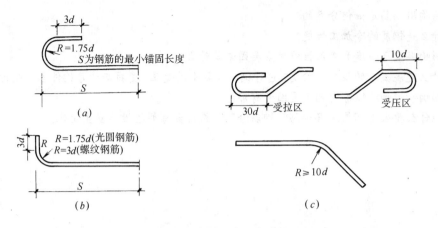

图 2-28　钢筋的弯钩与弯转

　　钢筋的接长有许多方法，如：绑扎搭接、焊接、套筒冷轧连接。绑扎搭接用于绑扎钢筋骨架的制作，焊接用于焊接钢筋骨架的制作。套筒冷轧连接多用于立柱中竖向主筋的连接，方法是采用液压设备在内部插入了要连接的上下钢筋后的套筒外侧进行挤压，使套筒壁产生塑性变形的牙痕，从而使被连接的钢筋和套筒内壁之间产生机械咬合力。对于直径等于和小于25mm 的钢筋，在无焊接条件时可以采用绑扎搭接接长（冷加工的钢筋只能采用绑扎搭接接长）。为了使接头处可靠地传递拉力，采用绑扎搭接接长时，搭接长度应满足特定结构的规范要求。除此以外，还应满足规范关于在同一构件截面位置钢筋接头最大百分率的限定；采用焊接搭接时，双面焊缝的总长度应不小于5d，单面焊缝的总长度应不小于10d，d为钢筋直径。采用夹杆式电弧焊时，夹杆的总截面面积不小于被焊接钢筋的截面积。夹杆长度，双面焊缝的总长度应不小于5d，单面焊缝的长度应不小于10d，d为钢筋直径。

　　环氧涂层钢筋的绑扎搭接长度，对受拉钢筋应取为不小于设计规范规定的相同等级和规格的无涂层钢筋锚固长度的1.5 倍，且不小于375mm；对受压钢筋应取为不小于设计规范规定的相同等级和规格的无涂层钢筋锚固长度的1.0 倍，且不小于250mm；另外，涂层钢筋的锚固长度应取为不小于设计规范规定的相同等级和规格的无涂层钢筋锚固长度的1.25 倍。

思　考　题

1. 混凝土的强度等级是怎样划分的？
2. 如何确定混凝土的抗压强度和抗拉强度？
3. 混凝土和钢筋的应力-应变曲线各有什么特征？
4. 混凝土的弹性模量是如何确定的？

5. 结构用钢筋是如何分类的？
6. 什么是钢筋的冷加工性能？
7. 影响混凝土强度和变形性能的主要因素是什么？
8. 什么是混凝土的收缩与徐变？它对钢筋混凝土的受压、受拉与受弯构件各产生什么影响？影响收缩徐变的主要因素有哪些？
9. 为什么要采用环氧涂层钢筋？钢筋涂了环氧后会有那些性能发生变化？

第3章　轴心受力构件的受力性能

对于匀质材料的构件，当纵向外力 N 的作用线与构件的计算轴线重合时，称为轴心受力构件。由于混凝土材料的不均匀性和难以使钢筋完全对称均匀地布置，所以在钢筋混凝土结构中，真正的轴心受力构件几乎是没有的，即使在实验室中也是难于得到。但是为了方便，往往近似地略去混凝土的不均匀性和钢筋不对称布置的影响，当轴向力与构件截面形心的连线重合时，通常可近似地按轴心受拉或轴心受压构件进行设计。

工程中，近似地按轴心受拉构件设计的有桁架中的受拉腹杆和下弦杆以及圆形贮液池的池壁，而以恒载为主的多层建筑的内柱以及屋架的受压腹杆等构件，往往可近似地按轴心受压构件来设计。图 3-1 为轴心受力构件的一些工程实例。

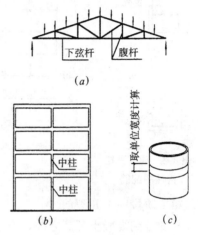

图 3-1　轴心受力构件的工程实例
(a) 屋架中的腹杆和下弦杆；(b) 等跨框架的中柱；(c) 圆形水池池壁环向受力单元

§3.1　轴心受拉构件的受力分析

3.1.1　轴心受拉构件的试验研究

当构件上作用轴向拉力，且拉力作用于构件截面的形心时，称为轴心受拉构件。图 3-2 为钢筋混凝土轴心受拉构件的典型配筋形式。其中沿受力方向配置的受力钢筋称为纵向钢筋；为固定纵向钢筋位置，沿构件横向配置的封闭钢箍称为箍筋。在轴心受拉构件中，箍筋一般不受力，它属于构造配筋。

与其他钢筋混凝土结构构件一样，轴心受拉构件的受力性能的探讨和计算理论的建立，离不开试验研究。轴心受拉构件的受力性能，可通过图 3-3 所示的试验结果予以说明。

试件长 100cm，截面尺寸为 100mm×160mm，钢筋采用 Ⅱ 级钢 4 ϕ 10，试件受力后被拉长，利用标距为 350mm 的变形计测量其伸长量 Δl （mm）。图 3-3 为实测轴向拉力与变形的关系曲线。从图中可以看出，关系曲线上有两个明显的转折点，其受力与变形过程可分成三个阶段：

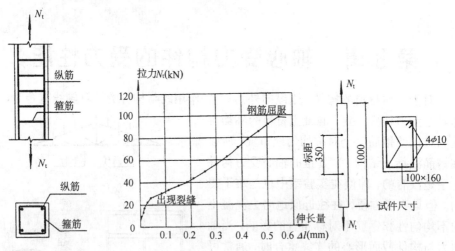

图 3-2   轴心受拉
构件的配筋

图 3-3   轴心受拉构件的试验曲线

第 I 阶段——开裂前

从加载到混凝土开裂之前，由于这时的应力和应变都很小，混凝土和钢筋共同工作，应力与应变大致成正比，应力与应变曲线接近于直线。在这第 I 工作阶段末，混凝土拉应变达到极限拉应变，裂缝即将产生。对于不允许开裂的轴心受拉构件，应以此工作阶段末作为抗裂验算的依据。第 I 阶段也可称为整体工作阶段。

第 II 阶段——混凝土开裂后至钢筋屈服前

当荷载增加到某一值时，在构件较薄弱的部位首先出现裂缝。这种裂缝大致与构件的轴线相垂直，称为法向裂缝。裂缝出现后，构件裂缝截面处的混凝土退出工作，拉力全部由钢筋承担；以后，随着荷载的增加，其他一些截面上也先后出现法向裂缝，裂缝的产生导致截面刚度的削弱，使得应力应变曲线上出现转折点，反映出钢筋和混凝土之间发生了应力重分布。沿横截面贯通的裂缝将构件分割为几段，各段间在裂缝处只有钢筋联系着。但裂缝与裂缝之间的混凝土仍能协同钢筋承担一部分拉力。

由上可见，带裂缝工作是第 II 阶段的主要特点。所以对于配筋率不太低的轴心受拉构件，第 II 阶段就是构件的正常使用阶段，此时构件受到的使用荷载大约为构件破坏时荷载的 50%～70%，构件的裂缝宽度和变形的验算是以此阶段为依据的。

第 III 阶段——钢筋屈服到构件破坏

当加载达到某点时（图 3-3 中拉力达到 99kN），某一裂缝截面处的个别钢筋首先达到屈服，裂缝迅速扩展，这时荷载稍稍增加，甚至不增加，都会导致截面上的钢筋全部达到屈服。这时变形猛增,整个构件达到极限承载能力。由于破坏截面垂直于轴线,所以称为正截面受拉承载力。由于实测的困难,破坏时的实际变形值很难得到。因此,评判轴心受拉构件破坏的标准并不是构件拉断,而是钢筋屈服。正截面强度计算是以第Ⅲ阶段为依据的。

通过讨论轴心受拉构件的受力过程,还应注意到一个重要概念:同为轴心受拉构件,钢筋混凝土构件截面上应力分布与材料力学中匀质弹性体构件有很大的区别。匀质弹性材料的构件,截面上的应力始终服从直线分布规律。而钢筋混凝土构件截面在出现裂缝之前,混凝土与钢筋共同工作,两者具有相同的拉伸应变,混凝土与钢筋的应力分别与它们的弹性模量(或割线模量)成正比,即钢筋中的实际拉应力较混凝土高很多。而当混凝土开裂后,裂缝截面处受拉混凝土退出工作,原来由混凝土承担的那部分应力将转由钢筋承担,这时钢筋的应力猛增,混凝土的应力则下降至零。这种截面上混凝土与钢筋之间应力的调整,称为截面上的应力重分布。应力重分布是钢筋混凝土结构中一个非常重要的概念。

3.1.2 混凝土开裂前的基本方程

在第Ⅰ工作阶段,混凝土尚未开裂,在外荷载拉力作用下,构件内钢筋和混凝土共同受力,变形协调。图 3-4 所示的轴心受拉构件,在轴心拉力 N 作用下,构件将伸长,构件长度为 l,伸长值为 Δl,则构件的拉伸应变为 $\varepsilon = \Delta l / l$。构件截面面积为 A,纵筋截面为 A_s。构件受拉时,其中钢筋和混凝土受到的拉应力分别为 σ_s 和 σ_t。

1. 静力平衡条件

由图 3-4 计算图式可知,沿构件纵向取力的平衡条件可以得到

$$N_t = \sigma_t A + \sigma_s A_s \qquad (3\text{-}1)$$

式中混凝土截面积 A 应该是构件截面积扣除钢筋的截面积。但为简化计算,当钢筋截面积 A_s 小于构件截面积的 3% 时,通常近似取构件的截面积 A。

2. 平面变形条件

由于轴心受拉构件的任一横截面,在受力变形后仍为一平面,钢筋与混凝土共同变形,其拉应变必然相等,即

$$\varepsilon = \varepsilon_s = \varepsilon_t = \frac{\Delta l}{l} \qquad (3\text{-}2)$$

式中 ε_s——钢筋的拉应变;

ε_t——混凝土的拉应变。

3. 物理条件

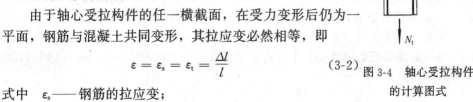

图 3-4 轴心受拉构件的计算图式

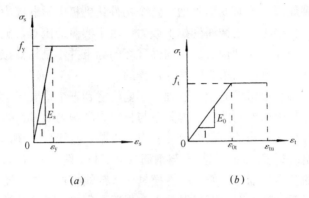

图 3-5   钢筋和混凝土理想化的应力—应变曲线

(a) 钢筋；(b) 混凝土

为简化分析，通常将钢筋和混凝土实测的应力—应变关系理想化，如图 3-5 所示。

(1) 钢筋受拉的应力—应变关系

钢筋受拉时，其应力—应变关系为二段折线，见图 3-5 (a)。在钢筋应力小于钢筋的屈服强度时，应力—应变关系为一斜直线；当钢筋应力达到屈服强度时，其应变不断增加，而应力维持在屈服强度值 f_y 不变。用公式表示为

$$当 0 < \varepsilon_s \leqslant \varepsilon_y \text{ 时 } \sigma_s = E_s \varepsilon_s$$

$$当 \varepsilon_s > \varepsilon_y \text{ 时 } \sigma_s = f_y \tag{3-3}$$

(2) 混凝土受拉应力—应变关系

虽然混凝土受拉时，应力与应变并不呈线性关系，但计算时通常也简化成二段折线，见图 3-5 (b) 所示，当混凝土应变小于其最大拉应力相对应的拉应变 ε_{0t} 时，应力—应变曲线假定为一斜直线，斜直线的斜率为混凝土的弹性模量 E_0；当应变值大于 ε_{0t} 时，应力保持为最大拉应力 f_t，而当混凝土拉应变超过其极限应变 ε_{tu} 时，混凝土开裂，退出工作。应力—应变关系式如下：

$$当 0 < \varepsilon_t \leqslant \varepsilon_{0t} \text{ 时 } \sigma_t = E_0 \varepsilon_t$$

$$当 \varepsilon_{0t} < \varepsilon_t \leqslant \varepsilon_{tu} \text{ 时 } \sigma_t = f_t \tag{3-4}$$

从混凝土受拉应力—应变本构关系知道，混凝土受拉有一定塑性变形能力，在拉应力达到最大值以后，不一定马上破坏，变形仍能增加。为简化计算可取极限拉应变 ε_{tu} 为达到最大拉应力时的应变的二倍，即 $\varepsilon_{tu} = 2\varepsilon_{0t}$ （图 3-5b）。

上述 3 个条件共有 4 个方程，对于方程中的 9 个变量 N_t、A、A_s、E_s、E_0、ε_t、ε_s、σ_t、σ_s，如果已知其中的 5 个 （通常是前面 5 个变量为已知），则可以解出其余 4 个未知数。

3.1.3   混凝土开裂前轴向拉力与变形的关系

钢筋混凝土轴心受拉构件的轴力和变形之间关系，应分成两个阶段来分析，即

混凝土开裂前和混凝土开裂后两个阶段。当构件受到的轴向拉力较小时，混凝土应力和应变均较小，裂缝还未出现，这时轴向拉力由钢筋和混凝土共同承受。将式（3-3）和式（3-4）代入到式（3-1），可以得到截面的轴向拉力与变形的关系：

$$N_t = AE_0\varepsilon_t + A_s E_s \varepsilon_s \tag{3-5}$$

由于此阶段构件处于弹性工作状态，钢筋和混凝土变形协调，两者的应变值相等，上式可写成：

$$N_t = (E_0 A + E_s A_s)\varepsilon \tag{3-6}$$

如果将钢筋与混凝土两种材料弹性模量比值取为

$$\alpha_E = E_s / E_0 \tag{3-7}$$

定义截面配筋率为：

$$\rho = A_s / A \tag{3-8}$$

并引入记号：

$$A_0 = A(1 + \alpha_E \rho) \tag{3-9}$$

则式（3-6）可改写为：

$$N_t = E_0 A(1 + \alpha_E \rho)\varepsilon = E_0 A_0 \varepsilon \tag{3-10}$$

式中 A_0 称为混凝土换算截面面积，它是将钢筋的截面积增加 α_E 倍，即 $\alpha_E \cdot A_s$，再与混凝土截面积 A 相加，使整个构件截面等效地换算成为一种材料的截面。这时就可以按匀质弹性体来分析，概念清楚，也比较简单。

通常 A、E_0、α_E、ρ 为已知常数，则换算截面积 A_0 也为常数，从式（3-10）可知，当构件处于弹性工作阶段时，构件的轴向拉力与构件的变形成正比。

3.1.4 开裂时的轴向拉力

须指出，在第Ⅰ阶段末，构件的拉应变达到混凝土极限拉应变 ε_{tu} 时，已到了构件即将出现裂缝的临界状态，这时截面所能承受的拉力，称为截面开裂时拉力 N_{cr}；此时，钢筋的应变也等于混凝土的极限拉应变值，而混凝土的极限应变值 ε_{tu} 为混凝土刚达到最大应力 f_t 时的应变值 ε_{0t} 的二倍，即 $\varepsilon_{tu} = 2\varepsilon_{0t}$。

此时混凝土应力 $\sigma_t = f_t \tag{3-11}$

钢筋应力 $\sigma_s = \varepsilon_s E_s = 2\varepsilon_{0t} \cdot E_s = 2\dfrac{f_t}{E_0} E_s = 2\alpha_E f_t \tag{3-12}$

第Ⅰ阶段末的截面轴向拉力与变形关系式可以写成

$$N_{cr} = f_t \cdot A + \sigma_s \cdot A_s = f_t \cdot A + 2\alpha_E \cdot f_t \cdot A_s = f_t \cdot A(1 + 2\alpha_E \cdot \rho) \tag{3-13}$$

或写成

$$N_{cr} = E_0 A(1 + 2\alpha_E \cdot \rho) \cdot \varepsilon_{0t} \tag{3-14}$$

式中 N_{cr}——轴向受力构件开裂时的拉力计算值；

f_t——混凝土抗拉强度。

式（3-13）或（3-14）即为钢筋混凝土轴心受拉构件开裂时的拉力计算值。

3.1.5　轴心受拉构件的极限承载力

混凝土达到极限拉应变出现裂缝后，截面的受力变形进入第Ⅱ阶段，此时混凝土因开裂不能再承受拉力，全部拉力由钢筋承担，此时构件内力与变形的关系，则为：

$$N_t = \sigma_s \cdot A_s = E_s \cdot A_s \cdot \varepsilon \tag{3-15}$$

混凝土的应力　　　　　　　　　　$\sigma_t = 0$

钢筋的拉应力随荷载增加成比例进一步增大，即

$$\sigma_s = N_t / A_s \tag{3-16}$$

当钢筋拉应力达到了钢筋屈服强度，构件即进入了第Ⅲ工作阶段，变形急剧增加，但荷载基本维持不变，这时构件达到其极限承载力：

$$N_{tu} = f_y \cdot A_s \tag{3-17}$$

式中　N_{tu}——轴向受拉构件极限承载力计算值；

　　　f_y——钢筋屈服强度。

【例 3-1】　有一钢筋混凝土轴心受拉构件，构件长 2000mm，截面尺寸 $b \times h = 300mm \times 300mm$，配有纵筋 4$\underline{\Phi}$25（$A_s = 1964mm^2$），已知所用的钢筋及混凝土受拉的应力—应变关系如图 3-6 所示。

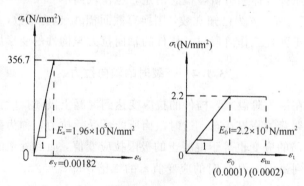

图 3-6　计算采用的钢筋和混凝土的应力—应变曲线

试求出：

（1）整个构件拉伸量为 $\Delta l = 0.1mm$ 时构件承受的拉力为多少？此时截面中的钢筋和混凝土的拉应力各为多少？

（2）构件即将开裂时的拉力为多少？此时截面中的钢筋和混凝土的拉应力又为多少？

（3）构件受拉破坏时的拉力为多少？

【解】　（1）伸长量 $\Delta l = 0.1mm$ 时的拉伸应变为

$$\varepsilon_t = \frac{\Delta l}{l} = \frac{0.1}{2000} = 0.00005, \varepsilon_t \leqslant \varepsilon_{0t} = 0.0001$$

构件受力处于弹性工作阶段

$$\rho = A_s/A = 1964/90000 = 0.0218$$

$$\alpha_E = E_s/E_0 = 1.96 \times 10^5/2.2 \times 10^4 = 8.9$$

$$A_0 = A(1 + \alpha_E \cdot \rho) = 90000 \times 1.194 = 107460mm^2$$

此时拉力

$$N_t = E_0 \cdot A_0 \cdot \varepsilon_t = 22000 \times 107460 \times 0.00005 = 118.21kN$$

混凝土拉应力

$$\sigma_t = \frac{N_t}{A_0} = \frac{118210}{107460} = 1.1N/mm^2$$

钢筋拉应力

$$\sigma_s = \alpha_E \cdot \sigma_t = 8.9 \times 1.1 = 9.79N/mm^2$$

（2）构件即将开裂时拉应变 $\varepsilon = \varepsilon_{0t} = 0.0001$

此时混凝土拉应力

$$\sigma_t = f_t = 2.2N/mm^2$$

钢筋拉应力

$$\sigma_s = 2\alpha_E \cdot f_t = 2 \times 8.9 \times 2.2 = 39.16N/mm^2$$

构件开裂时的拉力

$$N_{cr} = f_t \cdot A(1 + 2\alpha_E \cdot \rho) = 2.2 \times 90000(1 + 2 \times 8.9 \times 0.0218) = 274.8kN$$

（3）构件破坏时钢筋应变达到屈服应变，钢筋应力达到屈服强度

$$\sigma_s = f_y = 356.7N/mm^2$$

则构件承载力为

$$N_{tu} = f_y \cdot A_s = 356.7 \times 1964 = 700kN$$

§ 3.2　轴心受压短柱的破坏形态和承载力计算

轴心受压柱（或称轴心受压构件）可分为短柱和长柱两类。极限承载力仅取决于构件的横截面尺寸和材料强度的柱称为短柱；当柱的长细比较大，受荷时引起侧向变形，这时柱的极限承载能力将受此侧向变形所产生的附加弯矩影响而降低，此柱称为长柱。钢筋混凝土轴心受压构件长柱的计算公式，是在短柱理论的基础上，根据构件的长细比，稍作修正而得到的。故弄清短柱的受力机理是轴心受压构件受力分析的基础。

3.2.1　短柱的试验

某一配有纵筋和箍筋的短柱，其截面尺寸为 100mm×160mm，柱长 500mm，配置 4φ10 纵筋（图 3-7），实测混凝土立方体抗压强度 $f_{cu}^0 = 26.9N/mm^2$，棱柱抗压强度 $f_c^0 = 18.3N/mm^2$，实测混凝土钢筋屈服强度 $f_y^0 = 362.6N/mm^2$。轴心压力

N_c^0 用油压千斤顶施加。用仪表测量混凝土表面一定标距 l 内的压缩变形 Δl，用贴在钢筋上的应变片测量钢筋的线应变 ε_s。

图 3-8 为实测的压力与压缩变形的关系。

试验结果表明，钢筋混凝土短柱在短期荷载作用下，截面上各处的应变均匀分布，因混凝土与钢筋粘结较好，两者的压应变值相同。当荷载较小时，轴向压力与压缩量 Δl 基本成正比例增长；当荷载较大时，由于混凝土的非线性性态使得轴向压力和压缩变形不再保持正比关系，变形增加比荷载增加更快，当轴向压力增加到破坏荷载的 90% 左右时，柱四周出现纵向裂缝及压坏痕迹，混凝土保护层剥落，纵筋向外屈折，混凝土被压碎而柱破坏，其破坏形态如图 3-9 所示。

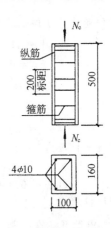

图 3-7　轴心受压
短柱试件

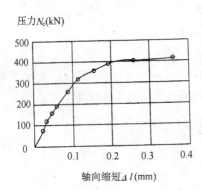

图 3-8　轴心受压短柱实测荷载—变形曲线

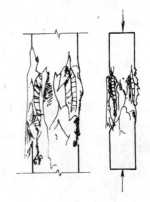

图 3-9　轴心受压短柱破坏形态

3.2.2　截面分析的基本方程

1. 静力平衡条件

钢筋混凝土轴心受压构件，由纵向钢筋和混凝土共同承担压力。根据外力与内力的静力平衡（图 3-10），可得到

$$N_c = \sigma_c A + \sigma_s A_s' \tag{3-18}$$

式中　N_c——作用于构件的轴向压力；

σ_c、σ_s——分别为混凝土压应力和钢筋的压应力；

A、A_s'——分别为构件的截面面积和受压纵向钢筋的截面积。

式（3-18）形式上与（3-1）相同，只是作用的外力为轴向压力，混凝土和钢筋的应力为压应力。

2. 平面变形条件

由于混凝土和钢筋变形协调，两者的压应变数值相同，则

$$\varepsilon_s = \varepsilon_c = \varepsilon \tag{3-19}$$

式（3-19）与式（3-2）基本形式相同，只是应变值为压应变。

3. 物理条件

（1）钢筋受压的应力—应变关系

由第 2 章材料的物理力学性能可知，有明显物理流限的钢筋，其受压时的应力—应变曲线与受拉时一样，可简化为图 3-11（a）所示的双折线形式。表达式为

当　　　$0 < \varepsilon_s \leqslant \varepsilon_y$ 时 $\sigma_s = E_s \varepsilon_s$ 　　(3-20)

当　　　$\varepsilon_s > \varepsilon_y$ 时 $\sigma_s = f_y'$ 　　(3-21)

（2）混凝土受压的应力—应变关系

只有当混凝土压应力很小时，混凝土的应力和应变才近似呈线性关系。正常使用情况下的混凝土受压构件，混凝土的应力—应变关系是非线性。描述混凝土受压时的应力—应变关系曲线有多种。通常采用式（3-22）的曲线方程，并取混凝土压应力峰值时的应变值为 $\varepsilon_0 = 0.002$，见图 3-11（b），则有

当　　$0 \leqslant \varepsilon_c \leqslant \varepsilon_0$ 　$\sigma_c = 1000\varepsilon_c(1 - 250\varepsilon_c)f_c$ 　(3-22a)

当　　　$\varepsilon_0 < \varepsilon_c \leqslant \varepsilon_{cu}$ 　$\sigma_c = f_c$ 　　(3-22b)

式中　　σ_s、ε_s——钢筋的压应力和压应变；

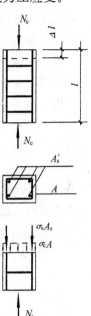

图 3-10　轴心受压构件
的计算图式

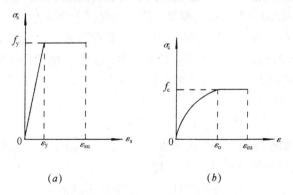

(a) 　　　　　　　　(b)

图 3-11　钢筋和混凝土的本构关系

(a) 钢筋；(b) 混凝土

σ_c、ε_c——混凝土的压应力和压应变；

ε_y、f_y'——钢筋开始屈服时的压应变值和钢筋屈服强度；

ε_0、f_c——混凝土压应力开始达到其峰值应力时的压应变值和混凝土的抗压强度；

ε_{cu}——混凝土的极限压应变。

3.2.3 材料的应力、应变与轴向压力的关系

应用前述的基本方程，可以研究构件中钢筋和混凝土的应力—应变随外荷载变化的规律。构件受轴向压力作用，钢筋和混凝土共同变形。通常情况下（采用的钢筋强度等级为Ⅲ级以下）当钢筋达到屈服时，混凝土压应力还未达到其峰值。于是在讨论钢筋和混凝土的应力—应变与外荷载轴压力关系时，应将构件的受力过程分为三个阶段分析。即从开始加载到钢筋屈服为第Ⅰ阶段，构件的应变为 $0 < \varepsilon \leqslant \varepsilon_y$；从钢筋屈服到混凝土压应力达到峰值为第Ⅱ阶段，应变值为 $\varepsilon_y < \varepsilon \leqslant \varepsilon_0$；从混凝土应力达到峰值到混凝土应变达到其极限压应变，构件产生破坏为第Ⅲ阶段，构件应变值为 $\varepsilon_0 < \varepsilon \leqslant \varepsilon_{cu}$。

1. 第Ⅰ阶段（从开始加载到钢筋屈服）

将物理方程式（3-20）和式（3-22a）代入到平衡方程式（3-18）中，并考虑到钢筋和混凝土变形协调关系式（3-19），可得到构件变形和轴压力的关系式

$$N_c = f_c \cdot 1000\varepsilon_c(1 - 250\varepsilon_c)A + E_s\varepsilon_s A'_s$$

即 $$N_c = \varepsilon\ (E_sA'_s + 1000f_cA)\ - 2.5\times 10^5 \varepsilon^2 A f_c \qquad (3\text{-}23)$$

从式（3-23）中可以看出，构件的变形以及钢筋和混凝土的应力并不与外荷载轴压力成正比，反映出钢筋混凝土轴心受压时构件的非线性性质。由于构件的几何和材料物理力学性质通常是已知的，所以为求出在外荷载 N_c 作用下的构件应变值 ε，可由式（3-23）直接解一元二次方程得到，式（3-23）的适用条件为 $\varepsilon \leqslant \varepsilon_y$。

求得构件的应变值 ε，实际上也得到了钢筋和混凝土的应变值，分别代入式（3-20）和式（3-22a），即可得到钢筋的应力和混凝土的应力。

当构件受到的轴向压力较小时，有时为了简化计算，也可忽略混凝土材料应力与应变之间的非线性性质，而采用线性的本构关系。也就是说当混凝土的应力很小时，混凝土的应力与应变关系可不采用非线性的式（3-22a），而近似地改用式（3-24）的线性关系式

$$\sigma_c = E_0\varepsilon_c \qquad (3\text{-}24)$$

此时，截面的轴压力与变形关系也不采用式（3-23），而是采用类似于轴心受拉截面第Ⅰ阶段的计算公式（3-10），即

$$N_c = E_cA(1 + \alpha_E\rho)\varepsilon = E_cA_0\varepsilon \qquad (3\text{-}25)$$

式中 N_c——截面轴向压力；

E_c——混凝土的初始弹性模量；

A_0——轴心受压构件的换算截面积；

α_E——钢筋弹性模量与混凝土初始弹性模量的比值。

此时，利用式（3-24）和式（3-20）可求得混凝土的应力和钢筋的应力：

$$\sigma_c = E_0 \cdot \varepsilon = \frac{N_0}{A_0} \tag{3-26}$$

$$\sigma_s = E_s \cdot \varepsilon = \alpha_E \sigma_c \tag{3-27}$$

上述分析表明，构件在受到轴向压力很小的情况下，可忽略混凝土的非线性性态，钢筋和混凝土的变形协调，钢筋的压应力值是混凝土的 α_E 倍（一般 $\alpha_E = 7 \sim 9$）。混凝土的压应力和钢筋的压应力均随轴压力 N_c 的增加而呈线性增加。但是当轴向压力逐渐增大，大约从破坏荷载的30%左右开始，如果再假定混凝土的应力与应变为线性关系，将会使计算结果与实际受力情况间的误差大大增加，此时，应改用式（3-22a）的本构关系和轴向力与变形的关系式（3-23）计算。

在第2章中已知，混凝土的受压割线模量（又称变形模量）E'_c 与混凝土的原点弹性模量 E_c 的关系为 $E'_c = \nu E_c$，于是混凝土的应力—应变关系式（3-22a）还可以采用另外的表达形式，即用割线模量表示其应力应变关系

$$\sigma_c = E'_c \cdot \varepsilon = \nu E_c \varepsilon \tag{3-28}$$

式中　σ_c——混凝土的受压应力值；

　　E'_c——混凝土的割线模量（变形模量）；

　　E_c——混凝土初始弹性模量；

　　ν——混凝土受压过程中，考虑混凝土变形模量数值降低的系数，称为弹性系数。

根据静力平衡条件可得：

$$N_c = \sigma_c A + \sigma_s A'_s = E_c \nu \varepsilon A + E_s \varepsilon A'_s = \varepsilon \nu E_c A \left(1 + \frac{\alpha_E}{\nu} \rho \right)$$

则混凝土应力：

$$\sigma_c = \frac{N_c}{A \left(1 + \dfrac{\alpha_E}{\nu} \rho \right)} \tag{3-29}$$

钢筋应力：

$$\sigma_s = E_s \varepsilon = E_s \frac{\sigma_c}{\nu E_c} = \frac{\alpha_E}{\nu} \sigma_c \tag{3-30}$$

即

$$\sigma_s = \frac{N_c}{\left(1 + \dfrac{\nu}{\alpha_E \rho} \right) A'_s} \tag{3-31}$$

在式（3-29）和式（3-31）中 α_E 与 ρ 是常数，而弹性系数 ν 是一个随混凝土压应力的增长而不断降低的变数。式（3-29）和式（3-31）的混凝土应力、钢筋应力与外荷载轴力 N_c 之间的关系可用图3-12来表示。从图中关系曲线可看出当荷载很小时（弹性阶段），N_c 与 σ_s、σ_c 的关系基本上是线性的。混凝土和钢筋一样，处于弹性阶段，基本上没有塑性变形，此时钢筋应力 σ_s 与混凝土应力 σ_c 也近似成正比。

随着荷载的增加，混凝土的塑性变形有所发展。这时在相同的荷载增量下，钢筋的压应力比混凝土的压应力增加得快。图3-12中可看出，在第 I 阶段 $\sigma_s - N_c$ 曲线上凹，而 $\sigma_c - N_c$ 曲线下凹。

2. 第Ⅱ阶段（从钢筋屈服到混凝土应力达到峰值）

随着外荷载的逐渐增大，钢筋进入屈服阶段。对于有明显屈服台阶的钢筋，其应力保持为屈服强度不变，而构件的应变值不断增加；混凝土的塑性变形不断地增加，混凝土的应力也随应变的增加而继续增长。当应变达到 ε_0（$\varepsilon_0 = 0.002$）时，混凝土应力达到了应力峰值 f_c。由于此阶段钢筋的应力保持不变。新增加的外荷载全部由混凝土承受，所以混凝土应力随外荷载增长的速率也增大，反映在图3-12中混凝土应力与外荷载 $\sigma_c - N_c$ 关系曲线，由原来的下凹变成上凹，其间有一个明显的拐点。第Ⅱ阶段的应变 ε 范围为：$\varepsilon_y < \varepsilon \leqslant \varepsilon_0$。

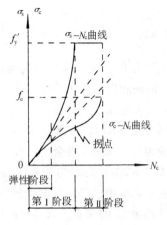

图 3-12   荷载—应力曲线

将钢筋和混凝土的本构关系表达式（3-21）和（3-22a）代入平衡方程式（3-18），则得到：

$$N_c = f_c 1000\varepsilon(1 - 250\varepsilon)A + f'_y A'_s \tag{3-32}$$

此时钢筋的应力和混凝土应力分别为：

$$\sigma_s = f_c \tag{3-33}$$

$$\sigma_c = (N_c - f'_y A'_s)/A \tag{3-34}$$

式中 f_c——混凝土的强度峰值；

f'_y——钢筋的抗压屈服强度；

A'_s——受压纵向钢筋的截面积。

显然，第Ⅱ阶段应变和应力与外荷载关系也是非线性。在第Ⅱ阶段末，混凝土的应力达到其强度峰值，将式（3-21）和式（3-33）代入式（3-18），则得到以材料强度表示的截面极限承载力

$$N_{cu} = f_c A + f'_y A'_s \tag{3-35}$$

试验表明，素混凝土轴心受压构件达到最大应力值时的压应变值一般在 0.0015～0.002 左右，而钢筋混凝土短柱达到应力峰值时的应变一般在 0.0025～0.0035 之间。这是因为柱中配置的纵向钢筋，起到了调整混凝土应力的作用，能比较好地发挥混凝土的塑性性能，使构件达到应力峰值时的应变值比素混凝土构件有较大的增加，改善了受压破坏的脆性性质。

破坏时，一般是纵筋先达到屈服强度，此时可继续增加一些荷载。最后混凝土达到最大应力值，构件破坏。当采用高屈服强度的纵筋时，也可能在混凝土达到最大应力时，钢筋的应力还没有达到屈服强度。

在计算时，以构件的压应变0.002为控制条件，认为此时混凝土达到棱柱体抗压强度值 f_c，相应的纵筋应力值应为：$\sigma'_s = E_s \varepsilon \approx 200 \times 10^3 \times 0.002 \approx 400 \text{N/mm}^2$；对

对于 I、II、III 级钢筋已经达到其屈服强度，而对于屈服强度大于 $400\text{N}/\text{mm}^2$ 的钢筋在计算 f'_y 值时只能取 $400\text{N}/\text{mm}^2$。

第 II 阶段末是计算轴心受压构件极限强度的依据。

3. 第 III 阶段（从混凝土压应力达到峰值，至混凝土压应变达到极限应变值）

当构件压应变超过混凝土压应力达到峰值所对应的应变值 ε_0（一般取 $\varepsilon_0 = 0.002$）时，受力过程进入了第 III 阶段，此时施加于构件的外荷载不再增加，而构件的压缩变形继续增加，一直到变形达到混凝土极限压应变 ε_u，这时轴心受压构件出现的纵向裂缝继续发展，箍筋间的纵筋发生压屈向外凸出，混凝土被压碎而整个构件破坏。此阶段构件的压应变：$\varepsilon_0 < \varepsilon \leqslant \varepsilon_u$。

在第 III 阶段，对于有明显屈服台阶的钢筋，其压应力值一直维持在屈服强度，即：

$$\sigma_s = f'_y \tag{3-36}$$

这时，当采用式（3-22）应力应变本构关系时，混凝土压应力为

$$\sigma_c = f_c \tag{3-37}$$

考虑到混凝土应力达到其峰值 f_c 后，随着变形的增加应力将有所下降，即处于所谓混凝土应力应变曲线下降段，在第 III 阶段构件的实际承载能力会随应变的增加而有所降低。

由此可见，轴心受压构件在第 III 阶段的性态对于静力计算问题，已没有什么价值，但是对于结构抗震和抗爆课题，仍有重要意义。

3.2.4　长期荷载作用下的徐变影响

轴心受压构件在保持不变的荷载长期作用下，由于混凝土的徐变影响，其压缩变形将随时间增加而增大，由于混凝土和钢筋共同工作，混凝土的徐变还将使钢筋的变形也随之增大，钢筋的应力相应地增大，从而使钢筋分担外荷载的比例增大。从平衡条件可知，混凝土的应力将减小。这时因混凝土徐变将引起钢筋与混凝土应力之间产生应力重分布。从图 3-13 可以看出，应力重分布一开始变化较快，经过一段时间（大约 5 个月左右）逐步趋于稳定。

当轴心受压构件受到轴心压力时，加载后的瞬时应变为 $\varepsilon_s = \varepsilon_c = \varepsilon_{ce}$，此时的混凝土和钢筋应力，即表示为式（3-26）和（3-27）。混凝土的应变会随时间的增长而增加，如果经过时间 t 后，取混凝土的徐变系数为 C_t，混凝土的徐变为 $\varepsilon_r = C_t \cdot \varepsilon_{ce}$，此时混凝土和钢筋的应力分别从原来的 σ_c 和 σ_s 变化为 σ_{ct} 和 σ_{st}，由内外力平衡可知

$$N_c = \sigma_{st} A_s + \sigma_{ct} A \tag{3-38}$$

徐变产生后，由于钢筋和混凝土之间的变形协调，钢筋的应变将由原先的 ε 增加为 $\varepsilon + \varepsilon_r$，其中 ε_r 为混凝土的徐变，钢筋的应力则为：

$$\sigma_{st} = E_s(\varepsilon + \varepsilon_r) = E_s \varepsilon (1 + C_t) = \sigma_s (1 + C_t) \tag{3-39}$$

将式（3-29）和式（3-30）代入式（3-39），则

$$\sigma_{st} = \frac{\alpha_E N_c (1 + C_t)}{\nu A \left(1 + \frac{\alpha_E \rho}{\nu}\right)} \tag{3-40}$$

将式（3-40）代入式（3-38），并注意到式（3-29）的关系式，则徐变后的混凝土应力为

$$\sigma_{ct} = \left[1 - \frac{\frac{\alpha_E}{\nu}(1 + C_t)\rho}{1 + \frac{\alpha_E \rho}{\nu}}\right] \frac{N_c}{A} = \left(1 - \frac{\alpha_E}{\nu}\rho C_t\right) \sigma_c \tag{3-41}$$

由式（3-39）和式（3-41）可知，随时间 t 的增加，徐变系数 C_t 增大，钢筋的压应力将增大，由钢筋承担外荷载的份额将增加；而混凝土的压应力则减小，由混凝土承担外荷载的份额将减少。

若在持续荷载过程中突然卸载，构件回弹，由于混凝土徐变变形的大部分不可恢复，在荷载为零的条件下，使钢筋受压，混凝土受拉，内力自相平衡。如果纵筋含钢率过大还可能使混凝土的拉应力达到抗拉强度而使混凝土拉裂。如果重新加荷到原有数值，则钢筋、混凝土的应力仍按原曲线变化，如图 3-13 所示。

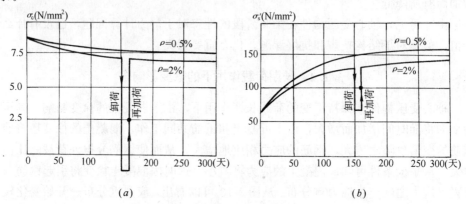

图 3-13   长期荷载作用下截面混凝土和钢筋的应力重分布
(a) 混凝土；(b) 钢筋

【例 3-2】 有一钢筋混凝土短柱承受轴心压力 $N_c = 1000kN$。已知柱长 2000mm，截面尺寸 300mm×300mm，配有纵筋 4 $\underline{\Phi}$ 25（$A'_s = 1964mm^2$），实测混凝土棱柱体抗压强度 $f_c^0 = 25N/mm^2$，其弹性模量 $E_c = 25480N/mm^2$，钢筋屈服强度 $f_y'^0 = 357N/mm^2$，其弹性模量 $E_s = 196000N/mm^2$。试问：

(1) 混凝土采用非线性本构关系式（3-22）时，构件压缩变形 Δl 为多少？此时钢筋和混凝土的应力各为多少？

(2) 若将混凝土应力—应变关系改为线性关系式（3-26），则构件弹性压缩变形 Δl

又为多少？钢筋和混凝土承担外荷载各为多少？

（3）柱的极限承载力为多少？

（4）在上述压力下，经过若干年后混凝土产生徐变 $\varepsilon_{0r}=0.001$，问此时柱中钢筋和混凝土各承受压力又为多少？

【解】　（1）混凝土采用非线性本构关系，轴向压力与构件应变之间的关系式为：

$$N_c = \varepsilon(E_s A'_s + 1000 f_c A) - 2.5 \times 10^5 \varepsilon^2 A f_c$$

将　$N_c = 1000 \times 10^3$；$E_s = 1.96 \times 10^5$；$A'_s = 1964$；$A = 90000$；$f_c = 25$

代入上式求解二元一次方程得到构件应变 $\varepsilon = 0.417 \times 10^{-3}$

构件的压缩变形　$\Delta l = \varepsilon \cdot l = 0.417 \times 10^{-3} \times 2000 = 0.834mm$

钢筋压应力：$\sigma_s = E_s \varepsilon = 196000 \times 0.417 \times 10^{-3} = 81.73 N/mm^2$

混凝土的压应力：

$$\sigma_c = 1000 \varepsilon (1 - 250\varepsilon) f_c$$
$$= 1000 \times 0.417 \times 10^{-3} (1 - 250 \times 0.417 \times 10^{-3}) \times 25 = 9.34 N/mm^2$$

这时，由钢筋承受的轴压力为：　$N_s = \sigma_s A_s = 81.73 \times 1964 = 160.5 \times 10^3 N$

由混凝土承受的轴压力为：　$N_c = \sigma_c A = 9.34 \times 90000 = 840.4 \times 10^3 N$

（2）由于混凝土的压应力很小，改用线性本构关系，采用弹性工作状态计算模型

$$\rho = A_s / A = 1964/90000 = 0.0218$$

$$\alpha_E = \frac{196000}{25480} = 7.69$$

由式（3-25）　$N_c = E_c A_0 \varepsilon = E_c A (1 + \alpha_E \rho) \varepsilon$

$$1000 \times 10^3 = 25480 \times 9 \times 10^4 (1 + 0.0218 \times 7.69) \times \varepsilon$$

解得　$\varepsilon = 0.3735 \times 10^{-3}$

构件的压缩变形为　$\Delta l = \varepsilon l = 0.3735 \times 10^{-3} \times 2000 = 0.747mm$

钢筋的压应力

$$\sigma_s = E_s \varepsilon = 196000 \times 0.3735 \times 10^{-3} = 73.2 N/mm^2$$

混凝土的压应力为

$$\sigma_c = \frac{N_c}{A_0} = \frac{N_c}{A(1 + \alpha_E \rho)} = \frac{1000 \times 10^3}{105087} = 9.52 N/mm^2$$

由钢筋承受的轴压力为：$N_s = \sigma_s A_s = 73.2 \times 1964 = 143.8 \times 10^3 N$

由混凝土承受的轴压力为：$N_c = \sigma_c A = 9.52 \times 90000 = 856.8 \times 10^3 N$

（3）柱的极限承载力计算

因为是短柱，可不考虑柱子长细比对柱子承载力的影响，柱子的极限承载力可用下式计算：

$$N_{cu} = f_c A + f_y A_s = 25 \times 90000 + 357 \times 1964 = 2951.2 \times 10^3 N = 2951.2kN$$

（4）在分析徐变影响时，取构件初始的压应变为：$\varepsilon_0 = 0.3735 \times 10^{-3}$

徐变系数　$C_t = \dfrac{\varepsilon_{cr}}{\varepsilon_0} = \dfrac{0.001}{0.3735 \times 10^{-3}} = 2.677$

徐变后钢筋的压应力可由式（3-39）计算

$$\sigma_{st} = \sigma_s(1 + C_t) = 73.2(1 + 2.677) = 269.2 \text{N/mm}^2$$

徐变后混凝土的压应力可由力的平衡条件求得

$$\sigma_{ct} = (N_c - \sigma_{st}A_s)/A = (1000 \times 10^3 - 269.2 \times 1964)/90000 = 5.24 \text{N/mm}^2$$

此时混凝土和钢筋分别承担的外荷载为：

$$N_{ct} = \sigma_{ct} \cdot A = 5.24 \times 90000 = 471600 \text{N} = 471.6 \text{kN}$$

$$N_{st} = \sigma_{st} \cdot A_s = 269.2 \times 1964 = 528709 \text{N} = 528.7 \text{kN}$$

§3.3 轴心受压长柱的破坏形态和承载力计算

3.3.1 长 柱 试 验

试件的材料、截面尺寸、配筋与前述短柱试验完全相同（见图3-4）。但柱子的长度从原来的500mm 改为柱长2000mm。轴向压力的加载和测试方法与短柱试验也相同，但增加了用百分表量测柱子的横向挠度。图3-14 给出了实测的不同荷载下的构件横向挠度变化情况。

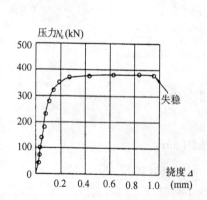

图 3-14 轴心受压长柱的横向挠度   图 3-15 长柱失稳破坏形态

从实验结果发现，长柱在轴心压力作用下，不仅发生压缩变形，同时还产生横向挠度，出现弯曲现象。产生弯曲的原因是多方面的：柱子几何尺寸不一定精确，构件材料不均匀，钢筋位置在施工中移动，使截面物理中心与其几何中心偏离；加载作用线与柱轴线并非完全保持绝对重合等等。

在荷载不大时，柱全截面受压，由于有弯矩影响，长柱截面一侧的压应力大于另一侧，随荷载增大，这种应力差更大；同时，横向挠度增加更快，以致压应力大的一侧混凝土首先压碎，并产生纵向裂缝，钢筋被压屈向外凸出，而另一侧混凝土可能由受压转变为受拉，出现水平裂缝。

由于有初始偏心距产生的附加弯矩，附加弯矩又增大了横向的挠度，这样相互影响的结果，导致长柱最终在弯矩和轴力共同作用下发生破坏。见图 3-15 所示。如果柱的长细比很大时，还有可能发生"失稳破坏"的现象。

试验表明，同样截面尺寸、同样材料、同样配筋的长柱破坏荷载要小于短柱。如本试验的长柱破坏荷载为 336.9kN，而短柱破坏荷载为 409.1kN。因此，通常用一折减系数 φ 乘以短柱破坏荷载来作为长柱的承载力。φ 又称为稳定系数。

3.3.2 长细比与承载力关系

根据中国建筑科学研究院试验资料及一些国外试验数据，得出稳定系数 φ 值主要和构件的长细比有关。所谓长细比，对矩形截面为 l_0/b（l_0 为柱的计算长度，b 为截面的短边）。图 3-16 为根据国内外试验数据得到的稳定系数 φ 与长细比 l_0/b 的关系曲线。

从图中可以看出，l_0/b 越大，φ 值越小。当 $l_0/b < 8$ 时，柱的承载力没有降低，φ 值可取等于 1。对于具有相同 l_0/b 比值的柱，由于混凝土强度等级和钢筋的种类以及配筋率的不同，φ 值还略有大小。由数理统计得下列经验公式：

当 $\dfrac{l_0}{b} = 8 \sim 34$ 时 $\qquad \varphi = 1.177 - 0.021 \dfrac{l_0}{b}$ $\qquad\qquad$ (3-42)

当 $\dfrac{l_0}{b} = 35 \sim 50$ 时 $\qquad \varphi = 0.87 - 0.012 \dfrac{l_0}{b}$ $\qquad\qquad$ (3-43)

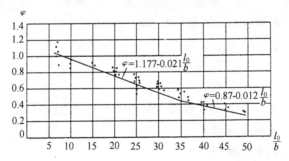

图 3-16 试验得到的 φ 值与长细比关系曲线

在《混凝土结构设计规范》中，对于长细比 l_0/b 较大的构件，考虑到荷载初始偏心和长期荷载作用对构件强度的不利影响，稳定系数 φ 的取值比经验公式所得的值还要降低一些，以保证安全；对于长细比小的构件，根据以往的经验，φ 的取值又略微提高些。表 3-1 给出了经修正后的 φ 值，可根据构件的长细比，从表中线性内插求得 φ 值。

对于非矩形截面柱，长细比的计算可用下式计算

$$\lambda = l_0/i \qquad\qquad (3-44)$$

式中 λ——长细比；

    i——截面的回转半径，$i=\sqrt{I/A}$，其中 I、A 分别为截面的惯性矩和截面积；

    l_0——柱的计算长度，与柱的实际长度及其端部的支承条件有关；当柱两端均为铰支时，计算长度即为柱的实际长度。

钢筋混凝土轴心受压构件的稳定系数　　　　表 3-1

l_0/b	≤8	10	12	14	16	18	20	22	24	26	28
l_0/d	≤7	8.5	10.5	12	14	15.5	17	19	21	22.5	24
l_0/i	≤28	35	42	48	55	62	69	76	83	90	97
φ	1.0	0.98	0.95	0.92	0.87	0.81	0.75	0.7	0.65	0.6	0.56
l_0/b	30	32	34	36	38	40	42	44	46	48	50
l_0/d	26	28	29.5	31	33	34.5	36.5	38	40	41.5	43
l_0/i	104	111	118	125	132	139	146	153	160	167	174
φ	0.52	0.48	0.44	0.4	0.36	0.32	0.29	0.26	0.23	0.21	0.19

注：表中 l_0 为构件计算长度；b 为矩形截面短边尺寸；d 为圆形截面直径；i 为截面最小回转半径。

3.3.3 轴心受压柱的承载力计算公式

由前述可知，当考虑了柱子长细比对承载力的影响后，采用一般中等强度钢筋的轴心受压构件，当混凝土的压应力达到最大值，钢筋压应力达到屈服应力，即认为构件达到最大承载力。以材料强度表示的轴心受压柱极限承载力公式为

$$N_{cu} = \varphi(A \cdot f_c + f'_y \cdot A'_s) \tag{3-45}$$

式中 N_{cu}——轴心受压构件的极限承载力；

    φ——稳定系数，可查表 3-1 求得；

    f_c——混凝土的轴心抗压强度（即混凝土的峰值应力）；

    f'_y——钢筋的屈服强度；

    A——构件的截面面积；

    A'_s——全部纵向受压钢筋的截面积。

§3.4 配有纵筋和螺旋筋的轴心受压柱的受力分析

3.4.1 螺旋筋柱的配筋形式

普通柱的箍筋往往由于间距较大，对混凝土横向变形约束作用较小，一般可忽略不计。对于轴心受压圆形柱或截面形态接近圆形的正多边形柱，它的横向钢

筋也可以采用螺旋筋或焊接环钢箍，称为螺旋筋柱或焊接环筋柱。由于螺旋筋柱和焊接环筋柱的受力机理相同，为叙述方便，下面不再区别而统称为螺旋筋柱。螺旋筋与普通箍筋相比，能有效地约束混凝土的横向变形，从而可以提高柱的承载能力。

螺旋筋柱和焊接环筋柱的构造形式见图 3-17 所示，其中由螺旋筋或焊接环筋所包围的面积（按内直径计算，即图中的阴影部分），称为核芯面积。

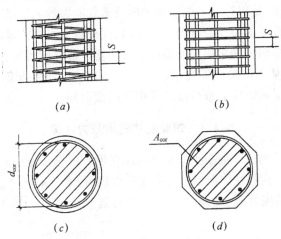

(a)　　　　　　　　(b)

(c)　　　　　　　　(d)

图 3-17　螺旋筋和焊接环筋柱

(a) 螺旋筋柱；(b) 焊接环筋柱；(c) 圆形柱截面；

(d) 正多边形截面

3.4.2 螺旋筋柱的受力特点

图 3-18 分别绘出了普通箍筋柱和螺旋筋柱在轴向压力下应变 ε 和外荷载轴力 N_c 之间的关系曲线。试验表明，当荷载不大时，螺旋筋柱与普通箍筋柱的受力变形没有多大差别。但随着荷载的不断增大，纵向钢筋应力达到屈服强度时，螺旋筋外的混凝土保护层开始剥落，柱的受力混凝土面积有所减少，因而承载力有

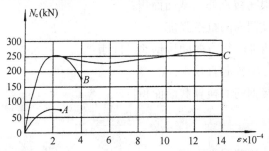

图 3-18　不同配筋形式柱的荷载—变形曲线

A—素混凝土柱；B—普通箍筋柱；C—螺旋钢箍柱

所下降。但由于螺旋筋间距 s 较小，足以防止螺旋筋之间纵筋的压屈，因而纵筋仍能继续承担荷载。随着变形的增大，核芯部分的混凝土横向膨胀使螺旋筋所受的环拉力增加。反过来，被张紧的螺旋筋又紧紧地箍住核芯混凝土，对它施加径向压力，限制了混凝土的横向膨胀，使核芯混凝土处于三向受压状态，因而提高了柱子的抗压强度和变形能力。当荷载增加到使螺旋筋屈服时，才使螺旋筋对核芯混凝土约束作用开始降低，柱子才开始破坏。所以尽管柱子的保护层剥落，但核芯混凝土因受约束使强度的提高，足以补偿了失去保护层后承载能力的减小，螺旋筋柱的极限荷载一般要大于同样截面尺寸的普通箍筋柱，且柱子具有更大的延性。

由上可知，横向钢筋采用螺旋筋或焊接环筋，可以使得核芯混凝土三向受压而提高其强度，从而间接地提高了柱子的承载能力，这种配筋方式，有时称为"间接配筋"，故又将螺旋筋或焊接环筋称为间接钢筋。

3.4.3 螺旋筋柱的承载力计算

螺旋筋所包围的核芯混凝土的实际抗压强度，因套箍作用而高于混凝土原先的轴心抗压强度。从圆柱体混凝土三向受压试验可知（参见第二章），约束混凝土的轴心抗压强度可近似地取为

$$f = f_c + 4\sigma_r \tag{3-46}$$

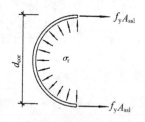

图 3-19 螺旋筋柱中
环形箍筋的受力

式中 f——被约束后的混凝土轴心抗压强度；

σ_r——当间接钢筋的应力达到屈服强度时，柱的核芯混凝土受到的径向压应力值。

柱的核芯混凝土受到的径向压应力值 σ_r 可按图 3-19 的割离体推导如下：

$$\sigma_r = \frac{2f_y A_{ss1}}{s d_{cor}} = \frac{2f_y A_{ss1} d_{cor} \pi}{\frac{\pi d_{cor}^2}{4} \cdot s} = \frac{f_y A_{ss0}}{2A_{cor}} \tag{3-47}$$

式中 A_{ss1}——单根间接钢筋的截面面积；

f_y——间接钢筋的抗拉强度；

s——沿构件轴线方向间接钢筋的间距；

d_{cor}——构件的核芯直径；

A_{ss0}——间接钢筋的换算截面面积；

$$A_{ss0} = \frac{\pi d_{cor} A_{ss1}}{s} \tag{3-48}$$

A_{cor}——构件核芯截面面积。

根据纵向内外力的平衡，得到螺旋式钢筋柱的承载力计算公式如下

$$N = f A_{cor} + f'_y A'_s = (f_c + 4\sigma_r)A_{cor} + f'_y A'_s$$

即
$$N = f_c A_{cor} + f'_y A'_s + 2f_y A_{ss0} \qquad (3-49)$$

将上式与普通箍筋柱的承载能力表达式（3-45）比较，可知式中多了第三项，此项为螺旋筋柱承载能力的提高值。

为了保证间接钢筋外面的混凝土保护层不致于在正常使用阶段就过早剥落，一般应控制按式（3-49）算得的构件承载力，使其不大于同样条件下按普通箍筋柱算得构件承载力的 1.5 倍。

此外，凡属下列情况之一者，不考虑间接钢筋的影响而按式（3-45）计算构件的承载力：

（1）当 $l_0/b > 12$ 时，此时因长细比较大，有可能因纵向弯曲引起螺旋筋不起作用；

（2）如果因混凝土保护层退出工作引起构件承载力降低的幅度大于因核芯混凝土强度提高而使构件承载力增加的幅度，即当按式（3-49）算得受压承载力小于按式（3-45）算得的受压承载力时；

（3）当间接钢筋换算截面面积 A_{ss0} 小于纵筋全部截面面积的 25% 时，可以认为间接钢筋配置得太少，套箍作用的效果不明显。

间接钢筋间距不应大于 80mm 及 $d_{cor}/5$，也不小于 40mm。间接钢筋的直径按柱的箍筋构造要求规定采用。

【例 3-3】 某多层房屋底层钢筋混凝土圆形截面柱承受轴心受压作用，柱长 3.2m，截面直径 $d = 400$mm，构件稳定系数取为 $\varphi = 1.0$，截面内配有 8ϕ22 纵筋，纵筋至截面边缘的保护层为 25mm，已知实测混凝土棱柱体抗压强度为 15N/mm²，钢筋屈服强度为 $f'_y = 245$N/mm²，试问：

（1）按普通箍筋柱计算，该柱的轴心受压承载力为多少？

（2）当配有环形箍筋 ϕ8@50mm 时，该柱轴心受压承载力为多少？

（3）如果 ϕ8 环形箍筋间距 s 改为 80mm 时，该柱承载力又为多少？

【解】 （1）按普通箍筋柱计算，柱的轴心受压承载力：

$$A'_s = 3041 \text{mm}^2 \qquad A = \frac{\pi d^2}{4} = 125664 \text{mm}^2$$

$$N_{cu} = \varphi(f_c A + f'_y A_s) = 1.0(15 \times 125664 + 245 \times 3041) = 2630 \times 10^3 \text{N} = 2630 \text{kN}$$

（2）按约束箍筋柱计算时

约束混凝土核芯面积一般取环形钢箍内缘所围的面积，也即为扣除混凝土净保护层后剩下的柱截面面积，于是：

$$d_{cor} = 400 - 2 \times 25 = 350 \text{mm}$$

$$A_{cor} = \frac{\pi \cdot d_{cor}^2}{4} = 96211 \text{mm}^2$$

$$A_{ss0} = \frac{\pi \cdot d_{cor} \cdot A_{ss1}}{s} = \frac{\pi \times 350 \times 50.3}{50} = 1106 \text{mm}^2$$

由于柱的长细比小于12，可以按约束箍筋柱计算柱的轴心受压承载力：

$$N_{cu} = f_c A_{cor} + 2f'_y A_{ss0} + f'_y A'_s$$

$$=15 \times 96211+2 \times 245 \times 1106+245 \times 3041$$

$$=2730 \times 10^3 N=2730 kN$$

此值大于按普通箍筋柱计算的承载力 2630kN，说明该柱由于环形箍筋的约束作用，柱的实际承载力为 2730kN。

（3）当箍筋间距改为 $s=80mm$ 时

$$A_{ss0}=\frac{\pi \times 350 \times 50.3}{80}=691 mm^2$$

$$N_{cu}=f_c A_{cor}+2f'_y A_{ss0}+f'_y A'_s$$

$$=15 \times 96211+2 \times 245 \times 691+245 \times 3041$$

$$=2526.8 \times 10^3 N=2526.8 kN$$

按约束箍筋柱计算得到的承载力小于按普通箍筋柱计算得到的承载力。这是由于环形箍筋的间距偏大，对核芯混凝土约束作用不明显，核芯混凝土承载力的提高不足以补偿因混凝土保护层剥落退出工作使承载力的减小。所以该柱的承载力仍取普通箍筋柱的承载力 2630kN。

§3.5 轴心受压钢管混凝土柱的受力分析

钢管混凝土结构是将混凝土注入封闭的薄壁钢管内形成的组合结构，通常用于轴心受压或偏心受压的柱。

钢管混凝土柱可以更充分发挥钢管与混凝土两种材料的作用。对混凝土来讲，钢管使混凝土受到横向约束而处于三向受压的状态，从而使管内混凝土有更高的抗压强度和变形能力。对钢管来讲，由于钢管壁较薄，在受压状态下容易局部失稳而不能充分发挥其强度潜力，在中间填实了混凝土后，大大增强了钢管壁的稳定性，避免了薄壁钢管过早压曲，使其强度潜力得到充分利用。钢管混凝土柱与普通钢筋混凝土柱相比，具有许多优点。由于它强度高，重量轻，因此特别适用于单柱承载力大而建筑上对柱子尺寸又严格限制的建筑物，例如高层建筑和地下工程结构物。由于它塑性好、耐疲劳、耐冲击，也适用于抗地震或抗爆炸荷载的结构。此外，钢管在施工阶段既作为模板，又可起支撑作用，从而可以简化施工安装工艺，节省部分支架，这对减少工序、缩短施工工期是极为有利的。当然，钢管混凝土柱的造价一般要高于普通的钢筋混凝土柱。

3.5.1 钢管混凝土柱的受力特点

轴心受压的钢管混凝土柱的典型受力情况如图 3-20 所示，钢管与混凝土共同承受压力，有同样的纵向应变。当纵向应变随着荷载增加时，混凝土内部产生微裂缝，体积侧向向外膨胀，使钢管的内壁受到径向压应力，同时钢管环向产生拉应力。由此可见，钢管处于纵向、环向和径向三向的拉-压应力状态。

钢管内的核芯混凝土受到钢管的环向压力作用而处于三向应力状态，从而大大提高了其轴心抗压强度。根据研究结果表明，核芯混凝土轴向抗压强度提高值与侧向约束力的比值 k，并不简单地等于常数4.0。此提高系数 k 值只有在侧向约束力相对于混凝土单轴抗压强度较小时才达到或超过4.0，而钢管柱核芯混凝土强度提高系数 k 实际上是一个变数，数值上一般达不到4.0。

对于径厚比大于20的薄壁钢管制成的钢管混凝土短柱（$l/d \leqslant 4$），其典型的轴力与变形曲线见图3-21，其中 N 为轴向压力，ε_c 为核芯混凝土的纵向压缩变形。

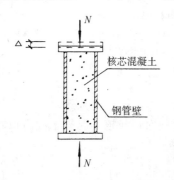

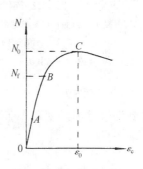

图3-20　钢管混凝土柱的受力情况　　　图3-21　钢管混凝土柱的受力情况

图中 OA 段为弹性工作状态，AB 段为弹塑性工作状态，AB 段略呈弯曲，但 OAB 段基本上可以看作直线段，当荷载达到 B 点后钢管开始进入屈服，故 B 点对应的荷载值可定为屈服荷载。过 B 点后，$N-\varepsilon_c$ 关系明显呈曲线，切线模量不断减小，直到 C 点时荷载达到其最大值。随后曲线呈下降段，所以 C 点对应的荷载可定义为极限荷载，相应该点的应变定义为极限应变。试验表明钢管混凝土的极限应变值比普通钢筋混凝土的相应值要大几倍到几十倍。

3.5.2　钢管混凝土短柱的极限分析

钢管混凝土柱的受力过程较复杂，就工程实用而言，要求得钢管柱的极限荷载，可通过平衡理论进行推导，并结合试验确定。

在推导钢管柱的极限荷载时，所采用的计算简图如图3-22所示。其基本假定为：

（1）结构在材料破坏前不会失稳（短柱）；

（2）荷载为单调递增；

（3）钢材及混凝土达屈服后为理想塑性的，即既不强化，也不软化，保持屈服应力不变；

（4）对于薄壁管（$d/t \geqslant 20$）混凝土构件，在极限状态下，钢管所受的径向应力 σ_3 比钢管平面内应力小得多，因此，可以把钢管的应力状态简化为纵向受压、环向受拉的双向应力状态，并沿管的壁厚均匀分布。

显然，由静力平衡条件可写出两个方程：

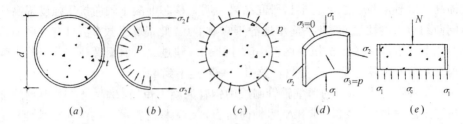

图 3-22 钢管混凝土柱受力分析的计算简图

(a) 钢管混凝土柱截面；(b) 核芯混凝土对钢管的作用力；(c) 钢管对核芯混凝土的约束力；

(d) 钢管壁的应力状态；(e) 钢管柱的竖向应力

轴向力平衡：$N = A_c \sigma_c + A_a \sigma_1$ (3-50)

环向力平衡：$\sigma_2 t = \dfrac{d_c}{2} p$ (3-51)

考虑到钢管壁的厚度远小于其直径，钢管截面积与核芯混凝土截面积之比近似为

$$\frac{A_a}{A_c} = \frac{4t}{d_c}$$ (3-52)

将式（3-52）代入式（3-51）可得到

$$\sigma_2 = 2p \frac{A_c}{A_a}$$ (3-53)

当钢管混凝土柱处于极限平衡时，钢材和混凝土均达到"屈服状态"。对钢材可采用 Mises 屈服条件，即

$$\sigma_1^2 + \sigma_1 \sigma_2 + \sigma_2^2 = f_y^2$$ (3-54)

对混凝土可采用中国建筑科学院蔡绍环建议采用的屈服条件：

$$\sigma_c = f_c \left[1 + 1.5 \sqrt{\frac{p}{f_c}} + 2 \frac{p}{f_c} \right]$$ (3-55)

式中 N——外荷载轴向压力；

A_c、A_a——分别为核芯混凝土和钢管横截面面积；

σ_c——核芯混凝土轴向压应力；

σ_1、σ_2——分别为钢管壁内轴向压应力和环向拉应力；

p——钢管和核芯混凝土接触面之间的相互作用力；

d_c——核芯混凝土的直径；

t——钢管壁的厚度；

f_c、f_y——分别为混凝土和钢管的屈服强度。

上述式（3-50）、（3-53）、（3-54）、（3-55）四个方程中包含 N、σ_1、σ_2、σ_c 和 p 五个未知量，欲求解还需补充条件，可先由这四个方程推导求得钢管和核芯混凝土接触面之间的相互作用力与外荷载 N 的关系式，然后再补充极值条件来得到钢管柱的极限承载力。可将式（3-53）代入式（3-54）得到钢管壁竖向压应力的表达

式

$$\sigma_1 = \sqrt{f_y^2 - 3p^2\left(\frac{A_c}{A_a}\right)^2} - p\frac{A_c}{A_a} \tag{3-56}$$

引入套箍系数 $\theta = \dfrac{A_a f_y}{A_c f_c}$，式（3-56）可改写为

$$\sigma_1 = f_y\sqrt{1 - \frac{3}{\theta^2}\left(\frac{p}{f_c}\right)^2} - \frac{p}{\theta}\frac{f_y}{f_c} \tag{3-57}$$

再将式（3-55）与式（3-57）代入平衡式（3-50）可得钢管柱承担的外荷载（轴向压力）表达式

$$N = A_c f_c\left[1 + \left(\sqrt{1 - \frac{3}{\theta^2}\left(\frac{p}{f_c}\right)^2} + \frac{1.5}{\theta}\sqrt{\frac{p}{f_c}} + \frac{1}{\theta}\cdot\frac{p}{f_c}\right)\theta\right] \tag{3-58}$$

由式（3-58）可知，轴向压力 N 是接触面处压应力 p 的函数，若要求得极限荷载 N_{max}，可由极值条件：

$$\frac{\mathrm{d}N}{\mathrm{d}p} = 0$$

这就是补充建立的第五个方程，求导和化简后可得式（3-59）

$$\frac{3\dfrac{p}{f_c}}{\sqrt{\theta^2 - 3\left(\dfrac{p}{f_c}\right)^2}} - \frac{0.75}{\sqrt{\dfrac{p}{f_c}}} - 1 = 0 \tag{3-59}$$

若套箍系数 θ 已确定，由式（3-59）可求解得到 p 值，进而代入式（3-58），可求得极限荷载 N_{max}。

从工程实用出发，经简化后的钢管混凝土短柱的极限承载力可表达为：

$$N_{u0} = A_c f_c(1 + \sqrt{\theta} + 1.1\theta) \tag{3-60}$$

又可进一步近似简化为：

$$N_{u0} = A_c f_c(1 + 2\sqrt{\theta}) \tag{3-61}$$

3.5.3 轴心受压钢管混凝土长柱的极限承载力

钢管混凝土柱的承载力还有许多其他影响因素，例如柱子的长细比，柱端的约束条件。对于偏心受压柱，还应考虑偏心距和柱端弯矩的影响等因素。就轴心受压钢管混凝土柱而言，当长细比 $l_0/d > 4.0$ 时应考虑柱长细比的影响系数，则长柱的极限承载力为：

$$N_u = \varphi_l N_{u0} \tag{3-62}$$

$$\varphi_l = 1 - 0.115\sqrt{\frac{l_0}{d} - 4.0} \tag{3-63}$$

式中 N_u——考虑了长细比后的钢管混凝土柱极限承载力；

N_{u0}——钢管混凝土短柱的极限承载力;

φ_l——长细比影响系数,由实验统计得到,当 $l_0/d \leqslant 4.0$ 时取1.0。

思 考 题

1. 长柱轴心受压时的承载力_____具有相同材料、截面尺寸及配筋的短柱轴心受压时承载力。

A. 大于　　　　B. 等于　　　　C. 小于　　　　D. 有时大于有时小于

2. 如果能考虑箍筋约束混凝土的横向变形作用,轴心受压短柱的轴压承压力_____。

A. 仍然不变　　　B. 有所提高　　　C. 有所下降

3. 钢筋混凝土轴心受压构件,在长期荷载作用下,随着作用时间的增加,钢筋应力 σ_s 和混凝土应力 σ_c 的变化为_____。

A. σ_s 增加, σ_c 减小　　　　　　　B. σ_s 减小, σ_c 增大

C. σ_s 不变, σ_c 增加　　　　　　　D. σ_s 和 σ_c 不变

4. 钢筋混凝土轴心受压构件,稳定性系数 φ 是考虑了_____。

A. 初始偏心距的影响　　　　　　B. 荷载长期作用的影响

C. 两端约束情况的影响　　　　　D. 附加弯矩的影响

5. 钢筋混凝土轴心受压构件,两端约束情况越好,则稳定性系数 φ _____。

A. 越大　　　　B. 越小　　　　C. 不变

6. 一般来讲,配有螺旋箍筋的钢筋混凝土柱同配有普通箍筋的钢筋混凝土柱相比,前者的承载力比后者的承载力_____。

A. 低　　　　B. 高　　　　C. 相等

7. 对长细比 $l_0/d > 12$ 的柱不宜采用螺旋箍筋,其原因是_____。

A. $l_0/d > 12$ 的柱的承载力较高　　　B. 施工难度大　　　C. 抗震性能不好

D. 这种情况下柱的强度将由于纵向弯曲而降低,螺旋箍筋作用不能发挥

8. 轴心受压短柱,在钢筋屈服前,随着压力的增加,混凝土压应力的增长速率_____。

A. 比钢筋快　　　B. 线性增长　　　C. 比钢筋慢

9. 两个仅配筋率不同的轴压柱,若混凝土的徐变值相同, $\rho'_A > \rho'_B$ 则所引起的应力重分布程度是_____。

A. 柱 A = 柱 B 　　　B. 柱 A > 柱 B 　　　C. 柱 A < 柱 B

10. 配有普通箍筋的钢筋混凝土轴心受压构件中,箍筋的作用主要是_____。

A. 抵抗剪力　　B. 约束核芯混凝土　　C. 形成钢筋骨架,约束纵筋,防止压屈外凸

习 题

3-1　有一钢筋混凝土屋架下弦,受轴向拉力 $N = 150\text{kN}$,采用钢筋为 Ⅱ 级钢, $f_y =$

310N/mm²，在允许出现裂缝的情况下，试确定受拉钢筋的截面积 A_s。

3-2 已知某轴心受拉杆的截面尺寸 $b \times h = 300\text{mm} \times 300\text{mm}$，配有 8 $\underline{\Phi}$ 20 钢筋，混凝土强度等级 C30，$f_y = 210\text{N/mm}^2$，$f_t = 2.0\text{N/mm}^2$。试问此构件开裂时和破坏时的轴向拉力分别为多少？

3-3 已知钢筋混凝土轴心受拉构件 $b \times h = 200\text{mm} \times 300\text{mm}$，杆长 $l = 2000\text{mm}$，混凝土抗拉强度 $f_{tu} = 1.05\text{N/mm}^2$，极限拉应变 $\varepsilon_{ut} = 0.0002$，纵向钢筋截面积 $A_s = 615\text{mm}^2$，屈服强度 $f_y = 210\text{N/mm}^2$，屈服时的拉应变为 $\varepsilon_y = 0.001$。钢筋与混凝土的应力—应变关系如下

$$\begin{cases} \sigma_s = E_s \varepsilon_s & (0 \leqslant \varepsilon_s \leqslant \varepsilon_y) \\ \sigma_s = f_y & (\varepsilon_s > \varepsilon_y) \end{cases}$$

$$\begin{cases} \sigma_c = E_c \varepsilon_c & (0 \leqslant \varepsilon_c \leqslant \varepsilon_{0t}) \\ \sigma_c = f_{tu} & (\varepsilon_{0t} < \varepsilon_c \leqslant \varepsilon_{ut}) \end{cases} \qquad \varepsilon_{0t} = \frac{1}{2} \varepsilon_{ut}$$

求：(1) 当构件伸长 0.15mm 时，外荷载为多少？混凝土和钢筋各承担多少外力？

(2) 若构件伸长为 0.25mm 时，混凝土和钢筋中的应力各为多少？

(3) 构件即将开裂时，轴向拉力为多少？构件变形为多少？

(4) 构件破坏时的承载力为多少？

3-4 已知某多层房屋中柱的计算高度为 4.2m，混凝土采用 C20 级，$f_c = 10\text{N/mm}^2$，钢筋采用 II 级钢，$f_y = 310\text{N/mm}^2$，轴向压力为 700kN，柱子截面为 $b \times h = 250\text{mm} \times 250\text{mm}$，试确定纵筋数量。

3-5 某轴心受压柱，柱计算高度 4.7m，采用混凝土 C20，$f_c = 10\text{N/mm}^2$，纵筋 4 $\underline{\Phi}$ 20，$f_y = 310\text{N/mm}^2$ 试求：

(1) 当截面尺寸为 300mm × 300mm 时，该柱所能承受的轴力；

(2) 当截面尺寸为 250mm × 350mm 时，该柱所能承受的轴力。

3-6 某钢筋混凝土轴心受压短柱 $b \times h = 400\text{mm} \times 400\text{mm}$，柱长 2m，配有纵筋 4 $\underline{\Phi}$ 25，$f_y = 415\text{MPa}$，其弹性模量 $E_s = 196000\text{MPa}$，混凝土 $f_c = 19\text{MPa}$，弹性模量 $E_c = 25480\text{MPa}$，试问：

(1) 此柱子的极限承载力为多少？

(2) 在 $N = 1200\text{kN}$ 作用下，杆件的压缩变形量为多少？此时钢筋和混凝土各承受多少压力？

(3) 使用若干年后，混凝土在压力作用下的徐变变形为 $\varepsilon_0 = 0.001$，试求此时柱中钢筋和混凝土各承受多少压力？

3-7 某轴心受压短柱，长 2m，$b \times h = 350\text{mm} \times 350\text{mm}$，配有 4 $\underline{\Phi}$ 25 纵筋，钢筋和混凝土的应力—应变关系采用式 (3-20) ~ (3-22)，其中 $f_y = 250\text{N/mm}^2$，$E_s = 1.96 \times 10^5 \text{N/mm}^2$，$f_c = 15\text{N/mm}^2$，$\varepsilon_0 = 0.002$，$\varepsilon_{cu} = 0.0033$。试问：

(1) 压力加大到多少时，钢筋将屈服？此时柱长缩短多少？

(2) 该柱所能承担的最大轴压力为多少？

3-8　轴心受压螺旋箍筋柱，直径450mm，柱的计算高度为 $l_0 = 3.5$m，混凝土C20，f_c $= 10$N/mm²，纵向钢筋采用 8 Φ 22，Ⅰ级钢 $f_y = 210$N/mm²，轴向压力为2500kN，试确定螺旋箍筋的数量。

3-9　轴心受压螺旋箍筋柱，直径500mm，计算长度 $l_0 = 4.0$m，混凝土采用C20，$f_c =$ 10N/mm²，纵筋选用 6 Φ 22，$f_y = 310$N/mm²，螺旋箍筋选用 $\phi 10@50$，Ⅰ级钢 f_y $= 210$N/mm²，试求该柱的承载力为多少？

3-10　已知一钢管混凝土轴心受压柱，钢管内径 $\phi 273$mm，壁厚8mm，Ⅰ级钢 $f_y = 215$N/ mm²，混凝土强度等级为C30，$f_c = 15$N/mm²。柱两端为铰支，柱长 $l = 5$m。试求：该柱的极限承载力 N_u。

第4章 受弯构件正截面受力性能

§4.1 概 述

4.1.1 受弯构件的工程应用和截面形式

混凝土受弯构件在土木工程中应用极为广泛。如建筑中混凝土肋形楼盖的梁、板和楼梯，预制空心板和槽形板，预制 T 形和工字形截面梁。如桥梁中的铁路桥道碴槽板，公路桥行车道板，板式桥承重板；梁式桥的主梁和横梁；刚架桥的桥面梁格系；以及挡土墙和基础等（图 4-1）。常用截面的梁有矩形梁、T 形梁、工

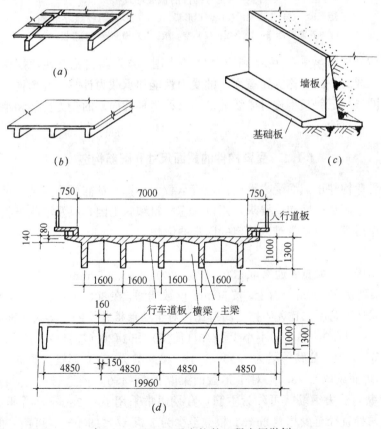

图 4-1 混凝土受弯构件工程应用举例

(a) 装配式混凝土楼盖；(b) 现浇混凝土楼盖；(c) 挡土墙；(d) 钢筋混凝土梁式桥

字形梁、双 T 形梁和箱形梁等；常用截面的板有矩形板、空心板、正槽形板、倒槽形板等。但从受力性能看，可归纳为单筋矩形截面、双筋矩形截面和 T 形（工字形、箱形）截面等三种主要截面形式（图 4-2），圆形和环形截面受弯构件较少采用。

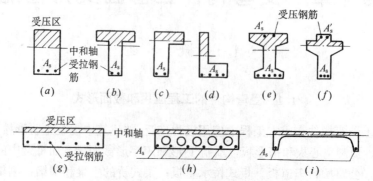

图 4-2 受弯构件的截面形式

(a) 矩形梁；(b) T 形梁；(c) 倒 L 形梁；(d) L 形梁；(e) 工字形梁；
(f) 花篮梁；(g) 矩形板；(h) 空心板；(i) 槽形板（肋形板）

受弯构件同时承受弯矩 M 和剪力 V 的作用，本章将讨论其在弯矩作用下垂直于构件轴线的截面（称为正截面）的受力性能和承载力计算。受弯构件在弯矩和剪力共同作用下斜交于构件轴线的截面（称为斜截面）的受力性能和承载力计算将在第 6 章讨论。

4.1.2 受弯构件的截面尺寸和配筋构造

分析受弯构件正截面受力性能，进行承载力计算，都需要确定截面尺寸和钢筋布置。均应满足一些构造要求，用以考虑材料和施工因素以及混凝土收缩、徐变和温度作用等一般计算难以确定的因素的影响。

1. 梁

为便于施工，梁宽 b 通常取 150、180、200、220、250mm，其后按 50mm 模数递增。梁高 h 在 200mm 以上，按 50mm 模数递增，在 800mm 以上按 100mm 模数递增。梁高与跨度之比 h/l 称为高跨比；对于肋形楼盖梁的主梁为 $1/8 \sim 1/12$，次梁为 $1/15 \sim 1/20$，独立梁不小于 $1/15$（简支）和 $1/20$（连续）；对于一般铁路桥梁为 $1/6 \sim 1/10$，公路桥梁为 $1/10 \sim 1/18$。梁高与梁宽（T 形梁为肋宽）之比 h/b，对矩形截面梁取 $2 \sim 3.5$，对 T 形截面梁取 $2.5 \sim 4.0$。

梁的纵向受力钢筋（可称为主筋）直径通常采用 $10 \sim 28mm$（桥梁为 $14 \sim 40mm$）；两种直径至少相差 2mm；根数至少为 2 根（$b < 150mm$，可用 1 根）。为保证钢筋与混凝土之间良好的粘结，保证一定的耐久性，保证混凝土浇注密实，要留有足够的钢筋净距离和保护层厚度，如图 4-3 所示。受拉钢筋合力作用点至受弯

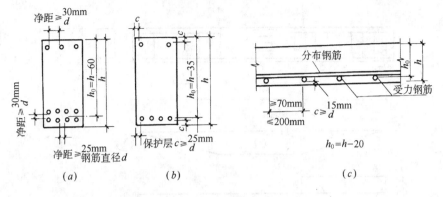

图 4-3　受弯构件截面配筋构造

(a) 双排钢筋矩形梁；(b) 单排钢筋矩形梁；(c) 矩形板

构件上表面的距离称为有效高度 h_0。当受拉钢筋直径假定为 Φ 20 且为单排钢筋时，可取 $h_0=h-35\text{mm}$；当为双排钢筋时，可取 $h_0=h-60\text{mm}$。

2. 板

现浇板的板厚取 10mm 为模数，板的最小厚度对建筑屋面板为 60mm，民用楼板为 70mm，工业楼板为 80mm；对桥梁道碴槽板为 120mm，行车道板为 100mm，人行道板为 80mm。板的受力钢筋直径通常采用 8～12mm，对基础板和桥梁板可用更大直径钢筋。受力钢筋间距不应大于 200mm，也不宜小于 70mm（图 4-3）。对建筑屋面板和楼面板，当保护层厚度取 15mm、受拉钢筋直径假定为 $\phi 10$ 时，可取 $h_0=h-20\text{mm}$。

§4.2　受弯构件的试验研究

混凝土受弯构件由两种物理力学性能不同的材料组成，有明显屈服台阶的钢筋是弹塑性材料，混凝土是弹塑粘性材料，且抗拉强度很小，极易开裂。因此混凝土受弯构件和材料力学中所讨论的弹性、匀质、各向同性的梁的受力性能有很大的不同。为了认识其受力性能，正确进行受力分析和承载能力计算，先讨论混凝土梁的试验研究结果。如图 4-4 (a) 所示混凝土矩形截面简支梁，截面尺寸 $b\times h$，有效高度 h_0，纵向受拉钢筋截面面积 A_s，则 $\rho=A_s/bh_0$ 称为纵向受拉钢筋的配筋率。在三分点对称集中荷载 F 作用下的内力分布图，如图 4-4 (b) 所示，中部 $l/3$ 区段为纯弯段，两边 $l/3$ 区段为剪弯段。在纯弯段受拉钢筋上粘贴应变片测钢筋应变，沿截面高度设置长标距应变计测混凝土平均应变，沿跨度放置挠度计测梁的变形。试验中观测应变和变形，裂缝的出现和开展，记录特征荷载，直至梁发生正截面破坏。图 4-4 (c)、(d) 分别表示梁的挠度分布和裂缝图。混凝土梁的受弯性能可以从以下几方面来分析。

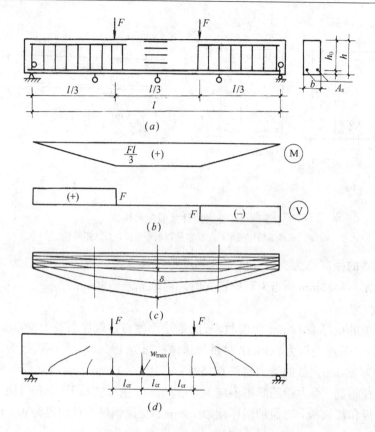

图 4-4   混凝土简支梁试验示意

(a) 试验梁及仪表布置；(b) 内力图；(c) 挠度图；(d) 裂缝图

4.2.1   正截面受力阶段

图 4-5 表示梁的跨中挠度 δ 随荷载 F 的变化曲线。可以看出，一个配筋适中的混凝土梁从加荷到破坏经历了三个受力阶段：

1. 弹性阶段（I 阶段）

当荷载较小时，混凝土梁如同两种弹性材料组成的组合梁。荷载与挠度、钢筋和混凝土应变之间呈线性关系；卸荷后的残余变形很小；垂直截面正应变沿梁高分布符合平截面假定。梁处于弹性工作阶段（I 阶段）。

当梁的受拉区混凝土应力 σ_{ct} 达到抗拉强度 f_t，且混凝土拉应变 ε_{ct} 达到极限拉应变 ε_{tu} 时，将在纯弯段某薄弱截面形成即将出现垂直裂缝的状态，称为梁的开裂状态（Ia 状态）。梁在此时承担的弯矩 M_{cr}，称为开裂弯矩。

2. 带裂缝工作阶段（II 阶段）

梁达到开裂状态后的瞬间，出现第一条垂直于梁轴线的裂缝而进入带裂缝工作阶段（II 阶段）。

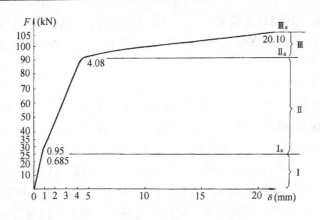

图 4-5 荷载—跨中挠度曲线

随着荷载的增大, 距第一条裂缝约 l_{cr} 处可能出现第二条、第三条裂缝, 如图 4-4(d) 所示。梁的刚度降低, 变形加快, 在 $F-\delta$ 曲线出现第一个转折点 (图 4-5)。裂缝出现的截面 (称为裂缝截面) 受拉区混凝土退出工作, 混凝土承担的那部分拉力突然转给纵向受拉钢筋, 故 I_a 状态后的瞬间, 有一个钢筋应力增量 (图 4-6)。此后, 随着荷载的增大, 钢筋应变速

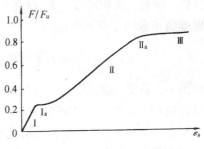

图 4-6 荷载—钢筋应变曲线

度加快; 纯弯段出现新裂缝, 原有裂缝宽度增加并向上延伸 (称为裂缝开展); 在梁的剪弯段还可能出现斜裂缝。纯弯段混凝土和钢筋的平均应变沿梁高的分布符合平截面假定, 梁的中和轴不断上升 (图 4-7)。

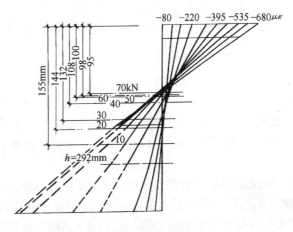

图 4-7 梁跨中截面平均应变分布

当钢筋应变 ε_s 达到屈服应变 $\varepsilon_y = f_y / E_s$，钢筋应力 σ_s 达到屈服强度 f_y 时，受拉钢筋开始屈服，梁达到屈服状态（II_a 状态）。梁在此时承担的弯矩 M_y 称为屈服弯矩。

3. **破坏阶段 （III 阶段）**

梁到达屈服状态（II_a 状态）以后，受力性能发生重大变化，梁进入破坏阶段（III 阶段）。梁的刚度迅速下降，挠度急剧增大，$F\text{-}\delta$ 曲线出现第二个转折点且曲线几乎呈水平状发展（图 4-5）。受拉钢筋屈服后，应力不增加（$\sigma_s = f_y$），而应变迅速增大（$\varepsilon_s > \varepsilon_y$），在 $F\text{-}\varepsilon_s$ 曲线出现第二个更加明显的转折点后曲线几乎呈水平状发展（图 4-6）。梁的垂直裂缝剧烈展开，中和轴加快上升，受压区高度不断减少（图 4-7）。最后，在梁的纯弯段沿开展最剧烈的临界裂缝处形成破坏截面。当受压区边缘混凝土应变 ε_c 达到极限压应变 ε_u 时，破坏截面附近一部分混凝土沿水平方向被压碎，梁到达极限状态（III_a 状态）。梁最后承担的最大弯矩 M_u，称为极限弯矩，即梁的正截面受弯承载能力。

4.2.2　截面应力分布

由图 4-7 看出，梁的受拉区出现裂缝以后，用跨过 1～2 条裂缝的大标距应变计测得的纯弯段混凝土平均正应变和钢筋平均应变沿截面高度按直线分布，即平均应变符合平截面假定。可近似地由混凝土柱体的应力-应变关系推断梁的正截面各阶段应力分布，如图 4-8 所示。

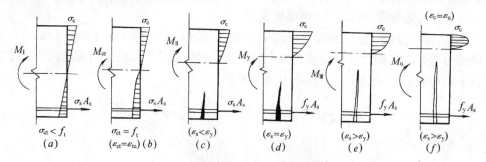

图 4-8　梁各受力阶段截面应力分布

(a) I 阶段；(b) I_a 状态；(c) II 阶段；(d) II_a 状态；(e) III 阶段；(f) III_a 状态

1. **I 阶段**　混凝土和钢筋应变均符合平截面假定，应力沿截面高度按直线分布。引用换算截面的几何特性，采用材料力学公式计算的混凝土和钢筋应力与试验结果符合。

2. **I_a 状态**　受拉区混凝土塑性变形的发展，使应力图形呈曲线分布，其下部较大范围的拉应力 σ_{ct} 均可达到混凝土抗拉强度 f_t。但受压区混凝土应力仍按直线分布。当受拉区边缘混凝土应变 ε_{ct} 达到极限拉应变 ε_{tu}（约为 $0.0001 \sim 0.00017$）时，截面即将出现裂缝，截面承受的弯矩为开裂弯矩 M_{cr}。

3. **II 阶段**　裂缝截面受拉区混凝土退出工作。受压区仍处于弹性阶段，混凝土应力仍按直线分布。随着荷载的增大，塑性变形逐渐发展，使应力呈曲线分布而进入弹塑性阶段。裂缝间截面受拉区混凝土仍然承担部分拉力。纯弯段混凝土和钢筋的平均应变仍符合平截面假定。

4. II_a 状态 当 $\varepsilon_s = \varepsilon_y$、$\sigma_s = f_y$ 时，达到屈服状态。受压区混凝土塑性变形进一步发展，应力呈更加丰满的曲线分布。截面承受的弯矩为屈服弯矩 M_y。

5. III阶段 钢筋应力 σ_s 达到屈服强度 f_y 后保持不变，钢筋应变继续增加，故 $\varepsilon_s > \varepsilon_y$。梁中和轴进一步上升，受压区减少，混凝土压应力分布更加丰满。由于内力臂增大使弯矩仍能稍有增加。钢筋与混凝土之间的粘结逐渐破坏，裂缝间截面受拉区混凝土退出工作。纯弯段中一条开展最剧烈的临界裂缝处逐渐形成破坏截面。

6. III_a 状态 受压区外边缘纤维混凝土应变 ε_c 达到极限压应变 ε_u（约为 0.003~0.007），应力图形更为丰满，最大应力已移至受压区边缘以下的部位。破坏截面受压区出现平行梁轴线的裂缝，混凝土被压碎破坏。截面承受的弯矩为极限弯矩 M_u。

4.2.3 破 坏 形 态

当混凝土和钢筋强度确定以后，纵向钢筋配筋率 $\rho = A_s/bh_0$ 是影响梁的受力阶段的发展、破坏形态和极限弯矩 M_u 的主要因素。

1. 适筋梁破坏

当配筋率适中时，随着荷载的增大，梁经历了比较明显的三个受力阶段。受拉钢筋首先屈服而进入破坏阶段；垂直裂缝显著开展，中和轴迅速上升，受压区混凝土产生了很大的局部塑性变形；当 $\varepsilon_c = \varepsilon_u$ 时，混凝土压碎，见图4-9 (c)。从屈服状态开始，破坏截面如同形成了一个铰一样发生很大转动（可称为塑性铰），挠度迅速增大，裂缝急剧开展，使破坏前有明显预兆；表现了较好的承受变形的能力（图4-10曲线③），属于延性破坏。发生这种破坏的梁称为适筋梁。

2. 超筋梁破坏

当配筋率很大时，随着荷载的增加，梁经历了 I、II 两个受力阶段；达到开裂状态 I_a 时，$F-\delta$ 曲线出现第一个转折点，但不明显；裂缝较多较密，但开展较慢；钢筋应力增长也不快。受拉钢筋尚未屈服时，受压区混凝土局部塑性变形迅速发展，ε_c 达到 ε_u，混凝土突然压碎且破坏的范围较大，见图4-9 (a)。从挠度变化、裂缝发展及应变增长来看，破坏前均无明显预兆；且承受变形的能力很小（图4-10曲线①），属于脆性破坏。发生这种破坏的梁称为超筋梁。

3. 平衡配筋梁和界限破坏

当配筋率介于适筋梁和超筋梁之间时，随着荷载的增加，梁也经历了 I、II 两个受力阶段。达到屈服状态时，在受拉钢筋屈服的同时，受压区混凝土塑性变形已充分发展使 ε_c 立即达到 ε_u，混凝土压碎，见图4-9 (b)，称为界限破坏。从挠度、裂缝、应变发展看，破坏前均有一定的预兆；其延性介于适筋梁和超筋梁之间（图 4-10 曲线②）。屈服状态就是极限状态，屈服弯矩 M_y 等于极限弯矩 M_u。发生这种破坏的梁称为平衡配筋梁。

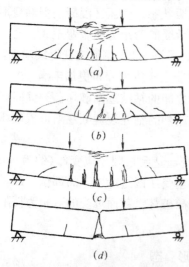

图 4-9　钢筋混凝土梁破坏形态

(a) 超筋梁；(b) 平衡配筋架；

(c) 适筋梁；(d) 少筋梁

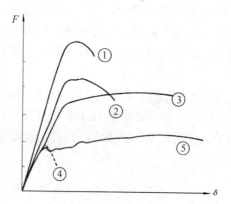

图 4-10　各种梁的 F-δ 曲线

① 超筋梁；② 平衡配筋梁；③ 适筋梁；

④ 少筋梁；⑤ 最小配筋率的梁

4. 少筋梁破坏

当配筋率很少时，梁仅经历了弹性阶段。达到开裂状态后，裂缝截面受拉区混凝土承担的全部拉力转给钢筋；钢筋应力突然增大，并迅速达到屈服强度。而受压区混凝土应力很小，仍处于弹性阶段。如果配筋过少，则裂缝截面受拉钢筋承受不了突然退出工作的受拉区混凝土转来的拉力，使钢筋应力越过屈服台阶和强化段而达到极限强度，钢筋拉断，梁沿破坏截面断为两截见图 4-9 (d)，梁的后期变形很小（图 4-10 曲线④），破坏前无明显预兆，是突发性的脆性破坏。发生这种破坏的梁称为少筋梁。

4.2.4　特征配筋率

1. 界限配筋率（最大配筋率）

相应于平衡配筋梁特征的配筋率称为界限配筋率，用 ρ_b 表示。

当 $\rho = \rho_b$ 时，为平衡配筋梁，发生界限破坏。破坏特征是：受拉钢筋屈服的同时，受压区混凝土压坏；即 $\varepsilon_s = \varepsilon_y$ 时，$\varepsilon_c = \varepsilon_u$。此时 $M_y = M_u$。

当 $\rho > \rho_b$ 时，为超筋梁。破坏特征是：受拉钢筋尚未屈服，受压区混凝土压坏；即 $\varepsilon_s < \varepsilon_y$ 时，$\varepsilon_c = \varepsilon_u$。此时若假设受拉钢筋也能屈服，则 $M_y > M_u$，当然，这是不可能发生的。

当$\rho < \rho_b$时，为适筋梁。破坏特征是：受拉钢筋屈服以后，经过一个相当的破坏过程（Ⅲ阶段），受压区混凝土才压坏；即$\varepsilon_s > \varepsilon_y$时，$\varepsilon_c = \varepsilon_u$。此时$M_y < M_u$。

可见，混凝土梁正截面受弯破坏的标志是$\varepsilon_c = \varepsilon_u$，即受压区混凝土压坏；而$\rho_b$是保证受拉钢筋屈服的最大配筋率，可用$\rho_{max}$表示。

2. 最小配筋率

相应于开裂弯矩M_{cr}与屈服弯矩M_y相等时的梁的配筋率，称为最小配筋率，用ρ_{min}表示；它是区别适筋梁和少筋梁的特征配筋率。

当$\rho = \rho_{min}$时（注意：此时应采用$\rho = A_s/bh$），梁的开裂状态即屈服状态，$M_{cr} = M_y$。当$\varepsilon_s = \varepsilon_y$时，$\varepsilon_c < \varepsilon_u$。由于受拉钢筋屈服后塑性变形的发展，使裂缝截面发生很大转动，$F-\delta$曲线延伸很长，表现很大的延性（图4-10曲线⑤）。但受压区混凝土直到最后仍未压坏，屈服弯矩即梁能承受的最大弯矩。

当$\rho > \rho_{min}$（同时$\rho < \rho_{max}$）时，为适筋梁。此时，$M_{cr} < M_y < M_u$。

当$\rho < \rho_{min}$时，为少筋梁。梁的受拉区出现裂缝后，受拉钢筋不能承受混凝土转给的拉力可能被拉断；梁沿裂缝截面断为两截。开裂弯矩是梁能承受的最大弯矩。此时，$M_y < M_{cr}$。

超筋梁受拉钢筋不能屈服，未能充分利用钢筋强度，不经济；且破坏前没有明显预兆，是脆性破坏。少筋梁开裂后可能突然断裂，破坏前没有预兆，非常危险；且破坏时受压区处于弹性阶段，未能充分利用混凝土强度，也不经济。因此应设计为适筋梁，以达到既安全可靠、又经济合理的目的。

§4.3 受弯构件正截面受力分析

4.3.1 基 本 假 定

1. 截面的平均应变符合平截面假定

国内外大量试验，包括各种钢筋的矩形、T形、工字形及环形截面受弯构件的试验均表明，不仅在第Ⅰ阶段，即拉区混凝土开裂前，梁的截面应变符合平截面假定，而且在开裂后的Ⅱ、Ⅲ阶段直到Ⅲa极限状态，大标距（不小于裂缝间距）量测的混凝土和钢筋平均应变仍然符合平截面假定。

按照平截面假定，截面内任一点纤维的应变或平均应变与该点到中和轴的距离成正比，不考虑拉区混凝土开裂后的相对滑移。故截面曲率与应变之间存在下列几何关系（图4-11）。

$$\phi = \frac{\varepsilon}{y} = \frac{\varepsilon_c}{\xi_n h_0} = \frac{\varepsilon_s}{h_0(1-\xi_n)} = \frac{\varepsilon'_s}{\xi_n h_0 - a'_s} \tag{4-1}$$

式中 ϕ——截面变形后的曲率；

ε——距中和轴的距离为y的任意纤维的应变；

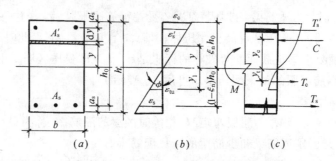

图 4-11 矩形截面受弯构件应力和应变分布

(a) 截面；(b) 应变分布；(c) 应力分布

ε_c——截面受压区边缘混凝土应变；

ε_s、ε'_s——纵向受拉钢筋、受压钢筋的应变；

ξ_n——中和轴高度 x_n 与截面有效高度 h_0 的比值，称为相对中和轴高度；

a'_s——纵向受压钢筋合力作用点到受压区边缘的距离。

2. 混凝土的应力—应变关系

图 4-12 为现行国家标准《混凝土结构设计

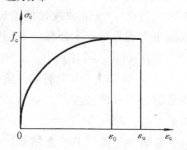

图 4-12 混凝土应力—应变关系

规范》GB 50010 所采用的兼顾低、中、高强混凝土特性的抛物线——矩形应力—应变曲线，其表达式为：

当 $\varepsilon_c \leqslant \varepsilon_0$ 时　　　$\sigma_c = f_c \left[1 - \left(1 - \dfrac{\varepsilon_c}{\varepsilon_0} \right)^n \right]$

当 $\varepsilon_0 < \varepsilon_c \leqslant \varepsilon_u$ 时　　$\sigma_c = f_c$ 　　　　　　(4-2)

$$n = 2 - \frac{1}{60}(f_{cu,k} - 50) \tag{4-3}$$

$$\varepsilon_0 = 0.002 + 0.5(f_{cu,k} - 50) \times 10^{-5} \tag{4-4}$$

$$\varepsilon_u = 0.0033 - (f_{cu,k} - 50) \times 10^{-5} \tag{4-5}$$

式中　f_c——混凝土的轴心抗压强度；

σ_c——对应于混凝土压应变为 ε_c 时的混凝土压应力；

ε_0——对应于混凝土压应力刚达到 f_c 时的混凝土压应变，当按公式（4-4）计算的 ε_0 值小于 0.002 时，应取为 0.002；

ε_u——正截面处于非均匀受压时的混凝土极限压应变，当按公式（4-5）计算

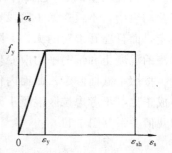

图 4-13 钢筋应力—应变关系

的 ε_u 值大于 0.0033 时，应 取为 0.0033；

$f_{cu,k}$——混凝土立方体抗压强度标准值；

n——系数，当计算的 n 值大于 2.0 时，应取为 2.0。

3. 钢筋的应力—应变关系

对于有明显屈服点的钢筋可采用图 4-13 所示的理想弹塑性应力—应变关系，其表达式为：

$$\left.\begin{array}{ll}\text{当 } \varepsilon_s \leqslant \varepsilon_y \text{ 时} & \sigma_c = E_s \varepsilon_s \\ \text{当 } \varepsilon_y < \varepsilon_s \leqslant \varepsilon_{sh} \text{时} & \sigma_c = f_y\end{array}\right\} \tag{4-6}$$

式中 f_y——钢筋的屈服应力；

ε_y——钢筋的屈服应变，$\varepsilon_y = f_y/E_s$；

ε_{sh}——钢筋的极限拉应变，取 0.01；

E_s——钢筋的弹性模量。

4. 不考虑混凝土的抗拉强度

受弯构件开裂前拉区混凝土应力—应变关系可采用与压区混凝土应力—应变关系上升段相类似曲线，峰值应力为 f_t，对应应变为 ε_{tu}。开裂状态 I_a 以后，裂缝截面拉区混凝土退出工作，而裂缝间截面混凝土承受的拉力有限，故不考虑混凝土的抗拉强度。

4.3.2 弹性阶段的受力分析

1. 截面应力

图 4-14 表示混凝土梁在弹性阶段的受力状态。

由物理关系，即材料的虎克定理，有：$\varepsilon_c = \sigma_c/E_c$，$\varepsilon_s = \sigma_s/E_s$ （4-7）

由几何关系，即同一位置纤维应变协调，有：$\varepsilon_c = \varepsilon_s$ （4-8）

以（4-7）式代入（4-8）式，则有 $\sigma_s = \varepsilon_s E_s = \dfrac{E_s}{E_c}\sigma_c = \alpha_E \sigma_c$ （4-9）

则钢筋总拉力为：$T_s = \sigma_s A_s = \sigma_c (\alpha_E A_s)$ （4-10）

公式（4-10）表明，在保持重心位置不变的前提下可按钢筋与混凝土的弹性模量比 α_E 将钢筋面积 A_s 换算为等效混凝土面积（$\alpha_E A_s$），此处弹性模量比 $\alpha_E = E_s/E_c$。由此，钢筋混凝土梁的截面变为单一混凝土梁的换算截面（图 4-14d），故可用材料力学公式求相应的应力。

混凝土任一纤维应力：$\sigma_{ci} = My_0/I_0$ （4-11）

混凝土最大压应力：$\sigma_c = Mx_n/I_0$ （4-12）

混凝土最大拉应力：$\sigma_{ct} = M(h - x_n)/I_0$ （4-13）

钢筋最大拉应力：$\sigma_s = \alpha_E \dfrac{M(h_0 - x_n)}{I_0}$ （4-14）

式中 I_0——换算截面的惯性矩；

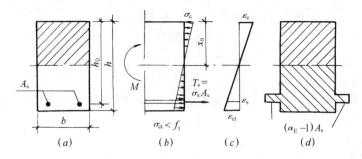

图 4-14　弹性阶段计算简图

(a) 截面；(b) 应力分布；(c) 应变分布；(d) 换算截面

x_n——换算截面的中和轴高度；

y_0——任一纤维至换算截面中和轴的距离。

2. 开裂弯矩 M_{cr}

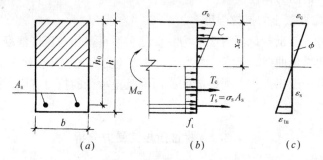

图 4-15　开裂状态计算简图

(a) 截面；(b) 应力分布；(c) 应变分布

混凝土梁达到开裂状态 I_a 的截面受力状态如图 4-15 所示。拉区边缘混凝土应力 σ_{ct} 达到抗拉强度 f_t 后，应力不再增长，而应变继续增加。直到大部分拉区混凝土应力达到 f_t，形成接近矩形的曲线应力图形。由几何关系（图 4-15c）：

$$\phi = \frac{\varepsilon_{tu}}{h - x_{cr}} = \frac{\varepsilon_c}{x_{cr}} = \frac{\varepsilon_s}{h_0 - x_{cr}} \tag{4-15}$$

对一般跨高比和常用截面高度的混凝土梁，可假定拉区应力图形为矩形。由于拉区塑性变形的充分发展，混凝土应采用变形模量，即 $E'_c = 0.5E_c$，而压区混凝土仍处于弹性阶段。其物理关系为：

$$\left. \begin{aligned} \sigma_{ct} &= f_t = 0.5E_c\varepsilon_{tu} \\ \sigma_c &= E_c\varepsilon_c \\ \sigma_s &= E_s\varepsilon_s \end{aligned} \right\} \tag{4-16}$$

取截面轴向力平衡条件 $\Sigma X = 0$（图 4-15b），得

$$0.5\sigma_c bx_{cr} = f_t b(h - x_{cr}) + \sigma_s A_s \tag{4-17}$$

设 $\alpha_E = E_s/E_c$，取 $\varepsilon_s \approx \varepsilon_{tu}$。以（4-15）式代入（4-16）式，再代入（4-17）式。经简化整理，得

$$x_{cr} = \frac{1 + \dfrac{2\alpha_E A_s}{bh}}{1 + \dfrac{\alpha_E A_s}{bh}} \times \frac{h}{2} \tag{4-18}$$

考虑截面对压区混凝土合力作用点的力矩平衡条件 $\Sigma M_c = 0$，得

$$M_{cr} = f_t b(h - x_{cr})\left(\frac{h - x_{cr}}{2} + \frac{2x_{cr}}{3}\right) + 2\alpha_E f_t A_s\left(h_0 - \frac{x_{cr}}{3}\right) \tag{4-19}$$

对一般混凝土梁，$A_s/bh = 0.5 \sim 2\%$，$\alpha_E = 6.7 \sim 8.0$，代入 (4-18) 式，可得 $x_{cr} \approx 0.5h$。设 $h_0 = 0.92h$，令 $\alpha_A = 2\alpha_E(A_s/bh)$，则由 (4-19) 式得到 M_{cr} 的简化公式：

$$M_{cr} = 0.292(1 + 2.5\alpha_A)f_t bh^2 \tag{4-20}$$

【例 4-1】　钢筋混凝土梁截面如图 4-16 所示。已知 $b = 250$mm，$h = 550$mm，受拉区配置 3 ϕ 22 ($A_s = 1140$mm²) HRB335 钢筋，$h_0 = 514$mm；$f_c = 22.4$N/mm²，$f_t = 2.5$N/mm²，$E_c = 2.55 \times 10^4$ N/mm²；$f_y = 369$N/mm²，$E_s = 2 \times 10^5$ N/mm²。试计算：(1) $M = 35$kN·m 时的 σ_s、σ_c、σ_{ct} 及 ϕ；(2) 开裂弯矩 M_{cr} 及相应的 σ_s、σ_c 及 ϕ。

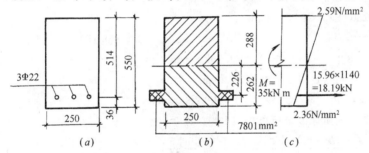

图 4-16　例 4-1 计算简图

(a) 截面；(b) 换算截面；(c) 应力分布

【解】

(1) 求 $M = 35$kN·m 时的 σ_s、σ_c、σ_{ct} 及 ϕ

先求换算截面几何特征：

$$\alpha_E = \frac{E_s}{E_c} = \frac{2 \times 10^5}{2.55 \times 10^4} = 7.843$$

$$x_n = \frac{0.5bh^2 + (\alpha_E - 1)A_s h_0}{bh + (\alpha_E - 1)A_s} = \frac{0.5 \times 250 \times 550^2 + 6.843 \times 1140 \times 514}{250 \times 550 + 6.843 \times 1140}$$
$$= 288\text{mm}$$

$$I_0 = \frac{250 \times 550^3}{12} + 250 \times 550\left(288 - \frac{550}{2}\right)^2 + 6.843 \times 1140 \times (514 - 288)^2$$
$$= 3.888 \times 10^9\text{mm}^4$$

代入公式 (4-12) ~ (4-14) 求应力

$$\sigma_c = \frac{Mx_n}{I_0} = \frac{35 \times 10^6 \times 288}{3.888 \times 10^9} = 2.59\text{N/mm}^2$$

$$\sigma_{ct} = \frac{M(h - x_n)}{I_0} = \frac{35 \times 10^6 \times (550 - 288)}{3.888 \times 10^9} = 2.36 \text{N/mm}^2$$

$$\sigma_s = \frac{\alpha_E M(h_0 - x_n)}{I_0} = \frac{7.843 \times 35 \times 10^6 \times (514 - 288)}{3.888 \times 10^9} = 15.96 \text{N/mm}^2$$

$$\phi = \frac{\sigma_c}{E_c x_n} = \frac{2.59}{2.55 \times 10^4 \times 288} = 3.53 \times 10^{-7} 1/\text{mm}$$

(2) 求开裂弯矩 M_{cr} 及相应的 σ_s、σ_c 及 ϕ

按公式 (4-18) 及 (4-19) 求 x_{cr} 及 M_{cr}：

$$\frac{\alpha_E A_s}{bh} = \frac{7.843 \times 1140}{250 \times 550} = 0.065, \quad \alpha_A = \frac{2\alpha_E A_s}{bh} = 0.13$$

$$x_{cr} = \frac{1 + \frac{2\alpha_E A_s}{bh}}{1 + \frac{\alpha_E A_s}{bh}} \cdot \frac{h}{2} = \frac{1 + 0.13}{1 + 0.065} \cdot \frac{550}{2} = 292 \text{mm}$$

$$M_{cr} = 2.5 \times 250 \times (550 - 292) \left(\frac{550 - 292}{2} + \frac{2 \times 292}{3} \right)$$

$$+ 2 \times 7.843 \times 2.5 \times 1140 \left(514 - \frac{292}{3} \right) = 70.82 \text{kN} \cdot \text{m}$$

按近似公式 (4-20) 求 M_{cr}：

$$M_{cr} = 0.292 (1 + 2.5\alpha_A) f_t bh^2 = 0.292 (1 + 2.5 \times 0.13)$$

$$\times 2.5 \times 250 \times 550^2 = 73.15 \text{kN} \cdot \text{m}$$

与按公式 (4-19) 算出的 M_{cr} 相差 3.3%；

$$\sigma_s = 2\alpha_E f_t = 2 \times 7.843 \times 2.5 = 39.22 \text{N/mm}^2$$

可根据截面静力平衡条件 (4-17) 求 σ_c：

$$\sigma_c = \frac{f_t b (h - x_{cr}) + \sigma_s A_s}{0.5 b x_{cr}} = \frac{2.5 \times 250 (550 - 292) + 39.22 \times 1140}{0.5 \times 250 \times 292} = 5.64 \text{N/mm}^2$$

$$\phi = \frac{f_t}{0.5 E_c (h - x_{cr})} = \frac{2.5}{0.5 \times 2.55 \times 10^4 (550 - 292)} = 7.6 \times 10^{-7} 1/\text{mm}$$

4.3.3　带裂缝阶段的受力分析

1. 压区混凝土处于弹性阶段

图 4-17 (a) 为混凝土梁开裂后的截面，其平均应变符合平截面假定见图 4-17 (b)。裂缝截面拉区混凝土已退出工作，而压区边缘纤维混凝土应力较小，例如 $\sigma_c < f_c/3$；故可近似认为压区混凝土处于弹性阶段，其截面应力如图 4-17 (c) 所示，并可采用线性应力—应变关系。

由于平均应变符合平截面假定，故可采用 (4-1) 式表达的几何关系。其物理关系为：

$$\sigma = E_c \varepsilon = E_c \varepsilon_c \frac{y}{\xi_n h_0} = \sigma_c \frac{y}{\xi_n h_0} \tag{4-21}$$

由截面轴向力平衡条件 $\Sigma X = 0$：$0.5 \sigma_c b \xi_n h_0 = \sigma_s A_s$ (4-22)

以 (4-1) 式和 (4-21) 式代入 (4-22) 式，简化整理得

$$\xi_n^2 + 2\alpha_E\rho\xi_n - 2\alpha_E\rho = 0 \tag{4-23}$$

解此方程，可得到求中和轴高度的公式：

$$\xi_n = \sqrt{(\alpha_E\rho)^2 + 2\alpha_E\rho} - \alpha_E\rho \tag{4-24}$$

由截面弯矩平衡条件 $\Sigma M = 0$，对压区混凝土合力作用点取矩，或对受拉钢筋合力作用点取矩，得

$$\left.\begin{array}{l} M = 0.5\sigma_c b\xi_n h_0^2\left(1 - \dfrac{1}{3}\xi_n\right) \\[3mm] M = \sigma_s A_s h_0\left(1 - \dfrac{1}{3}\xi_n\right) \end{array}\right\} \tag{4-25}$$

由以上两式之一可求截面承担的弯矩，或求应力 σ_c 和 σ_s。

2. 压区混凝土进入弹塑性阶段，但 $\varepsilon_c \leqslant \varepsilon_0$

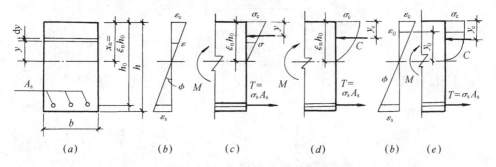

图 4-17　带裂缝阶段和破坏阶段计算简图

(a) 截面；(b) 应变；(c) 压区在弹性阶段应力；(d) 压区在弹塑性阶段应力；(e) 破坏阶段应力

若压区混凝土已进入弹塑性阶段，应力为曲线分布，但压区边缘纤维应变 $\varepsilon_c \leqslant \varepsilon_0$，如图 4-17 (d) 所示。几何关系仍采用 (4-1) 式。但物理关系应采用 (4-2) 式；对于强度等级不大于 C50 的混凝土，可取 $n = 2$，$\varepsilon_0 = 0.002$，$\varepsilon_u = 0.0033$。可由压区曲线应力图形求混凝土合力 C 和合力作用点至上边缘的距离 y_c。考虑截面轴向力平衡条件 $\Sigma X = 0$，同样可得到一个求解相对中和轴高度 ξ_n 的二次方程。由截面力矩平衡条件 $\Sigma M = 0$，可得到求截面承担的弯矩的公式。

4.3.4　破坏阶段的受力分析

1. 压区混凝土处于弹塑性阶段，但 $\varepsilon_0 < \varepsilon_c \leqslant \varepsilon_u$

压区混凝土仍处于弹塑性阶段，但压区边缘纤维应变 ε_c 已超过峰值应变 ε_0。一般情况下，受拉钢筋已经屈服，梁进入破坏阶段。设 $\varepsilon = \varepsilon_0$ 的纤维距中和轴为 y_0；则 $\varepsilon_c \leqslant \varepsilon_0$ 的部分压区为曲线应力分布，$\varepsilon_c > \varepsilon_0$ 的部分压区为矩形应力分布，如图 4-17 (e) 所示。压区混凝土合力 C 及其作用点至上边缘的距离 y_c 可采用分段积分求得

$$C = f_c \xi_n b h_0 \left(1 - \frac{1}{3} \frac{\varepsilon_0}{\varepsilon_c} \right) \tag{4-26}$$

$$y_c = \xi_n h_0 \left(1 - \frac{\frac{1}{2} - \frac{1}{12} \left(\frac{\varepsilon_0}{\varepsilon_c} \right)^2}{1 - \frac{1}{3} \frac{\varepsilon_0}{\varepsilon_c}} \right) \tag{4-27}$$

由截面轴向力平衡条件 $\Sigma X = 0$ 可求得截面相对中和轴高度 ξ_n；由截面力矩平衡条件 $\Sigma M = 0$ 可以得到求截面承担的弯矩的公式。公式形式和混凝土梁达到的极限状态时的公式类似。

2. 混凝土梁达到极限状态，$\varepsilon_c = \varepsilon_u$

由截面轴向力平衡条件 $\Sigma X = 0$，即 $C = T = f_y A_s$；和力矩平衡条件 $\Sigma M = 0$ 并以 $\varepsilon_0 = 0.002$ 和 $\varepsilon_c = \varepsilon_u = 0.0033$ 代入可求得

$$\xi_n = \frac{\rho f_y}{f_c \left(1 - \frac{1}{3} \frac{\varepsilon_0}{\varepsilon_c} \right)} = 1.253 \rho \frac{f_y}{f_c} \tag{4-28}$$

$$M_u = f_y A_s h_0 \left\{ 1 - \xi_n \left[1 - \frac{\frac{1}{2} - \frac{1}{12} \left(\frac{\varepsilon_0}{\varepsilon_c} \right)^2}{1 - \frac{1}{3} \frac{\varepsilon_0}{\varepsilon_c}} \right] \right\} = f_y A_s h_0 (1 - 0.412 \xi_n) \tag{4-29}$$

$$M_u = f_c b h_0^2 \xi_n \left\{ 1 - \frac{1}{3} \frac{\varepsilon_0}{\varepsilon_c} - \xi_n \left[\frac{1}{2} - \frac{1}{3} \frac{\varepsilon_0}{\varepsilon_c} + \frac{1}{12} \left(\frac{\varepsilon_0}{\varepsilon_c} \right)^2 \right] \right\} \tag{4-30}$$

$$= f_c b h_0^2 \xi_n (0.798 - 0.329 \xi_n)$$

【例 4-2】 钢筋混凝土梁截面尺寸，配筋及材料性能指标均同【例 4-1】。取 $\varepsilon_0 = 0.002$，$\varepsilon_u = 0.0033$，试计算：(1) $M = M_{cr}$，截面开裂后的 σ_c、σ_s 及 ϕ；(2) 极限弯矩及极限曲率 M_u、ϕ_u。

【解】 (1) 求 $M = M_{cr}$，截面开裂后的 σ_c、σ_s 及 ϕ

由于截面刚刚开裂，可设压区混凝土处于弹性阶段。由上题求出 $M_{cr} = 70.82$ kN·m，$\alpha_E = 7.843$，$\rho = \dfrac{A_s}{b h_0} = \dfrac{1140}{250 \times 514} = 0.00887$，$\alpha_E \rho = 0.0696$，代入公式 (4-24)：

$$\xi_n = \sqrt{(\alpha_E \rho)^2 + 2 \alpha_E \rho} - \alpha_E \rho = \sqrt{0.0696^2 + 2 \times 0.0696} - 0.0696 = 0.31$$

由公式 (4-25)

$$\sigma_c = \frac{M}{0.5 \xi_n b h_0^2 \left(1 - \frac{1}{3} \xi_n \right)} = \frac{70.82 \times 10^6}{0.5 \times 0.31 \times 250 \times 514^2 \left(1 - \frac{0.31}{3} \right)} = 7.72 \text{N/mm}^2$$

$$\sigma_s = \frac{M}{A_s h_0 \left(1 - \frac{1}{3} \xi_n \right)} = \frac{70.82 \times 10^6}{1140 \times 514 \left(1 - \frac{0.31}{3} \right)} = 134.79 \text{N/mm}^2$$

$$\phi = \frac{\varepsilon_s}{h_0 (1 - \xi_n)} = \frac{\sigma_s}{E_s h_0 (1 - \xi_n)} = \frac{134.79}{2 \times 10^5 \times 514 (1 - 0.31)} = 1.9 \times 10^{-6} \text{mm}^{-1}$$

(2) 求极限弯矩及极限曲率 M_u、ϕ_u

则由公式 (4-28)、(4-29)

$$\xi_n = \frac{1.253\rho f_y}{f_c} = \frac{1.253 \times 0.00887 \times 369}{22.4} = 0.1831$$

$$M_u = f_y A_s h_0 (1 - 0.412\xi_n) = 369 \times 1140 \times 514 \times (1 - 0.412 \times 0.1831)$$

$$= 199.91 \text{kN} \cdot \text{m}$$

$$\phi_u = \frac{\varepsilon_u}{\xi_n h_0} = \frac{0.0033}{0.1831 \times 514} = 3.51 \times 10^{-5} \text{mm}^{-1}$$

§ 4.4   受弯构件正截面承载力的简化分析

上节对混凝土受弯构件各受力阶段的应力与抗力进行了分析；并在基本假定的基础上借助于几何关系（变形协调条件）、物理关系（材料的应力—应变关系）和静力关系（平衡方程）建立了应力和抗力公式。结构设计的任务是保证工程结构在可靠性和经济性之间获得最佳平衡。而结构具有安全性，即确保结构有足够的承载能力，是最重要的。其中，混凝土受弯构件正截面承载力，指的是结构达到极限状态时，受弯构件正截面所能承受的最大弯矩 M_u。上一节给出的计算 M_u 的公式比较复杂，必须作进一步的简化，以便于设计应用。

4.4.1   压区混凝土等效矩形应力图形

由受力分析可知，压区混凝土应力分布是不断变化的。在第 I 阶段弹性应力是按线性分布的，即三角形分布，这一线弹性应力分布维持到截面开裂后第 II 阶段的最初一段。以后，随着塑性变形的发展而变为曲线分布，最后形成较丰满的曲线应力图形。在平截面假定下，近似地由混凝土柱体单轴受压的应力—应变关系（图 4-18 (a)）可推断出受弯构件压区混凝土曲线应力图形。

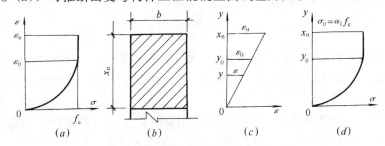

图 4-18   受压区混凝土应力和应变分布

(a) 混凝土应变—应力关系；(b) 截面受压区；(c) 应变分布；(d) 压区应力图

由压区混凝土应变分布（图 4-18 (c)）可知，$\dfrac{\varepsilon_c}{x_n} = \dfrac{\varepsilon}{y}$；则 $\sigma = \sigma(\varepsilon) = \sigma\left(y\dfrac{\varepsilon_c}{x_n}\right) = \dfrac{\varepsilon_c}{x_n}\sigma(y)$；图 4-18 (d) 所示极限状态（$\varepsilon_c = \varepsilon_u$）时的压区混凝土应力分

布图形与混凝土柱体单轴受压 $\varepsilon-\sigma$ 图形基本相似。

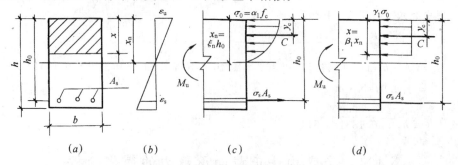

图 4-19   受弯构件正截面计算简图

(a) 截面；(b) 应变分布；(c) 曲线应力分布；(d) 等效矩形应力分布

在计算极限弯矩 M_u 时，仅需知道压区混凝土合力 C 及其作用点位置 y_c。可以用等效矩形应力图形代替曲线应力图形使计算简化。等效换算的原则是：两个应力图形的合力 C 相等，且合力作用点位置 y_c 不变，如图 4-19 所示；图中 α_1 为曲线应力图形最大应力 σ_0 与混凝土抗压强度 f_c 的比值，β_1 为等效矩形应力图形高度（即受压区高度）x 与曲线应力图形高度（即中和轴高度）x_n 比值，γ_1 为等效矩形应力图形应力与曲线应力图形最大应力的比值。

已知试验梁的 b、h_0、A_s、f_c、f_y、E_s 等，由试验测得 ε_c 及 M_u。则由试验梁截面的弯矩平衡条件 $\Sigma M=0$，

$$M_u = E_s\varepsilon_s A_s h_0(1 - 0.5\xi) \tag{4-31}$$

解出

$$\xi = 2\left(1 - \frac{M_u}{E_s\varepsilon_s A_s h_0}\right) \tag{4-32}$$

式中　ξ——等效矩形应力图形的相对受压区高度，$\xi=x/h_0$。

α_1 可由试验资料的统计分析确定，由截面轴向力平衡条件 $C=T$，可得

$$\alpha_1 = \frac{E_s\varepsilon_s A_s}{\gamma_1 f_c\xi bh_0} \tag{4-33}$$

由试验资料的统计分析可以确定 α_1。现行国家标准《混凝土结构设计规范》GB 50010 规定：当 $f_{cu,k}\leqslant 50\text{N}/\text{mm}^2$，$\alpha_1$ 取为 1.0；当 $f_{cu,k}=80\text{N}/\text{mm}^2$，$\alpha_1$ 取为 0.94；其间按直线内插法取用。

β_1 可由等效矩形应力图形合力 C 及作用点位置 y_c 不变的条件，考虑公式（4-26）和（4-27）并取 $\varepsilon_c=\varepsilon_u$ 求得。则有

$$y_c = \xi_n h_0\left[1 - \frac{\dfrac{1}{2} - \dfrac{1}{12}\left(\dfrac{\varepsilon_0}{\varepsilon_u}\right)^2}{1 - \dfrac{1}{3}\left(\dfrac{\varepsilon_0}{\varepsilon_u}\right)}\right] = 0.5\beta_1\xi_n h_0 \tag{4-34}$$

$$C = \alpha_1 f_c\xi_n bh_0\left(1 - \frac{1}{3}\frac{\varepsilon_0}{\varepsilon_u}\right) = \gamma_1\alpha_1 f_c\beta_1\xi_n bh_0 \tag{4-35}$$

可得到:

$$\beta_1 = \frac{1 - \frac{2}{3}\frac{\varepsilon_0}{\varepsilon_u} + \frac{1}{6}\left(\frac{\varepsilon_0}{\varepsilon_u}\right)^2}{1 - \frac{1}{3}\frac{\varepsilon_0}{\varepsilon_u}} \qquad (4\text{-}36)$$

$$\gamma_1 = \frac{1}{\beta_1}\left(1 - \frac{1}{3}\frac{\varepsilon_0}{\varepsilon_u}\right) \qquad (4\text{-}37)$$

对于强度等级不大于 C50 的混凝土,以 $\varepsilon_0 = 0.002$,$\varepsilon_u = 0.0033$ 代入上述两式,得出 $\beta_1 = 0.824$,$\gamma_1 = 0.969$。为简化计算,可取 $\gamma_1 = 1.0$。现行国家标准《混凝土结构设计规范》GB 50010 规定:当 $f_{cu,k} \leqslant 50\text{N/mm}^2$ 时,β_1 取为 0.8;当 $f_{cu,k} = 80\text{N/mm}^2$ 时,β_1 取为 0.74;其间按直线内插法取用。

4.4.2 界限受压区高度

平衡配筋梁的相对中和轴高度 ξ_{nb},称为相对界限中和轴高度。如图 4-20 所示,由平截面假定得到

$$\xi_{nb} = \frac{x_{nb}}{h_0} = \frac{\varepsilon_u}{\varepsilon_u + \varepsilon_y} \qquad (4\text{-}38)$$

而 $x = \beta_1 x_n$,故等效矩形应力图形的相对受压区高度 ξ_b 为:

$$\xi_b = \frac{x_b}{h_0} = \frac{\beta_1 \varepsilon_u}{\varepsilon_u + \varepsilon_y} = \frac{\beta_1}{1 + \frac{f_y}{E_s \varepsilon_u}} \qquad (4\text{-}39)$$

对强度等级不大于 C50 的混凝土,

$$\xi_b = \frac{0.8}{1 + \frac{f_y}{0.0033 E_s}} \qquad (4\text{-}40)$$

由相对受压区高度 $\xi = x/h_0$ 的大小,可以在平均应变沿截面高度的分布图上判别受弯构件正截面破坏类型。由图 4-20 看出:

$\xi_n < \xi_{nb}$,即 $\xi < \xi_b$,当 $\varepsilon_s > \varepsilon_y$ 时,$\varepsilon_c = \varepsilon_u$;为适筋梁;

$\xi_n = \xi_{nb}$,即 $\xi = \xi_b$,当 $\varepsilon_s = \varepsilon_y$ 时,$\varepsilon_c = \varepsilon_u$;为平衡配筋梁;

$\xi_n > \xi_{nb}$,即 $\xi > \xi_b$,当 $\varepsilon_s < \varepsilon_y$ 时,$\varepsilon_c = \varepsilon_u$;为超筋梁。

—·—— 适筋梁
———— 平衡配筋梁
------- 超筋梁

图 4-20 平衡配筋梁截面应变分布

4.4.3 受弯承载力及钢筋应力

1. 一般公式

如图 4-19 (d) 所示计算简图,分别考虑轴向力平衡条件 $\Sigma X = 0$ 和力矩平衡条件 $\Sigma M = 0$,得到混凝土受弯构件极限承载力基本公式:

$$\alpha_1 f_c b x = \sigma_s A_s \qquad (4\text{-}41)$$

$$\left.\begin{array}{l} M_u = \alpha_1 f_c b x (h_0 - x/2) \\ M_u = \sigma_s A_s (h_0 - x/2) \end{array}\right\} \tag{4-42}$$

2. 适筋梁受弯承载力公式

当 $\xi \leqslant \xi_b$ 时为适筋梁（含平衡配筋梁），$\sigma_s = f_y$；由公式（4-41）及（4-42）得出：

$$\xi = \frac{x}{h_0} = \frac{A_s f_y}{b h_0 \alpha_1 f_c} = \rho \frac{f_y}{\alpha_1 f_c} \tag{4-43}$$

$$\left.\begin{array}{l} M_u = \alpha_1 f_c b h_0^2 \xi (1 - 0.5\xi) = \alpha_s \alpha_1 f_c b h_0^2 \\ M_u = \rho f_y b h_0^2 (1 - 0.5\xi) = \rho f_y \gamma_s b h_0^2 \end{array}\right\} \tag{4-44}$$

采用相对受压区高度 ξ 作为计算参数，不仅反映了纵筋配筋率 $\rho = A_s/bh_0$，而且与钢筋抗拉强度 f_y 和受压区混凝土抗压强度 $\alpha_1 f_c$ 有关。可称为混凝土受弯构件的含钢特征值。

公式（4-44）中的 α_s 称为截面抵抗矩系数，反映截面抵抗矩的相对大小。γ_s 称为内力臂系数，是截面内力臂与有效高度的比值。

$$\alpha_s = \xi (1 - 0.5\xi) \tag{4-45}$$

$$\gamma_s = 1 - 0.5\xi \tag{4-46}$$

3. 超筋梁的钢筋应力

当 $\xi > \xi_b$ 时为超筋梁，$\sigma_s < f_y$；可由平截面假定导出求钢筋应力的公式（图 4-19b）：

$$\varepsilon_s = \frac{h_0 - x/\beta_1}{x/\beta_1} \varepsilon_u = \varepsilon_u \left(\frac{\beta_1}{\xi} - 1 \right) \tag{4-47}$$

则

$$\sigma_s = E_s \varepsilon_u \left(\frac{\beta_1}{\xi} - 1 \right) \tag{4-48}$$

对于位于截面任意位置的钢筋的应力 σ_{si}，同样可由平截面假定求出，并满足条件：$-f'_y \leqslant \sigma_{si} \leqslant f_y$。

$$\sigma_{si} = E_s \varepsilon_u \left(\frac{\beta_1 h_{0i}}{\xi h_0} - 1 \right) \tag{4-49}$$

式中　h_{0i}——任一钢筋重心至截面上边缘的距离。

公式（4-47）表明的 ε_s 随 ξ 增大而降低的曲线如图 4-21 所示；对于强度等级不大于 C50 的混凝土，当 $\xi \leqslant 0.8$ 时，接近直线。以 $\xi = \xi_b$ 和 $\xi = 0.8$ 作为边界条件可得到 σ_s 的近似公式：

$$\sigma_s = f_y \frac{\xi - 0.8}{\xi_b - 0.8} \tag{4-50}$$

以公式（4-48）代入公式（4-41），可得到求超筋梁相对受压区高度 ξ 的方程。解出 ξ 代入公式（4-48）或（4-50）求 σ_s，再代入公式（4-42）即可求出超筋梁的受弯承载力。

4. 最大配筋率和平衡配筋梁的受弯承载力

当 $\xi = \xi_b$ 时，为平衡配筋梁；由公式（4-43）可求得到界限配筋率 ρ_b，也是保证受拉钢筋屈服的最大配筋率 ρ_{max}：

$$\rho_{max} = \rho_b = \xi_b \frac{\alpha_1 f_c}{f_y} \qquad (4-51)$$

由公式（4-44）可以得到平衡配筋梁受弯承载力计算公式，也是保证受拉钢筋屈服的最大受弯承载力，可用 M_{max} 表示：

$$M_{max} = \alpha_1 f_c b h_0^2 \xi_b (1 - 0.5\xi_b) = \alpha_{smax} \alpha_1 f_c b h_0^2 \qquad (4-52)$$

$$\alpha_{smax} = \xi_b (1 - 0.5\xi_b) \qquad (4-53)$$

式中 α_{smax}——单筋矩形截面梁截面抵抗矩系数的最大值。

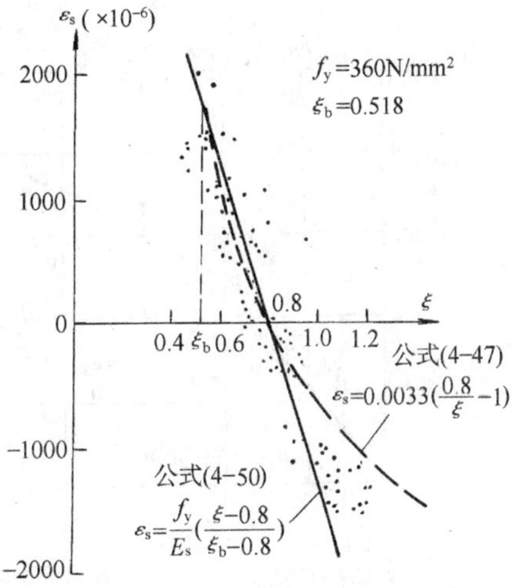

图 4-21 ε_s 与 ξ 的关系

根据《混凝土结构设计规范》GB50010 给出的材料计算指标，由公式（4-39）和（4-53）算出的 ξ_b 和 α_{smax} 列于表 4-1。

为了避免单筋矩形截面梁发生超筋梁破坏，应使 $\xi \leqslant \xi_b$，或 $\rho \leqslant \rho_{max}$，或 $M \leqslant M_{max}$。

ξ_b 和 α_{smax} 取值　　　　　　　　　表 4-1

混凝土等级	≤C50			C60			C70			C80		
钢筋级别	HPB 235	HRB 335	HRB 400	HPB 235	HRB 335	HRB 400	HPB 235	HRB 335	HRB 400	HPB 235	HRB 335	HRB 400
ξ_b	0.614	0.550	0.518	0.594	0.531	0.499	0.575	0.512	0.481	0.555	0.493	0.463
α_{smax}	0.426	0.399	0.384	0.418	0.390	0.375	0.410	0.381	0.365	0.401	0.372	0.356

5. 最小配筋率

当 $\rho < \rho_{min}$ 时，为少筋梁；最小配筋率 ρ_{min} 可由同样截面和材料的钢筋混凝土梁和素混凝土梁的受弯承载力相等的条件确定。对于素混凝土梁，由公式（4-20）得到：

$$M_u = M_{cr} = 0.292 f_t b h^2$$

对于配筋很少的钢筋混凝土梁，受弯承载力可由下式计算：

$$M_u = f_y A_s (h_0 - x/3)$$

取 $(h_0 - x/3) \approx 0.95h$，$h \approx 1.05 h_0$，则由以上两式导出 $\rho_{min} = 0.35 f_t / f_y$。为基本满足拉区混凝土开裂后受拉钢筋不致立即失效的要求；可取：

$$\rho_{min} = 0.45 f_t / f_y \qquad (4-54)$$

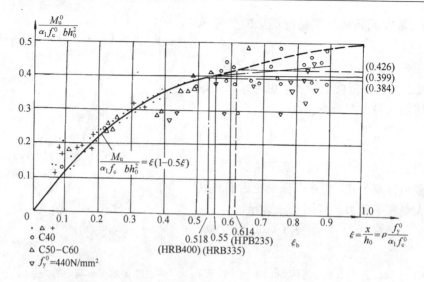

图 4-22 受弯构件正截面承载力公式与试验结果的比较

为了避免发生少筋梁破坏，应使 $\rho \geqslant \rho_{\min}$。同时，受拉钢筋配筋率不应小于 0.2%。现浇板和基础底板沿每个受力方向受拉钢筋配筋率不应小于 0.15%。此时，计算 ρ 时应采用全截面，即 $\rho = A_s / bh$。当温度、收缩等因素对结构有较大影响时，受拉钢筋的最小配筋率尚应适当提高。

6. 受弯构件正截面承载力公式与试验结果的比较

受弯构件正截面承载力公式（4-42）与试验结果的比较见图 4-22。可见，在适筋梁范围内符合程度较好；而在超筋梁范围，试验结果变异较大。公式（4-42）在这一段过高地估计受弯承载力。而用平衡配筋梁公式（4-52）近似估计超筋梁受弯承载力与试验结果更为接近。

【例 4-3】 已知钢筋混凝土梁的截面尺寸、配筋及材料性能指标同【例 4-1】，试按简化分析方法计算该梁的受弯承载力 M_u。

【解】   由公式（4-40）

$$\xi_b = \frac{0.8}{1 + \dfrac{f_y}{0.0033 E_s}} = \frac{0.8}{1 + \dfrac{369}{0.0033 \times 2 \times 10^5}} = 0.513$$

由公式（4-51）

$$\rho = \frac{A_s}{bh_0} = \frac{1140}{250 \times 514} = 0.00887 < \rho_{\max} = \xi_b \frac{\alpha_1 f_c}{f_y} = 0.513 \frac{22.4}{369} = 0.0311$$

故为适筋梁，$\sigma_s = f_y = 369\text{N/mm}^2$。由公式（4-43），$\xi = \rho \dfrac{f_y}{\alpha_1 f_c} = 0.00887 \dfrac{369}{22.4} = 0.146$

由公式（4-44）

$$M_u = \rho f_y bh_0^2 (1 - 0.5\xi) = 0.00887 \times 369 \times 250 \times 514^2 (1 - 0.5 \times 0.146)$$
$$= 200.4\text{kN} \cdot \text{m}$$

比【例 4-2】求出的 199.91kN·m，仅大 0.25%；说明简化分析方法求梁的受弯承载力有足够的精度，但计算要简单得多。

【例4-4】 已知钢筋混凝土梁的截面尺寸和材料性能指标同【例4-1】，但受拉钢筋改为 4 Φ 25、4 Φ 28；$A_s=4427mm^2$，$h_0=483mm$，如图4-23所示。试用简化分析方法计算其受弯承载力。

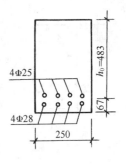

图4-23 【例4-4】梁截面配筋

【解】

(1) $\rho=\dfrac{A_s}{bh_0}=\dfrac{4427}{250\times483}=0.0367>\rho_{\max}=0.0311$，故为超筋梁，则 $\sigma_s<f_y$。

采用近似公式 (4-50) 代入 (4-41) 求 ξ 再求 σ_s

$$\xi=\frac{\beta_1}{1+\dfrac{\alpha_1 f_c bh_0}{f_y A_s}(\beta_1-\xi_b)}=\frac{0.8}{1+\dfrac{22.4\times250\times483}{369\times4427}(0.8-0.513)}=0.542$$

$$x=\xi\cdot h_0=0.542\times483=261.8mm$$

$$\sigma_s=f_y\frac{\xi-0.8}{\xi_b-0.8}=369\frac{0.542-0.8}{0.513-0.8}=331.7N/mm^2$$

$$M_u=\sigma_s A_s(h_0-x/2)=331.7\times4427\times\left(483-\frac{261.8}{2}\right)=517.04kN\cdot m$$

(2) 采用平衡配筋梁受弯承载力公式 (4-52) 近似计算：

$$M_u=\alpha_1 f_c bh_0^2\xi_b(1-0.5\xi_b)=22.4\times250\times483^2\times0.513(1-0.5\times0.513)$$

$$=498.29kN\cdot m$$

与 $M_u=517.04kN\cdot m$ 相比，仅小3.63%。故采用平衡配筋梁公式 (4-52) 来近似估计超筋梁受弯承载力，具有足够精度，且偏于安全；而不必计算 ξ 及 σ_s，使计算大为简化。

§4.5 不同截面形式受弯构件的受力分析和承载力计算

4.5.1 双筋矩形截面受弯构件

1. 试验研究结果

当截面承受很大的弯矩，而高度受限制，采用单筋矩形截面不能满足受弯承载力要求时；或在不同的内力组合下，截面承受正、负弯矩，截面两边都需要配筋时；或由其他截面延伸的受力钢筋形成受压钢筋时；可采用双筋矩形截面受弯构件（图4-24a）。采用双筋截面可以减少受弯构件使用阶段的变形，增大延性，提高后期变形能力。

双筋截面梁一般不会发生少筋梁破坏。适筋梁从加荷到破坏同样经历了弹性阶段（Ⅰ）、带裂缝工作阶段（Ⅱ）和破坏阶段（Ⅲ）；存在开裂状态（Ⅰ$_a$）、屈服状态（Ⅱ$_a$）和极限状态（Ⅲ$_a$）。当双筋矩形截面适筋梁进入破坏阶段，而受弯区

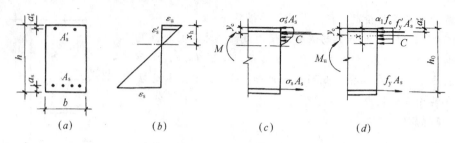

图 4-24 双筋矩形截面梁应变和应力分布

(*a*) 截面；(*b*) 应变分布；(*c*) 曲线应力分布；(*d*) 等效矩形应力分布

段无箍筋或有箍筋但间距过大，或为开口箍筋其刚度不足时，受压钢筋将压屈外凸，使受压钢筋强度不能充分发挥，并将保护层崩裂使压区混凝土提前破坏，承载力突然下降。为避免发生受压钢筋压屈失稳，充分利用材料强度，应满足下列构造要求：

1）采用封闭箍筋，且使间距不大于 $15d$ 和 400mm，箍筋直径不小于 $d/4$（d 为受压钢筋直径）；

2）当受压钢筋多于 3 根（$b \geqslant 400$，多于 4 根）时，应设置附加箍筋；

3）当受压钢筋多于 5 根时，箍筋间距不应大于 $10d$。

当受压钢筋的压应变能达到屈服应变时，其抗压强度能得到充分利用。如图 4-24*b* 所示，由平截面假定，以 $h_{0i} = a'_s$ 代入公式（4-49）得出：

$$\sigma'_s = E_s \varepsilon_u \left(\frac{\beta_1 a'_s}{\xi h_0} - 1 \right) \tag{4-55}$$

当混凝土强度等级不大于 C50 时，

$$\sigma'_s = 0.0033 E_s \left(\frac{0.8 a'_s}{\xi h_0} - 1 \right) \tag{4-56}$$

一般热轧钢筋可取 $E_s = 2 \times 10^5$MPa；当 $a'_s = 0.5 \xi h_0$ 时，代入公式（4-56）得 $\sigma'_s = -396$MPa，则 HPB235、HRB335、HRB400 及 RRB400 级热轧钢筋均已受压屈服，而其他种类的钢筋可能尚未受压屈服；故规定 $|f'_y| = f_y$，但不超过 400MPa。由此也可推断受压钢筋屈服，即 $\sigma'_s = f'_y$ 应满足的条件为

$$x \geqslant 2a'_s \text{ 或 } \gamma_s h_0 \leqslant h_0 - a'_s \tag{4-57}$$

2. 正截面受力分析

双筋矩形截面受弯构件正截面受力分析和单筋矩形截面受弯构件类似，不同的是需要考虑受压钢筋的作用。

（1）弹性阶段

双筋矩形截面梁在弹性阶段的应力仍可采用公式（4-11）～（4-14）计算，只是换算截面的几何特性 I_0、x_n、y_0 应考虑受压钢筋的作用。在计算开裂弯矩时也应考虑受压钢筋的作用；对一般双筋矩形截面梁，$A_s/bh = 1.5 \sim 3\%$，$A'_s/bh = 0.5 \sim 1.5\%$，$\alpha_E = 6.7 \sim 8.0$；设 $h_0/h = 0.92$，$a'_s/h = 0.08$；令 $\alpha_A = 2\alpha_E (A_s/bh)$，$\alpha'_A$

$= 2\alpha_E (A'_s / bh)$,；采用单筋矩形截面梁同样的思路，也可得到 M_{cr} 的简化计算公式

$$M_{cr} = 0.292(1 + 2.5\alpha_A + 0.25\alpha'_A) f_t bh^2 \tag{4-58}$$

（2）带裂缝工作阶段

双筋矩形截面梁刚进入带裂缝工作阶段时，压区仍处于弹性阶段，近似采用线性的应力—应变关系；考虑受压钢筋的作用，由平截面假定和截面轴向力平衡条件 $\Sigma X = 0$ 和力矩平衡条件 $\Sigma X = 0$ 可导出与公式（4-24）、（4-25）类似的公式。

随着荷载的增大，压区混凝土进入弹塑性阶段，应力已呈曲线分布，但边缘纤维应变仍未超过 ε_0。考虑受压钢筋的作用求压区混凝土合力 C 及作用点至上边缘距离 y_c，根据截面轴向力平衡条件 $\Sigma X = 0$ 求中和轴高度 ξ_n，根据力矩平衡条件 $\Sigma M = 0$ 可得到求截面承担的弯矩的公式。受力分析的思路与单筋矩形截面梁类似。

（3）破坏阶段

当压区边缘纤维混凝土应变 ε_c 超过 ε_0 时，一般说受拉钢筋已经屈服。压区混凝土合力 C 及作用点至上边缘距离 y_c 仍可采用公式（4-26）和（4-27）计算。考虑受压钢筋的作用，由截面轴向力平衡条件 $\Sigma X = 0$ 和力矩平衡条件 $\Sigma M = 0$，可得到求中和轴高度 ξ_n 和截面承担的弯矩的公式。

当双筋矩形截面梁达到极限状态时，$\varepsilon_c = \varepsilon_u$，$\sigma'_s = f'_y$；若混凝土强度等级不大于 C50 时，可取 $\varepsilon_0 = 0.002$，$\varepsilon_u = 0.0033$，则由截面轴向力平衡条件 $\Sigma X = 0$ 和力矩平衡条件 $\Sigma M = 0$，可得

$$\xi_n = 1.253 \left(\rho \frac{f_y}{f_c} - \rho' \frac{f'_y}{f_c} \right) \tag{4-59}$$

$$M_u = f_y A_s h_0 (1 - 0.412\xi_n) + f'_y A'_s h_0 \left(0.412\xi_n - \frac{a'_s}{h_0} \right) \tag{4-60}$$

$$M_u = f_c bh_0^2 \xi_n (0.798 - 0.329\xi_n) + f'_y A'_s h_0 \left(1 - \frac{a'_s}{h_0} \right) \tag{4-61}$$

3. 受弯承载力的简化计算

和单筋矩形截面梁类似，双筋矩形截面梁受压区曲线应力图形可以在保持合力 C 不变和作用点位置 y_c 不变的条件下，化成等效矩形应力图形，如图 4-24（c）、（d）所示。考虑截面轴向力平衡条件 $\Sigma X = 0$ 和力矩平衡条件 $\Sigma M = 0$，得到双筋矩形截面受弯构件正截面承载力的两个基本公式：

$$\alpha_1 f_c bx + f'_y A'_s = f_y A_s \tag{4-62}$$

$$M_u = \alpha_1 f_c bx \left(h_0 - \frac{x}{2} \right) + f'_y A'_s (h_0 - a'_s) \tag{4-63}$$

受拉钢筋面积 A_s 可分为 A_{s1} 和 A_{s2} 两部分，A_{s1} 是与受压区混凝土抗力平衡的那部分钢筋，承受的相应弯矩为 M_1；A_{s2} 是与受压钢筋抗力平衡的那部分钢筋，承受的相应弯矩为 M'；如图 4-25 所示。上述两个公式变为

$$\alpha_1 f_c bx + f'_y A'_s = f_y (A_{s1} + A_{s2}) \tag{4-62a}$$

$$M_u = M_1 + M'$$

$$\left.\begin{aligned} M_1 &= \alpha_1 f_c b x \left(h_0 - \frac{x}{2} \right) = f_y A_{s1} \left(h_0 - \frac{x}{2} \right) \\ M' &= f'_y A'_s (h_0 - a'_s) \end{aligned}\right\} \qquad (4\text{-}63a)$$

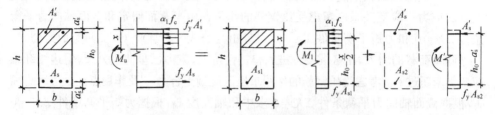

图 4-25 双筋矩形截面梁计算简图

为了保证受拉钢筋屈服，不发生超筋梁破坏，应满足 $\xi \leqslant \xi_b$ 的适用条件，或其他两个等效的条件，即

$$\left.\begin{aligned} \xi &= \frac{x}{h_0} \leqslant \xi_b \\ \rho_1 &= \frac{A_{s1}}{bh_0} \leqslant \rho_{max} = \xi_b \frac{\alpha_1 f_c}{f_y} \\ M_1 &\leqslant \alpha_{smax} \alpha_1 f_c b h_0^2 \end{aligned}\right\} \qquad (4\text{-}64)$$

为了保证受压钢筋屈服，应满足公式（4-57）的条件。当不满足该条件时，σ'_s 可由公式（4-55）计算；或近似取 $x = 2a'_s$，即 $\gamma_s = 1 - a'_s / h_0$；则：

$$M_u = f_y A_s h_0 \left(1 - \frac{a'_s}{h_0} \right) \qquad (4\text{-}65)$$

【例 4-5】 钢筋混凝土梁截面尺寸和材料性能同【例 4-1】，配置 4 ⏀ 22（$A_s = 1520\text{mm}^2$）的受拉钢筋，和 2 ⏀ 14（$A_s = 308\text{mm}^2$）的受压钢筋。试计算：（1）开裂弯矩；（2）极限弯矩 M_u 及极限曲率 ϕ_u；（3）正截面受弯承载力（用简化方法）。

【解】

（1）求开裂弯矩

由【例 4-1】，$\dfrac{\alpha_E A_s}{bh} = \dfrac{7.843 \times 1520}{250 \times 550} = 0.087$，$\alpha_A = 0.173$；$\dfrac{\alpha_E A'_s}{bh} = \dfrac{7.843 \times 308}{250 \times 550} = 0.018$，$\alpha'_A = 0.035$

由公式（4-58），

$M_{cr} = 0.292 (1 + 2.5\alpha_A + 0.25\alpha'_A) f_t b h^2 = 0.292 (1 + 2.5 \times 0.173 + 0.25 \times 0.035)$
$\times 2.5 \times 250 \times 550^2 = 79.57 \text{kN} \cdot \text{m}$

（2）求极限弯矩 M_u 及极限曲率 ϕ_u，由公式（4-59）和公式（4-60）

$$\xi_n = 1.253 \left(\rho \frac{f_y}{f_c} - \rho' \frac{f'_y}{f_c} \right) = 1.235 \left(0.01183 \frac{369}{22.4} - 0.0024 \frac{369}{22.4} \right) = 0.1946$$

$$M_u = f_y A_s h_0 (1 - 0.412\xi_n) + f'_y A'_s h_0 \left(0.412\xi_n - \frac{a'_s}{h_0} \right) = 369 \times 1520 \times$$

$$514(1 - 0.412 \times 0.1946) + 369 \times 308 \times 514(0.412 \times 0.1946 - 0.064)$$
$$= 266.1 \text{kN} \cdot \text{m}$$

$$\phi_u = \frac{\varepsilon_u}{\xi_n h_0} = \frac{0.0033}{0.1946 \times 514} = 3.29 \times 10^{-5} \text{mm}^{-1}$$

(3) 用简化方法求受弯承载力

由【例4-3】知，$\xi_b = 0.513$；由公式（4-62）和公式（4-63）

$$\xi = \frac{x}{h_0} = \frac{\rho f_y - \rho' f_y'}{\alpha_1 f_c} = \frac{369 (0.01183 - 0.0024)}{22.4} = 0.1553 < \xi_b = 0.513，故为适筋梁；$$

$$M_u = \alpha_1 f_c b h_0^2 \xi (1 - 0.5\xi) + f_y' A_s' h_0 \left(1 - \frac{a_s'}{h_0}\right)$$

$$= 22.4 \times 250 \times 514^2 \times 0.1553 (1 - 0.5 \times 0.1553) + 369 \times 308 \times 514 (1 -$$

$$0.062)$$

$$= 266.7 \text{kN} \cdot \text{m}$$

【例4-6】 已知钢筋混凝土双筋矩形截面梁 $b = 250$mm，$h = 500$mm，$f_c = 11.9$N/mm^2；受拉钢筋 3 ϕ 22（$A_s = 1140$ mm^2），受压钢筋 2 ϕ 20（$A_s = 628$ mm^2），$f_y = f_y' = 300$N/mm^2，$h_0 = 464$mm，$a_s' = 35$ mm。试用简化方法计算正截面受弯承载力。

【解】 由公式（4-40），$\xi_b = \dfrac{\beta_1}{1 + \dfrac{f_y}{0.0033E_s}} = \dfrac{0.8}{1 + \dfrac{300}{0.0033 \times 2 \times 10^5}} = 0.55$

由公式（4-62），$\xi = \dfrac{\rho f_y - \rho' f_y'}{\alpha_1 f_c} = \dfrac{300 \left(\dfrac{1140}{250 \times 464} - \dfrac{628}{250 \times 464}\right)}{11.9} = 0.111 < \xi_b = 0.55$，

为适筋梁；$x = \xi h_0 = 0.111 \times 464 = 51.6$mm $< 2a_s' = 70$mm；故受压钢筋不能屈服；此时，应令 $x = 2a_s' = 70$mm，按公式（4-65）计算：

$$M_u = f_y A_s h_0 \left(1 - \frac{a_s'}{h_0}\right) = 300 \times 1140 \times 464 \left(1 - \frac{35}{464}\right) = 146.7 \text{kN} \cdot \text{m}$$

4.5.2 T形（工字形和箱形）截面受弯构件

1. T形截面受弯构件翼缘计算宽度

T形截面受弯构件广泛应用于肋形楼盖的主、次梁，预制槽形板，双T屋面板中。工字形截面受弯构件用于吊车梁、薄腹屋面梁中。箱形截面受弯构件则在桥梁中较为常见，而预制空心板则是一种小型的箱形截面受弯构件。进入破坏阶段以后，由于不考虑混凝土的抗拉强度，受拉翼缘存在与否，对极限承载能力是没有影响的；从这个意义上说，工字形和箱形截面受弯构件可以看作T形截面受弯构件。当然，在分析弹性阶段的受力性能，计算开裂弯矩和带裂缝工作阶段的刚度和裂缝宽度时，应考虑受拉翼缘的作用。

试验研究和弹性理论分析表明，离腹板越远，受压翼缘压应力与腹板受压区压应力相比，就越小，如图4-26所示；翼缘参与腹板共同受压的有效翼缘宽度是有限的。T形及倒L形截面受弯构件翼缘计算宽度 b_f' 应按表4-2所列各项的最小

值采用。

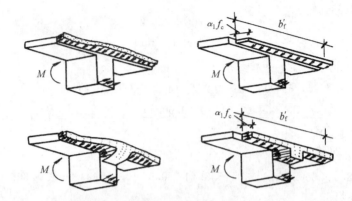

图 4-26　T 形截面梁受压区实际应力图和等效矩形应力图

T 形（工字形、箱形）截面受弯构件正截面受力分析的基本假定和分析方法与单筋矩形截面受弯构件相同，但需考虑受压翼缘的作用（弹性阶段尚需考虑受拉翼缘的作用）。本节仅讨论 T 形截面受弯构件正截面承载力的简化计算。

2. T 形截面受弯构件正截面承载力的简化计算

(1) 两类 T 形截面及其判别

由于受压区的不同，有两类 T 形截面受弯构件：

第 1 类 T 形截面：受压区在翼缘内，$x \leqslant h'_f$，如图 4-27 所示。当满足以下条件之一时，可按第 1 类 T 形截面受弯构件计算。

$$f_y A_s \leqslant \alpha_1 f_c b'_f h'_f \tag{4-66}$$

$$M \leqslant \alpha_1 f_c b'_f h'_f \left(h_0 - \frac{h'_f}{2} \right) \tag{4-67}$$

T 形和倒 L 形截面受弯构件翼缘计算宽度 b'_f　　　　　表 4-2

考 虑 情 况		T 形截面		倒 L 形截面
		肋形梁（板）	独立梁	肋形梁（板）
按计算跨度 l_0 考虑		$1/3 l_0$	$1/3 l_0$	$1/6 l_0$
按梁（肋）净距 S_n 考虑		$b + S_n$	—	$b + S_n/2$
按翼缘高度 h'_f 考虑	当 $h'_f/h_0 \geqslant 0.1$	—	$b + 12 h'_f$	—
	当 $0.1 > h'_f/h_0 \geqslant 0.05$	$b + 12 h'_f$	$b + 6 h'_f$	$b + 5 h'_f$
	当 $h'_f/h_0 < 0.05$	$b + 12 h'_f$	b	$b + 5 h'_f$

注：1. 表中 b 为梁的腹板宽度；

2. 如肋形梁在梁跨内设有间距小于纵肋间距的横肋时，则可不遵守表列第三种情况的规定；

3. 对有加腋的 T 形和倒 L 形截面，当受压区加腋的高度 $h_h \geqslant h'_f$ 且加腋的宽度 $b_h \leqslant 3h'_h$ 时，则其翼缘计算宽度可按 表列第三种情况规定分别增加 $2b_h$（T 形截面）和 b_h（倒 L 形截面）；

4. 独立梁受压区的翼缘板在荷载作用下经验算沿纵肋方向可能产生裂缝时，其计算宽度应取腹板宽度 b。

　　第 2 类 T 形截面：受压区进入腹板，$x > h'_f$，如图 4-28 所示。当不满足公式 （4-66）和（4-67）时，应按第 2 类 T 形截面受弯构件计算。

（2）第 1 类 T 形截面受弯构件

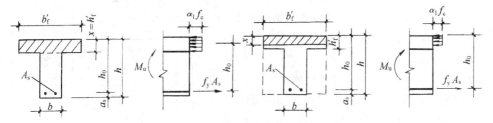

图 4-27　第一类 T 形截面梁计算简图

　　如图 4-27 所示，当 $x \leqslant h'_f$ 时，为第 1 类 T 形截面受弯构件。由于受弯承载力计算中不考虑混凝土抗拉强度，故可按宽度为 b'_f 的矩形截面计算，即

$$\alpha_1 f_c b'_f x = f_y A_s \tag{4-68}$$

$$M_u = \alpha_1 f_c b'_f x \left(h_0 - \frac{x}{2} \right) \tag{4-69}$$

此时，适用条件 $\xi \leqslant \xi_b$ 易于满足，一般不必校核。而应校核第二个适用条件：

$$\rho = \frac{A_s}{bh} \geqslant \rho_{min} \tag{4-70}$$

ρ_{min} 按公式（4-54）计算，并不小于 0.2%。

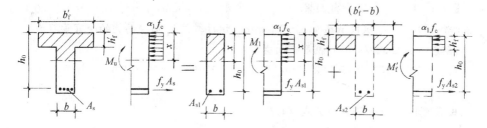

图 4-28　第二类 T 形截面梁计算简图

（3）第 2 类 T 形截面受弯构件

　　如图 4-28 所示，当 $x > h'_f$ 时，为第 2 类 T 形截面受弯构件。由于受压区进入腹板，为便于计算，T 形截面受弯构件受弯承载力可看成两部分弯矩的叠加；腹板受压区混凝土及相应的受拉钢筋 A_{s1} 所承担的弯矩 M_1 和受压翼缘混凝土及相应的受拉钢筋 A_{s2} 所承担的弯矩 M'_f。由截面轴向力平衡条件 $\Sigma X = 0$ 和力矩平衡条件 $\Sigma M = 0$，可得

$$\alpha_1 f_c (b'_f - b) h'_f + \alpha_1 f_c bx = f_y A_s \tag{4-71}$$

$$M_u = M_1 + M'_f = \alpha_1 f_c bx \left(h_0 - \frac{x}{2} \right) + \alpha_1 f_c (b'_f - b) h'_f \left(h_0 - \frac{h'_f}{2} \right) \tag{4-72}$$

此时，适用条件（4-70）易于满足，一般不必校核。而应校核以下适用条件：

$$\left.\begin{aligned}\xi &= x/h_0 \leqslant \xi_b,\text{或}\\ \rho_1 &= A_{s1}/bh_0 \leqslant \xi_b(\alpha_1 f_c/f_y),\text{或}\\ M_1 &\leqslant \alpha_{smax}\alpha_1 f_c bh_0^2\end{aligned}\right\}\qquad (4\text{-}73)$$

【例 4-7】 某多层厂房楼盖预制槽形板如图 4-29 所示。$f_c = 14.3\text{N/mm}^2$，纵筋为 2 Φ 16 $(A_s = 402\text{mm}^2)$，$f_y = 300\text{N/mm}^2$，$f_t = 1.43\text{N/mm}^2$，$h_0 = 270\text{mm}$。试计算槽形板的受弯承载力。

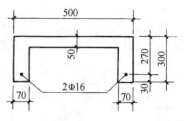

图 4-29 例 4-7 槽形板截面和配筋

【解】 按公式 (4-66) 判别截面类型：

$f_y A_s = 300 \times 402 = 120.6\text{kN} < \alpha_1 f_c b_f' h_f' = 14.3 \times 500 \times 50 = 357.5\text{kN}$，故为第 1 类 T 形截面；

按公式 (4-70) 校核第 2 个适用条件：

$$\rho = \frac{A_s}{bh} = \frac{402}{140 \times 300} = 0.96\% > 0.2\%,\text{ 且} > \rho_{min} = 0.45\frac{f_t}{f_y} = 0.45\frac{1.43}{300} = 0.215\%$$

由公式 (4-68) 求 x：

$$x = \frac{f_y A_s}{\alpha_1 f_c b_f'} = \frac{300 \times 402}{14.3 \times 500} = 16.9\text{mm}$$

由公式 (4-69) 求 M_u：

$$M_u = \alpha_1 f_c b_f' x\left(h_0 - \frac{x}{2}\right) = 14.3 \times 500 \times 16.9\left(270 - \frac{16.9}{2}\right) = 31.6\text{kN}\cdot\text{m}$$

【例 4-8】 已知 T 形截面梁如图 4-30 所示。$f_c = 9.6\text{N/mm}^2$，纵筋为 8 Φ 20 $(A_s = 2513\text{mm}^2)$，$f_y = 300\text{N/mm}^2$，$h_0 = 740\text{mm}$。试计算该 T 形截面梁的受弯承载力。

【解】 按公式 (4-66) 判别截面类型：

$f_y A_s = 300 \times 2513 = 753.9\text{kN} > \alpha_1 f_c b_f' h_f' = 9.6 \times 600 \times 100 = 576\text{kN}$，故为第 2 类 T 形截面。

由表 4-1，$\xi_b = 0.55$；由公式 (4-71) 求 x：

$$x = \frac{f_y A_s - \alpha_1 f_c (b_f' - b)h_f'}{\alpha_1 f_c b} = \frac{300 \times 2513 - 9.6(600 - 250)100}{9.6 \times 250} = 174\text{mm}$$

$< \xi_b h_0 = 0.55 \times 740 = 407\text{mm}$，满足适用条件；

由公式 (4-72) 求 M_u：

$$\begin{aligned}M_u &= M_1 + M_f' = \alpha_1 f_c bx\left(h_0 - \frac{x}{2}\right) + \alpha_1 f_c (b_f' - b) h_f'\left(h_0 - \frac{h_f'}{2}\right)\\ &= 9.6 \times 250 \times 174\left(740 - \frac{174}{2}\right) + 9.6 \times 350 \times 100 \times \left(740 - \frac{100}{2}\right)\\ &= 504.53\text{kN}\cdot\text{m}\end{aligned}$$

【例 4-9】 已知预制空心楼板如图 4-31 所示。$f_c = 14.3\text{N/mm}^2$，$f_t = 1.43\text{N/mm}^2$，受拉钢筋为 9ϕ8 $(A_s = 453\text{mm}^2)$，$f_y = 210\text{N/mm}^2$，$h_0 = 105\text{mm}$。试计算该空心板受弯承载力。

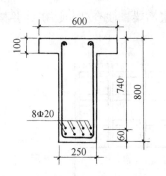

图 4-30 例 4-8 T 形梁截面和配筋

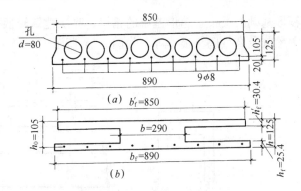

图 4-31 例 4-9 空心板截面和配筋
(a) 空心板截面；(b) 换算的工形截面

【解】

(1) 圆孔空心板换算为工字形截面

换算条件是保持截面面积不变，保持截面惯性矩不变。设圆孔直径为 d，换算的矩形孔宽 b_h，高 h_h。则：$\frac{\pi d^2}{4} = b_h h_h$，$\frac{\pi d^4}{64} = \frac{b_h h_h^3}{12}$。解出：$h_h = 0.866d = 0.866 \times 80 = 69.2mm$，$b_h = 0.907d = 0.907 \times 80 = 72.6mm$，$\Sigma b_h = 72.6 \times 8 = 580.8mm$，则腹板宽：$b = (850 + 890)/2 - 580.8 = 289.2 \approx 290mm$。

换算的工形截面如图 4-31 (b) 所示。$b = 290mm$，$h = 125mm$，$b'_f = 850mm$，$h'_f = 30.4mm$，$b_f = 890mm$，$h_f = 25.4mm$。

(2) 判别 T 形截面类型：

$f_y A_s = 210 \times 453 = 95.13kN < \alpha_1 f_c b'_f h'_f = 14.3 \times 850 \times 30.4 = 369.5kN$，为第 1 类 T 形截面。

(3) 校核适用条件：$\rho = \frac{A_s}{bh} = \frac{453}{290 \times 125} = 1.25\% > \rho_{min} = 0.45 \frac{f_t}{f_y} = 0.45 \frac{1.43}{210} = 0.31\%$

(4) 求 x：$x = \frac{f_y A_s}{\alpha_1 f_c b'_f} = \frac{210 \times 453}{14.3 \times 850} = 7.8mm$

(5) 求 M_u：$M_u = \alpha_1 f_c b'_f x \left(h_0 - \frac{x}{2} \right) = 14.3 \times 850 \times 7.8 \left(105 - \frac{7.8}{2} \right) = 9.59kN \cdot m$

4.5.3 深受弯构件（深梁和短梁）

1. 深受弯构件的范围和工程应用

一般混凝土受弯构件的跨高比 $l_0/h > 5$，而 $l_0/h \leqslant 5$ 的梁通称为深受弯构件。其中 $l_0/h \leqslant 2.0$ 的简支梁和 $l_0/h \leqslant 2.5$ 的连续梁称为深梁。介于深梁和一般梁之间的梁可称为短梁。深梁的受力特点是在荷载作用下除产生弯、剪作用效应外，荷载还通过斜向短柱的斜压作用直接传到支座。

深受弯构件在结构工程中也经常碰到，如双肢柱肩梁、框支剪力墙、梁板式筏形基础的反梁和箱形基础的箱梁、高层建筑转换层高梁、浅仓侧板、矿井井架大梁以及高桩码头横梁等，如图 4-32 所示。

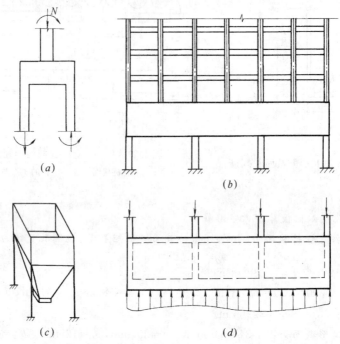

图 4-32   深受弯构件的工程应用举例
(a) 双肢柱肩梁；(b) 高层建筑转换层梁；(c) 浅仓侧板；(d) 筏基或箱基反梁

2. 深受弯构件的受力性能和破坏形态

深受弯构件受力全过程也可分为弹性阶段、带裂缝工作阶段和破坏阶段；也有开裂状态、屈服状态和极限状态。深梁是平面问题（平面应力或平面应变问题），截面应变不符合平截面假定，弹性阶段的截面应力呈曲线分布，支座截面甚至可能出两个以上中和轴，如图 4-33 所示。随着跨高比增大到一般梁的范围，截面应变逐渐符合平截面假定。

竖向裂缝出现对深受弯构件受力性能的改变并不十分明显。随后很快出现的斜裂缝将使深受弯构件受力性能发生重大变化，即梁作用减弱，拱作用增强，产生了明显的内力重分布现象。随着受拉钢筋的屈服，深受弯构件达到屈服状态而最终形成拉杆拱受力模型。（图 4-34 中虚线间为拱肋，纵向受拉钢筋为拱的拉杆）

随纵向钢筋配筋率 ρ 的不同，深受弯构件有弯曲破坏、剪切破坏和弯剪界限破坏三种主要破坏形态。此外，在支座或集中荷载处的局部受压破坏或纵向受拉钢筋的锚固失效也比一般梁更容易发生。

（1）弯曲破坏

当 $\rho < \rho_{bm}$（ρ_{bm} 称为弯剪界限配筋率）时，跨中竖向裂缝开展和上升将导致纵

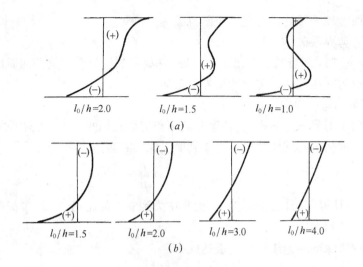

图 4-33 深受弯构件的应力分布

(a) 支座截面；(b) 跨中截面

向钢筋屈服而产生正截面弯曲破坏，或斜裂缝开展和延伸导致斜裂缝处纵筋屈服而产生斜截面弯曲破坏，如图 4-34 (a) 所示。试验表明，深梁发生弯曲破坏时，其纵筋配筋率 ρ 往往很小，纵筋屈服时，受压区混凝土仍处于弹性或弹塑性阶段；受压区混凝土最终也不会压碎，即 $\varepsilon_c < \varepsilon_u$。随着 ρ 的增大，深梁不会发生受拉钢筋不屈服而受压区混凝土压碎的超筋梁破坏；转而发生剪切破坏。故深梁应以多排受拉钢筋屈服的弯矩 M_y 作为极限承载力 M_u。试验表明，短梁的弯曲破坏性能较接近一般梁。

(2) 剪切破坏

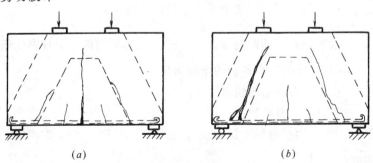

图 4-34 深梁的弯曲破坏形态

(a) 正截面弯曲破坏；(b) 斜截面弯曲破坏

当 $\rho > \rho_{bm}$ 时，随着斜裂缝出现和开展，受拉钢筋尚未屈服时，即发生斜截面剪切破坏。对于深梁将发生斜压或劈裂破坏，如图 4-34 (b) 所示；对于短梁将发生斜压或剪压破坏。当荷载作用于深受弯构件的腹部或下部时，由于存在较大的竖向拉应力而沿较平缓的斜裂缝发生斜拉破坏。

（3）弯剪界限破坏

当 $\rho = \rho_{bm}$ 时，随着斜裂缝出现和开展，深梁斜裂缝处受拉钢筋屈服的同时，发生深梁腹板的斜压破坏，称为弯剪界限破坏。

3. 深梁的弯剪界限配筋率

深梁的弯剪界限配筋率 ρ_{bm} 是弯曲破坏和剪切破坏的分界，根据国内外 271 个构件的试验数据进行统计分析，可得到简支深梁的表达式为：

$$\rho_{bm} = 0.19\lambda \frac{f_c}{f_y} \tag{4-74}$$

式中　λ——计算剪跨比，$\lambda = a/h$，a 为集中力到支座的距离，对均布荷载可取 $a = l_0/4$。

对于约束深梁和连续深梁，表达式为：

$$\rho_{bm} = \frac{0.19\lambda}{1 + 1.48\psi} \cdot \frac{f_c}{f_y} \tag{4-75}$$

式中　ψ——约束弯矩比的绝对值，为支座弯矩和跨中最大弯矩的比值。

4. 受弯承载力计算

（1）深梁的受弯承载力

前面谈到，深梁发生弯曲破坏时，包括截面下部 $h/3$ 范围内的水平分布钢筋在内多排受拉钢筋屈服，而受压区混凝土并未压碎；且深梁为平面问题，基于一般受弯构件的 4 条基本假定进行深梁受弯承载力计算是比较困难的。根据国内 93 根简支深梁试验结果，可得到屈服弯矩 M_y 的回归公式为：

$$M_y = (f_y A_s + 0.33\rho_h f_{yh}bh)\gamma h_0 \tag{4-76}$$

$$\gamma = 1 - \left(1 - 0.1\frac{l_0}{h}\right)\left(\rho + 0.5\rho_h\frac{f_{yh}}{f_y}\right)\frac{f_y}{f_c} \tag{4-77}$$

式中　ρ_h——水平分布钢筋配筋率，$\rho_h = \dfrac{A_{sh}}{bS_v}$；$A_{sh}$ 为截面内水平分布钢筋在竖向间距 S_v 范围内的各肢的全部面积；

　　　f_{yh}——水平分布钢筋的屈服强度；

　　　γ——折算内力臂系数。

为便于应用，《钢筋混凝土深梁设计规程》（CECS39：92）给出深梁受弯承载力公式

$$M_u = f_y A_s z \tag{4-78}$$

对简支深梁和连续深梁的跨中截面：

$$z = 0.1(l_0 + 5.5h) \tag{4-79}$$

当 $l_0 < h$ 时，取 $z = 0.65l_0$。

对连续深梁的支座截面：

$$z = 0.1(l_0 + 5h) \tag{4-80}$$

当 $l_0 < h$ 时，取 $z = 0.6 l_0$。

式中 z——深梁的内力臂，即纵向受拉钢筋合力点至受压区混凝土合力点之间的距离；

     l_0——深梁的计算跨度，可取 l_c 和 $1.15 l_n$ 两者的较小值，l_c 为支座中心线之间的距离，l_n 为深梁的净跨。

（2）短梁的受弯承载力

短梁正截面应变基本上符合平截面假定；适筋短梁是受拉钢筋先屈服，受压区混凝土后压碎达到极限状态。一般梁的 4 条基本假定和分析方法对短梁的正截面受力分析也是基本适用的；简化分析也可近似用于短梁。当然，l_0/h 靠近 2 或 2.5 时，适用程度要差一些，而 l_0/h 靠近 5 时，适用程度要好一些。对短梁正截面受力性能进行分析，并进行简化，可得到屈服弯矩公式为：

$$M_y = f_y A_s h_0 (0.9 - 0.33 \xi) \tag{4-81}$$

（3）深受弯构件受弯承载力的统一公式

根据深梁和一般梁正截面受力性能的不同特点，考虑相对受压区高度 ξ 和跨高比 l_0/h 这两个主要影响因素，《混凝土结构设计规范》GB50010 给出包含深梁和短梁，并与一般梁衔接的深受弯构件正截面受弯承载力公式为：

$$\alpha_1 f_c b x = f_y A_s \tag{4-82}$$

$$M_u = f_y A_s \alpha_d (h_0 - 0.5x) \tag{4-83}$$

$$\alpha_d = 0.8 + 0.04 \frac{l_0}{h} \tag{4-84}$$

式中 x——截面受压区高度，当 $x < 0.2 h_0$ 时，取 $x = 0.2 h_0$；

     h_0——截面有效高度，$h_0 = h - a_s$，当 $l_0/h < 2.0$ 时，跨中截面取 $a_s = 0.1h$，支座截面取 $a_s = 0.2h$；当 $l_0/h > 2.0$ 时，a_s 按受拉区纵向钢筋合力作用点至受拉边缘的距离取用；

     α_d——深受弯构件内力臂修正系数。

【例 4-10】 某矿井支架大梁如图 4-35 所示。$b = 550\text{mm}$，$h = 13200\text{mm}$；支柱宽 2700mm，净跨 $l_n = 15.7\text{m}$，支柱中线距离 $l_c = 18.6\text{m}$；离支柱中线 6m 处对称作用两个集中力 $F = 10600\text{kN}$，全跨作用恒荷载 $g = 234\text{kN/m}$，跨中 6.6m 范围作用活荷载 $q = 200\text{kN/m}$。采用 C30 混凝土（$f_c = 14.3\text{N/mm}^2$）下部 $0.2h = 2640\text{mm}$ 范围内均匀配置 48 Φ 25（$A_s = 23563\text{mm}^2$）HRB400 级钢筋（$f_y = 360\text{N/mm}^2$）。试计算该梁正截面受弯承载力。

【解】（1）求荷载产生的弯矩

$l_c = 18.6\text{m}$，$1.15 l_n = 1.15 \times 15.7 = 18.06\text{m}$，故取 $l_0 = 18.06\text{m}$；$\dfrac{l_0}{h} = \dfrac{18.06}{13.2} = 1.37$

< 5，属于深受弯构件。

$$M = \frac{234 \times 18.06^2}{8} + 10600 \times \frac{18.06 - 6.6}{2} + 200 \left(\frac{6.6 \times 18.06}{4} - \frac{3.3^2}{2} \right)$$

$=75149\text{kN} \cdot \text{m}$

（2）按公式（4-74）判断破坏类型：$\lambda = \dfrac{a}{h} = \dfrac{5.73}{13.2} = 0.434$

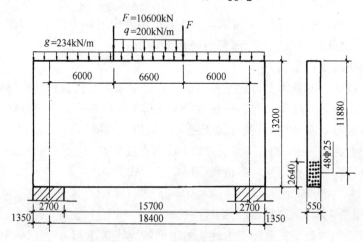

图4-35 某矿井支架大梁计算简图和截面配筋

$\rho = \dfrac{A_s}{bh} = \dfrac{23563}{550 \times 13200} = 0.325\% < \rho_{bm} = 0.19\lambda\dfrac{f_c}{f_y} = 0.19 \times 0.434 \times \dfrac{14.3}{360} = 0.328\%$，故为弯曲破坏。

（3）按深受弯构件统一公式计算

$h_0 = h - a_s = 13200 - 1320 = 11880\text{mm}$；由公式（4-82），

$x = \dfrac{f_y A_s}{\alpha_1 f_c b} = \dfrac{360 \times 23563}{14.3 \times 550} = 1078.5\text{mm} < 0.2h_0 = 0.2 \times 11880 = 2376\text{mm}$，取 $x = 2376\text{mm}$

由公式（4-83）、（4-84），

$\alpha_d = 0.8 + 0.04\dfrac{l_0}{h} = 0.8 + 0.04 \times 1.37 = 0.855$

$M_u = f_y A_s \alpha_d (h_0 - 0.5x) = 360 \times 23563 \times 0.855 \times (11880 - 0.5 \times 2376)$
$= 77546\text{kN} \cdot \text{m}$

$> M = 75149\text{kN} \cdot \text{m}$（大3.1%）。

（4）按深梁设计规程公式（4-78）、（4-79）计算

$z = 0.1(l_0 + 5.5h) = 0.1(18.06 + 5.5 \times 13.2) = 9.066\text{m}$

$M_u = f_y A_s z = 360 \times 23563 \times 9066 = 76904\text{kN} \cdot \text{m} > M = 75149\text{kN} \cdot \text{m}$（大2.28%）

§4.6 双向受弯构件的受力分析和承载力计算

4.6.1 双向受弯构件正截面受力特点

沿截面的两个主轴平面均作用有弯矩M_x、M_y的受弯构件称为双向受弯构件，

或简称斜弯构件。在工程中，混凝土檩条、吊车梁、L形挂瓦板、F形屋面板、筒壳和扁壳的边梁等都是双向受弯构件。严格说，不对称于弯矩作用平面的任意截面构件，均应按双向受弯构件考虑。

双向受弯构件的正截面受力性能分析和受弯承载力，当内、外弯矩作用平面相重合时，可按本章§4.3的基本假定和分析方法进行计算；也可按§4.4的简化方法进行正截面受弯承载力计算。当内、外弯矩作用平面不相重合时，除进行受弯承载力计算外，尚应进行剪扭承载力计算。但是，双向受弯构件弯矩作用平面是倾斜的，与截面主轴有一定夹角；因而中和轴也是倾斜的，并随截面形式和尺寸、材料强度、钢筋数量和位置、以及荷载大小和方向而变化。其受压区可能是三角形、梯形或五边形，甚至受压区分为两部分。因此，双向受弯构件的正截面受力分析和受弯承载力计算十分繁琐。

对任意截面和配筋的混凝土构件在任意外力作用下的正截面承载力，可使用计算机采用数值积分反复进行迭代计算。截面划分为有限个混凝土和钢筋单元，并按§4.3的基本假定计算各单元的应力和应变。

4.6.2 正截面受弯承载力的一般公式

对任意截面、任意配筋的双向受弯构件，根据基本假定，其计算简图如图4-36所示，考虑截面轴向力平衡条件以及对X轴和对Y轴的力矩平衡条件，其正截

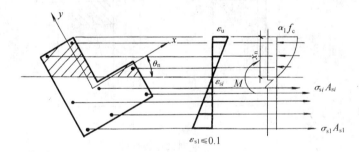

图4-36 双向受弯构件截面应力及应变分布

面受弯承载力可按下列一般公式计算：

$$\sum_{j=1}^{m} \sigma_{cj} A_{cj} + \sum_{i=1}^{n} \sigma_{si} A_{si} = 0 \tag{4-85}$$

$$M_{uy} = \sum_{j=1}^{m} \sigma_{cj} A_{cj} x_{cj} + \sum_{i=1}^{n} \sigma_{si} A_{si} x_{si} \tag{4-86}$$

$$M_{ux} = \sum_{j=1}^{m} \sigma_{cj} A_{cj} y_{cj} + \sum_{i=1}^{n} \sigma_{si} A_{si} y_{si} \tag{4-87}$$

式中 M_{ux}、M_{uy}——分别为截面对X轴和对Y轴的受弯承载力；

σ_{si}、A_{si}——分别为第i根钢筋应力和面积，受压时取为正号，受拉时取为

负号，序号 $i=1$，2······n；

x_{si}、y_{si}——分别为第 i 根钢筋形心到构件截面形心轴 Y 和 X 的距离，x_{si} 在 Y 轴右侧及 y_{si} 在 X 轴上侧时取为正号；

σ_{cj}、A_{cj}——分别为第 j 块混凝土单元应力及面积，受压时取为正号，受拉时取应力为零，序号 $j=1$，2······m；

x_{cj}、y_{cj}——分别为第 j 块混凝土单元形心到 Y 轴和 X 轴的距离，x_{cj} 在 Y 轴右侧及 y_{cj} 在 X 轴上侧时取为正号；

x_n——受压区边缘至中和轴的距离；

θ_n——中和轴与形心轴 X 的夹角。

4.6.3 双向受弯构件正截面受弯承载力的简化计算

按任意截面、任意配筋双向受弯构件受弯承载力的一般公式计算非常繁琐，不便于应用。对于集中配置受拉钢筋的单筋矩形和受压区在翼缘内的倒 L 形截面双向受弯构件，除引用受压区混凝土等效矩形应力图形简化假定外，不管受压区形状为三角形、梯形或五边形，均进一步假定为矩形，且其形心仍在弯矩作用平面上，如图 4-37 所示。

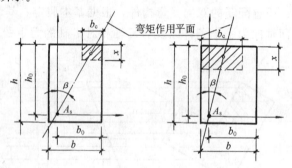

图 4-37　双向受弯构件计算简图

根据上述计算简图，可分为两种情况分别进行计算：

1. 混凝土受压区面积在截面的右半部

由轴向力平衡条件 $\Sigma X=0$，可得

$$\alpha_1 f_c b_c x = f_y A_s \tag{4-88}$$

根据受压区混凝土应力合力作用点位于弯矩作用平面上的条件，可得

$$\frac{b_c}{2} - \frac{x}{2}\text{tg}\beta = b_0 - h_0\text{tg}\beta \tag{4-89}$$

上述两个方程联立求解可得

$$b_c = b_0 - h_0\text{tg}\beta + \sqrt{(b_0 - h_0\text{tg}\beta)^2 + \frac{f_y A_s}{\alpha_1 f_c}\text{tg}\beta} \tag{4-90}$$

由力矩平衡条件 $\Sigma M = 0$，可得

$$M_u = \frac{f_y A_s}{\cos\beta}\left(h_0 - \frac{x}{2}\right) \tag{4-91}$$

$$\mathrm{tg}\beta = \frac{M_y}{M_x} \tag{4-92}$$

式中 x、b_c——分别为受压区混凝土面积假定为矩形时的受压区计算高度和计算宽度；

β——弯矩作用平面与截面竖向主轴的夹角；

h_0、b_0——分别为截面沿竖向和水平向的有效高度；

M_x、M_y——分别为作用在构件上的荷载产生的对截面 X 轴和 Y 轴的弯矩。

上述公式应满足下列条件：

(1) $b_0 \geqslant h_0\mathrm{tg}\beta$；若 $b_0 < h_0\mathrm{tg}\beta$，可将截面转 90 度以后再计算；

(2) $b_0 \leqslant b$；若 $b_0 > b$ 应按第二种情况计算。

2. 混凝土受压区面积在截面的左半部

由平衡条件 $\Sigma X = 0$、$\Sigma M = 0$ 得出的公式 (4-88)、(4-91) 和 (4-92) 仍然不变。但在方程 (4-89) 中应以 $-\beta$ 代替 β，用 $(b - b_0)$ 代替 b_0，可得到：

$$\frac{b_c}{2} + \frac{x}{2}\mathrm{tg}\beta = b - b_0 + h_0\mathrm{tg}\beta \tag{4-93}$$

方程 (4-88) 和 (4-93) 联立求解，可得

$$b_c = b - b_0 + h_0\mathrm{tg}\beta + \sqrt{(b - b_0 + h_0\mathrm{tg}\beta)^2 + \frac{f_y A_s}{\alpha_1 f_c}\mathrm{tg}\beta} \tag{4-94}$$

§4.7 受弯构件的延性

4.7.1 结构延性的基本概念

混凝土结构的延性，泛指材料、截面、构件或结构在弹性范围以外，破坏前承载力无显著变化的情况下承受变形的能力。本节仅从受弯构件截面的弯矩和曲率关系讨论截面延性。

图 4-38 表示受弯构件截面的 M-ϕ 曲线。如前所述，受弯构件经历了弹性、带裂缝和破坏等三个受力阶段，屈服状态和极限状态时的弯矩分别为 M_y 和 M_u，对应的曲率分别为 ϕ_y 和 ϕ_u。则受弯构件的截面延性可采用延性系数表达，延性系数越大，表明结构的延性越大，吸收的变形能也就越大。

$$\mu = \phi_u / \phi_y \tag{4-95}$$

4.7.2 截面延性的分析

采用 §4.3 的基本假定，讨论混凝土等级不超过 C50 的适筋梁截面的曲率延

性。当受拉钢筋屈服时，受压区混凝土处于弹塑性阶段，可能有 $\varepsilon_c \leqslant \varepsilon_0$ 和 $\varepsilon_0 < \varepsilon_c \leqslant \varepsilon_u$ 两种情形。两种情况下的 ξ_n 和 ϕ_y 计算公式不同，但极限状态的应力状态是相同的。由平均应变的平截面假定，有：

$$\phi_u = \frac{\varepsilon_u}{\xi_{nu} h_0} \qquad (4\text{-}96)$$

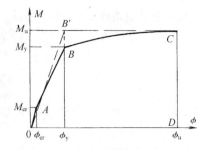

图 4-38 受弯构件截面弯矩——曲率曲线

式中 ξ_{nu}——梁截面极限状态的相对中和轴高度，可用公式（4-28）计算。

以公式（4-28）代入（4-96）式，得

$$\phi_u = \frac{\varepsilon_u f_c \left(1 - \dfrac{1}{3} \dfrac{\varepsilon_0}{\varepsilon_u} \right)}{\rho f_y h_0} = \frac{0.8 \varepsilon_u f_c}{\rho f_y h_0} \qquad (4\text{-}97)$$

以下仅讨论受压区混凝土处于弹塑性阶段，且 $\varepsilon_0 < \varepsilon_c < \varepsilon_u$ 的情况下 ϕ_y 及 μ 的计算。

由公式（4-1）有

$$\varepsilon_s = \frac{f_y}{E_s} \frac{\xi_{ny}}{1 - \xi_{ny}} \qquad (4\text{-}98)$$

由截面轴向力平衡条件 $\Sigma X = 0$，并以（4-28）式代入，得

$$f_c \xi_{ny} b h_0 \left(1 - \frac{1}{3} \frac{\varepsilon_0}{\varepsilon_u} \right) = f_y A_s \qquad (4\text{-}99)$$

$$\xi_{ny} = \frac{1 + 3 \dfrac{\rho f_y}{f_c} \cdot \dfrac{f_y}{E_s \varepsilon_0}}{1 + 3 \dfrac{f_y}{E_s \varepsilon_0}} \qquad (4\text{-}100)$$

$$\phi_y = \frac{\varepsilon_c}{\xi_{ny} h_0} = \frac{\varepsilon_0}{3 h_0} \frac{1 + \dfrac{3 f_y}{E_s \varepsilon_0}}{1 - \dfrac{\rho f_y}{f_c}} \qquad (4\text{-}101)$$

以公式（4-97）、（4-101）代入公式（4-95），

$$\mu = \frac{\phi_u}{\phi_y} = \frac{2.4 f_c \varepsilon_u}{\rho f_y \varepsilon_0} \cdot \frac{1 - \dfrac{\rho f_y}{f_c}}{1 + \dfrac{3 f_y}{E_s \varepsilon_0}} \qquad (4\text{-}102)$$

【例4-11】已知混凝土梁截面尺寸和材料性能指标同【例4-1】；当配筋分别为 3 ⌀ 22（$A_s = 1140\text{mm}^2$），4 ⌀ 25（$A_s = 1964\text{mm}^2$），8 ⌀ 22（$A_s = 3041\text{mm}^2$），4 ⌀ 25＋4 ⌀ 22（$A_s = 3705\text{mm}^2$）时，试计算各自的截面延性系数 μ，并进行分析比较。

【解】   （1）求配筋为 3 ⌀ 22 时的 μ

$$\rho = \frac{A_s}{b h_0} = \frac{1140}{250 \times 514} = 0.00887, \quad \frac{\rho f_y}{f_c} = \frac{0.00887 \times 369}{22.4} = 0.146$$

$$\frac{f_y}{E_s \varepsilon_0} = \frac{369}{2 \times 10^5 \times 0.002} = 0.9225，则$$

$$\mu = \frac{2.4 f_c \varepsilon_u}{\rho f_y \varepsilon_0} \cdot \frac{1 - \dfrac{\rho f_y}{f_c}}{1 + \dfrac{3 f_y}{E_s \varepsilon_0}} = \frac{2.4 \times 0.0033}{0.146 \times 0.002} \cdot \frac{1 - 0.146}{1 + 3 \times 0.9225} = 6.142$$

（2）求配筋为 4 $\oplus$ 25 时的 μ

$$\rho = \frac{A_s}{bh_0} = \frac{1964}{250 \times 512} = 0.01534，\quad \frac{\rho f_y}{f_c} = \frac{0.01534 \times 369}{22.4} = 0.253$$

$$\mu = \frac{2.4 \times 0.0033}{0.253 \times 0.002} \cdot \frac{1 - 0.253}{1 + 3 \times 0.9225} = 3.108$$

（3）求配筋为 8 $\oplus$ 22 时的 μ

$$\rho = \frac{A_s}{bh_1} = \frac{3041}{250 \times 490} = 0.02482，\quad \frac{\rho f_y}{f_c} = \frac{0.02482 \times 369}{22.4} = 0.409$$

$$\mu = \frac{2.4 \times 0.0033}{0.409 \times 0.002} \cdot \frac{1 - 0.409}{1 + 3 \times 0.9225} = 1.52$$

（4）求配筋为 4 $\oplus$ 25 + 4 $\oplus$ 22 时的 μ

$$\rho = \frac{A_s}{bh_1} = \frac{3705}{250 \times 487} = 0.03043，\quad \frac{\rho f_y}{f_c} = \frac{0.03043 \times 369}{22.4} = 0.5013$$

已接近【例 4-3】算出的 $\xi_b = 0.513$；$\mu = \dfrac{2.4 \times 0.0033}{0.5013 \times 0.002} \cdot \dfrac{1 - 0.5013}{1 + 3 \times 0.9225} = 1.046$

本例计算表明，随着配筋率 ρ 的增大，即随着相对受压区高度 ξ 的增大，延性系数 μ 减小。ρ 接近于 ρ_{min} 时，ξ 最小，μ 最大；ρ 接近于 ρ_{max} 时，ξ 接近于 ξ_b，μ 接近于 1。

4.7.3 受弯构件的延性要求

混凝土结构的破坏，可分为延性破坏和脆性破坏。结构具有较好的延性，能更好地适应偶然超载、反复荷载、基础沉降、温度和收缩引起的体积变化等产生的附加内力和变形。混凝土受弯构件的截面曲率延性决定了塑性铰的转动能力，是实现混凝土连续梁（板）和框架等超静定结构塑性内力重分布的前提。地震作用下结构延性好，能使刚度迅速降低，大量吸收变形能；能降低地震反应，减轻地震破坏，防止倒塌。国内、外的研究表明，抗震结构一般要求位移延性系数 $\mu = 3 \sim 6$，非抗震结构要求延性系数 $\mu = 2 \sim 3$。当 $\mu \geqslant 3$ 时，超静定结构允许调幅 10% 以上。任何情况下，对延性破坏的混凝土构件都要使 $\mu \geqslant 2$。

公式（4-102）表明，在材料性能指标确定的前提下，延性系数 μ 随配筋率 ρ 的增大而减少。故对混凝土受弯构件截面延性的要求，可以通过限制配筋率反映出来，对于强度等级不大于 C50 的混凝土由公式（4-102）得出：

$$\rho = \frac{2.4 \dfrac{\varepsilon_u}{\varepsilon_0} \dfrac{f_c}{f_y}}{2.4 \dfrac{\varepsilon_u}{\varepsilon_0} + \mu \left(1 + \dfrac{3 f_y}{E_s \varepsilon_0}\right)} = \frac{3.96 \dfrac{f_c}{f_y}}{3.96 + \mu \left(1 + \dfrac{1500 f_y}{E_s}\right)} \tag{4-103}$$

可以看出，配筋率 ρ 随着延性系数的增大而降低，随着混凝土等级的提高而增大，随着钢筋级别的提高而降低。当 $\mu=1$ 时，上式算出的配筋率和由公式（4-51）算出的截面最大配筋率一致。

思 考 题

1. 举例说明混凝土受弯构件的工程应用，为什么归纳为单筋矩形、双筋矩形和 T 形三种主要截面形式？

2. 梁、板为什么要满足截面尺寸和配筋构造要求？

3. 试述适筋梁从加荷到破坏经历了哪几个受力阶段？对应画出各阶段的应变和应力分布图。为什么要了解各受力阶段的应力和应变分布？

4. 钢筋混凝土梁正截面破坏形态有哪几种？各有何特点？试比较它们之间的区别。

5. 什么是延性破坏？什么是脆性破坏？为什么在工程中应采用适筋梁？超筋梁和少筋梁是否一定不可以采用？

6. 什么叫混凝土受弯构件的平截面假定？一般梁在各受力阶段平截面假定成立的条件是否一样？什么情况下平截面假定不成立？

7. 试比较混凝土梁开裂前正截面受力分析与材料力学中推导梁受弯时截面应力公式的异同点。

8. 试比较混凝土梁开裂后，受压区处于弹性阶段的受力分析与混凝土梁开裂前的受力分析的异同点。

9. 试说明混凝土梁极限承载力公式（4-28）～（4-30）推导的思路。

10. 什么叫压区混凝土等效矩形应力图形？它是如何从混凝土受压区的实际应力图形得来的？

11. 什么叫相对受压区高度？相对界限受压区高度？相对界限受压区高度主要与什么因素有关？对混凝土受弯构件正截面破坏性质有何影响？

12. 单筋矩形截面受弯构件受弯承载力公式是如何建立的？为什么要规定适用条件？

13. 什么是受弯构件纵向钢筋配筋率？什么叫最大配筋率？什么叫最小配筋率？它们是如何确定的？

14. α_s、γ_s、ξ 的物理意义是什么？试说明 α_s、γ_s 为什么随 ξ 而变化？变化规律是什么？

15. 受压钢筋在梁中起什么作用？为何一般情况下采用双筋矩形截面受弯构件不经济？特殊情况下采用有哪些好处？

16. 根据受弯构件正截面受弯承载力计算公式分析提高混凝土强度等级，提高钢筋级别，加大截面宽度和高度对提高受弯承载力的作用？哪种最有效、最经济？

17. 在受弯承载力计算中考虑受压钢筋作用并取 $\sigma'_s=f'_y$ 时必须满足 $x \geqslant 2a'_s$ 或 $\gamma_s h_0 \leqslant h_0-a'_s$，为什么？当不满足时怎么办？

18. T 形截面梁翼缘计算宽度为什么是有限的？取值与什么有关？

19. 第 1 类 T 形截面梁为什么可以按宽度为 b'_f 的矩形截面计算？校核适用条件 $\rho \geqslant \rho_{min}$ 时，ρ 如何计算？

20. 试比较推导第 2 类 T 形截面梁受弯承载力公式的思路与双筋矩形截面梁有何异同点?

21. 简述深受弯构件的受力特点。开裂前与开裂后与一般梁有什么不同?

22. 简述双向受弯构件的受力特点。简化计算公式是如何得来的?

23. 何谓结构延性? 混凝土受弯构件截面延性用什么衡量?

24. 混凝土受弯构件截面延性如何计算? 为什么要有延性要求?

习　题

4-1　已知混凝土单筋矩形截面梁 $b=200$mm; $h=500$mm ($h_0=465$mm), 配置 4 Φ 18 受拉钢筋 ($A_s=1017$mm^2); $f_c=20.1$N/mm^2, $f_t=2.25$N/mm^2, $E_c=2.81\times10^4$N/mm^2; $f_y=386$N/mm^2, $E_s=2\times10^5$N/mm^2。试计算: (1) $M=25$kN·m 时的 σ_s、σ_c、σ_{ct} 及 ϕ; (2) 开裂弯矩 M_{cr} 及相应的 σ_s、σ_c 及 ϕ。

4-2　已知单筋矩形截面梁 $b=250$mm; $h=600$mm ($h_0=560$mm), 配置 4 Φ 25 受拉钢筋 ($A_s=1964$mm^2); $f_c=19.5$N/mm^2, $f_t=2$N/mm^2, $E_c=2.54\times10^4$N/mm^2; $f_y=335$N/mm^2, $E_s=2\times10^5$N/mm^2。试求: (1) $M=35$kN·m 时的 σ_s、σ_c、σ_{ct} 及 ϕ; (2) 开裂弯矩 M_{cr} 及相应的 σ_s、σ_c 及 ϕ; (3) $M=M_{cr}$ (开裂后) 的 σ_s、σ_c 及 ϕ。

4-3　截面尺寸、配筋、材料性能同题 4-2。试计算: (1) 极限弯矩 M_u 及 ϕ_u; (2) 按等效矩形应力图形的简化方法求 M_u。

4-4　已知某简支混凝土平板计算跨度 $l_0=2.4$m, 板厚 $h=80$mm ($h_0=60$mm), 配置 $\phi8$ @150 钢筋; $f_c=11.9$N/mm^2, $f_y=210$N/mm^2; 试按简化方法计算每 m 板宽的受弯承载力, 该板每 m^2 承受的荷载是多少?

4-5　已知用于某混凝土公路桥的单筋矩形截面梁 $b=250$mm, $h=600$mm ($h_0=543$mm), 配置 6 Φ 20 钢筋 (1884mm^2); $f_c=16.7$N/mm^2, $f_t=1.57$N/mm^2, $E_c=3.15\times10^4$N/mm^2; $f_y=300$N/mm^2, $E_s=2\times10^5$N/mm^2。试计算: (1) 开裂弯矩 M_{cr} 及 σ_s、σ_c; (2) $M=1.2M_{cr}$ (设压区处于弹性阶段) 的 σ_s、σ_c; (3) 用简化分析方法计算 M_u。

4-6　已知用于某公路桥的双筋矩形截面梁 $b=400$mm; $h=1300$mm ($h_0=1210$mm), 配置 4 Φ 28 受压钢筋 ($A'_s=2463$mm^2, $a'_s=45$mm), 12 Φ 28 受拉钢筋 ($A_s=7384$mm^2); $f_c=14.3$N/mm^2, $f_t=1.43$N/mm^2, $E_c=3\times10^4$N/mm^2; $f_y=300$N/mm^2, $E_s=2\times10^5$N/mm^2。试计算: (1) 开裂弯矩 M_{cr}; (2) 受弯承载力 M_u (一般方法); (3) 受弯承载力 M_u (简化方法)。

4-7　已知双筋矩形截面梁 $b=200$mm; $h=400$mm ($h_0=365$mm), 配置 2 Φ 16 受压钢筋 (402mm^2), 3 Φ 18 受拉钢筋 (763mm^2); $f_c=9.6$N/mm^2, $f_y=300$N/mm^2。试用简化方法计算该梁的受弯承载力。

4-8　已知 T 形截面梁 $b'_f=360$mm; $h'_f=120$mm, $b=180$mm, $h=450$mm, 配置 3 Φ 25 受拉钢筋 (1473mm^2); $f_c=11.9$N/mm^2, $f_y=300$N/mm^2。试用简化方法计算

该梁的受弯承载力。

4-9　已知 T 形截面梁 $b'_f=2480\text{mm}$；$h'_f=180\text{mm}$，$b=400\text{mm}$，$h=1200\text{mm}$（$h_0=1125\text{mm}$），配置 12 ⻌ 25 受拉钢筋（5891mm²）。$f_c=14.3\text{N/mm}^2$，$f_y=360\text{N/mm}^2$。试用简化方法计算该梁的受弯承载力。

4-10　某简支深梁计算跨度 $l_0=6\text{m}$，$b=300\text{mm}$，$h=6000\text{mm}$。顶面承受均布荷载 $q=1300\text{kN/m}$，截面下部均匀配置 16 ⻌ 18 受拉钢筋（4072mm²）；采用 C40 级混凝土（$f_c=19.1\text{N/mm}^2$），HRB400 级钢筋（$f_y=360\text{N/mm}^2$）。试计算该深梁受弯承载力。

4-11　截面尺寸、配筋、材料性能同题 4-1，试计算该梁的截面延性系数 μ。

4-12　截面尺寸、配筋、材料性能同题 4-2，试计算该梁的截面延性系数 μ。

第5章 偏心受力构件正截面受力性能

§5.1 概　述

当构件截面上同时作用有轴向力 N 和弯矩 M 时，与一个偏心距为 $e_0=\dfrac{M}{N}$ 的偏心力 N 的作用效果完全相同。这类构件即偏心受力构件，称为偏心受压或偏心受拉构件。

5.1.1　工程中的偏压、偏拉构件

偏心受压构件是实际工程结构中最常见的构件之一。例如混凝土框架结构中的框架柱、拱形屋架的上弦杆、高层剪力墙结构中的墙肢，桥梁结构中的拱桥主拱等，均属于偏压构件。

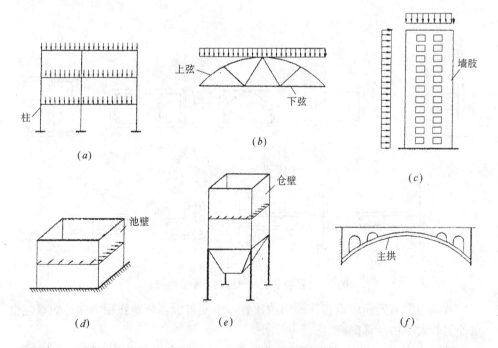

图 5-1　工程中的偏心受力构件

(*a*) 框架；(*b*) 拱形桁架；(*c*) 剪力墙；(*d*) 水池；(*e*) 筒仓；(*f*) 拱桥

如果桁架的下弦节点间有悬挂荷载,下弦杆除受轴向拉力外还承受弯矩的作用,是偏心受拉构件。此外,如水池的池壁、工业筒仓的仓壁,在水平向受力均属偏拉构件。

偏心受力构件除承受轴向力和弯矩以外,截面上一般还存在剪力 V,因此,偏心受力构件有时还需进行抗剪验算。

5.1.2   截面形式及钢筋布置

偏心受力构件的截面形式多为矩形。在多层及高层壁式框架结构中,柱的截面形式往往根据需要作成 T 形、L 形或十字形。单层工业厂房等结构,由于柱的截面尺寸较大,一般多采用工形截面。

一般讲,矩形截面柱构造简单,但其材料的利用率不及工字形及 T 形柱。工字形及 T 形偏压构件,如果翼缘厚度太小,会使受拉翼缘过早出现裂缝,影响构件的承载力和耐久性。此外还需考虑翼缘及腹板的稳定,一般翼缘的厚度不宜小于 100mm,腹板厚度不宜小于 80mm,对于地震区的结构构件,腹板的厚度还宜再加大些。

偏心受力构件截面的钢筋有纵向受力钢筋和横向箍筋,其布置图见图 5-2、图 5-3。

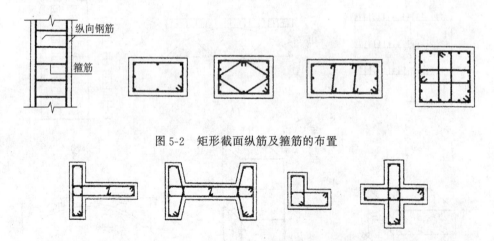

图 5-2   矩形截面纵筋及箍筋的布置

图 5-3   复杂形状截面纵筋及箍筋的布置

截面的纵向钢筋应沿构件的周边放置,主要布置在弯矩作用方向,数量应根据外力的大小由计算确定。

箍筋应作成封闭式,布置方式应根据截面的形状和纵筋的位置及根数来确定,当单边纵筋根数超过 3 根时,还应增加附加箍筋。偏心受力构件中设置箍筋,其作用首先是与纵筋形成钢筋骨架,便于纵筋的定位,同时还可以减小受压纵筋的支承长度，增强钢筋骨架的稳定性。其次，对于承受较大横向剪力的构件，箍筋可以协同混凝土抗剪，提高构件的抗剪强度。另外，箍筋对核芯部分的混凝土有一定的约束作用。从而改变了核芯部分混凝土的受力状态，可使其强度有所提高。当箍筋的间距较小时，约束作用比较显著。

§5.2　偏心受压构件的试验研究

偏心受压构件上作用的轴向外力 N 有一偏心距 e_0，也可将偏心轴向力看作是一轴心力 N 与一力矩 M（$M = N \cdot e_0$）的共同作用。见图5-4。

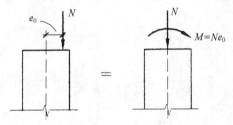

图 5-4　偏心力与截面弯矩

试验表明，偏心受压构件在 N 与 M 的共同作用下，破坏状态可分为两大类：受拉破坏和受压破坏。

5.2.1　受拉破坏——大偏心受压

如果轴向力 N 的偏心距比较大，构件截面在靠近轴向力作用点一侧受压，而较远一侧受拉。图 5-5 表示一矩形截面偏压构件的试验结果。

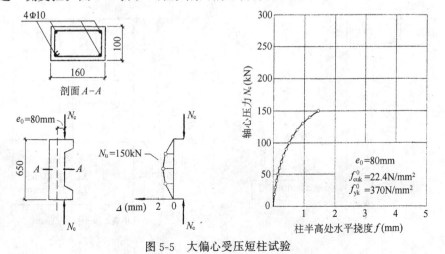

图 5-5　大偏心受压短柱试验

当荷载较小时，构件处于弹性阶段，受压区及受拉区混凝土和钢筋的应力都较小，截面受力处于弹性阶段，构件中部的水平挠度亦与荷载的增大成正比。随着荷载的不断增大，首先是受拉区的混凝土出现横向裂缝而退出工作，受拉侧钢筋的应力及应变增速加快；接着受拉区的裂缝不断增多及延伸，受压区高度逐渐减小，受压区混凝土应力增大。当受拉侧钢筋应变达到屈服应变时，钢筋屈服，一般是屈服点附近截面处形成一主裂缝。当受压一侧的混凝土压应力达到其抗压强度时，受压区较薄弱的某处出现纵向裂缝，混凝土被压碎而使构件破坏。此时，受压侧的钢筋也达到抗压屈服强度，破坏形态如图 5-6。混凝土压碎区大致呈三角形。

由于破坏过程起始于拉侧钢筋屈服，所以称为"受拉破坏"，整个破坏过程与受弯构件中的双筋截面相类似。

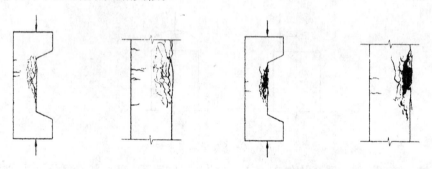

图 5-6　大偏压短柱的破坏形态　　　　　　图 5-7　小偏压短柱的破坏形态

5.2.2　受压破坏——小偏心受压破坏

当轴向力 N 的偏心距较小（即外弯矩 M 较小）时，构件截面全部受压或大部分受压。图 5-8 绘出了其试验结果。

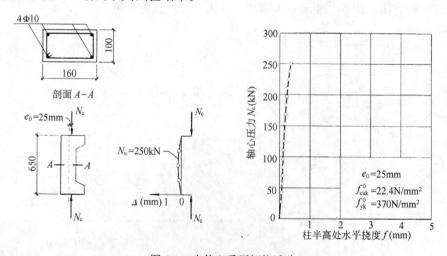

图 5-8　小偏心受压短柱试验

随着荷载的增大，靠近纵向力一边的混凝土压应力不断增大，直至达到其抗压强度而破坏。此时该侧的钢筋应力也达到抗压屈服强度，而离纵向力较远一侧可能受压，也可能受拉，该处混凝土及钢筋的应力均较小。若受拉，混凝土可能出现微小裂缝，但钢筋拉应力达不到其屈服强度，构件是因受压区混凝土被压碎而破坏，它与大偏心受压破坏的区别是压碎区段较长。如一侧受拉，则横向裂缝也较小，无明显主裂缝，开裂荷载与破坏荷载很接近，破坏前无明显预兆，属脆性破坏，见图 5-7。破坏特征与轴心受压构件类似，因而被称为"受压破坏"。破坏时，构件因荷载引起的水平挠度比大偏心受压构件小得多。

5.2.3 界 限 破 坏

在大偏心受压和小偏心受压破坏之间存在着一种界限状态，称为"界限破坏"。此时，随着荷载的增加，构件拉侧钢筋的应力不断增大，当加荷至拉侧钢筋应力达到屈服强度时，压侧混凝土也同时达到其抗压强度。

界限破坏的特征是，拉侧有较明显的主裂缝，而受压侧破坏面处也有纵向裂缝，混凝土压碎区的长度介于大、小偏压破坏状况之间。

从截面受力的特点而言，界限破坏时钢筋应力已达到屈服强度，而压侧混凝土压应变亦达到其极限压应变。因此，从破坏特征分析，界限破坏应属于受拉破坏。

分析前述的试验资料，从加荷直至接近破坏为止，各类偏心受压构件在一定长度范围内截面平均应变值的分布均能较好地符合平截面假定。图 5-9 表示了各类偏心受压构件在破坏时截面平均应变分布的关系。

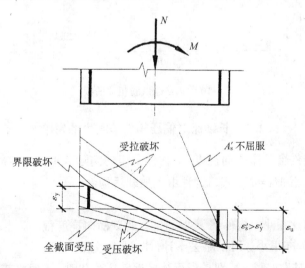

图 5-9 偏压构件各种破坏状况时的截面平均应变

5.2.4　*N-M* 相关曲线

偏心受压构件上作用的轴力 N 和弯矩 M，对构件的作用是相互影响的，它们之间的比例不同，构件破坏的形态也不同。利用一组几何尺寸、材料等级、截面配筋完全相同的构件，在加荷时取各不相同的偏心距 e_0 值，可得到破坏时每个构件所承受的不同轴向力和弯矩。图 5-10 所示即为这样一组试验所得到的 N、M 相关试验结果。由此曲线可以看出，在"小偏压破坏"时，随着轴向力 N 的增大，构件的抗弯能力减小；而"大偏压破坏"时，一般讲轴向力 N 的增大反而会提高构件的抗弯承载力。这主要是因为轴向力在截面上产生的压应力抵消了部分由弯矩引起的拉应力，推迟了受拉破坏的过程。界限破坏时，构件的抗弯承载力达到最大值。图中的 A 点弯矩 $M=0$，属轴压破坏，B 点 $N=0$，属于纯弯破坏，C 点即属界限破坏。从图中还可以看出，受拉破坏时构件的抗弯承载力比同等条件的纯弯构件大，而受压破坏时构件的抗压承载力又比同等条件的轴心受压构件小。

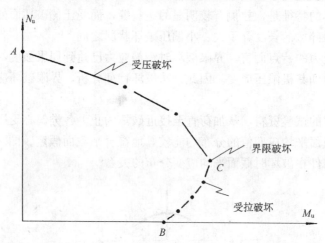

图 5-10　N_u-M_u 试验相关曲线

5.2.5　长细比对偏压构件承载力的影响

偏心受压构件会产生横向挠度 f，构件承担的实际弯矩 $M=N(e_0+f)$，其值明显大于初始弯矩 $M_0=N \cdot e_0$，这种由于加载后构件的变形而引起的内力的增大称为"二阶效应"。

若柱的长细比很小，构件属于"短柱"，此刻横向挠度很小，由此引起的附加弯矩 $\Delta M=N \cdot f$ 亦很小，可以略去不计，即可不考虑"二阶效应"的影响。对长细比较大的"长柱"加载，特别是当荷载接近破坏荷载时，f 值将较大，因此附加弯矩 ΔM 不容忽视。目前，通常根据长细比 $\dfrac{l_0}{h}$ 的值来划分短柱、长柱和细长柱。当

$\frac{l_0}{h} \leqslant 8$（对矩形、T 形和工字形截面）时，或当 $\frac{l_0}{d} \leqslant 8$（对圆形、环形截面）时，属短柱；当 $\frac{l_0}{h}$ 或 $\frac{l_0}{d}$ 的值在 8 和 30 之间时，属长柱；当 $\frac{l_0}{h}$ 或 $\frac{l_0}{d} > 30$ 时，则为细长柱。一般讲，长柱和细长柱必须考虑横向挠度 f 对构件承载力的影响。

若构件的截面尺寸、材料等级和截面配筋完全相同，但长度各不相同，那么承载力也是各不相同的。图 5-11 反映了这样三个试件从加荷至破坏的加荷路径示意图，图中的包络线为短柱时的破坏包络线。

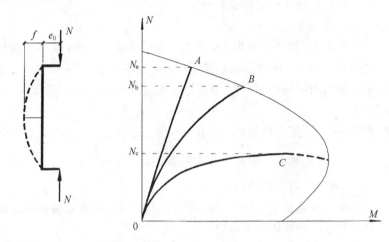

图 5-11　不同长细比构件的 $N-M$ 关系

1. 短柱

对长细比很小的"短柱"，当截面弯矩由 $N \cdot e_0$ 增大至 $N (e_0 + f)$ 时，由于 f 值很小（$f \ll e_0$），弯矩的增大部分 ΔM 也很小，因此从加荷至破坏的 $N-M$ 关系可用直线 OA 表示。也就是说，当荷载从零开始增加时，作用在截面上的轴向力与弯矩基本是成比例增大的。达到破坏荷载时，与破坏包络线交于 A 点，构件发生"受压破坏"，承载能力为 N_a。截面材料能达到其极限强度，属材料破坏。

2. 长柱

当构件属于"长柱"时，荷载的增大将使构件产生较大的"非线性"横向挠度，从而出现较大的附加弯矩。此时，随着荷载的增大，$N-M$ 关系不再是按比例增大，而是呈曲线变化。如图中的 OB 曲线所示，破坏荷载与破坏包络线交于 B 点。显然，由于附加弯矩的增大，使构件的轴向承载力有所降低，承载能力为 N_b。破坏时截面的材料仍能达到其极限强度，因而就其破坏特征而言仍属材料破坏。

3. 细长柱

对于 $\frac{l_0}{h} > 30$ 的"细长柱"，加荷至构件的最大承载力 N_c 时，破坏点 C 并不与破坏包络线相交，如图中的 OC 曲线所示。当加荷接近 C 点时，构件实际上是处于一种动态平衡状态。也就是说,当有很小的荷载增量 ΔN,构件的横向变形就急剧增大并且不再稳定,附加弯矩在瞬间突然增大而使构件失去平衡,这就是"丧失稳定"。构件破坏时,按一般力的平衡条件求得的控制截面的材料应力远没有达到材料的极限强度。

图 5-11 中,三个试件的初始偏心距 e_0 是相同的,只是长度 l_0 不同。可以看出,随着长细比的增大,构件的承载力依次降低。从破坏形态分析,短柱、长柱属于材料破坏,而细长柱会发生失稳破坏。因此,工程中应尽可能避免采用细长柱,以免使构件乃至结构整体丧失稳定。

4. 附加偏心距 e_a

事实上,由于荷载偏差,施工误差等因素的影响,偏心受压构件的偏心距 e_0 值会增大或减小,即使是轴心受压构件,也不存在 $e_0 = 0$ 的情形。显然,偏心距的增加会使截面的偏心弯矩 M 增大,考虑这种不利影响,现取

$$e_i = e_0 + e_a \tag{5-1}$$

式中　e_i——实际的初始偏心距;

　　　e_0——轴向力对截面重心的偏心距,$e_0 = \dfrac{M}{N}$;

　　　e_a——附加偏心距。

由于荷载偏差、施工误差等因素不易确定,附加偏心距 e_a 的取值是一个较困难的问题。一般认为可以取

$$e_a = 0.12(0.3h_0 - e_0) \tag{5-2}$$

为简单起见,也可取 e_a 为 $\dfrac{h_0}{30}$ 及 20mm 两值中的大者。

5. 偏心距增大系数 η

设 $e_i + f = \eta \cdot e_i$,则

$$\eta = 1 + \frac{f}{e_i} \tag{5-3}$$

η 称为偏心距增大系数,表示实际偏心距 $e_i + f$ 与初始偏心距 e_i 相比增大的比率。可以看出,要确定 η 值,关键在于横向挠度 f 的计算。试验表明,两端铰接柱在偏心力作用下,其挠度曲线基本上是一正弦曲线,如图 5-12 所示。该曲线的方程如下

$$y = f \cdot \sin \frac{\pi \cdot x}{l_0} \tag{5-4}$$

挠曲线的曲率 φ 可近似表达为

$$\varphi = \frac{M}{EI} = -\frac{\mathrm{d}^2 y}{\mathrm{d} x^2} \tag{5-5}$$

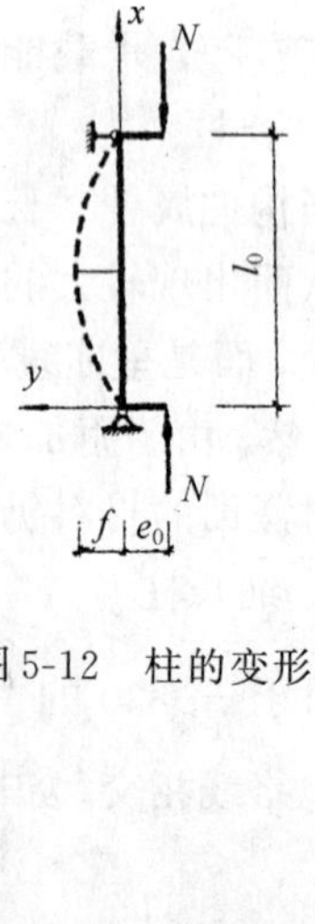

图 5-12　柱的变形曲线

对式 (5-4) 求二阶导数,并注意到当 f 最大时的控制

截面处 $x=\dfrac{l_0}{2}$，则

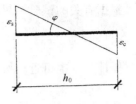

图 5-13　控制截面的应变

$$\varphi = f \cdot \frac{\pi^2}{l_0{}^2} \approx 10 \cdot \frac{f}{l_0{}^2} \qquad (5\text{-}6)$$

截面的应变分布可根据平截面假定来确定，如图 5-13。

$$\dot{\varphi} = \frac{\varepsilon_c + \varepsilon_s}{h_0} \qquad (5\text{-}7)$$

现以界限破坏时控制截面处的曲率 φ_b 为基准。因为此种状态下受压侧混凝土的压应变 ε_c 和受拉侧钢筋的拉应变 ε_s 为已知值，即 $\varepsilon_c = \varepsilon_u$，$\varepsilon_s = \varepsilon_y$，所以 φ_b 可用下式表达

$$\varphi_b = \frac{K \cdot \varepsilon_u + \varepsilon_y}{h_0} \qquad (5\text{-}8)$$

式中的 K 为长期荷载作用下由于混凝土徐变使压应变增大的修正系数，一般取 $K = 1.25$。再取 $\varepsilon_u = 0.0033$，$\varepsilon_y = \dfrac{f_y}{E_s} \approx 0.0017$，则

$$\varphi_b = \frac{1.25 \times 0.0033 + 0.0017}{h_0} = \frac{1}{171.7 h_0} \qquad (5\text{-}9)$$

当构件破坏不属于界限受压时，不论是大偏心还是小偏心，截面上的弯矩值总是小于界限受压状态的弯矩，因此，截面的曲率一般也小于 φ_b。小偏压时，由于受压区高度增大，截面曲率小于 φ_b 较为明显；大偏压时则与 φ_b 接近。另外，随着构件长细比的增大，截面上的 ε_c、ε_s 值会相应减小。考虑以上两个因素后对 φ_b 进行修正，取

$$\varphi = \varphi_b \cdot \zeta_1 \cdot \zeta_2 \qquad (5\text{-}10)$$

式中，ζ_1、ζ_2 为考虑偏心距变化及长细比变化的修正系数。代入式（5-9），得

$$\varphi = \frac{1}{171.7 h_0} \cdot \zeta_1 \cdot \zeta_2 \qquad (5\text{-}11)$$

由式（5-6）得

$$f = \varphi \cdot \frac{l_0{}^2}{10} \qquad (5\text{-}12)$$

将式（5-11）代入，则

$$f = \frac{1}{1717} \cdot \frac{l_0{}^2}{h_0} \cdot \zeta_1 \cdot \zeta_2 \qquad (5\text{-}13)$$

将式（5-13）代入式（5-3），并取 $h = 1.1 h_0$，得到

$$\eta \approx 1 + \frac{1}{1400 \cdot \dfrac{e_i}{h_0}} \cdot \left(\frac{l_0}{h} \right)^2 \cdot \zeta_1 \cdot \zeta_2 \qquad (5\text{-}14)$$

此即为 η 的计算公式。

根据有关的试验结果，并考虑国外的相关资料，式中 ζ_1、ζ_2 可按下式取值

$$\zeta_1 = \frac{0.5 f_c \cdot A}{N} \tag{5-15}$$

为方便计算，也可近似按下式计算

$$\zeta_1 = 0.2 + 2.7 \cdot \frac{e_i}{h_0} \tag{5-16}$$

ζ_2 则取为

$$\zeta_2 = 1.15 - 0.01 \cdot \frac{l_0}{h} \tag{5-17}$$

按式（5-15）、（5-16）、（5-17）计算时，若 $\zeta_1 > 1.0$，取 $\zeta_1 = 1.0$；若 $\zeta_2 > 1.0$，取 $\zeta_2 = 1.0$。

η 计算式适用于矩形、T 形、工字形、圆形及环形截面偏心受压构件。很明显，只有长柱需考虑 η 的影响；对于 $\frac{l_0}{h} \leqslant 8$，$\frac{l_0}{d} \leqslant 8$ 的情形，可取 $\eta = 1.0$。

η 值的大小主要取决于构件的横向变形，影响横向变形最主要的因素是构件的长细比 $\frac{l_0}{h}$ 及承担的弯矩 M。同时，结构的整体变形特征对 η 值也有一定的影响，因而可对 η 的计算式作进一步的修正，表示为

$$\eta = C_m \cdot \left[1 + \frac{K}{1400 \cdot \frac{e_i}{h_0}} \cdot \left(\frac{l_0}{h} \right)^2 \cdot \zeta_1 \cdot \zeta_2 \right] \tag{5-18}$$

式中除 C_m、K 以外，其余参数的取值同前。

$$C_m = 0.7 + 0.3 \cdot \frac{M_1}{M_2} \tag{5-19}$$

C_m——无侧移结构中杆端弯矩不等的影响系数。此时，当计算出的 $C_m < 0.55$ 时，取 $C_m = 0.55$。对有侧移的框架和排架结构，取 $C_m = 1.0$；

K——考虑长期影响系数。对无侧移结构中的构件，取 $K = 1.0$；对有侧移结构中的构件，取 $K = 0.85$；

M_1——绝对值较小的杆端弯矩设计值，当与 M_2 同号时取正值，与 M_2 反号时取负值；

M_2——绝对值较大的杆端弯矩设计值，取正值。

§5.3 偏心受压构件的受力分析

如前所述，偏心受压构件有大偏心受压、小偏心受压和界限状态三种受力形式。界限状态破坏时，拉侧钢筋应力可以达到屈服强度，压侧的混凝土同时也达

到其抗压强度,破坏形态与大偏压时基本相同,因此可将界限状态受力归属于大偏压的范畴。所以偏心受压构件的受力可按大偏心受压与小偏心受压两种受力状态进行分析。

在大偏心受压状态下,破坏时拉侧的钢筋应力先达到屈服强度,随着变形的增大和混凝土受压区面积的减小,压侧的混凝土随后也达到其极限抗压强度;此时截面的应力分布和破坏形态与受弯构件中的适筋梁双筋截面相类似,截面受力分析可以采用与受弯构件相类似的方法。小偏心受压,达到极限状态时拉侧的钢筋拉应力往往较小,当轴向力 N 较大而偏心距 e_0 又较小时,拉侧的钢筋还可能承受压应力。不论是拉应力还是压应力,此时应力值均达不到钢筋的屈服强度。单从破坏形状来看,小偏压破坏与受弯构件中的超筋截面有类似之处,两者拉侧的钢筋均未屈服,都是由于压侧混凝土被压碎而发生的脆性破坏;但又有较大区别,小偏压构件截面的受力状态不单与截面上作用的弯矩 M 有关,主要还取决于作用的轴向力 N 的大小。也就是说,小偏压时拉侧钢筋应力一般达不到屈服,压侧混凝土发生受压破坏的情形是一种基本特征。不能象受弯构件那样,可以用限制配筋率的办法来防止出现受压破坏。

此外,截面的钢筋布置有时也能影响偏压构件的破坏形态,例如某些属于大偏压受力的截面,如果在拉侧配置过多的钢筋,而压侧的钢筋又配置不足,就有可能出现小偏压受力的情形。

同受弯构件一样,偏压构件也可以用类似的步骤进行从加荷至破坏的正截面全过程分析。利用力的平衡条件,变形协调条件和混凝土及钢筋本身的应力——应变关系,根据某级荷载时截面上作用的轴向力 N 及弯矩 M,可以求出相应的截面应力分布及应变分布,从而确定此时的受力状态及变形状况。与受弯构件相比,偏压构件的全过程分析相对要复杂些,这主要是截面上的应变分布同时受 N、M 两个因素控制。在判定截面的工作状态时,如果截面尺寸及配筋面积确定,受弯构件有唯一的开裂弯矩 M_{cr}、屈服弯矩 M_y 及极限弯矩 M_u 与之对应。而偏压构件的 M_{cr}、M_y、M_u 值还取决于 N 的大小,不同的 N 值对应的 M_{cr}、M_y、M_u 亦不相同,因而判定截面工作状态也困难些。

在一般工程中,人们并不热衷于构件截面的全过程受力状态分析,而最关心的是它的最大承载能力,也就是构件破坏时截面所具有的承载力。下面就偏压构件在破坏时的受力状态,分析其最大承载力的计算表达式。

5.3.1 大偏心受压时截面的受力分析

大偏压构件加荷至破坏时,在轴向力 N_u 的作用下,构件裂缝截面的应力分布如图 5-14 所示。

1. 混凝土应力

由于此种状态下截面受压侧边缘处混凝土的应变已达到极限压应变值 ε_u,该处的应力也已达到抗压强度 f_c，根据截面应变直线分布的平截面假定，受压区混凝土的应力分布图形是一与其应力——应变关系图相似的曲边图形，中和轴处应力为零。

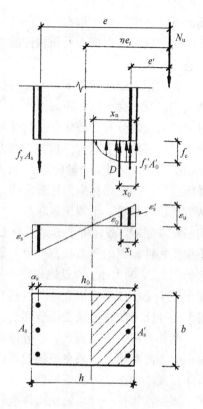

构件破坏时，拉侧混凝土早已开裂，虽然中和轴附近还有少量的混凝土处于受拉状态，但所承受的拉应力的总量很小，因此，可以认为拉区混凝土已退出工作，不考虑其抗拉作用。

受压侧混凝土压应力的合力 D，在应力图形确定以后，当然可以求出，其值为

$$D = \int_0^{x_n} \sigma_c b \mathrm{d}x \qquad (5\text{-}20)$$

式中　σ_c——混凝土的实际压应力；

　　　b——截面宽度；

　　　x_n——截面实际受压区高度。

合力作用点位置在应力图形的形心处。

2. 钢筋的应力

拉侧钢筋在极限状态下已屈服，应力值等于抗拉屈服强度 f_y。

图 5-14　大偏压截面应力及应变分布图

压侧钢筋的应力与受压区高度 x_n 有关。通常情况下，由于有 $\varepsilon_u > \varepsilon_y'$，钢筋是可以达到屈服的，只有当 x_n 很小时，才有可能出现 $\varepsilon_s' < \varepsilon_y'$ 的情形。

由图 5-14 中的应变分布图可以得到

$$\frac{\varepsilon_u}{x_n} = \frac{\varepsilon_s'}{x_n - a_s'}$$

$$\therefore x_n = \frac{\varepsilon_u}{\varepsilon_u - \varepsilon_s'} \cdot a_s' \qquad (5\text{-}21)$$

式中　ε_u——压侧混凝土边缘的极限压应变；

　　　ε_s'——压侧钢筋的实际应变；

　　　a_s'——受压钢筋的保护层厚度。

取 $\varepsilon_u = 0.0033$，假定受压钢筋达到屈服，例如 HRB335 钢筋，可取 $\varepsilon_s' = \varepsilon_y' = 0.0017$，代入上式，得到 $x_n = 2.06 a_s'$。也就是说，此时只要 $x_n \geq 2.06 a_s'$，压侧的钢筋应力就可以达到屈服。对于其他种类的钢筋，结果相差也不会很大。

所以，可取拉侧钢筋应力的合力为 $f_y A_s$，而压侧钢筋应力的合力，一般讲，当 $x_n \geq 2 a_s'$ 时，也可确定其值为 $f_y' A_s'$。

3. 承载力的计算式

根据以上的分析，利用力的平衡条件，可以很容易地写出大偏压构件截面承载力计算公式。

由力的平衡 $\Sigma y = 0$，得

$$N_u = \int_0^{x_n} \sigma_c b \, dx + f_y' A_s' - f_y A_s \tag{5-22}$$

由力矩平衡 $\Sigma M = 0$，对受拉钢筋的合力点取矩，得

$$N_u \cdot e = \int_0^{x_n} \sigma_c b \, dx (h_0 - x_0) + f_y' A_s' (h_0 - a_s') \tag{5-23}$$

式中　N_u——截面的极限轴向承载力；

f_y'、f_y——受压钢筋及受拉钢筋的屈服强度；

A_s'、A_s——受压钢筋及受拉钢筋的截面积；

e——轴向力作用点至受拉钢筋合力点的距离，$e = \eta e_i + \dfrac{h}{2} - a_s$；

x_0——混凝土应力的合力 D 作用点至受压边缘的距离。x_0 可用下式计算

$$x_0 = \frac{\int_0^{x_n} \sigma_c b x \, dx}{\int_0^{x_n} \sigma_c b \, dx} \tag{5-24}$$

如果构件的截面尺寸、截面配筋面积及材料等级确定，并且外荷载的作用点位置已知，那么将式（5-22）、（5-23）联立，当然可以解得承载力 N_u。式中的积分项，在取定了混凝土的应力——应变关系后，也可以求出。例如取定混凝土的 σ-ε 关系如图 5-15。图中，当 $\varepsilon_c \leqslant \varepsilon_0$ 时，n 取 2，得

$$\sigma_c = f_c \left[1 - \left(1 - \frac{\varepsilon_c}{\varepsilon_0} \right)^2 \right] \tag{5-25}$$

此式也可写成

$$\sigma_c = f_c \left[2 \frac{\varepsilon_c}{\varepsilon_0} - \left(\frac{\varepsilon_c}{\varepsilon_0} \right)^2 \right] \tag{5-26}$$

当 $\varepsilon_c > \varepsilon_0$ 时，取

$$\sigma_c = f_c \tag{5-27}$$

式中　ε_c——截面中任一点混凝土的实际压应变；

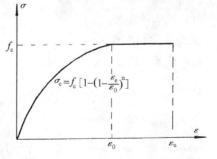

图 5-15　混凝土的 σ-ε 关系图

ε_0——相应于 σ_c 达到 f_c 时的压应变，见图 5-15；

f_c——混凝土的抗压强度。

显然，混凝土应力的合力 D 即为应力分布图形的面积，是由一矩形图形和一曲边图形组合而成，如果取定 $\varepsilon_0 = 0.002$，$\varepsilon_u = 0.0033$，图 5-14 中的 x_1 为截面上应变为 ε_0 处至压侧边缘的距离，可以由变形协调条件得出

$$x_1 = \frac{\varepsilon_u - \varepsilon_0}{\varepsilon_u} x_n \tag{5-28}$$

将 ε_0、ε_u 值代入，得出 $x_1 = 0.394x_n$，即图形的直线段长度为 $0.394x_n$，则曲线段水平长度为 $0.606x_n$。显然，直线段混凝土的应力为常值，等于 f_c，曲线段混凝土应力可由式（5-25）或式（5-26）确定。按变形协调条件找出 ε_c 与 ε_0 的关系，代入式（5-20）中并分段积分，可以得到

$$D = \int_0^{x_n} \sigma_c b \mathrm{d}x = 0.798 f_c b x_n \tag{5-29}$$

而合力作用点至受压边缘的距离 x_0 亦可由式（5-24）求出

$$x_0 = 0.399 x_n \tag{5-30}$$

所以，式（5-22）、（5-23）可以写成

$$N_u = 0.798 f_c b x_n + f_y' A_s' - f_y A_s \tag{5-31}$$

$$N_u \cdot e = 0.798 f_c b x_n (h_0 - 0.399 x_n) + f_y' A_s' (h_0 - a_s') \tag{5-32}$$

如果取定的混凝土 $\sigma\text{-}\varepsilon$ 关系不同，截面的应力分布也有差异，得到的结果也稍有不同，但分析方法是相同的。

4. 计算例题

【例 5-1】　已知某矩形截面大偏心受压柱，$b \times h = 300\text{mm} \times 400\text{mm}$，$a_s = a_s' = 35\text{mm}$，$f_c = 15\text{N/mm}^2$，$f_y' = f_y = 340\text{N/mm}^2$，$E_s = 2 \times 10^5 \text{N/mm}^2$，$e_0 = 520\text{mm}$，$\eta = 1.0$。截面配筋：$A_s' = 308\text{mm}^2$，$A_s = 1263\text{mm}^2$。混凝土 $\sigma\text{-}\varepsilon$ 关系按图 5-15，取 $\varepsilon_0 = 0.002$，$\varepsilon_u = 0.0033$。试计算该柱的极限承载力 N_u、M_u。

【解】

(1) 基本计算式

按式（5-31）、式（5-32）

(2) 计算 e 值

$\dfrac{h}{30} = \dfrac{400}{30} = 13\text{mm}$，取 $e_a = 20\text{mm}$

$e_i = e_0 + e_a = 520 + 20 = 540\text{mm}$

$e = \eta e_i + \dfrac{h}{2} - a_s = 1.0 \times 540 + \dfrac{400}{2} - 35 = 705\text{mm}$

(3) 计算 x_n

$h_0 = h - a_s = 400 - 35 = 365\text{mm}$

由式（5-31）得

$N_u = 0.798 \times 15 \times 300 x_n + 340 \times 308 - 340 \times 1263$

$\therefore\ N_u = 3591 x_n - 324700 \hfill (a)$

由式（5-32）得

$N_u \times 705 = 0.798 \times 15 \times 300 x_n (365 - 0.399 x_n) + 340 \times 308 (365 - 35)$

$\therefore\ N_u = 1859 x_n - 2.032 x_n^2 + 49018 \hfill (b)$

将式（a）代入式（b），消去 N_u，整理后得到

$$x_n^2 + 852x_n - 183916 = 0$$

解得

$$x_n = 178.5\text{mm}$$

（4）计算 N_u、M_u

将 x_n 代入式（a），得

$$N_u = 3591 \times 178.5 - 324700 = 316294\text{N} = 316.3\text{kN}$$

$$M_u = N_u \cdot e_0 = 316.3 \times 0.52 = 164.5\text{kN} \cdot \text{m}$$

5.3.2 小偏压时截面的受力分析

小偏压构件达到极限状态时，截面的应力分布可能有两种情形。当偏心距 e_0 稍大时，远离轴向力一侧会有受拉区存在，该处的混凝土及钢筋均承受拉应力，如果混凝土的拉应力超过其抗拉强度，就会出现裂缝。如果偏心距很小，截面可能全部受压，但远离轴向力一侧的混凝土压应力会小些。应力分布图形见图 5-16。

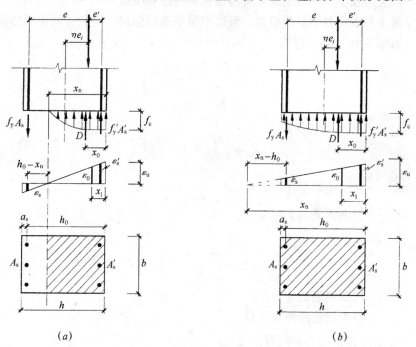

图 5-16 小偏压截面应力及应变分布图

（a）e_0 稍大时的截面应力分布；（b）e_0 很小时的截面应力分布

1. 混凝土应力

在偏心距稍大的情况下，截面的混凝土应力分布与大偏压时相类似，受压侧混凝土的应力在极限状态时也达到其抗压强度，而拉侧混凝土如果出现裂缝，则

混凝土退出工作。当混凝土的拉应力较小时，拉侧也有可能不开裂，即使如此，由于混凝土的拉应力总值较小，在计算时还是可以略去不计。如此处理不会造成大的误差，计算分析工作则可大大简化。

对于全截面受压的情形，压侧混凝土在极限状态时应力也能达到抗压强度 f_c，另外一侧的压应力会小些。若偏心距很小，受压状态接近轴心受压时，也有可能全截面的混凝土压应力均能达到抗压强度 f_c。

因此，小偏压时截面混凝土应力及其合力的计算，可以采用与大偏压时相同的方法。

2. 钢筋应力

由于小偏压时受压区高度 x_n 较大，因此压侧钢筋的应力都能达到其抗压屈服强度 f_y'。

拉侧（或压应力较小一侧）钢筋的应力。不管是大部分截面受压还是全截面受压，一般都达不到屈服强度，只有当截面全部受压，且应力分布接近于轴压构件时，压应力较小一侧的钢筋才有可能达到抗压屈服强度。

小偏压截面拉侧钢筋的应力，可以根据平截面假定，由截面的变形协调条件确定，如图 5-16 (a)，应有

$$\frac{\varepsilon_s}{h_0 - x_n} = \frac{\varepsilon_u}{x_n}$$

$$\therefore \qquad \varepsilon_s = \frac{h_0 - x_n}{x_n} \cdot \varepsilon_u \tag{5-33}$$

或

$$\varepsilon_s = \left(\frac{1}{\xi_n} - 1 \right) \cdot \varepsilon_u \tag{5-34}$$

式中　ξ_n——截面相对受压区高度，$\xi_n = \dfrac{x_n}{h_0}$；

　　　ε_s——拉侧钢筋的实际应变。

所以

$$\sigma_s = \varepsilon_s E_s = \left(\frac{1}{\xi_n} - 1 \right) \cdot E_s \varepsilon_u \tag{5-35}$$

式中　σ_s——拉侧钢筋的应力；

　　　E_s——拉侧钢筋的弹性模量。

显然，此时 σ_s 为拉应力，应有 $\sigma_s \leqslant f_y$。

对于图 5-16 (b) 的情形，按平截面假定，应有

$$\frac{\varepsilon_s}{x_n - h_0} = \frac{\varepsilon_n}{x_n}$$

所以

$$\varepsilon_s = \frac{x_n - h_0}{x_n} \cdot \varepsilon_u = \left(1 - \frac{1}{\xi_n} \right) \cdot \varepsilon_u \tag{5-36}$$

$$\sigma_s = E_s \varepsilon_s = E_s \varepsilon_u \left(1 - \frac{1}{\xi_n} \right) \tag{5-37}$$

此时，σ_s 为压应力，同时 $\sigma_s \leqslant f_y'$。

3. 承载力计算式

同样，根据力的平衡条件，也可以写出此时的承载力计算公式。对于图 5-16 中（a）的情形

$$\Sigma y = 0, \quad N_u = \int_0^{x_n} \sigma_c b \mathrm{d}x + f_y' A_s' - \sigma_s A_s \tag{5-38}$$

$$\Sigma M = 0, \quad N_u \cdot e = \int_0^{x_n} \sigma_c b \mathrm{d}x (h_0 - x_0) + f_y' A_s' (h_0 - a_s') \tag{5-39}$$

式（5-38）、（5-39）中的积分式，仍可按式（5-29）计算，而 x_0 也仍可取为 $x_0 = 0.399 x_n$。式中的 σ_s 可按式（5-35）确定。

对于图 5-16 中（b）的情形，由于此时全截面受压，而且 σ_s 也为压应力，因此

$$N_u = \int_0^h \sigma_c b \mathrm{d}x + f_y' A_s' + \sigma_s A_s \tag{5-40}$$

$$N_u \cdot e = \int_0^h \sigma_c b \mathrm{d}x (h_0 - x_0) + f_y' A_s' (h_0 - a_s') \tag{5-41}$$

此时，$x_n > h_0$，式中的 σ_s 可用式（5-37）计算。

混凝土应力的合力项 $\int_0^h \sigma_c b \mathrm{d}x$，其直线段的长度仍可取为 $x_1 = 0.394 x_n$，积分项可用下式计算

$$\int_0^h \sigma_c b \mathrm{d}x = 0.798 f_c b x_n - 0.667 f_c b x_n \left(1 - \frac{h}{x_n} \right)^2 \left[3.3 - 2.723 \left(1 - \frac{h}{x_n} \right) \right] \tag{5-42}$$

其合力作用点位置距压侧的距离 x_0 可用下式计算

$$x_0 = \frac{0.318 - 0.222 \left(1 - \frac{h}{x_n} \right)^2 \left(1 + 2 \frac{h}{x_n} \right) \left[3.3 - 2.723 \left(1 - \frac{h}{x_n} \right) \right]}{0.798 - 0.667 \left(1 - \frac{h}{x_n} \right)^2 \left[3.3 - 2.723 \left(1 - \frac{h}{x_n} \right) \right]} x_n \tag{5-43}$$

将 $\int_0^h \sigma_c b \mathrm{d}x$ 及 x_0 值代入式（5-40）、（5-41），联立后就可解出 x_n，然后可以求出 N_u 值。

4. 计算例题

【例 5-2】 已知矩形截面小偏心受压构件，$b \times h = 300\mathrm{mm} \times 500\mathrm{mm}$，$a_s = a_s' = 35\mathrm{mm}$，$h_0 = 465\mathrm{mm}$，$f_c = 18\mathrm{N/mm}^2$，$f_y = f_y' = 330\mathrm{N/mm}^2$，$E_s = 1.96 \times 10^5 \mathrm{N/mm}^2$，$A_s = 3488\mathrm{mm}^2$，$A_s' = 698\mathrm{mm}^2$，$e_0 = 140\mathrm{mm}$，$\eta = 1.0$，取 $\varepsilon_0 = 0.002$，$\varepsilon_u = 0.0033$，混凝土 σ-ε 关系同【例 5-1】。试计算该截面的最大承载力 N_u。

【解】

(1) 计算 e 值

取 $e_a = 20mm$，$e_i = e_0 + e_a = 140 + 20 = 160mm$

$e = \eta e_i + \dfrac{h}{2} - a_s = 160 + 250 - 35 = 375mm$

(2) 计算 σ_s

先按情形 (a) 计算，由式 (5-35)

$\sigma_s = 0.0033 \times 1.96 \times 10^5 \left(\dfrac{1}{\xi_n} - 1 \right) = 647 \left(\dfrac{1}{\xi_n} - 1 \right)$

(3) 计算 ξ_n

$$N_u = 0.798 f_c b h_0 \xi_n + f_y' A_s' - \sigma_s A_s \qquad (a)$$

$$N_u \cdot e = 0.798 f_c b h_0^2 (\xi_n - 0.399 \xi_n^2) + f_y' A_s' (h_0 - a_s') \qquad (b)$$

将有关参数代入，由式 (a)

$$N_u = 0.798 \times 18 \times 300 \times 465 \xi_n + 330 \times 698 - 647 \left(\dfrac{1}{\xi_n} - 1 \right) \times 3488$$

$$\therefore \quad N_u = 2003778 \xi_n + 2487076 - \dfrac{2256736}{\xi_n} \qquad (c)$$

由式 (b)

$$N_u \times 375 = 0.798 \times 18 \times 300 \times 465^2 (\xi_n - 0.399 \xi_n^2) + 330 \times 698 (465 - 35)$$

$$\therefore \quad N_u = 2484685 (\xi_n - 0.399 \xi_n^2) + 264123 \qquad (d)$$

将 (c)、(d) 两式联立，整理后得：

$$\xi_n^3 - 0.485 \xi_n^2 + 2.242 \xi_n - 2.2763 = 0$$

需解一个三次方程，解得 $\xi_n = 0.879$。

$x_n = \xi_n h_0 = 409 < h$ 　　确属情形 (a)

(4) 计算 N_u

将 $\xi_n = 0.879$ 代入式 (c) 得：

$N_u = 1689kN$

$M_u = N_u \cdot e_0 = 1689 \times 0.14 = 236.5kN \cdot m$

事实上，混凝土的压应变超过 ε_0 后，其压应力 σ_c 会随应变的增大而减小，即应力——应变关系图中的下降段（本例中取为水平段）。对于实际工程中的轴心受压构件，截面的应变是达不到 ε_u 的，因为应变大于 ε_0 后，截面的应力会降低，这就意味着构件整体承载力下降，即所谓"卸载"，这种"卸载"实际上就意味着构件的破坏。小偏心受压构件当偏心距很小时，截面的受力特征接近轴心受压构件。严格讲，由于截面的应变梯度较小，极限状态时压侧边缘的应变也达不到 ε_u，截面上混凝土受压区高度愈大，压侧边缘的压应变就愈趋近于 ε_0 而小于 ε_u 愈多。因此，上述小偏压构件的计算条件与实际情形是有差异的，由此也会使计算结果有一定的误差，特别是偏心距很小时，误差值会更大些。

5.3.3 大、小偏压的界限判别

界限状态时，拉侧钢筋应力达到其屈服强度，同时压侧混凝土边缘的压应变也刚好达到极限应变 ε_u。图 5-17 所表示的正是这种状态时截面的应力及应变分布。

可以看出，界限状态时截面的应力分布状态同大偏压时没有原则区别，因此这种状态下截面承载力的计算应按大偏压情况进行。根据平截面假定，可以得到如下的关系

$$\frac{\varepsilon_y}{h_0 - x_{nb}} = \frac{\varepsilon_u}{x_{nb}}$$

所以

$$\frac{x_{nb}}{h_0} = \frac{\varepsilon_u}{\varepsilon_y + \varepsilon_u} = \frac{1}{1 + \dfrac{\varepsilon_y}{\varepsilon_u}} \qquad (5\text{-}44)$$

设 $\dfrac{x_{nb}}{h_0} = \xi_{nb}$，同时注意到 $f_y = \varepsilon_y \cdot E_s$，则式 (5-44) 可以写成下面的形式

$$\xi_{nb} = \frac{1}{1 + \dfrac{f_y}{E_s \varepsilon_u}} \qquad (5\text{-}45)$$

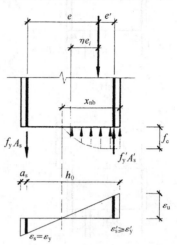

图 5-17 界限状态时截面的应力及应变分布

式中　x_{nb}——界限状态时截面受压区高度；

　　　ε_y——拉侧钢筋的屈服应变；

　　　ξ_{nb}——界限状态时截面的相对受压区高度。

可以看出，在取定了压侧混凝土极限应变的条件下，界限相对受压区高度 ξ_{nb} 只与钢筋的种类有关。显然，大、小偏心的界限可以用 ξ_{nb} 来判别，当某种受力状态时截面的实际受压区相对高度 $\xi_n \leqslant \xi_{nb}$，截面属于大偏压状态；反之，当 $\xi_n > \xi_{nb}$ 时，则属于小偏压。

5.3.4 偏压构件截面受力分析的简化

为了简化偏压构件承载力的计算，可以采用与受弯构件截面计算中同样的方法，即按合力大小不变、合力作用点位置不变的原则，将截面混凝土应力的曲边形图形简化成等效矩形。为了取值方便，简化矩形应力图形的高度统一取为 f_c。

图 5-18 表示了简化后截面的应力分布示意图。图中的混凝土应力图形的宽度 x，即混凝土受压区计算高度，可按合力大小相等、合力作用点位置不变的原则确定。例如若混凝土的应力——应变关系按图 5-15 取定时，由合力大小相等，可以得到

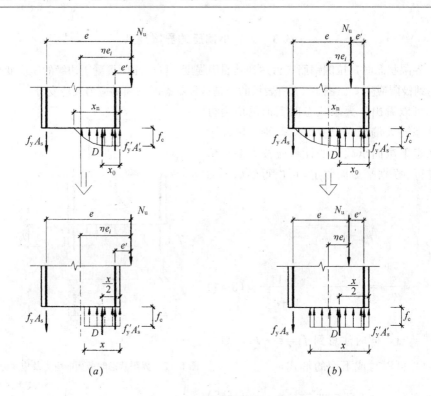

图 5-18　偏压截面的简化应力分布图

(a) 大偏压时的简化应力分布；(b) 小偏压时的简化应力分布

$$f_c bx = 0.798 f_c b x_n \tag{5-46}$$

可以看出，应有 $x=0.798x_n$，现取 $x = 0.8 x_n$。根据合力作用点的位置不变的条件，应取 $\dfrac{x}{2}=0.4x_n$。实际的应力图形合力作用点至压侧边缘的距离为 $x_0 = 0.399 x_n \approx 0.4 x_n$。所以，可以认为折算矩形应力图形与原实际应力分布图形是等效的。

需要指出，由于大偏压与小偏压两种状况下截面的实际应变分布存在差异，小偏压时受压侧边缘的最大压应变一般达不到混凝土的极限压应变值 ε_u，因此两种状态下混凝土应力图形的"饱满"程度不一样。按理，两者的折算等效矩形应力图形也应有差别，也就是说，小偏压时的折算图形面积应小些。

通过对试验资料的分析，用此方法折算的应力图形面积大致与小偏压时的受力状况相当，大偏压时的合力比上述折算值稍大。以上在大偏压时混凝土应力的合力取值偏小，是偏于安全的。

1. 界限状态的判别式

用简化方法表达的界限判别式，只需取 $\xi_b = 0.8\xi_{nb}$，代入式 (5-45)，可以得到下式

$$\xi_b = \frac{0.8}{1 + \frac{f_y}{\varepsilon_u E_s}} \tag{5-47}$$

ξ_b 为界限状态时混凝土受压区的相对计算高度，$\xi_b = \frac{x_b}{h_0}$，x_b 为界限状态时截面混凝土的受压区计算高度。当 $\xi \leqslant \xi_b$ 时，属大偏压，$\xi > \xi_b$，则为小偏压。

2. 大偏压时的截面承载力简化计算式

按图 5-18 (a)，根据力的平衡条件，可以写出截面承载力的计算式

$$\Sigma y = 0, \qquad N_u = f_c bx + f_y' A_s' - f_y A_s \tag{5-48}$$

$$\Sigma M = 0, \qquad N_u \cdot e = f_c bx\left(h_0 - \frac{x}{2}\right) + f_y' A_s'(h_0 - a_s') \tag{5-49}$$

适用条件：$x \leqslant x_b$（或 $\xi \leqslant \xi_b$），$x \geqslant 2a_s'$。

将式 (5-48) 按 N_u 代入式 (5-49)，整理后可以写出关于受压区计算高度 x 的表达式，为一个二次方程

$$x^2 + 2(e - h_0)x + 2\,\frac{(e - h_0 + a_s')f_y' A_s' - ef_y A_s}{f_c b} = 0 \tag{5-50}$$

也可写成

$$\xi^2 + 2\left(\frac{e}{h_0} - 1\right)\xi + 2\,\frac{(e - h_0 + a_s')f_y' A_s' - ef_y A_s}{f_c b h_0^2} = 0 \tag{5-50a}$$

式中 ξ——截面混凝土受压区的相对计算高度，$\xi = \frac{x}{h_0}$。

在截面尺寸、材料等级、截面配筋都已确定的条件下计算截面的承载力时，可以先由式 (5-50) 解出 x 值，再由式 (5-48) 计算承载力值 N_u。

3. 小偏压时的截面承载力简化计算式

由图 5-18 (b)，可写出小偏压时的简化计算式

$$\Sigma y = 0, \qquad N_u = f_c bx + f_y' A_s' - \sigma_s A_s \tag{5-51}$$

$$\Sigma M = 0, \qquad N_u \cdot e = f_c bx\left(h_0 - \frac{x}{2}\right) + f_y' A_s'(h_0 - a_s') \tag{5-52}$$

σ_s 值的取定，当 $x = 0.8x_n$ 时，$\xi = 0.8\xi_n$，代入式 (5-35)，得

$$\sigma_s = E_s \varepsilon_u\left(\frac{0.8}{\xi} - 1\right) \tag{5-53}$$

上式表明，σ_s 与 ξ 的关系为一双曲线，见图 5-19，利用式 (5-53) 确定钢筋的应力 σ_s 后，计算 ξ 值需利用式 (5-51)、(5-52) 联立求解，这样就必须解一个三次方程，计算比较麻烦。根据试验资料，实测的钢筋应力 σ_s 与 ξ 的关系可用直线表示，其回归方程为

$$\sigma_s = 0.0044(0.81 - \xi)E_s \tag{5-54}$$

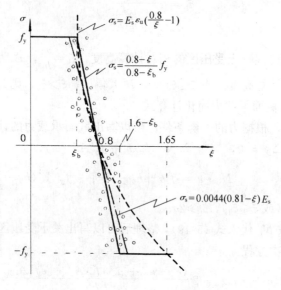

图 5-19 σ_s-ξ 关系图

如果按当 $\xi = \xi_b$ 时 $\sigma_s = f_y$，当 $\xi = 0.8$ 时 $\sigma_s = 0$ 的边界条件，可以得到简化后的 σ_s 计算式为

$$\sigma_s = \frac{0.8 - \xi}{0.8 - \xi_b} f_y \tag{5-55}$$

以上计算公式（5-51）～（5-55）的适用条件为 $x > x_b$（或 $\xi > \xi_b$），若计算得的 x 值大于截面高度 h，应取 $x = h$，因为混凝土受压区的实际高度不可能超过截面高度。在按式（5-55）计算 σ_s 值时，由于 σ_s 是由截面的应变分布确定的，所以 x 值则应按实际计算值。同时，σ_s 值还应符合以下条件：$\sigma_s \leqslant f_y$，当钢筋受压时，$\sigma_s \leqslant f_y'$。

同样，将式（5-51）代入（5-52），按式（5-55）取定 σ_s，并将 x 写成 ξh_0 的形式，整理后可以写出 ξ 值的方程式为

$$\xi^2 + 2\left(\frac{e}{h_0} + \frac{ef_y A_s}{f_c b h_0{}^2 (0.8 - \xi_b)} - 1 \right) \xi$$

$$+ 2 \frac{(e - h_0 + a_s')f_y' A_s' - \dfrac{0.8e}{0.8 - \xi_b} f_y A_s}{f_c b h_0{}^2} = 0 \tag{5-56}$$

可以先由式（5-56）解出 ξ 值，再由式（5-51）计算 N_u。

4. 计算实例

【例5-3】 同【例5-1】，用简化公式计算承载力。

【解】（1）计算 e 值

$e = 705\text{mm}$

（2）计算 ξ_b、ξ，判别大小偏心

$$\xi_b = \frac{0.8}{1 + \dfrac{f_y}{E_s \varepsilon_u}} = \frac{0.8}{1 + \dfrac{340}{2 \times 10^5 \times 0.0033}} = 0.528$$

ξ 值的计算，可先按大偏压公式。将有关参数代入式（5-50）：

$$x^2 + 2(705 - 365)x + 2$$
$$\times \frac{(705 - 365 + 35) \times 340 \times 308 - 705 \times 340 \times 1263}{15 \times 300} = 0$$

$\therefore \quad x^2 + 680x - 117098 = 0$

解得：$x = 142.4\text{mm}$，$\xi = \dfrac{x}{h_0} = \dfrac{142.4}{365} = 0.39 < \xi_b = 0.528$，属大偏心。

（3）计算 N_u

将 $x = 142.4\text{mm}$ 代入式（5-48），得

$N_u = 15 \times 300 \times 142.4 + 340 \times 308 - 340 \times 1263 = 316100\text{N} = 316.1\text{kN}$

相应的 M_u 值为

$M_u = N_u e_0 = 316.1 \times 0.52 = 164.4\text{kN} \cdot \text{m}$

与【例5-1】比较，计算结果基本一致。

【例5-4】 同【例5-2】，用简化公式计算承载力。

【解】（1）计算 e 值

同例5-2，$e = 375\text{mm}$

（2）计算 ξ、ξ_b，判别大小偏心

$$\xi_b = \frac{0.8}{1 + \dfrac{f_y}{E_s \varepsilon_u}} = \frac{0.8}{1 + \dfrac{330}{1.96 \times 10^5 \times 0.0033}} = 0.53$$

先按大偏压公式计算，由式（5-50）：

$$x^2 + 2(375 - 465)x + 2\frac{(375 - 465 + 35) \times 330 \times 698 - 375 \times 330 \times 3488}{18 \times 300} = 0$$

$\therefore \quad x^2 - 180x - 164559 = 0$

解得：$x = 505.5$，$\xi = \dfrac{x}{h_0} = \dfrac{505.5}{465} = 1.087 > \xi_b$，应属小偏心。

按小偏心受压公式，重新计算 ξ 值，由式（5-56）

$$\xi^2 + 2\left(\frac{375}{465} + \frac{375 \times 330 \times 3488}{18 \times 300 \times 465^2 (0.8 - 0.53)} - 1\right)\xi + 2$$

$$\times \frac{(375 - 465 + 35) \times 330 \times 698 - \dfrac{0.8 \times 375}{0.8 - 0.53} \times 330 \times 3488}{18 \times 300 \times 465^2} = 0$$

$\xi^2 + 2.351\xi - 2.2124 = 0$

解得 $\xi = 0.72$，$x = \xi h_0 = 0.72 \times 465 = 334.8\text{mm}$

$\xi > \xi_b = 0.53$，属小偏心。

（3）计算 σ_s

$$\sigma_s = \frac{0.8 - \xi}{0.8 - \xi_b} f_y = \frac{0.8 - 0.72}{0.8 - 0.53} \times 330 = 97.8\text{N/mm}^2$$

（4）计算 N_u

将 $x = 334.8\text{mm}$，$\sigma_s = 97.8\text{N/mm}^2$，代入式（5-51），得

$N_u = 18 \times 300 \times 334.8 + 330 \times 698 - 97.8 \times 3488 = 1697134\text{N} = 1697\text{kN}$

相应的值 M_u 为 $M_u = N_u e_0 = 1697 \times 0.14 = 237.6\text{kN} \cdot \text{m}$

与【例 5-2】比较，计算结果也基本一致。

§5.4 偏心受压构件承载力的计算

目前，偏心受压构件截面承载力的计算，一般都采用前述的简化分析方法。根据截面钢筋的布置，可以将偏压截面分成对称配筋和不对称配筋两种类型，每种类型又可分成截面设计和截面复核两种状况。截面设计是依据作用在构件截面上的设计轴力 N、设计弯矩 M 来确定构件的截面尺寸及配筋面积；截面复核则是对已有的构件，根据已知的截面尺寸，材料强度和配筋面积，计算它实际的承载能力。现将基本计算公式及取值方法归纳如下。

基本公式即前述的根据力的平衡条件得到的计算式

$$N \leqslant N_u = f_c bx + f_y' A_s' - \sigma_s A_s \tag{5-57}$$

$$N \cdot e \leqslant N_u \cdot e = f_c bx \left(h_0 - \frac{x}{2} \right) + f_y' A_s' (h_0 - a_s') \tag{5-58}$$

式中　N——截面上作用的设计轴向力，由结构内力分析求得；

　　　N_u——截面的极限轴向承载力；

　　　σ_s——拉侧（远离轴向力 N 一侧）纵向钢筋 A_s 的应力。

$$\sigma_s = \frac{0.8 - \xi}{0.8 - \xi_b} f_y \tag{5-59}$$

按式（5-59）求得的 σ_s 应符合 $-f_y' \leqslant \sigma_s \leqslant f_y$。截面受力为大偏压状态则取 $\sigma_s = f_y$，小偏压状态下为压应力时，σ_s 应取负值。

　　　ξ——截面混凝土受压区相对计算高度，$\xi = \dfrac{x}{h_0}$，x 为受压区计算高度；

　　　ξ_b——界限状态下混凝土受压区的相对计算高度；

$$\xi_b = \frac{0.8}{1 + \dfrac{f_y}{E_s \varepsilon_u}} \tag{5-60}$$

　　　ε_u——受压边缘的极限压应变，一般可取 $\varepsilon_u = 0.0033$；

　　　E_s——受拉钢筋的弹性模量。

当 $\xi \leqslant \xi_b$ 时，属大偏压构件，$\xi > \xi_b$ 时，属小偏压构件。

e——轴向力作用点至受拉侧钢筋合力作用点的距离；

$$e = \eta e_i + \frac{h}{2} - a_s \tag{5-61}$$

e_i——计算偏心距；

$$e_i = e_0 + e_a \tag{5-62}$$

e_0——偏心距，$e_0 = \dfrac{M}{N}$，M 为截面作用的设计弯矩；

e_a——附加偏心距，可取 $e_a = 0.12 (0.3h_0 - e_0)$，并规定 $e_a \geqslant 0$；或取 e_a 为 $\dfrac{h}{30}$ 及 20mm 两者中的大者，h 为截面高度；

η——偏心距增大系数；

$$\eta = 1 + \frac{1}{1400 \cdot \dfrac{e_i}{h_0}} \cdot \left(\frac{l_0}{h} \right)^2 \cdot \zeta_1 \cdot \zeta_2 \tag{5-63}$$

l_0——构件的计算长度；

ζ_1——偏压构件的截面曲率修正系数，近似计算公式为

$$\zeta_1 = 0.2 + 2.7 \frac{e_i}{h_0} \tag{5-64}$$

当 $\zeta_1 > 1.0$ 时，取 $\zeta_1 = 1.0$。

ζ_2——考虑构件长细比对截面曲率影响的系数；

$$\zeta_2 = 1.15 - 0.01 \frac{l_0}{h} \tag{5-65}$$

当 $\dfrac{l_0}{h} < 15$ 时，取 $\zeta_2 = 1.0$。

η 值也可按式（5-18）计算。

x——截面混凝土受压区计算高度。在小偏压状态下，当计算得的 $x > h$ 时，应取 $x = h$，但在计算 σ_s 时的 ξ 值，x 仍应按计算值取值。

5.4.1 不对称配筋偏心受压构件承载力的计算

1. 截面设计

通过结构内力分析，已经得到了作用在构件截面上的轴向力 N 和弯矩 M 的设计值，也已知道了构件的计算长度 l_0。在这样的条件下，根据实际情况和以往的工程经验，预先选定构件的材料强度等级和截面尺寸，然后利用基本公式计算截面所需的钢筋面积。这就是截面设计时解决问题的基本思路。

（1）大偏心受压构件的计算（$\xi \leqslant \xi_b$）

在此情况下，基本公式（5-57）中的 σ_s 等于 f_y。分析式（5-57）、（5-58），此时两式中还有 A_s'、A_s、x 三个未知量，显然，无法由两个方程式确定三个未知量

的唯一值，只有取定了其中一个后，才能由基本公式求解。

目前，一般采用配筋面积的总量 (A_s+A_s') 最小作为附加条件，求出在此条件下的 x 值（或 ξ 值），然后再计算 A_s'、A_s。

将式 (5-57)、(5-58) 联立，并写成如下的形式：

$$A_s' + A_s = \frac{2Ne - N(h_0 - a_s') - f_c b h_0 (h_0 + a_s')\xi + f_c h_0^2 \xi^2}{f_y'(h_0 - a_s')} \tag{5-66}$$

对 ξ 求导，并令导数为零，可得 (A_c+A_s') 最小时对应的相对受压区高度 ξ_0 为

$$\xi_0 = \frac{h_0 + a_s'}{2h_0} = \frac{h}{2h_0} \tag{5-67}$$

就是说，按式 (5-67) 取定 $\xi=\xi_0$ 时，$A_s'+A_s$ 有最小值。设 $a_s'=0.08h_0$，由式 (5-67) 可以得到，$\xi_0=0.54$。也可取 $\xi_0=\xi_b$，因为 ξ_b 大致与 ξ_0 相当（例如 HRB335 钢，$\xi_b=0.544$）。

已知：N、M、l_0、b、h、f_c、f_y、f_y'；求 A_s'、A_s。

先按式 (5-67) 取定 $\xi=\xi_0$，（或取 $\xi=\xi_b$），再由式 (5-58) 得

$$A_s' = \frac{Ne - f_c b h_0^2(\xi - 0.5\xi^2)}{f_y'(h_0 - a_s')} \tag{5-68}$$

将求得的 A_s' 值代入式 (5-57)，则

$$A_s = \frac{f_c b h_0 \xi + f_y' A_s' - N}{f_y} \tag{5-69}$$

有时，按式 (5-68) 计算得到的 A_s' 值小于 $\rho'_{min}bh_0$，这种结果显然是不合适的，说明 $\xi=\xi_0$ 取值太大。在这种情况下，可以先取定 $A_s'=\rho'_{min}bh_0$，然后再计算 ξ、A_s 值。

先求 ξ 值。由式 (5-58) 得

$$\xi^2 - 2\xi + \frac{Ne - f_y' A_s'(h_0 - a_s')}{f_c b h_0^2} = 0 \tag{5-70}$$

$$\therefore \quad \xi = 1 - \sqrt{1 - 2\frac{Ne - f_y' A_s'(h_0 - a_s')}{f_c b h_0^2}} \tag{5-70a}$$

然后按式 (5-69) 计算 A_s。

若得到的 ξ 值大于 ξ_b，则应加大截面尺寸，也可加大 A_s' 后重新计算 ξ，不然就应该按小偏压状况计算。

若计算得到的 $\xi < \frac{2a_s'}{h_0}$（即 $x < 2a_s'$），则应取 $x=2a_s'$，然后按下式计算 A_s

$$A_s = \frac{N\left(\eta e_0 - \dfrac{h}{2} + a_s\right)}{f_y(h_0 - a_s')} \tag{5-71}$$

（2）小偏心受压构件的计算 $(\xi > \xi_b)$

小偏心时，基本公式 (5-57)、(5-58) 中仍然有三个未知量 x、A_s'、A_s。原则上，此时还是可以利用 (A_s+A_s') 总量最小作为附加条件，但求解过程必然需要求解关于 ξ 的三次方程，计算相当麻烦。

从另一方面看，由于小偏压时拉侧钢筋应力达不到屈服，可以认为是钢筋没有被充分利用。因而拉侧的钢筋越少就越节省。所以，可以按最小配筋率先取定 A_s，即取 $A_s = \rho_{min} bh_0$，然后再按式（5-57）、（5-58）求解 ξ、$A_s{}'$。

σ_s 值可按式（5-59）取定，当 $\xi_b \leqslant \xi \leqslant 0.8$ 时，σ_s 为正值，拉侧的钢筋承受拉应力；$\xi > 0.8$ 时，σ_s 为负值，表明此时钢筋受压，当然 σ_s 值还应符合 $-f_y' \leqslant \sigma_s \leqslant f_y$。

有两点需要进一步说明：

1）拉侧钢筋受压屈服时的 ξ 值　当 $\sigma_s = -f_y'$ 时，根据截面应变的平截面假定，如果取 $\varepsilon_u = 0.0033$、$\varepsilon_y' = 0.0017$、$x = 0.8x_n$，可以得到此时的 $\xi = 1.65$ 左右；但若按式（5-59），取 $\sigma_s = -f_y'$，得到此时 $\xi = 1.6 - \xi_b$，两者显然差别较大。这主要是因为将 σ_s 的函数曲线由双曲线简化为直线所致，见图 5-19。试验资料分析表明，在 σ_s 值接近受压屈服强度时，按平截面假定确定的钢筋应变与实测应变偏差较大，相比较，式（5-59）计算的 σ_s 较接近实测结果。

因此，当 $\xi \geqslant 1.6 - \xi_b$ 时，可取定 $\sigma_s = -f_y'$。

2）全截面受压时拉侧钢筋面积 A_s 的验算　如果 e_0 值很小、A_s' 值较大而 A_s 又很小，截面的实际形心轴有可能会偏移到轴向力的右侧，此时远离轴向力一侧的压应变反而会大些。达到极限状态时，远离轴向力一侧的混凝土先被压碎，该侧的钢筋应力也达到抗压屈服强度，即破坏发生在远离轴向力的一侧。离轴向力较近一侧的钢筋可能没有屈服，混凝土的压应力也小于其抗压强度，见图 5-20。

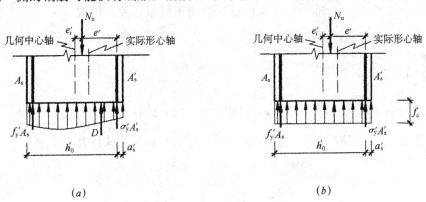

图 5-20　e_0 很小时截面的应力分布

（a）实际应力分布；（b）简化应力分布

为了避免此种状况发生，远离轴向力一侧的钢筋面积 A_s 不能太小。按图 5-20（b），取 $e_i' = e_0 - e_a$，$\eta = 1.0$，对 A_s' 的合力点取矩

$$N_u \cdot e' = f_c bh\left(h_0' - \frac{h}{2}\right) + f_y' A_s(h_0' - a_s) \tag{5-72}$$

式中　h_0' —— 钢筋 A_s' 合力点至远离轴向力一侧边缘的距离；

　　　e' —— 轴向力作用点至 A_s' 合力点的距离，

$$e' = \frac{h}{2} - e_i' - a_s' \tag{5-73}$$

此时拉侧钢筋面积须按式（5-72）验算，不满足时应加大 A_s。

综上所述，小偏心受压时截面设计的计算方法可归纳如下：

已知：N、M、l_0、b、h、f_c、f_y、f_y'；求 A_s'、A_s。

先按式（5-59）取 σ_s，代入式（5-57），然后将式（5-57）、（5-58）联立，消去 $f_y'A_s'$，并把 x 写成 ξh_0 的形式，可以得到 ξ 的计算式

$$\xi^2 + 2B\xi + 2C = 0 \tag{5-74}$$

式中

$$\left. \begin{array}{l} B = \dfrac{f_y A_s(h_0 - a_s')}{f_c b h_0^2 (0.8 - \xi_b)} - \dfrac{a_s'}{h_0} \\[3mm] C = \dfrac{N(e - h_0 + a_s')(0.8 - \xi_b) - 0.8 f_y A_s(h_0 - a_s')}{f_c b h_0^2 (0.8 - \xi_b)} \end{array} \right\} \tag{5-75}$$

取定 $A_s = \rho_{\min} b h_0$，由此可解得 ξ 值

$$\xi = -B + \sqrt{B^2 - 2C} \tag{5-76}$$

若求得的 $\xi < 1.6 - \xi_b$，将 ξ 值代入式（5-58），可求得 A_s'

$$A_s' = \frac{Ne - f_c b h_0^2 (\xi - 0.5\xi^2)}{f_y'(h_0 - a_s')} \tag{5-77}$$

若 $\dfrac{h}{h_0} \geqslant \xi \geqslant 1.6 - \xi_b$，此时 σ_s 值已达到受压屈服强度，可取 $\sigma_s = -f_y'$，按式（5-78）取定 A_s 值，再按式（5-75）、（5-76）、（5-77）计算 ξ、A_s' 值。此时

$$A_s = \frac{Ne' - f_c b h \left(h_0' - \dfrac{h}{2} \right)}{f_y'(h_0' - a_s)} \tag{5-78}$$

当然，应有 $A_s \geqslant \rho_{\min} b h_0$。式中，$e'$ 值按式（5-73）计算。

若 $\xi > \dfrac{h}{h_0}$，应取 $\xi = \dfrac{h}{h_0}$，同时取 $\sigma_s = -f_y'$，然后按下式计算 A_s、A_s'

$$A_s = \frac{N(h_0 - e - a_s') - f_c b h(0.5h - a_s')}{f_y'(h_0 - a_s')} \tag{5-79}$$

$$A_s' = \frac{N - f_c b h - f_y' A_s}{f_y} \tag{5-80}$$

当然，此时还应按式（5-78）验算 A_s 值。

（3）大、小偏心的判别式

根据截面混凝土受压区计算高度 x（或 ξ），可以判别大、小偏压受力状态。当 $\xi \leqslant \xi_b$（或 $x \leqslant x_b$），属大偏心；$\xi > \xi_b$ 则为小偏心。但是，在截面设计时，ξ（或 x）值是待求解的未知量，因此无法直接利用上述条件来判定大、小偏压受力状态。

目前，一般采用按计算偏心距 e_i 值初步确定大、小偏心。当 $\eta e_i > 0.3 h_0$ 时，按大偏压计算，$\eta e_i \leqslant 0.3 h_0$ 时则属小偏压。确定了截面的受力状态后，再根据前述的

相关步骤求出 ξ 值，最后由 ξ 值来判别。

这种方法的缺点是有时会出现误判。当按 $\eta\,e_i > 0.3h_0$ 判别是大偏压时，有时按小偏压计算更合理。也就是说，判别方法有时不够准确。

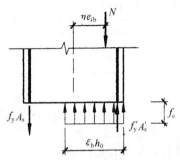

图 5-21　界限状态时截面的应力分布图

设截面受力处于界限状态，应力分布如图 5-21 所示，由平衡条件可以得出

$$\Sigma y = 0, \qquad N = f_c b h_0 \xi_b + f_y' A_s' - f_y A_s \qquad (5\text{-}81)$$

$$\Sigma M = 0, \quad \text{对截面中心轴取矩，}$$

$$N\eta\,e_{ib} = f_c b h_0 \xi_b \left(\frac{h}{2} - \frac{h_0 \xi_b}{2} \right) + f_y' A_s' \left(\frac{h}{2} - a_s' \right) + f_y A_s \left(\frac{h}{2} - a_s \right) \quad (5\text{-}82)$$

式中　e_{ib}——界限状态时的计算偏心距。

由式（5-81）、（5-82）两式消去 $f_y'\,A_s'$，得到

$$f_c b h_0 \xi_b \left(\frac{h_0 \xi_b}{2} - a_s' \right) - N \left(\frac{h_0 - a_s'}{2} - \eta e_{ib} \right) = f_y A_s (h_0 - a_s') \qquad (5\text{-}83)$$

很明显，若按式（5-83）计算得到 $A_s \geqslant \rho_{min} b h_0$，说明设定的界限状态是正确的，此时应属于大偏压状态。若得到 $A_s < \rho_{min} b h_0$，则往往是由于式中的 N 值较大，取 $\xi = \xi_b$ 值太小，截面应属于小偏压状态。

取 $A_s = \rho_{min} b h_0 = 0.002 b h_0$，$a_s' = 0.08 h_0$，则式（5-83）变成

$$\frac{\eta e_{ib}}{h_0} = 0.46 - \left(0.5 \xi_b^2 - 0.08 \xi_b - 0.00184 \frac{f_y}{f_c} \right) \frac{f_c b h_0}{N}$$

令 $\alpha = 0.5 \xi_b^2 - 0.08 \xi_b - 0.00184 \dfrac{f_y}{f_c}$，则上式为

$$\frac{\eta e_{ib}}{h_0} = 0.46 - \alpha \frac{f_c b h_0}{N} \qquad (5\text{-}84)$$

式中　$\dfrac{\eta e_{ib}}{h_0}$——界限状态下的相对偏心距；

$\dfrac{N}{f_c b h_0}$——截面"轴压比"。严格讲，轴压比应为 $\dfrac{N}{f_c b h}$，式（5-84）末一项中的

$\dfrac{f_c b h_0}{N}$ 反映了轴压比对 $\dfrac{\eta e_{ib}}{h_0}$ 的影响；

α——综合系数，反映了材料强度等对界限偏心距的影响。α 值见表 5-1。

α 值表

表 5-1

混凝土等级	C15	C20	C25	C30	C35	C40	C45	C50	C55	C60
钢筋 HPB235	0.088	0.101	0.109	0.115	0.118	0.121	0.123	0.125	0.128	0.127
钢筋 HRB335	0.031	0.050	0.061	0.069	0.074	0.078	0.081	0.083	0.085	0.087
钢筋 HRB400	0.007	0.024	0.037	0.046	0.053	0.058	0.061	0.064	0.067	0.069

由式（5-84）得到 $\frac{\eta e_{ib}}{h_0}$ 后，若实际的相对偏心距 $\frac{\eta e_i}{h_0} \geqslant \frac{\eta e_{ib}}{h_0}$，属大偏心，反之，$\frac{\eta e_i}{h_0} < \frac{\eta e_{ib}}{h_0}$，属小偏心。由此判别大小偏心是准确的。

可以将以上所述的截面设计问题的计算步骤用框图表示，见图 5-22。

2. 截面复核

复核截面的承载能力也是经常需解决的计算工作。此时一般已知道构件的计算长度 l_0、截面尺寸、材料强度及截面配筋，要求计算截面所能承担的轴向力 N 及弯矩 M。由于 $M = N \cdot e_0$，所以截面复核实际上有两种情形，即已知 e_0，需求算 N，或已知 N 求 e_0。不管属于哪一种情形，基本公式中总是只有两个未知量，因此可以直接求解，不需要另外设定附加条件。此处不再讨论。

3. 计算例题

【例 5-5】　某偏压柱，已知 $N = 600\text{kN}$，$M = 140\text{kN} \cdot \text{m}$，$b \times h = 300\text{mm} \times 400\text{mm}$，$a_s = a_s' = 35\text{mm}$，$l_0 = 3.6\text{m}$，混凝土 C30，$f_c = 14.3\text{N/mm}^2$，$\varepsilon_u = 0.0033$，钢筋 HRB335，$f_y' = f_y = 300\text{N/mm}^2$，$E_s = 2 \times 10^5 \text{N/mm}^2$。求 A_s、A_s'。

【解】

1）计算 e_i、η、e

$h_0 = h - a_s = 400 - 35 = 365\text{mm}$，$\frac{l_0}{h} = \frac{3600}{400} = 9 > 8$，需计算 η 值。

$e_0 = \frac{M}{N} = \frac{140}{600} = 0.233\text{m} = 233\text{mm}$，$\frac{h}{30} = \frac{400}{30} = 13.3$，取 $e_a = 20\text{mm}$。

$e_i = e_0 + e_a = 233 + 20 = 253\text{mm}$，$\frac{e_i}{h_0} = \frac{253}{365} = 0.693$

$\eta = 1 + \frac{1}{1400 \cdot \frac{e_i}{h_0}} \cdot \left(\frac{l_0}{h}\right)^2 \cdot \zeta_1 \cdot \zeta_2$

$\zeta_1 = 0.2 + 2.7 \frac{e_i}{h_0} = 0.2 + 2.7 \times 0.693 = 2.07 > 1.0$，取 $\zeta_1 = 1.0$。

$\zeta_2 = 1.15 - 0.01 \frac{l_0}{h}$，$\frac{l_0}{h} = 9 < 15$，取 $\zeta_2 = 1.0$

$\eta = 1 + \frac{1}{1400 \times 0.693} \times 9^2 \times 1.0 \times 1.0 = 1.083$

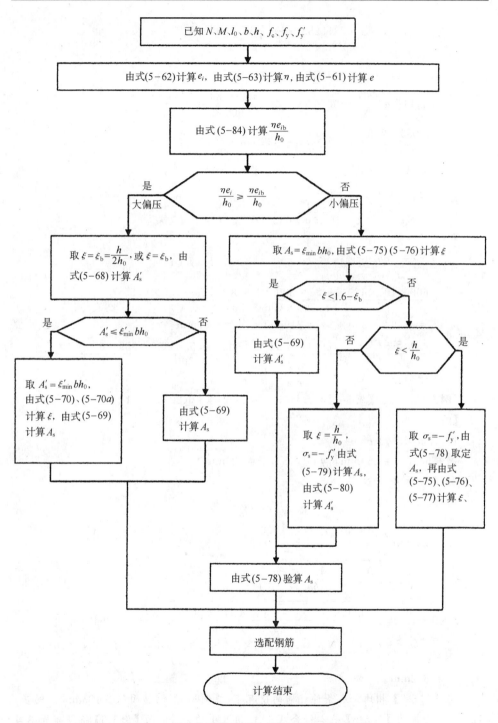

图 5-22 不对称配筋偏压构件截面设计计算框图

$$e = \eta e_i + \frac{h}{2} - a_s = 1.083 \times 253 + \frac{400}{2} - 35 = 439\text{mm}$$

2）判别大小偏心

根据混凝土C30，钢筋HRB335。查表5-1得 $\alpha = 0.069$

$$\frac{\eta e_{ib}}{h_0} = 0.46 - \alpha \frac{f_c b h_0}{N} = 0.46 - 0.069 \frac{14.3 \times 300 \times 365}{600 \times 10^3} = 0.28$$

$$\frac{\eta e_i}{h_0} = \frac{1.083 \times 253}{365} = 0.75 > \frac{\eta e_{ib}}{h_0} = 0.28，属大偏心。$$

3）计算 A_s'、A_s

$$\xi_b = \frac{0.8}{1 + \dfrac{f_y}{E_s \varepsilon_u}} = \frac{0.8}{1 + \dfrac{300}{2 \times 10^5 \times 0.0033}} = 0.55$$

取 $\xi = \xi_b = 0.55$

$$A_s' = \frac{Ne - f_c b h_0^2 (\xi - 0.5\xi^2)}{f_y'(h_0 - a_s')}$$

$$= \frac{600 \times 10^3 \times 439 - 14.3 \times 300 \times 365^2 \times (0.55 - 0.5 \times 0.55^2)}{300 \times (365 - 35)} = 359\text{mm}^2$$

$$\rho_{min} b h_0 = 0.002 \times 300 \times 365 = 219\text{mm}^2 < A_s' = 359\text{mm}^2$$

$$A_s = \frac{f_c b h_0 \xi + f_y' A_s' - N}{f_y} = \frac{14.3 \times 300 \times 365 \times 0.55 + 300 \times 359 - 600 \times 10^3}{300}$$

$$= 1230\text{mm}^2$$

【例5-6】　同【例5-5】，已知 $A_s = 942\text{mm}^2$（3 Φ 20），求 A_s。

【解】

1）计算 e_i、η、e

同例5-5，$e_i = 253\text{mm}$，$\eta = 1.083$，$e = 439\text{mm}$

2）判别大小偏心

同例5-5。

3）计算 A_s

$$A_s' = 942\text{mm}^2$$

$$\xi = 1 - \sqrt{1 - 2\frac{Ne - f_y' A_s'(h_0 - a_s')}{f_c b h_0^2}}$$

$$= 1 - \sqrt{1 - 2 \times \frac{600 \times 10^3 \times 439 - 300 \times 942 \times (365 - 35)}{14.3 \times 300 \times 365^2}} = 0.364$$

$$A_s = \frac{f_c b h_0 \xi + f_y' A_s' - N}{f_y} = \frac{14.3 \times 300 \times 365 \times 0.364 + 300 \times 942 - 600 \times 10^3}{300}$$

$$= 842\text{mm}^2$$

与【例5-5】相比，在条件相同的情况下，【例5-6】钢筋面积多195mm²，约多用12%，这是因为【例5-5】基本符合 $A_s + A_s'$ 值最小的条件，而【例5-6】钢筋布置不当，造成了浪费。

【例5-7】　某偏压柱，已知 $N = 300\text{kN}$，$M = 150\text{kN} \cdot \text{m}$，$b \times h = 300\text{mm} \times 400\text{mm}$，

$a_s = a_s' = 35$mm，$l_0 = 3.0$m，混凝土C30，$f_c = 14.3$N/mm^2，$\varepsilon_u = 0.0033$，钢筋HRB335，
$f_y' = f_y = 300$N/mm^2，$E_s = 2 \times 10^5$N/mm^2。

求 A_s'、A_s。

【解】

1）计算 e_i、η、e

$h_0 = 365$mm，$\dfrac{l_0}{h} = \dfrac{3000}{400} = 7.5 < 8$，$\eta = 1.0$。

$e_0 = \dfrac{M}{N} = \dfrac{150}{300} = 0.5$m $= 500$mm，$e_a = 20$mm。

$e_i = 500 + 20 = 520$mm，$\dfrac{e_i}{h_0} = \dfrac{520}{365} = 1.425$

$e = \eta e_i + \dfrac{h}{2} - a_s = 1.0 \times 520 + \dfrac{400}{2} - 35 = 685$mm

2）判别大小偏心

由表 5-1 得 $\alpha = 0.069$

$\dfrac{\eta e_{ib}}{h_0} = 0.46 - \alpha \dfrac{f_c b h_0}{N} = 0.46 - 0.069 \dfrac{14.3 \times 300 \times 365}{300 \times 10^3} = 0.10$

$\dfrac{\eta e_i}{h_0} = \dfrac{1.0 \times 520}{365} = 1.425 > \dfrac{\eta e_{ib}}{h_0}$，属大偏心。

3）计算 A_s'、A_s

$\xi_b = 0.55$

取 $\xi = \xi_b$

$$A_s' = \dfrac{Ne - f_c b h_0^2 (\xi - 0.5\xi^2)}{f_y'(h_0 - a_s')}$$

$$= \dfrac{300 \times 10^3 \times 685 - 14.3 \times 300 \times 365^2 (0.55 - 0.5 \times 0.55^2)}{300 \times (365 - 35)}$$

$$= -226 \text{mm}^2 < 0$$

取 $A_s' = p'_{min} b h_0 = 0.002 \times 300 \times 365 = 219$mm^2

$$\xi = 1 - \sqrt{1 - 2 \dfrac{Ne - f_y' A_s'(h_0 - a_s')}{f_c b h_0^2}}$$

$$= 1 - \sqrt{1 - 2 \times \dfrac{300 \times 10^3 \times 685 - 300 \times 219 \times (365 - 35)}{14.3 \times 300 \times 365^2}} = 0.403$$

$$A_s = \dfrac{f_c b h_0 \xi + f_y' A_s' - N}{f_y} = \dfrac{14.3 \times 300 \times 365 \times 0.403 + 300 \times 219 - 300 \times 10^3}{300}$$

$$= 1322 \text{mm}^2$$

【例 5-8】 同【例 5-7】，轴向力 $N = 400$kN，求 A_s'、A_s。

【解】

1）计算 e_i、η、e

$\dfrac{l_0}{h} = \dfrac{3000}{400} = 7.5 < 8$，$\eta = 1.0$。

$$e_0 = \frac{M}{N} = 375\text{mm}, \quad e_\text{a} = 20\text{mm}, \quad e_i = 375 + 20 = 395\text{mm}$$

$$e = \eta e_i + \frac{h}{2} - a_\text{s} = 1.0 \times 395 + \frac{400}{2} - 35 = 560\text{mm}$$

2) 判别大小偏心

由表 5-1 得 $\alpha = 0.069$

$$\frac{\eta e_{ib}}{h_0} = 0.46 - \alpha \frac{f_c b h_0}{N} = 0.46 - 0.069 \frac{14.3 \times 300 \times 365}{400 \times 10^3} = 0.19$$

$$\frac{\eta e_i}{h_0} = \frac{1.0 \times 395}{365} = 1.082 > \frac{\eta e_{ib}}{h_0}, \quad \text{属大偏心。}$$

3) 计算 A_s'、A_s

先取 $\xi = \xi_b = 0.55$

$$A_\text{s}' = \frac{Ne - f_c b h_0^2 (\xi - 0.5\xi^2)}{f_\text{y}'(h_0 - a_\text{s}')}$$

$$= \frac{400 \times 10^3 \times 560 - 14.3 \times 300 \times 365^2 \times (0.55 - 0.5 \times 0.55^2)}{300 \times (365 - 35)} = -39\text{mm}^2 < 0$$

取 $A_\text{s}' = \rho'_\text{min} b h_0 = 219\text{mm}^2$

$$\xi = 1 - \sqrt{1 - 2 \times \frac{400 \times 10^3 \times 560 - 300 \times 219 \times (365 - 35)}{14.3 \times 300 \times 365^2}} = 0.46$$

$$A_\text{s} = \frac{f_c b h_0 \xi + f_\text{y}' A_\text{s}' - N}{f_\text{y}} = \frac{14.3 \times 300 \times 365 \times 0.46 + 300 \times 219 - 400 \times 10^3}{300}$$

$$= 1287\text{mm}^2$$

与例 5-7 比较，本例轴向力增加 100kN，而所需钢筋的总量反而减少。说明在大偏压状态下，有时轴向力在一定范围内增大反而能提高构件的承载力。这与前面在讨论 N-M 相关曲线时的分析是吻合的。

【例 5-9】　某偏压柱，已知 $N = 3000\text{kN}$，$M = 300\text{kN} \cdot \text{m}$，$b \times h = 400\text{mm} \times 600\text{mm}$，$a_\text{s} = a_\text{s}' = 35\text{mm}$，$l_0 = 4.2\text{m}$，混凝土 C30，$f_c = 14.3\text{N/mm}^2$，钢筋 HRB335，$f_\text{y}' = f_\text{y} = 300\text{N/mm}^2$，$E_\text{s} = 2 \times 10^5 \text{N/mm}^2$。

求 A_s'、A_s。

【解】

1) 计算 e_i、η、e

$$h_0 = h - a_\text{s} = 600 - 35 = 565\text{mm}, \quad \frac{l_0}{h} = \frac{4200}{600} = 7 < 8, \quad \eta = 1.0$$

$$e_0 = \frac{M}{N} = \frac{300}{3000} = 100\text{mm}, \quad \text{取} \ e_\text{a} = 20\text{mm}$$

$$e_i = e_0 + e_\text{a} = 100 + 20 = 120\text{mm}$$

$$e = \eta e_i + \frac{h}{2} - a_\text{s} = 1.0 \times 120 + \frac{600}{2} - 35 = 385\text{mm}$$

2) 判别大小偏心

由表 5-1 得 $\alpha = 0.069$，由式（5-60）得 $\xi_b = 0.55$

$$\frac{\eta e_{ib}}{h_0}=0.46-\alpha\frac{f_cbh_0}{N}=0.46-0.069\frac{14.3\times400\times565}{3000\times10^3}=0.386$$

$$\frac{\eta e_i}{h_0}=\frac{1.0\times120}{565}=0.212<\frac{\eta e_{ib}}{h_0}，属小偏心。$$

3）计算 A_s'、A_s

取 $A_s=\rho_{min}bh_0=0.002\times400\times565=452mm^2$

$$\xi=-B+\sqrt{B^2-2C}$$

$$B=\frac{f_yA_s\ (h_0-a_s')}{f_cbh_0^2\ (0.8-\xi_b)}-\frac{a_s'}{h_0}=\frac{300\times452\times\ (565-35)}{14.3\times400\times565^2\ (0.8-0.55)}-\frac{35}{565}=0.0955$$

$$C=\frac{N\ (e-h_0+a_s')\ (0.8-\xi_b)\ -0.8f_yA_s\ (h_0-a_s')}{f_cbh_0^2\ (0.8-\xi_b)}$$

$$=\frac{3000\times10^3\times(385-565+35)\times(0.8-0.55)-0.8\times300\times452\times(565-35)}{14.3\times400\times565^2\times(0.8-0.55)}$$

$$=-0.364$$

$$\therefore\quad\xi=-0.0955+\sqrt{0.0955^2-2\times\ (-0.364)}=0.763<1.6-\xi_b=1.05$$

$$A_s'=\frac{Ne-f_cbh_0^2\ (\xi-0.5\xi^2)}{f_y'\ (h_0-a_s')}$$

$$=\frac{3000\times10^3\times385-14.3\times400\times565^2\times\ (0.763-0.5\times0.763^2)}{300\times\ (565-35)}$$

$$=1845mm^2$$

【例5-10】 某偏压柱，已知 $N=4600kN$，$M=150kN\cdot m$，截面尺寸及材料等级与例5-9相同，求 A_s'、A_s。

【解】

1）计算 e_i、η、e

$h_0=565mm$

$$e_0=\frac{M}{N}=0.033m=33mm，e_a=20mm，e_i=e_0+e_a=53mm$$

$$e=53+\frac{600}{2}-35=318mm$$

2）判别大小偏心

$\alpha=0.069$，

$$\frac{\eta e_{ib}}{h_0}=0.46-0.069\frac{14.3\times400\times565}{4600\times10^3}=0.411$$

$$\frac{\eta e_i}{h_0}=\frac{53}{565}=0.094<\frac{\eta e_{ib}}{h_0}，属小偏心。$$

3）计算 A_s'、A_s

取 $A_s=\rho_{min}bh_0=0.002\times400\times565=452mm^2$，$\xi_b=0.55$

$$B=\frac{300\times452\times\ (565-35)}{14.3\times400\times565^2\ (0.8-0.55)}-\frac{35}{565}=0.0955$$

$$C=\frac{4600\times10^3\times(318-565+35)\times(0.8-0.55)-0.8\times300\times452\times(565-35)}{14.3\times400\times565^2\times(0.8-0.55)}$$

$=-0.66$

$\xi=-0.0955+\sqrt{0.0955^2-2\times(-0.66)}=1.0574$

$1.6-\xi_b=1.05<\xi<\dfrac{h}{h_0}=1.062$

4) 按式（5-78）取定 A_s，再计算 ξ 值

$$A_s=\dfrac{Ne'-f_cbh\left(h_0'-\dfrac{h}{2}\right)}{f_y'(h_0'-a_s)}$$

$e'=\dfrac{h}{2}-e_i-a_s'$，$e_i'=e_0-e_a=33-20=13\text{mm}$

$e'=\dfrac{600}{2}-13-35=252\text{mm}$，$h_0'=600-35=565\text{mm}$

$$\therefore\quad A_s=\dfrac{4600\times10^3\times252-14.3\times400\times600\times\left(565-\dfrac{600}{2}\right)}{300(565-35)}=1570\text{mm}^2$$

$B=\dfrac{f_yA_s(h_0-a_s')}{f_cbh_0^2(0.8-\xi_b)}-\dfrac{a_s'}{h_0}=\dfrac{300\times1570\times(565-35)}{14.3\times400\times565^2(0.8-0.55)}-\dfrac{35}{565}=0.485$

$C=\dfrac{N(e-h_0+a_s')(0.8-\xi_b)-0.8f_yA_s(h_0-a_s')}{f_cbh_0^2(0.8-\xi_b)}$

$=\dfrac{4600\times10^3\times(318-565+35)\times(0.8-0.55)-0.8\times300\times1570\times(565-35)}{14.3\times400\times565^2\times(0.8-0.55)}$

$=-0.972$

$\xi=-0.485+\sqrt{0.485^2-2\times(-0.972)}=0.991<1.6-\xi_b$

$A_s'=\dfrac{Ne-f_cbh_0^2(\xi-0.5\xi^2)}{f_y'(h_0-a_s')}$

$=\dfrac{4600\times10^3\times318-14.3\times400\times565^2\times(0.991-0.5\times0.991^2)}{300\times(565-35)}$

$=3458\text{mm}^2$

5) 垂直弯矩平面承载力验算（按轴心受压验算）

$N=4600\text{kN}$

$\dfrac{l_0}{b}=10.5$，查表得 $\varphi=0.973$。

$A_s=3458+1570=5028\text{mm}^2$，$\rho=\dfrac{5028}{400\times600}=2.1\%<3\%$

$N^0=0.9\varphi\ (f_cA+f_y'\ A_s')$

$=0.9\times0.973\ (14.3\times400\times600+300\times5028)$

$=4326\text{N}<N=4600\text{kN}$

应加大配筋面积：

$$A_s'=\dfrac{\left(\dfrac{N}{0.9\varphi}-f_cA\right)}{f_y'}=\dfrac{\left(\dfrac{4600\times10^3}{0.9\times0.973}\right)-14.3\times400\times600}{300}=6070\text{mm}^2$$

应增加钢筋面积为：6067-5028=1039mm²

取 $A_s = 1570 + 1039 = 2609mm^2$

本例实际上截面已处于完全受压状态，由于偏心距很小，远离轴向力一侧的钢筋数量是由垂直弯矩平面承载力控制的。

5.4.2 对称配筋偏心受压构件承载力的计算

在实际工程中，偏心受压构件截面上有时会承受不同方向的弯矩。例如，框、排架柱在风载、地震力等方向不定的水平荷载的作用下，截面上弯矩的作用方向会随着荷载方向的变化而改变。为了适应这种情况，这类偏压构件截面往往采用对称配筋的方法，即截面两侧采用规格相同、面积相等的钢筋。事实上，实际工程中的大多数偏心受压构件都是采用对称配筋的方式。

1. 大小偏心的判别

由于采用 $A_s' = A_s$，同时 $f_y' = f_y$，因而在截面设计时，基本公式（5-57）、（5-58）中的未知量只有两个，可以直接联立解出，不再需要附加条件。考察式（5-57），在大偏压的情况下，因为 $f_y' A_s'$ 与 $f_y A_s$ 大小相等、方向相反，刚好相互抵消，所以 ξ 值可直接得到。由式（5-57）去掉 $f_y' A_s'$、$f_y A_s$，得

$$\xi = \frac{N}{f_c b h_0} \tag{5-85}$$

然后可以利用 $\xi \leqslant \xi_b$ 属大偏压，$\xi \geqslant \xi_b$ 属小偏压的判别条件，直接判定截面的受力状态。

在界限状态下，由于 $\xi = \xi_b$，利用式（5-57）还可得到下式

$$N_b = f_c b h_0 \xi_b \tag{5-86}$$

当 $N < N_b$ 时，属大偏压，$N > N_b$ 时，属小偏压。

利用式（5-85）、（5-86）均可直接判定截面的受力状态，在实际计算中可根据实际情况选用其中的一种即可。

2. 截面设计

已知：N、M、l_0、b、h、f_c、f_y、f_y'；求 A_s'、A_s （$A_s' = A_s$）。

按大、小偏心受压状况分述如下：

（1）大偏心受压截面的计算方法

先用式（5-85）计算 ξ，代入式（5-77）中，得

$$A_s' = \frac{Ne - f_c b h_0^2 (\xi - 0.5\xi^2)}{f_y'(h_0 - a_s')} \tag{5-87}$$

然后，取 $A_s' = A_s$。

若计算得到的 $\xi < \frac{2a_s'}{h_0}$，应取 $\xi = \frac{2a_s'}{h_0}$，即取 $x = 2a_s'$。

（2）小偏心受压截面的计算方法

小偏心受压时，由于 $\sigma_s < f_y$，ξ 值需由式（5-57）、（5-58）联立求解。将 σ_s 按式（5-59）代入式（5-57），由于有 $f_y' A_s' = f_y A_s$，可以得到

$$f_y'A_s' = \frac{(N - f_c bh_0 \xi)(0.8 - \xi_b)}{\xi - \xi_b} \tag{5-88}$$

代入式 (5-58),得到的表达式为一个三次方程式

$$0.5\xi^3 - (1 + 0.5\xi_b)\xi^2 + \left[\frac{Ne}{f_c bh_0^2} + (0.8 - \xi_b)\left(1 - \frac{a_s'}{h_0}\right) + \xi_b\right]\xi$$

$$- \frac{Ne}{f_c bh_0}\left[\frac{e}{h_0} + (0.8 - \xi_b)\left(1 - \frac{a_s'}{h_0}\right)\right] = 0$$

$$\tag{5-89}$$

解此方程,就可以得到 ξ 值。

为了避免解三次方程,可对 ξ 值的计算进行简化。分析以上的变换过程发现,在小偏心受压时,$\xi > \xi_b$,图 5-23 表示了 ($\xi - 0.5\xi^2$) 项与 ξ 之间的关系,关系曲线为二次曲线,如图中实线所示。

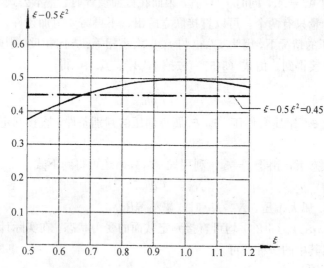

图 5-23   ($\xi - 0.5\xi^2$) 与 ξ 的关系

由此图可以看出,当 ξ 值在 $0.5 \sim 1.0$ 的范围内变化时,($\xi - 0.5\xi^2$) 一项的值在 $0.375 \sim 0.5$ 之间变化;$\xi = 1.0$ 时该项值最大;当 $\xi > 1.0$ 时,其值又开始下降。

还可以看出,在小偏心受压范围内,($\xi - 0.5\xi^2$) 一项的变化幅度并不大,为了简化 ξ 值的计算式,现近似取 ($\xi - 0.5\xi^2$) $= 0.45$,即图中点划线所示,该值大致是在小偏压范围内 ($\xi - 0.5\xi^2$) 一项的上、下限平均值。

代入式 (5-58),得

$$N \cdot e = 0.45 f_c bh_0^2 + f_y'A_s'(h_0 - a_s') \tag{5-90}$$

所以

$$f_y'A_s' = \frac{Ne - 0.45 f_c bh_0^2}{h_0 - a_s'}$$

将式 (5-88) 代入上式,得

$$\frac{(N - f_c b h_0 \xi)(0.8 - \xi_b)}{\xi - \xi_b} = \frac{Ne - 0.45 f_c b h_0^2}{h_0 - a_s'}$$

$$\therefore \quad \frac{Ne - 0.45 f_c b h_0^2}{(h_0 - a_s')(0.8 - \xi_b)}(\xi - \xi_b) = N - f_c b h_0 \xi$$

$$= N - f_c b h_0 (\xi - \xi_b) - f_c b h_0 \xi_b$$

移项

$$\left[\frac{Ne - 0.45 f_c b h_0^2}{(h_0 - a_s')(0.8 - \xi_b)} + f_c b h_0\right](\xi - \xi_b) = N - f_c b h_0 \xi_b$$

由此得到 ξ 的近似计算式

$$\xi = \frac{N - f_c b h_0 \xi_b}{\dfrac{Ne - 0.45 f_c b h_0^2}{(h_0 - a_s')(0.8 - \xi_b)} + f_c b h_0} + \xi_b \tag{5-91}$$

由式（5-91）可以直接得到 ξ，这样可以免去解三次方程的麻烦。根据以上的分析，可知该近似计算式的误差也不会很大。

以下是此种状态的计算过程框图：

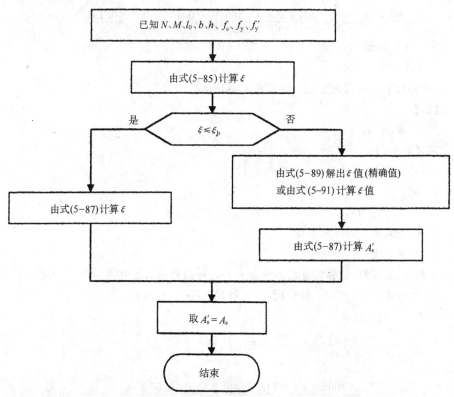

图 5-24　对称配筋截面设计计算框图

3. 截面复核

与不对称配筋的计算步骤相似，只需取 $A_s' = A_s$，$f_y' = f_y$。

4. 计算实例

【例5-11】   同【例5-7】，按对称配筋计算。

【解】

1）计算e_i、η、e

同【例5-7】

$h_0 = 365\text{mm}$，$\eta = 1.0$，

$e_0 = 500\text{mm}$，$e_a = 20\text{mm}$，$e_i = 520\text{mm}$，

$e = 685\text{mm}$

2）判别大小偏心

$$\xi = \frac{N}{f_c b h_0} = \frac{300 \times 10^3}{14.3 \times 300 \times 365} = 0.192 < \xi_b = 0.55$$

属大偏心。

3）计算A_s'、A_s

$$A_s' = \frac{Ne - f_c b h_0^2 (\xi - 0.5\xi^2)}{f_y' (h_0 - a_s')}$$

$$= \frac{300 \times 10^3 \times 685 - 14.3 \times 300 \times 365^2 \times (0.192 - 0.5 \times 0.192^2)}{300 \times (365 - 35)}$$

$$= 1074\text{mm}^2$$

$$A_s = A_s' = 1074\text{mm}^2$$

【例5-12】   同【例5-9】，按对称配筋计算。

【解】

1）计算e_i、η、e

同【例5-7】

$e_i = 120\text{mm}$，$\eta = 1.0$，$e = 385\text{mm}$

2）判别大小偏心

$N_b = f_c b h_0 \xi_b = 14.3 \times 400 \times 565 \times 0.55 = 1777.5\text{kN}$

$N = 3000\text{kN} > N_b$，属小偏心。

3）计算ξ值

先按式（5-89）计算，将已知参数代入，得到的三次方程为

$\xi^3 - 2.55\xi^2 + 2.8374\xi - 1.1312 = 0$，解得：$\xi = 0.77256$

由式（5-91）计算

$$\xi = \frac{N - f_c b h_0 \xi_b}{\dfrac{Ne - 0.45 f_c b h_0^2}{(h_0 - a_s')(0.8 - \xi_b)} + f_c b h_0} + \xi_b$$

$$= \frac{3000 \times 10^3 - 14.3 \times 400 \times 565 \times 0.55}{\dfrac{3000 \times 10^3 \times 385 - 0.45 \times 14.3 \times 400 \times 565^2}{(0.8 - 0.55) \times (565 - 35)} + 14.3 \times 400 \times 565} + 0.55$$

$$= 0.7627$$

4）计算A_s'

当 $\xi = 0.77256$ 时

$$A_s' = \frac{Ne - f_c b h_0^2 \ (\xi - 0.5\xi^2)}{f_y' \ (h_0 - a_s')}$$

$$= \frac{3000 \times 10^3 \times 385 - 14.3 \times 400 \times 565^2 \ (0.77256 - 0.5 \times 0.77256^2)}{300 \times \ (565 - 35)}$$

$$= 1819 \text{mm}^2$$

当 $\xi = 0.7627$ 时

$$A_s' = \frac{3000 \times 10^3 \times 385 - 14.3 \times 400 \times 565^2 \ (0.7627 - 0.5 \times 0.7627^2)}{300 \times \ (565 - 35)}$$

$$= 1845 \text{mm}^2$$

$$A_s = A_s' = 1845 \text{mm}^2$$

比较 ξ 值两种不同取值的钢筋用量，相差仅为 $\frac{1845 - 1819}{1819} = 1.4\%$。同时，按近似公式计算配筋量稍大，是偏于安全的。

垂直弯矩作用平面的验算同【例 5-9】。

通过以上的比较计算，可以得到以下两点看法：

1）一般讲，采用对称配筋的截面钢筋用量总是比不对称配筋时大。因此，从节省钢筋角度看，对称配筋的方案并不好。

2）小偏压时，不管采用何种配筋方案，受压侧的钢筋用量均相差不大。如【例 5-9】与【例 5-12】，条件相同，两种方法计算的压侧钢筋用量亦相等。这主要是因为此时拉侧的钢筋应力较小，对称配筋时，钢筋用量虽然增加，但对提高截面承载力所起的作用并不大。

5.4.3 工字形截面偏心受压构件承载力的计算方法

实际工程中，有的偏心受压构件采用工字形截面，例如单层厂房的立柱，采用工形截面的相当普遍。工字形截面偏压构件的受力特点与前述的矩形截面偏压构件基本相同。

单层厂房立柱一般均采用对称配筋，因此本节只讨论对称配筋的计算方法。

1. 计算公式

与矩形截面偏压构件一样，工字形截面偏压构件也有大偏心受压和小偏心受压之分。现分述如下：

（1）大偏压时的计算公式

大偏压时截面的应力分布有两种情形，即计算中和轴在压侧翼缘和在腹板内。用前述的简化方法将混凝土的应力图形简化为矩形，见图 5-25。

1）情形 a　如果 $x \leqslant h_f'$，受压区在受压翼缘内，截面受力实际上相当于一宽度为 b_f' 的矩形截面，如图 5-25 中的（a）。同样，可以写出其平衡方程

$$N = f_c b_f' x + f_y' A_s' - f_y A_s \qquad (5-92)$$

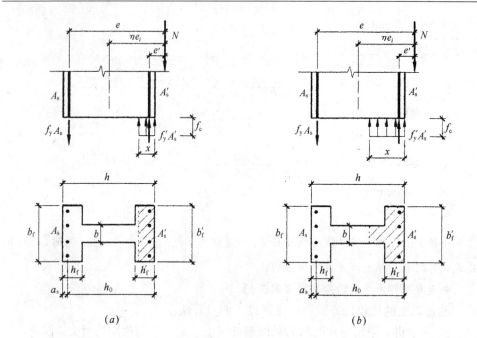

图 5-25　大偏压截面简化的应力分布图

$$Ne = f_c b_f' x \left(h_0 - \frac{x}{2} \right) + f_y' A_s' \, (h_0 - a_s') \tag{5-93}$$

2) 情形 b　如果 $x > h_f'$，有部分腹板在受压区，整个截面的受力与 T 形截面类似，如图 5-25 中的 (b)。根据平衡条件，可以写出其平衡方程

$$N = f_c b x + f_c (b_f' - b) h_f' + f_y' A_s' - f_y A_s \tag{5-94}$$

$$Ne = f_c b x \left(h_0 - \frac{x}{2} \right) + f_c (b_f' - b) h_f' \left(h_0 - \frac{h_f'}{2} \right) + f_y' A_s' (h_0 - a_s') \tag{5-95}$$

式中　b_f' —— 工字形截面受压翼缘的宽度；

　　　h_f' —— 工字形截面受压翼缘的高度。

以上公式的适用条件为 $x \leqslant x_b$（或 $\xi \leqslant \xi_b$），$x \geqslant 2a_s'$。

(2) 小偏压时的计算公式

小偏压时，一般受压区高度均延至腹板内，当偏心距很小时，受压区也可能延至受拉侧翼缘内，甚至全截面受压。因此，小偏压时截面的应力分布有三种情形，见图 5-26。

1) 情形 a　同样，可以分别写出平衡式，若 $x < h - h_f'$，属受压区在腹板中的情形，见图 5-26 中的 (a)。平衡方程如下

$$N = f_c b x + f_c (b_f' - b) h_f' + f_y' A_s' - \sigma_s A_s \tag{5-96}$$

$$Ne = f_c b x \left(h_0 - \frac{x}{2} \right) + f_c (b_f' - b) h_f' \left(h_0 - \frac{h_f'}{2} \right) + f_y' A_s' (h_0 - a_s') \tag{5-97}$$

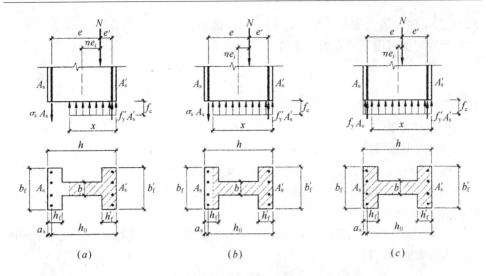

图 5-26 小偏压工字形截面简化应力分布图

2）情形 b　若 $h - h_f' < x < h$，如图 5-26 中的 (b)，受压区延至拉侧翼缘内，此时的平衡方程为

$$N = f_c bx + f_c(b_f' - b)h_f' + f_c(b_f - b)(h_f' - h + x) + f_y'A_s' - \sigma_s A_s$$

$$(5-98)$$

$$Ne = f_c bx\left(h_0 - \frac{x}{2}\right) + f_c(b_f' - b)h_f'\left(h_0 - \frac{h_f'}{2}\right)$$
$$+ f_c(b_f - b)(h_f' - h + x)\left(\frac{2h_0 + h_f - h - x}{2}\right) + f_y' A_s'(h_0 - a_s')\ (5-99)$$

3）情形 c　若 $x \geq h$，如图 5-26 中的 (c)，此时全截面受压。在这种状态下，拉侧翼缘一侧的钢筋压应力也可达到 f_y'。平衡方程为

$$N = f_c bh + f_c(b_f' - b)h_f' + f_c(b_f - b)h_f' + f_y'A_s' + f_y A_s \quad (5-100)$$

$$Ne = f_c bh\left(h_0' - \frac{h}{2}\right) + f_c(b_f' - b)h_f'\left(h_0 - \frac{h_f'}{2}\right) + f_c(b_f - b)h_f'\left(\frac{h_f}{2} - a_s\right)$$
$$+ f_y' A_s'(h_0 - a_s') \quad (5-101)$$

对 A_s' 合力中心点取矩

$$Ne' = f_c bh\left(h_0' - \frac{h}{2}\right) + f_c(b_f' - b)h'_f\left(\frac{h_f'}{2} - a_s'\right) + f_c(b_f - b)h_f\left(h_0' - \frac{h_f}{2}\right)$$
$$+ f_y A_s(h_0' - a_s') \quad (5-102)$$

式中　$e' = \dfrac{h}{2} - (e_i - e_a) - a_s'$。

同样，式（5-102）也是为了防止由于 A_s 太小而使拉侧翼缘首先被压坏。

（3）大、小偏压的界限判别式

由于采用对称配筋，界限判别式仍可取界限状态时截面的轴向力 N_b，即

$$N_b = f_c bh_0 \xi_b + f_c(b_f' - b)h_f' \quad (5-103)$$

当 $N \leqslant N_b$ 时，属大偏心，$N > N_b$ 时，属小偏心。

当然，也可用下式先求出 ξ 值

$$\xi = \frac{N - f_c(b_f' - b)h_f'}{f_c bh_0}$$ (5-104)

然后按 $\xi \leqslant \xi_b$，大偏心；$\xi > \xi_b$，小偏心。

2. 计算方法

(1) 大偏压时的计算方法

对于此种状态的情形 (a)，可完全按矩形截面的计算方法，只需将矩形截面计算公式中的截面宽度 b 用 b_f' 替换。同时还应注意，当求得的受压区高度 $x < 2a_s'$ 时，应取 $x = 2a_s'$。

对于情形 (b)，分析式 (5-94)、(5-95)，其中与矩形截面计算公式中不同的两项均为常数项，现取

$$\left. \begin{array}{l} T = f_c(b_f' - b)h_f' \\ S = f_c(b_f' - b)h_f'\left(h_0 - \dfrac{h_f'}{2}\right) \end{array} \right\}$$ (5-105)

注意到 $f_y' A_s' = f_y A_s$，式 (5-94)、(5-95) 可写成

$$N = f_c bx + T$$ (5-106)

$$Ne = f_c bx\left(h_0 - \frac{x}{2}\right) + f_y'A_s'(h_0 - a_s') + S$$ (5-107)

因此，计算方法及计算步骤完全可以参照对称配筋矩形截面，计算 x（或 ξ）时，可用式 (5-104)。计算钢筋面积时可用下式

$$A_s' = \frac{Ne - f_c bh_0^2(\xi - 0.5\xi^2) - S}{f_y'(h_0 - a_s')}$$ (5-108)

$$A_s = \frac{f_c bh_0\xi + f_y'A_s' + T - N}{f_y}$$ (5-109)

(2) 小偏压时的计算方法

小偏压时，拉侧钢筋的应力还是可以用式 (5-59) 计算。对于情形 (a)，同样可用 T、S 表示公式中的常数项。因而计算方法与矩形截面对称配筋时的情形无本质差异，同样可以参照有关步骤进行。

在用近似公式计算 ξ 值时，可按下式

$$\xi = \frac{N - f_c bh_0\xi_b - T}{\dfrac{Ne - 0.45 f_c bh_0^2 - S}{(h_0 - a_s')(0.8 - \xi_b)} + f_c bh_0} + \xi_b$$ (5-110)

对于情形 (b)，由于受拉翼缘在此种状态下处于中和轴附近，混凝土的应力较小，合力的总量也不大，因而可以不计拉侧翼缘的作用，仍用情形 (a) 的公式计算，这样不会引起大的误差，计算工作则可大为简化，计算结果偏于安全。

至于情形 (c)，截面设计时，由式 (5-101) 中只有 A_s' 是未知量，可以直接求

出。同样，式（5-102）中 A_s 也可直接求得，只需按 A_s'、A_s 中的大者对称配筋即可。

综上所述，工字形截面对称配筋的计算方法和计算步骤完全可以参照矩形截面对称配筋的情形，只需注意 T、S 两项的作用即可。

3.计算例题

【例5-13】　某单层工业厂房的工形截面柱，下柱高 $H=6.7$m，柱截面的控制内力为：$M=320.5$kN·m，$N=776.0$kN，截面尺寸如图5-27所示。混凝土C30，钢筋 HRB335，$f_c=14.3$N/mm²，$f_y=f_y'=300$kN/mm²，采用对称配筋。

求：所需钢筋面积 $A_s=A_s'$。

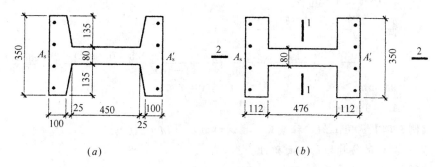

图5-27　截面尺寸及钢筋布置

（a）实际截面；（b）简化截面

【解】　按简化截面计算。

柱的计算长度，取 $l_0=1.0H=1.0×6.7=6.7$m，$a_s=a_s'=40$mm，$\xi_b=0.55$。

1），计算 e_i、η、e

$h_0=h-a_s=700-40=660$mm

$\dfrac{l_0}{h}=\dfrac{6700}{700}=9.57>8$，需计算 η 值。

$e_0=\dfrac{M}{N}=\dfrac{320.5}{776}=0.413m=413$mm

$\dfrac{h}{30}=\dfrac{700}{30}=23.3>20$，取 $e_a=23$mm

$e_i=e_0+e_a=413+23=436$mm，$\dfrac{e_i}{h_0}=\dfrac{436}{660}=0.66$

$\zeta_1=0.2+2.7\dfrac{e_i}{h_0}=0.2+2.7×0.66=1.98>1.0$，取 $\zeta_1=1.0$。

$\dfrac{l_0}{h}=9.57<15$，取 $\zeta_2=1.0$。

$\eta=1+\dfrac{1}{1400·\dfrac{e_i}{h_0}}·\left(\dfrac{l_0}{h}\right)^2·\zeta_1·\zeta_2=1+\dfrac{1}{1400×0.66}×9.57^2×1.0×1.0=1.099$

$$e=\eta e_i+\frac{h}{2}-a_s=1.099\times436+\frac{700}{2}-40=789\text{mm}$$

2) 判别大小偏心

$$T=f_c\ (b_f'-b)\ h_f'=14.3\times\ (350-80)\ \times112=432432\text{N}$$

$$\xi=\frac{N-T}{f_cbh_0}=\frac{776\times10^3-432432}{14.3\times80\times660}=0.455<\xi_b=0.55，属大偏心。$$

$$x=\xi h_0=0.455\times660=300\text{mm}>112\text{mm}，中和轴位于腹板内。$$

3) 计算 A_s'

$$S=f_c(b_f'-b)h_f'\left(h_0-\frac{h_f'}{2}\right)=14.3\times(350-80)\times112\times\left(660-\frac{112}{2}\right)$$

$$=261188928\text{N}\cdot\text{mm}$$

$$A_s'=\frac{Ne-f_cbh_0^2(\xi-0.5\xi^2)-S}{f_y'(h_0-a_s')}$$

$$=\frac{776\times10^3\times789-14.3\times80\times660^2\times(0.455-0.5\times0.455^2)-261188928}{300\times(660-40)}$$

$$=946\text{mm}^2>\rho'_{\text{min}}bh_0=0.002\times80\times660=106\text{mm}^2$$

$$A_s=A_s'=946\text{mm}^2$$

【例 5-14】　同上例，柱截面的控制内力改为 $M=216.4\text{kN}\cdot\text{m}$，$N=1322.0\text{kN}$，求：对称配筋时的钢筋面积 $A_s=A_s'$。

【解】　柱的计算长度，取 $l_0=1.0H=1.0\times6.7=6.7\text{m}$，$a_s=a_s'=40\text{mm}$，$\xi_b=0.55$。

1) 计算 e_i、η、e

$h_0=660\text{mm}$，$\dfrac{l_0}{h}=9.57>8$，需计算 η 值

$$e_0=\frac{M}{N}=\frac{216.4}{1322}=0.164\text{m}=164\text{mm}$$

$$\frac{h}{30}=\frac{700}{30}=23.3>20，取 e_a=23\text{mm}$$

$$e_i=164+23=187\text{mm}，\frac{e_i}{h_0}=\frac{187}{660}=0.283$$

$$\zeta_1=0.2+2.7\times0.283=0.956，\zeta_2=1.0$$

$$\therefore\ \ \eta=1+\frac{1}{1400\times0.283}\times9.57^2\times0.956\times1.0=1.221$$

$$e=\eta e_i+\frac{h}{2}-a_s=1.221\times187+\frac{700}{2}-40=538\text{mm}$$

2) 判别大小偏心

$$T=f_c\ (b_f'-b)\ h_f'=14.3\times\ (350-80)\ \times112=432432\text{N}$$

$$\xi=\frac{N-T}{f_cbh_0}=\frac{1322\times10^3-432432}{14.3\times80\times660}=1.178>\xi_b，属小偏心。$$

3) 计算 ξ

$$S=f_c\ (b_f'-b)\ h_f'\left(h_0-\frac{h_f'}{2}\right)=14.3\times\ (350-80)\ \times112\times\left(660-\frac{112}{2}\right)$$

$$=261188928\text{N}\cdot\text{mm}$$

利用近似公式

$$\xi = \frac{N - f_c b h_0 \xi_b - T}{\dfrac{Ne - 0.45 f_c b h_0^2 - S}{(h_0 - a_s')(0.8 - \xi_b)} + f_c b h_0} + \xi_b$$

$$= \frac{1322 \times 10^3 - 14.3 \times 80 \times 660 \times 0.55 - 432432}{\dfrac{1322 \times 10^3 \times 538 - 0.45 \times 14.3 \times 80 \times 660^2 - 261188928}{(660 - 40)(0.8 - 0.55)} + 14.3 \times 80 \times 660}$$

$$+ 0.55 = 0.7644$$

$x = \xi h_0 = 0.7644 \times 660 = 504\text{mm} < h - h_f = 700 - 112 = 588\text{mm}$

说明中和轴在腹板内。

4）计算 A_s'

$$A_s' = \frac{Ne - f_c b h_0^2 (\xi - 0.5\xi^2) - S}{f_y'(h_0 - a_s')}$$

$$= \frac{1322 \times 10^3 \times 538 - 14.3 \times 80 \times 660^2 \times (0.7644 - 0.5 \times 0.7644^2) - 261188928}{300 \times (660 - 40)}$$

$$= 1154\text{mm}^2$$

取 $A_s = A_s'$。

5）垂直弯矩作用平面的验算

由图 5-27 (b)，可以算得截面积及截面绕 2-2 轴惯性矩。

$A = 116480\text{mm}^2$，$I = 8.2064 \times 10^8 \text{mm}^4$

回转半径 $i = \sqrt{\dfrac{I}{A}} = \sqrt{\dfrac{8.2064 \times 10^8}{116480}} = 83.94\text{mm}$

$\dfrac{l_0}{i} = \dfrac{6700}{83.94} = 79.8$，查表得 $\varphi = 0.673$

$A_s' = 1154 \times 2 = 2308\text{mm}^2$

$N = 0.9\varphi (f_c A + f_y' A_s') = 0.9 \times 0.673 (14.3 \times 116480 + 300 \times 2308)$

$\qquad = 1428.3\text{kN} > 1322\text{kN}$

轴压承载力满足要求。

通过例题计算可以看出，对称配筋截面的计算方法与矩形截面大同小异。

§5.5 偏心受拉构件的受力分析

偏心受拉构件截面上作用有偏心距为 e_0 的轴向拉力。根据偏心距 e_0 的大小，可以分成大偏心受拉和小偏心受拉两种受力状况。

5.5.1 小偏心受拉构件的受力分析

如果轴向拉力的作用点在截面两侧的钢筋之间，依据偏心距 e_0 的大小不同，截面上混凝土的应力分布有两种不同的状况。当 e_0 较小时，截面上混凝土全部受拉，只是靠近轴向力一侧的拉应力要大些。如果 e_0 值较大，则远离轴向力一侧的混凝土有部分受压。

随着轴向拉力 N 的增大，混凝土的应力也不断增大，当应力较大一侧边缘的拉应力达到混凝土的抗拉强度时，截面开裂。对于 e_0 较小的情形，开裂后裂缝将迅速贯通，e_0 较大的情形，由于开裂后拉区混凝土退出工作，根据截面上力的平衡条件，压区的压应力也随之消失，并且转换成拉应力。最终裂缝也会贯通。

因此，小偏心受拉构件达到极限状态时，截面混凝土已退出工作，受拉钢筋应力均能达到屈服强度。见图 5-28。

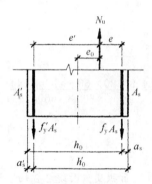

图 5-28　小偏拉截面应力分布

根据力的平衡条件，可以写出平衡方程如下：

力的平衡方程

$$N_u = f_y A_s + f_y' A_s' \tag{5-111}$$

分别对 A_s、A_s' 的合力点取矩

$$N_u e = f_y' A_s' (h_0 - a_s') \tag{5-112}$$

$$N_u e' = f_y A_s (h_0' - a_s) \tag{5-113}$$

式中　e——轴向拉力作用点至钢筋 A_s 合力点的距离；

$$e = \frac{h}{2} - e_0 - a_s \tag{5-114}$$

　　e'——轴向拉力作用点至钢筋 A_s' 合力点的距离；

$$e' = \frac{h}{2} + e_0 - a_s' \tag{5-115}$$

5.5.2　大偏心受拉构件的受力分析

如果轴向拉力作用在截面两侧的钢筋 A_s、A_s' 范围之外，截面混凝土在靠近轴向力一侧受拉，而远离轴向力一侧受压。随着 N 值的增大，拉侧混凝土拉应力增大至其抗拉强度时开裂，但截面上始终存在受压区，不然内外力不能保持平衡。

当 N 值增大至拉侧钢筋屈服时，裂缝的进一步延伸使受压区面积减小，压应

力增大，直至压侧边缘混凝土应变达到 ε_u，受压钢筋屈服，混凝土被压碎而破坏。可以看出，其破坏特点与大偏心受压的情形类似。

如果拉侧的钢筋配置过多，而压侧的钢筋又太少，也有可能压侧的混凝土先被压碎，而此时拉侧的钢筋并未屈服，类似受弯构件中的超筋截面。这是一种脆性破坏，应在设计中避免。

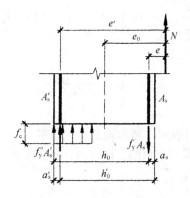

图 5-29　大偏拉截面应力分布

图 5-29 为极限状态时大偏拉截面的简化应力分布图。根据平衡条件。可以写出此时的平衡方程。

力的平衡方程

$$N_u = f_y A_s - f_c bx - f_y' A_s' \tag{5-116}$$

对受拉钢筋的合力点取矩，

$$N_u e = f_c bx\left(h_0 - \frac{x}{2}\right) + f_y' A_s'(h_0 - a_s') \tag{5-117}$$

式中　$e = e_0 - \dfrac{h}{2} + a_s$; $\tag{5-118}$

　　x——截面受压区的计算高度。

当 $x < 2a_s'$ 时，取 $x = 2a_s'$，对 A_s' 合力点取矩

$$N_u e' = f_y A_s(h_0' - a_s) \tag{5-119}$$

式中

$$e' = \frac{h}{2} + e_0 - a_s' \tag{5-120}$$

§5.6　偏心受拉构件承载力计算

偏心受拉构件承载力的计算，亦分为截面设计和截面复核两类。

5.6.1   小偏心受拉构件承载力计算

1. 截面设计

已知截面尺寸，材料强度等级，作用的外力 N 及弯矩 M，求截面的配筋面积 A_s'、A_s。

此时，将 N_u 取为 N，可由式（5-112）、（5-113）直接计算出 A_s'、A_s。

采用对称配筋时，可由式（5-113）计算得 A_s，再取 $A_s'=A_s$。此时，远离轴向力一侧的钢筋 A_s' 达不到屈服。

$$A_s' = A_s = \frac{Ne'}{f_y(h_0' - a_s)} \tag{5-121}$$

2. 截面复核

已知截面尺寸，材料强度，截面配筋，求承载力 N。

此时可按式（5-111）、（5-112）、（5-113）分别求出 N，其中最小者即为截面的实际承载力。

5.6.2   大偏心受拉构件承载力计算

1. 截面设计

已知条件同上，求截面的配筋面积 A_s、A_s'。

为了使钢筋总用量最少，可采用与大偏压构件相同的方法，取 $\xi = \xi_0 = \dfrac{h}{2h_0}$，或取 $\xi = \xi_b$，由式（5-117）计算 A_s'。若计算得到的 $A_s' < \rho'_{\min} b h_0$，则取 $A_s' = \rho'_{\min} b h_0$，可由式（5-117）解出 x。然后再由式（5-116）计算 A_s。当计算得到的 $x < 2a_s'$ 时，应取 $x = 2a_s'$，由式（5-119）计算 A_s。

当采用对称配筋时，由于 $f_y' A_s' = f_y A_s$，由式（5-116）得 $x = -\dfrac{N}{f_c b}$ 为负值，显然不合理，这时，可取 $x = 2a_s'$，按式（5-121）计算 A_s。

2. 截面复核

截面复核亦有已知 N 求解 e_0 和已知 e_0 求解 N 两类。不论何种类型，由于基本计算式（5-116）、（5-117）中均只有两个未知量，直接求解没有任何困难。

3. 计算例题

【例 5-15】 某混凝土偏心拉杆，$b \times h = 250\text{mm} \times 400\text{mm}$，$a_s = a_s' = 35\text{mm}$，混凝土 C20，$f_c = 9.6\text{N/mm}^2$，钢筋 HRB335，$f_y = f_y' = 300\text{N/mm}^2$，已知截面上作用的轴向拉力 $N = 500\text{kN}$，弯矩 $M = 60\text{kN} \cdot \text{m}$。

求所需钢筋 A_s、A_s'。

【解】

1）判别大小偏心

$e_0 = \dfrac{M}{N} = 0.12\text{m} = 120\text{mm} < \dfrac{h}{2} - a_s = 200 - 35 = 175\text{mm}$

轴向力作用在两侧钢筋之间，属小偏拉。

2) 求 A_s'、A_s

$$e=\frac{h}{2}-e_0-a_s=\frac{400}{2}-120-35=45\text{mm}$$

$$e'=\frac{h}{2}+e_0-a_s'=\frac{400}{2}+120-35=285\text{mm}$$

$$A_s'=\frac{Ne}{f_y\ (h_0-a_s')}=\frac{500\times10^3\times45}{300\times\ (365-35)}=227\text{mm}^2>\rho'_{\min}bh_0=183\text{mm}^2$$

$$A_s=\frac{Ne'}{f_y\ (h_0'-a_s)}=\frac{500\times10^3\times285}{300\times\ (365-35)}=1440\text{mm}^2$$

【例 5-16】 某矩形水池，壁厚300mm，$a_s=a_s'=35$mm，池壁跨中水平向每米宽度上最大弯矩 $M=120$kN·m，相应的轴向拉力 $N=240$kN，混凝土采用C20，$f_c=9.6$N/mm²，钢筋HRB335，$f_y=f_y'=300$N/mm²，求池壁水平向所需钢筋 A_s、A_s'。

【解】

1) 判别大小偏心

$$e_0=\frac{M}{N}=\frac{120}{240}=0.5\text{m}=500\text{mm}>\frac{h}{2}-a_s=\frac{300}{2}-35=115\text{mm}$$

属大偏心受拉。

2) 计算 A_s'、A_s

$$e=e_0-\frac{h}{2}+a_s=500-\frac{300}{2}+35=385\text{mm}，h_0=265\text{mm}$$

先取 $\xi=\xi_b=0.55$，由式（5-87）得

$$A_s'=\frac{Ne-f_cbh_0^2\ (\xi-0.5\xi^2)}{f_y'\ (h_0-a_s')}$$

$$=\frac{240\times10^3\times385-9.6\times1000\times265^2\times\ (0.55-0.5\times0.55^2)}{300\times\ (265-35)}$$

$$=-2557\text{mm}^2<0$$

取 $A_s'=\rho'_{\min}bh_0=0.002\times1000\times265=530\text{mm}^2$，选用 Φ 12@200 钢筋（$A_s=565\text{mm}^2$）

该题为已知 A_s' 求 A_s 的问题。

由式（5-117），代入 A_s' 值

$$240\times10^3\times385=9.6\times1000\times265^2\times\ (\xi-0.5\xi^2)\ +300\times565\times\ (265-35)$$

整理后得到

$$\xi^2-2\xi+0.1585=0$$

解得

$$\xi=0.0827，x=\xi h_0=21.9\text{mm}<70\text{mm}$$

取 $x=70$mm，$e'=\frac{h}{2}+e_0-a_s'=\frac{300}{2}+500-35=615$mm

由式（5-119），得

$$A_s=\frac{Ne'}{f_y\ (h_0'-a_s)}=\frac{240\times10^3\times615}{300\times\ (265-35)}=2139\text{mm}^2$$

思 考 题

1. 偏心受力构件截面上同时作用有轴向力和弯矩，除课本上列出的，再举出实际工程中的偏压构件和偏拉构件各 5 种。

2. 对比受弯构件与偏心受压构件正截面的应力及应变分布，说明其相同之处与不同之处。

3. 极限状态时，小偏心受压构件与受弯构件中超筋截面均为受压脆性破坏，小偏压构件为什么不能采用限制配筋率的方法来避免此种破坏？

4. 截面采用对称配筋会多用钢筋，为什么实际工程中还大量采用这种配筋方法？请作对比分析。

5. 请根据 $N\text{-}M$ 相关曲线说明大偏压及小偏压时轴向力与弯矩的关系。

6. 长细比对偏压构件的承载力有直接影响，请说明基本计算公式中是如何来考虑这一问题的。

7. 偏心距增大系数 $\eta = 1 + \dfrac{1}{1400 \cdot \dfrac{e_i}{h_0}} \cdot \left(\dfrac{l_0}{h}\right)^2 \cdot \zeta_1 \cdot \zeta_2$，当其他条件相同的情况下，由此

   式可以看出，随着 e_i 值的增大，η 值反而减小，请分析说明原因。

8. 大偏心受拉构件截面上存在受压区，根据力的平衡说明其必然性。

习 题

5-1 某偏心受压构件，$b \times h = 300\text{mm} \times 500\text{mm}$，$a_s = a_s' = 35\text{mm}$，计算长度 $l_0 = 3.8\text{m}$，混凝土强度 $f_c = 16.8\text{N/mm}^2$，钢筋屈服强度 $f_y' = f_y = 340\text{N/mm}^2$，取 $\varepsilon_u = 0.0033$，$E_s = 2 \times 10^5 \text{N/mm}^2$。已知钢筋面积 $A_s = 1520\text{mm}^2$，$A_s' = 603\text{mm}^2$，偏心距 $e_0 = 400\text{mm}$，请按简化分析方式计算构件极限承载力 N_u。

5-2 同习题 5-1，若偏心距改为 $e_0 = 150\text{mm}$，试计算此时构件的极限承载力 N_u。

5-3 某偏心受压柱，$b \times h = 300\text{mm} \times 500\text{mm}$，$a_s = a_s' = 35\text{mm}$，计算长度 $l_0 = 3.9\text{m}$，混凝土 C30，纵向钢筋 HRB335，承受设计轴向力 $N = 310\text{kN}$，设计弯矩 $M = 268\text{kN} \cdot \text{m}$，采用不对称配筋。试求：

1）钢筋面积 A_s、A_s'。

2）如果受压钢筋已配置 3Φ18（$A_s' = 763\text{mm}^2$），计算所需受拉钢筋面积 A_s。

3）比较两种情形的计算结果，分析原因。

5-4 某偏心受压柱，$b \times h = 300\text{mm} \times 400\text{mm}$，$a_s = a_s' = 35\text{mm}$，计算长度 $l_0 = 6.8\text{m}$，混凝土 C30，钢筋 HRB335，控制截面上作用的设计轴向力 $N = 400\text{kN}$，设计弯矩 $M = 146\text{kN} \cdot \text{m}$，不对称配筋，求钢筋面积 A_s、A_s'。

5-5 某偏心受压构件，$b \times h = 300\text{mm} \times 500\text{mm}$，$a_s = a_s' = 40$，$l_0 = 5.0\text{m}$ 混凝土 C30，

钢筋HRB335，设计轴向力 $N=1580$kN，设计弯矩 $M=94.5$kN·m，不对称配筋。求：

1) 钢筋面积 A_s、A_s'。

2) 若已知拉侧钢筋为 2Φ18 （$A_s'=509$mm²），求 A_s。

3) 比较计算结果并分析原因。

5-6 某偏心受压柱，$b \times h = 400$mm $\times 600$mm，$a_s = a_s' = 35$mm，计算长度 $l_0 = 4.7$m，混凝土C30，钢筋HRB335，设计轴向力 $N=4200$kN，设计弯矩 $M=155$kN·m，不对称配筋，求钢筋面积 A_s、A_s'。

5-7 同习题5-4，采用对称配筋，求 $A_s = A_s'$。

5-8 同习题5-6，采用对称配筋，求 $A_s = A_s'$。

5-9 工字形截面柱，$b=120$mm，$h=800$mm，$b_f' = b_f = 400$mm，$h_f' = h_f = 130$mm，$a_s = a_s' = 40$mm，$l_0 = 6.8$m，对称配筋。混凝土C20，钢筋HRB335。设计轴向力 $N = 919.8$kN，弯矩 $M=268.6$kN·m，求截面钢筋 $A_s = A_s'$。

5-10 某单层厂房下柱，采用工字形截面，对称配筋，$l_0 = 6.8$m，截面尺寸如图所示，$a_s = a_s' = 40$mm，混凝土C30，钢筋HRB335。根据内力分析结果，该柱控制截面上作用有三组不利内力：

① $N=503.3$kN，$M=346.0$kN·m

② $N=740.0$kN，$M=294$kN·m

③ $N=1040.0$kN，$M=312$kN·m

根据此三组内力，确定该柱截面配筋面积 $A_s = A_s'$。（取 $h_f' = h_f = 150$mm）

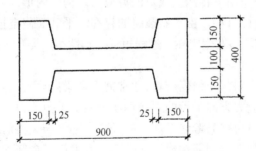

图 5-30 习题 5-10 附图

5-11 方形污水涵管，壁厚600mm，$a_s = a_s' = 50$mm，在管内水压力及管外覆土的共同作用下，管道延长度方向每米宽截面上的设计轴向拉力 $N=680$kN，弯矩 $M=344$kN·m。混凝土C30，钢筋HRB335，计算该管壁截面上所需的钢筋面积 A_s、A_s'。

第6章 构件受剪性能

§6.1 构件弯剪斜裂缝的形成

在外力作用下，钢筋混凝土受弯构件除了会发生正截面破坏以外，由于剪力 V 总是和弯矩 M 共存于构件之中，因此在剪力和弯矩共同作用的剪弯区段还可能会沿着斜向裂缝发生斜截面破坏。此时剪力 V 将成为控制构件的性能和设计的主要因素。

当钢筋混凝土构件性能和设计由剪力控制时，其受力状态将比压弯构件复杂，主要有以下特点：

1) 不存在纯剪（即 $V \neq 0$，$M = 0$）的构件。虽然在理论上存在着"纯剪"截面，例如简支梁支座截面和连续梁的反弯点处，但构件不会沿此垂直截面发生斜截面破坏。在剪力为常数（即 $V = \mathrm{const}$）的区段，弯矩呈线形变化，构件由于剪力而发生斜截面破坏时，必将受到弯矩作用的影响。因此，钢筋混凝土构件的抗剪承载力实质上是剪力和弯矩共同作用下的承载力，可称为弯剪承载力。

2) 构件在剪力的作用下将产生成对的剪应力，构件内形成二维应力场。

3) 即使是完全弹性材料，由于斜裂缝的存在，平截面假定也不再适用。

4) 构件斜截面破坏，发生突然，过程短促，延性小，具有明显的脆性破坏特性。

为了防止构件发生斜截面强度破坏，通常需要在梁内设置与梁轴垂直的箍筋，也可同时设置与主拉应力方向平行的斜向钢筋来共同承担剪力。斜向钢筋通常由正截面强度不需要的纵向钢筋弯起而成，故又称弯起钢筋。箍筋和弯筋统称为腹筋。腹筋、纵向钢筋和架立钢筋构成钢筋骨架。有箍筋、弯筋和纵向钢筋的梁称为有腹筋梁；无箍筋和弯筋但有纵向钢筋的梁称为无腹筋梁。

6.1.1 无腹筋简支梁

下面以承受两个对称集中荷载的矩形截面无腹筋简支梁（图 6-1a）的受力状态为例说明钢筋混凝土构件在剪力和弯矩共同作用下斜裂缝的形成。

1. 裂缝出现前构件的受力状态

在较小的荷载作用下，构件尚未出现斜裂缝，仍处于弹性工作阶段，可以将钢筋混凝土梁视为一匀质弹性体，因此可以按一般的材料力学公式分析其应力。在分析之前，应利用变形协调条件，采用钢筋与混凝土两者的弹性模量比值 $\alpha_\mathrm{E} =$

E_s/E_c,将钢筋换算成等效的混凝土。由于在纵筋形心处钢筋和混凝土的应变值相等,钢筋应力 σ_s 为同一高度处混凝土应力 σ_c 的 α_E 倍,因此,纵筋换算成混凝土的面积为 $\alpha_E A_s$。考虑到钢筋在原有截面上已占有面积 A_s,故换算截面上两侧挑出的面积为 $(\alpha_E-1)A_s$。这样,钢筋混凝土截面就成了混凝土单一材料的换算截面。

有了换算截面,梁剪弯区段截面上任一点的正应力和剪应力可以按下式计算:

正应力:
$$\sigma = \frac{M \cdot y}{I_0} \tag{6-1}$$

剪应力:
$$\tau = \frac{V \cdot S}{b \cdot I_0} \tag{6-2}$$

式中 I_0——换算截面的惯性矩;

S——换算截面上剪应力计算点以下面积对中性轴的静矩。

剪弯区段内任一点的主拉应力和主压应力同样可以按下列材料力学公式计算:

主拉应力:
$$\sigma_{tp} = \frac{\sigma}{2} + \sqrt{\frac{\sigma^2}{4} + \tau^2} \tag{6-3}$$

主压应力:
$$\sigma_{cp} = \frac{\sigma}{2} - \sqrt{\frac{\sigma^2}{4} + \tau^2} \tag{6-4}$$

主应力的作用方向与梁轴线的夹角 α 可按下式确定:

$$\tan 2\alpha = -\frac{2\tau}{\sigma_p} \tag{6-5}$$

图 6-1 为该无腹筋简支梁在对称集中荷载作用下的主应力轨迹线图形、内力图以及 cc' 和 jj' 两截面内的正应力 σ、剪应力 τ、主拉应力 σ_{tp}、主压应力 σ_{cp} 的分布图形。主应力迹线图内的实线轨迹线为主拉应力迹线,虚线则为主压应力迹线。

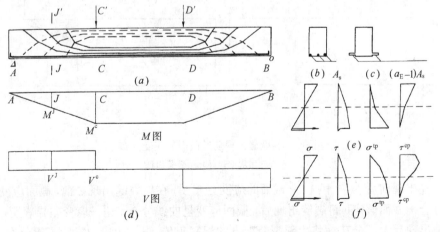

图 6-1 无腹筋梁在裂缝出现前后的应力状态

由图 6-1 可以看出:在纯弯段 (CD 段),剪力和剪应力为零,主拉应力 σ_{tp} 的作用方向与梁纵轴的夹角 α 为零,即作用方向是水平的。最大主拉应力出现在梁截面的下边缘，当其超过混凝土的抗拉强度时，截面即开裂，随着荷载的增加将会出现垂直裂缝。在剪弯段（AC 段和 DB 段），截面上同时作用有剪应力和正应力，主拉应力的方向是倾斜的。在梁的下部剪拉区，因弯矩产生的拉应力和因剪应力产生的剪应力形成了斜向的主拉应力，当混凝土的抗拉强度不足，就会开裂并逐渐形成与主拉应力垂直的斜向裂缝；但在截面的下边缘，由于主拉应力方向是水平的，故仍有可能出现较小的垂直裂缝。梁的上部则为剪压区，主要作用有与主拉应力相垂直的主压应力。

试验表明，在集中荷载作用下，无腹筋简支梁的斜裂缝出现过程呈现两种典型情况。当剪跨比 λ 较大时，在弯剪区段范围内，梁底首先因弯矩的作用而出现垂直裂缝，随着荷载的增加，初始裂缝将逐渐向上发展，并随着主拉应力作用方向的改变而发生倾斜，即沿主压应力迹线向集中荷载作用点延伸，坡度逐渐减缓，裂缝下宽上细，这种裂缝称为弯剪斜裂缝。当剪跨比较小且梁腹很薄时（如工形截面梁），将首先在梁的中和轴附近出现大致与中和轴成 45° 的斜裂缝，随着荷载的增加，裂缝将沿着主压应力迹线向集中荷载作用点和支座延伸，这种裂缝两头细、中间粗，称为腹剪斜裂缝。

此外，如果纵筋的锚固不良，可能因为支座附近钢筋拉应力增大和粘结长度缩短而发生粘结破坏；加载板或支座的面积过小，小剪跨比的梁可能由于局部受压而发生劈裂破坏。这些都不属于正常的弯剪破坏形态，在工程中都应采取必要的构造措施加以避免。

2. 斜裂缝出现后构件的受力状态

梁上出现了斜裂缝以及垂直裂缝后，其受力状态发生了明显的变化。图 6-2 为

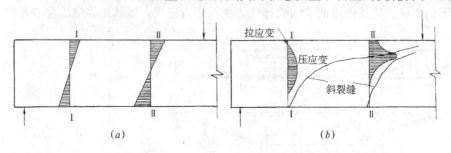

图 6-2   斜裂缝出现前后截面的应变分布
(a) 斜裂缝出现前；(b) 斜裂缝出现后

斜裂缝出现前后 I-I 和 II-II 截面的应变分布图。在斜裂缝出现之前，截面应变基本符合平截面假定，斜裂缝出现后，截面应变呈曲线分布。这一应变差异表明，斜裂缝出现后大部分荷载将由斜裂缝上方的混凝土传递，梁内应力发生了重分布，这主要表现为斜裂缝起始端的纵筋拉应力突然增大，剪压区混凝土所受的剪应力和压应力也显著增加。此时，已不能用初等的材料力学公式来计算带有裂缝的梁中

的正应力和剪应力，裂缝将梁分成上下两部分，材料力学所依据的基本假定已不再适用。

为研究斜裂缝出现后的应力状态，可将梁沿斜裂缝切开，取隔离体如6-3图所示。在隔离体上，作用有：荷载产生的剪力V、斜裂缝上端混凝土截面承受的剪力V_c和压力C_c、纵向钢筋的拉力T_s以及纵向钢筋的销栓作用传递的剪力V_d、斜裂缝的交界面上的骨料咬合及摩擦等作用传递的剪力V_i。由于混凝土保护层厚度不大，难以阻止纵向钢筋在剪力作用下产生的剪切变形，故纵向钢筋的销栓力很弱，同时斜裂缝的交界面上的骨料咬合及摩擦等作用将随着斜裂缝的开展而逐渐减小。

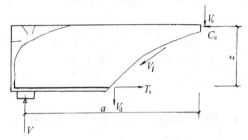

图 6-3 混凝土块体的受力

为了便于分析，在极限状态下，V_d和V_i可不予考虑，这样由隔离体的平衡条件，可建立下列公式：

$$\Sigma X = 0 \qquad C_c = T_s \tag{6-6}$$

$$\Sigma Y = 0 \qquad V_c = V \tag{6-7}$$

$$\Sigma M = 0 \qquad T_s z = Va = M \tag{6-8}$$

式中 z——内力臂；

a——剪跨（即集中力作用点到支座的距离）。

以上公式表明，在斜裂缝出现后，无腹筋梁将发生应力重分布，主要表现为：

1) 在斜裂缝出现以前，荷载引起的剪力由全截面承担，而在斜裂缝出现之后，剪力主要由斜裂缝上端的混凝土截面来承担。斜裂缝上方的混凝土既受压又受剪，成为剪压区。由于剪压区截面面积远小于全截面面积，故其剪应力τ和压应力σ将显著增大；

2) 在斜裂缝出现前，剪弯段某一截面处纵筋的应力由该处的正截面弯矩M_E所决定。在斜裂缝出现后，由于沿斜裂缝的混凝土脱离工作，该处的纵筋应力将取决于斜裂缝末端处的弯矩M_c。而斜裂缝末端处的弯矩M_c一般将远大于按正截面确定的弯矩M_E，故斜裂缝出现后，纵筋的应力将突然增大。

此后，随着荷载的继续增加，剪压区混凝土承受的剪应力和压应力也随之继续增大，混凝土处于剪压复合应力状态。当其应力达到混凝土在此种复合应力状态下的极限强度时，剪压区发生破坏，梁亦沿着斜截面发生破坏，这时，纵筋的应力往往尚未达到钢筋的屈服强度。

3. 无腹筋梁的抗剪机制

由公式（6-8）可以得到：

$$V = \frac{\mathrm{d}M}{\mathrm{d}x} = \frac{\mathrm{d}}{\mathrm{d}x}(T_s z) = z\frac{\mathrm{d}T_s}{\mathrm{d}x} + T_s\frac{\mathrm{d}z}{\mathrm{d}x} \tag{6-9}$$

1）梁作用　上式中的第一项 $z\dfrac{\mathrm{d}T_s}{\mathrm{d}x}$ 表明，纵筋拉力 T_s 大小沿梁不断变化，而其力臂却恒定不变，同外弯矩相平衡。梁内纵筋拉力 T_s 的变化率 $\mathrm{d}T_s/\mathrm{d}x$ 称之为单位长度纵筋的粘结力 q，即 $q=\mathrm{d}T_s/\mathrm{d}x$。

假设内力臂 z 恒定不变（这个假定在受弯构件的弹性分析时是合理的），这样 $\mathrm{d}z/\mathrm{d}x=0$，于是得到了完全的"梁作用"公式如下：

$$V = z\frac{\mathrm{d}T_s}{\mathrm{d}x} = qz \tag{6-10}$$

很明显，只有当纵向钢筋和混凝土之间的粘结力能有效传递时，上式的梁作用方能成立。

2）拱作用　当由于某种原因纵向钢筋和混凝土之间的粘结力发生破坏时，纵筋拉力 T_s 将基本保持恒定不变，即 $\mathrm{d}T_s/\mathrm{d}x=0$。这种情况下，外剪力只能由倾斜的混凝土的斜向压力抵抗，称之为"拱作用"，其表达式为：

$$V = T_s\frac{\mathrm{d}z}{\mathrm{d}x} = C\frac{\mathrm{d}z}{\mathrm{d}x} \tag{6-11}$$

式中，纵筋拉力 T_s 用混凝土的压力 C 代替，以标明外剪力由混凝土斜向压力的竖向分量来抵抗。

在一般的钢筋混凝土梁中，由于粘结滑移、开裂等原因，梁作用所需的粘结力在通常情况下无法满足。因此需要两种机制共同抵抗外剪力，且在粘结破坏出现前，以梁作用为主，在粘结破坏出现后，以拱作用为主抵抗外剪力。在不同的外力水平下，与这些作用相关的变形协调条件决定了每种作用对抵抗外力的贡献大小。

6.1.2 有腹筋简支梁

无腹筋梁在临界斜裂缝出现后，其受力犹如一拉杆拱，临界斜裂缝以下的齿状体混凝土传递的剪力很小；受压区混凝土（拱顶）承受绝大部分荷载，形成梁的薄弱环节。梁内设置抗剪箍筋或弯起钢筋后，梁中力的传递和抗剪性能将发生明显的变化。在出现斜裂缝前，腹筋的作用尚不明显，一旦出现斜裂缝后，与斜裂缝相交的腹筋中的应力会突然增大，起到竖向拉杆的作用，同时斜裂缝间齿状混凝土犹如斜压杆，纵筋相当于桁架的下弦拉杆，整个有腹筋梁的受力犹如一拱形桁架（图6-4）。

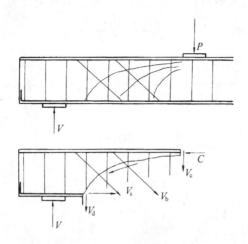

图 6-4 有腹筋梁的抗剪作用

抗剪腹筋的存在使梁的斜截面抗剪承载力大大高于无腹筋梁。腹筋除了直接承担斜截面上的部分剪力，使斜裂缝上端压区混凝土的剪压应力集中得到缓解外，还参与了斜截面的抗弯，使斜裂缝出现后纵筋应力 σ_s 的增量减小。

腹筋对抗剪机制的贡献主要表现为以下几个方面：

1）箍筋可以有效约束弯剪斜裂缝附近纵筋的变形，大大改善纵筋的销栓作用。

2）斜向压应力可以抑制混凝土中弯拉应力的发展，形成桁架机制。

3）将斜裂缝的发展限制在弹性范围内，保护和提高骨料的咬合作用。

4）密布箍筋可以提高混凝土的抗压强度，提高拱作用。

5）可以有效地约束锚固区由于纵筋的销栓力导致的劈裂裂缝发展，防止粘结力的破坏。

§6.2 构件受剪破坏形态及其影响因素

6.2.1 无腹筋梁的破坏形态及其影响因素

1. 剪跨比 λ 的概念

无腹筋梁的破坏形态及其承载力与梁中弯矩和剪力的组合情况有关。这种影响因素可以用参数剪跨比 λ 来表示。

无量纲参数剪跨比 λ 是影响集中荷载作用下构件抗剪强度的主要因素。剪跨比有计算剪跨比 a/h_0 和广义剪跨比 M/Vh_0 之分（此处 a 为集中力到支座的距离，h_0 为截面的有效高度，M 和 V 分别为剪切破坏截面的弯矩和剪力）。对于集中力作用下的简支梁而言，剪切破坏面一般集中在集中荷载处，故 $\lambda=a/h_0=M/Vh_0$；而对于连续梁来说，由于梁的支座端作用有正负两个方向的弯矩和存在一个反弯点，因此计算剪跨比和广义剪跨比是不同的，二者之间的关系为：

$$\lambda = \frac{M}{Vh_0} = \frac{V \cdot x}{Vh_0} = \frac{x}{h_0}$$

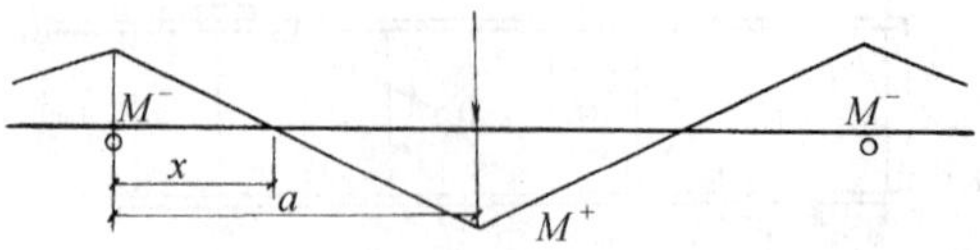

图 6-5   连续梁的剪跨比

显然，由图 6-5 中三角形相似关系得到：

$$x = \frac{|M^-|}{|M^-| + |M^+|}a = \frac{a}{1 + n}$$

代入上式得：

$$\lambda = \frac{a}{h_0(1 + n)} \tag{6-12}$$

其中 n 为弯矩比 $\left| \dfrac{M^+}{M^-} \right|$，如图 6-5。

2. 无腹筋梁的剪切破坏形态

在无腹筋梁正截面承载能力得到保证的前提下，若不能抵抗由斜裂缝引起的受力状态变化时，将导致斜截面的强度破坏。在不同的 M 和 V 的组合下（它决定了主应力轨迹的发展形态），随截面形状、梁腹高宽比、混凝土强度、纵筋配筋率及其在支座处的锚固的不同，无腹筋梁将可能发生拱顶混凝土在复合受力下的破坏、纵筋屈服或锚固破坏，以及梁腹（T 形和工字形等薄腹截面梁）混凝土的受压破坏等。其中最主要的破坏是斜压破坏、剪压破坏、斜拉破坏，见图 6-6。

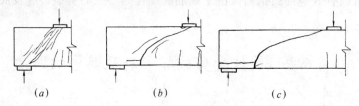

图 6-6   无腹筋梁的剪切破坏形态
(a) 斜压破坏；(b) 剪压破坏；(c) 斜拉破坏

（1）斜压破坏

当剪跨比 $\lambda < 1$ 时，发生斜压破坏。其特点是：由于剪跨比很小，集中荷载与支座反力之间的混凝土犹如一斜向受压短柱，破坏时斜裂缝多而密，梁腹发生类似柱体受压的侧向膨胀，故称为斜压破坏。这种破坏取决于混凝土的抗压强度，其承载力高于剪压破坏的情况。

（2）剪压破坏

当剪跨比 $1 \leqslant \lambda \leqslant 3$ 时，梁一般发生剪压破坏。其特点是：斜裂缝出现后，荷载仍有较大的增长，并陆续出现其他斜裂缝；随荷载的逐渐增大，其中的一条发展成临界斜裂缝，向梁顶混凝土受压区发展；到达破坏荷载时，斜裂缝上端混凝土被压碎。这种破坏是由于残余截面上的混凝土在压应力 σ_x、剪应力 τ 以及荷载产生的竖向局部压应力 σ_y 的共同作用下发生的主压应力破坏，故称为剪压破坏，其承载能力高于斜拉破坏的情况。

（3）斜拉破坏

集中荷载作用下的简支梁当其剪跨比 $\lambda > 3$ 时，一般发生斜拉破坏。其特点是斜裂缝一出现就很快向梁顶发展，形成临界裂缝，将残余混凝土截面斜劈成两半，同时沿纵筋产生劈裂裂缝。斜拉破坏是突然的脆性破坏，临界裂缝的出现与最大荷载几乎同时到达。这种破坏是由于受压区混凝土截面面积急剧减小，在压应力 σ 和剪应力 τ 高度集中的情况下发生的主拉应力破坏，梁顶劈裂面上整齐无压碎痕迹，这种梁的抗剪强度取决于混凝土在复合受力下的抗拉强度，故其承载力相当低。

总的看来，不同剪跨比的无腹筋梁的破坏形态和承载力虽有不同，但达到极限承载力时梁的挠度均不大，且破坏后荷载均急剧下降，这与适筋梁的正截面破坏特征是完全不同的。无腹筋梁的剪切破坏均为脆性破坏的性质，其中斜拉破坏更为明显。

3. 影响无腹筋梁抗剪承载力的因素

无腹筋梁斜截面的抗剪承载力受到很多因素的影响，如剪跨比、混凝土强度、纵筋配筋率、荷载形式（集中荷载、分布荷载）、加载方式（直接加载、间接加载）、结构类型（简支梁、连续梁）以及截面形状等。试验表明，影响无腹筋简支梁抗剪承载力的主要因素是剪跨比、混凝土强度和纵筋配筋率。

（1）剪跨比 λ

剪跨比是影响集中荷载作用下无腹筋梁抗剪强度的主要因素。由材料力学可知，梁的应力与内力的关系为：

$$M = \sigma_x \frac{I}{y}$$

$$V = \tau \frac{Ib}{S}$$

式中符号同式（6-1）

$$\text{故 } \lambda = M/Vh_0 = \left(\frac{S}{ybh_0} \right) \frac{\sigma_x}{\tau} \tag{6-13}$$

所以 λ 反映了正应力和剪应力的比值，即梁端弯剪破坏区的应力状态。

当剪跨比 $\lambda < 1$ 时，荷载靠近支座，梁端竖直方向正应力 σ_y 集中在荷载板和支座截面之间的斜向范围内，其数值远大于水平正应力 σ_x 和剪应力 τ。主应力方向大致平行于荷载和支座反力的连线，荷载和支座之间的混凝土如同一受压短柱一样

在 σ_y 的作用下发生斜压破坏。当剪跨比 $1 \leqslant \lambda \leqslant 3$ 时，荷载垫板下的 σ_y 可以阻止斜裂缝的发展，抗剪强度界于斜拉破坏和斜压破坏之间，发生剪压破坏。当剪跨比 $3 < \lambda < 5 \sim 6$ 时，荷载位置离支座已远，竖直方向正应力 σ_y 对梁腹部的影响很小，斜裂缝一出现即贯通梁顶，发生斜拉破坏。当剪跨比 λ 更大时梁转为受弯控制，剪弯段内不再破坏。图 6-7 列出一组试验结果，图中试验梁的截面尺寸、纵筋配筋率和混凝土强度基本相同，仅剪跨比 λ 在变化。从图中可以看出，随剪跨比 λ 的增大，破坏形态按斜压、剪压和斜拉破坏的顺序逐步演变，抗剪强度逐渐降低。当 $\lambda > 3$ 后强度值趋于稳定，剪跨比 λ 的影响不十分明显。剪跨比 λ 很大时混凝土被剪坏的同时跨中纵筋达到屈服，属于弯剪破坏的过渡区域。

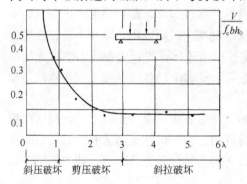

图 6-7 剪跨比对抗剪强度的影响   图 6-8 加载方式对抗剪强度的影响

当荷载不是直接作用于梁顶而是通过横梁间接传递到梁侧时，随着传力位置高低的不同，梁的抗剪强度是不同的。其原因是荷载作用截面的压区混凝土的应力状态发生了变化（如图 6-8）。直接加载时垂直梁轴的正应力 σ_y 是压应力，间接加载时 σ_y 是拉应力。由于应力状态发生变化，临界斜裂缝出现后拉应力 σ_y 促使斜裂缝跨越荷载作用截面而直通梁顶，间接加载也将发生斜拉破坏，斜裂缝一出现梁就被剪断，开裂强度几乎等于破坏强度。图 6-8 列出两种加载方式的破坏强度。可见，在大剪跨比时二者都是斜拉破坏，破坏强度是接近的；而在小剪跨时虽然剪跨比相同，但破坏强度相差很大，剪跨比越小，差值越大。

（2）混凝土强度 f_{cu}

梁的抗剪破坏最终由混凝土材料的破坏控制，故混凝土的强度对梁的抗剪承载力的影响很大。当剪跨比一定时，梁的抗剪承载力随混凝土强度 f_{cu} 的提高而增大，两者为线形关系。不同剪跨比的情况下，因破坏形态的差别，抗剪承载能力分别取决于混凝土的抗压或抗拉强度，剪跨比 $\lambda < 1$ 时为斜压破坏，取决于混凝土的抗压强度；剪跨比 $\lambda > 3$ 时为斜拉破坏，取决于混凝土的抗拉强度，混凝土强度的影响程度降低。混凝土强度等级对抗剪承载力的影响与剪跨比关系见图 6-9。

（3）纵筋配筋率 μ

纵筋配筋率对抗剪承载力也有一定的影响，这是由于纵筋的增加相应地加大

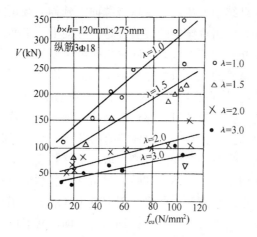

图 6-9 混凝土强度对抗剪强度的影响

了压区混凝土的高度，间接的提高了梁的抗剪能力。此外，纵筋的增加也提高了销栓力，同时限制了斜裂缝的发展。

图 6-10 表示纵筋配筋率对抗剪承载力的影响，从图中可以看出二者大体成线性关系。影响程度和剪跨比有关，λ 较小时，纵筋影响明显；λ 较大时，纵筋的影响程度减小。

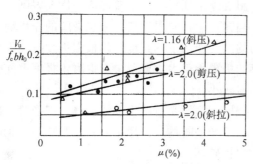

图 6-10 纵筋配筋率对抗剪强度的影响

6.2.2 有腹筋梁的破坏形态及其影响因素

1. 腹筋的受力特性

无腹筋梁的抗剪承载力有限，当其极限抗剪承载力不足以抵抗荷载产生的剪力时，必须设置横向箍筋或弯起钢筋。腹筋在长期使用过程中可以有效地承受温度应力并减小裂缝宽度，同时箍筋还和纵筋一起构成钢筋骨架。

当构件承受的荷载较小且混凝土尚未开裂之前，箍筋的应力很低，对于梁的开裂荷载并无显著的提高作用，此时构件仍相当于无腹筋梁。增加荷载，弯矩较大的区段首先出现垂直于纵轴的受弯裂缝，这种裂缝与箍筋方向平行，对箍筋应力的影响仍然不大。继续增大荷载，受弯裂缝向上延伸，倾角减小，逐渐形成弯剪斜裂缝；靠近支座处则出现倾斜的腹剪裂缝，并向上、下两边延伸。当这些裂缝与箍筋相交后，箍筋应力突然增大。随着斜裂缝宽度的增大和延伸，箍筋的应力继续增大，导致各箍筋的应力值和分布各不相同，即使同一箍筋的应力沿截面高度方向的分布也不均匀。在支座范围及其附近的箍筋由于受到支座反力的作用，可能出现压应力。构件临近破坏时，靠近腹剪裂缝最宽处的箍筋首先屈服，并维持屈服应力大小 f_y 不变，但已不能抑制斜裂缝的开展；随之相邻箍筋相继屈服，斜裂缝宽度沿全长增大，骨料咬合作用急剧削弱，最终斜裂缝上端的混凝土在压应力和剪应力的共同作用下发生破坏。在破坏后试件的斜裂缝最宽处箍筋被拉断。

弯起钢筋的抗剪作用与箍筋相似；对斜裂缝出现的影响很小；斜裂缝延伸并穿越弯起钢筋时，发生应力突增；沿弯起钢筋的方向，弯筋应力随裂缝的位置而变化；构件破坏时，与斜裂缝相交的弯起钢筋可能达到屈服。

2. 有腹筋梁的破坏形态与影响因素

有腹筋梁的破坏形态除了与剪跨比、混凝土强度以及纵筋配筋率等因素有关外，还与配箍率有关。配箍率 ρ_{sv} 定义为箍筋截面面积与相应的混凝土面积的比值，即 $\rho_{sv}=A_{sv}/bs$，此处 $A_{sv}=nA_{sv1}$，n 为同一截面内箍筋的肢数，A_{sv1} 为单肢箍筋截面面积；s 为箍筋间距；b 为梁宽。

当配箍率适当时，斜裂缝出现后，由于箍筋应力增大限制了斜裂缝开展，使荷载可有较大的增长；当箍筋达到屈服后，其限制裂缝的作用消失，最后压区混凝土在剪应力和压应力的共同作用下达到构件的极限强度，丧失其承载能力，属于剪压破坏。这种破坏的极限承载力主要取决于混凝土强度及配箍率，而剪跨比及纵筋配筋率的影响相对较小。

当配箍率过低时，如同正截面受弯的少筋梁一样，斜裂缝一出现，箍筋应力即达到屈服，箍筋对斜裂缝开展的约束作用不复存在，相当于无腹筋梁。当剪跨比较大时，同样会产生斜拉破坏。

当配箍率过大时，箍筋应力增长缓慢，在箍筋尚未屈服时，梁腹斜裂缝间混凝土即达到抗压强度而发生斜压破坏，其承载力取决于混凝土强度及截面尺寸，再增加配箍率对承载力已不起作用。

§6.3　构件抗剪机理

6.3.1　变角桁架模型

根据混凝土构件的受剪破坏形态，研究工作者提出了多种描述构件抗剪机理、计算构件的抗剪强度的计算模型。其中，变角桁架模型因其简单性而得到较为广泛的应用。如图 6-11 (a) 所示的工字形截面薄腹梁，在集中荷载作用下，腹板中部的剪应力最大，且与主拉应力相等；当主拉应力达到混凝土抗拉强度 f_t 时，腹板内出现斜裂缝。试验表明，斜裂缝与纵轴的夹角约为 30°～60°，其水平投影长度 $c=（0.60～1.70）h_0$，斜裂缝分布在整个剪跨范围内。这样，根据斜裂缝分布情况分析，构件的受力计算模型可以比拟为一平面桁架：梁顶受压区混凝土为一连续的偏心受压上弦杆，承受压力和剪力的共同作用；纵向受拉钢筋为下弦杆；斜裂缝之间的混凝土条带为斜压腹杆；箍筋为竖向受拉腹杆。在分析时，可分别将桁架几个节间中的混凝土斜压腹杆合并成一根受压斜杆，横向箍筋合并为一根受拉腹杆，所有的受拉水平纵筋合并成一根受拉弦杆，即可形成如图6-11（c）所示的简化桁架模型。

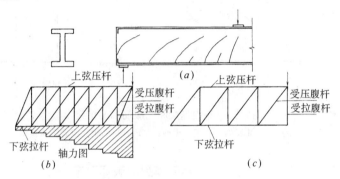

图 6-11　构件斜裂缝出现后的比拟桁架模型图

（a）裂缝分布图；（b）桁架模型；（c）桁架模型简化图

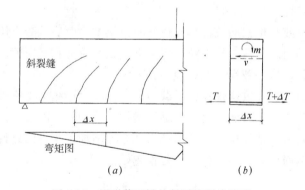

图 6-12　矩形截面梁的斜裂缝形成机理

（a）裂缝和弯矩图；（b）裂缝间混凝土短悬臂构件的受力情况

对于集中荷载作用下的矩形截面简支梁，由于其截面宽度 b 较工字形截面梁腹部宽度大得多，其主拉应力值往往低于由弯矩引起的横截面上最大正应力，因此，在中和轴附近沿纵轴方向一般不会首先出现斜裂缝。由于弯矩的作用，在荷载作用点截面附近将首先出现垂直裂缝；在弯剪区段的其他截面处，因每个裂缝截面所受的弯矩不同，所以相邻两个裂缝截面上的纵向钢筋拉力是不相等的，其相邻裂缝间的混凝土相当于一短悬臂构件，主要承受纵筋之间的拉力差 ΔT。在短悬臂根部，ΔT 作用引起弯矩 m 和剪力 v，微单元在 m 和 v 作用下，当垂直裂缝根部的混凝土体上的主拉应力达到混凝土抗拉强度 f_t 后，出现斜裂缝。这种由弯曲裂缝发展形成的斜裂缝主要出现在集中荷载截面附近，分布范围在 $1.5h_0$ 左右（图6-12）。

根据裂缝的特点，无腹筋梁的受力计算模型可以比拟为图6-13（a）所示的超静定拱型桁架，而对腹筋梁的计算模型则可以比拟为图6-13（b）所示的组合桁架。

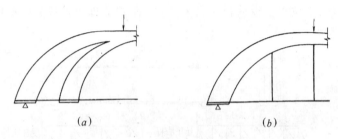

图6-13   有腹筋梁和无腹筋梁的桁架模型

(a) 无腹筋梁的组合桁架模型；(b) 有腹筋梁的组合桁架模型

6.3.2   桁架模型的破坏形态

根据受力形态的不同。上述桁架模型可能发生下述两种破坏形态：

(1) 受拉破坏

桁架中一根或几根钢筋拉杆首先达到屈服强度，而后混凝土压杆被压碎，破坏时构件具有一定的延性。桁架拉杆包括下弦钢筋拉杆和竖向箍筋腹杆。根据受拉钢筋是否屈服，构件破坏类型如表6-1所示。

下弦拉杆的破坏导致构件丧失承载力下弦拉杆（连续梁支座处）及竖向受拉箍筋屈服后，其拉力不再增加而应变继续增加，使构件不断发生内力重分布。此时，钢筋的屈服可以增加构件的变形能力，亦即增加了构件的延性。下弦拉杆和竖向受拉腹杆钢筋屈服越多，构件的延性越好。

构 件 破 坏 类 型   表6-1

弦　　腹　　杆　　杆	受拉腹杆屈服 $\sigma_{sv}=f_{yv}$	受拉腹杆未屈服 $\sigma_{sv}<f_{yv}$
下弦拉杆钢筋屈服 $\sigma_s=f_y$	完全适筋	纵筋适筋　腹筋超筋
下弦拉杆钢筋未屈服 $\sigma_s<f_y$	纵筋超筋　腹筋适筋	完全超筋

注：σ_s、σ_{sv} 分别为下弦拉杆应力和箍筋应力；

　　f_y、f_{yv} 分别为纵筋抗拉强度和箍筋抗拉强度。

(2) 受压破坏

桁架中钢筋拉杆尚未屈服，而混凝土压杆首先被压碎，使构件丧失承载力，这种破坏属于脆性破坏。

桁架的压杆一般是指上弦压杆和斜压腹杆两种。上弦压杆在正应力和剪应力共同作用下使混凝土达到其抗压强度而破坏。斜压腹杆主要承受压力，斜裂缝刚出现时，主压应力基本平行于斜裂缝；随着荷载的增加，主压应力的方向不再与斜裂缝平行。此时由于箍筋的存在，箍筋中的部分拉力经过钢筋和混凝土之间的粘结力传给混凝土斜压杆，所以斜压腹杆处于二维平面应力状态。当主压应力达到混凝土的抗压强度时，斜压腹杆发生破坏。

在桁架中，若受拉下弦杆和受拉腹杆同时屈服，则构件为完全适筋，破坏时有相对较好的延性。若下弦拉杆和受拉腹杆均未屈服，则构件为完全超筋破坏，基本没有延性。若压杆只有部分拉杆（弦杆或腹杆）屈服，则构件为部分超筋，破坏时有一定的延性。压杆破坏出现越早，则构件的延性越小；反之则越大。

6.3.3 抗剪承载力理论计算公式

钢筋混凝土比拟组合桁架的抗剪承载力由两部分组成：上弦混凝土连续杆承担的剪力 V_c 和桁架承担的剪力 V_s，即

$$V_{cs} = V_c + V_s \tag{6-14}$$

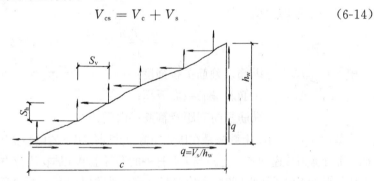

图 6-14 桁架模型的隔离体图

首先讨论 V_s。如图 6-14，从其腹板上取一段隔离体，其纵向长度为斜裂缝的水平投影长度 c，腹板高度为 h_w，同一截面内箍筋的截面面积为 A_{sv}，同一水平截面内的水平腹筋的截面面积为 A_{sh}，腹杆上单位长度的平均剪力为 $q = V_s/h_w$，称之为剪力流，则有：

$$\Sigma Y = 0 \qquad V_s = \frac{\sigma_{sv} A_{sv}}{s_v} c = q h_w \tag{6-15a}$$

$$q = \frac{\sigma_{sv} A_{sv} c}{s_v h_w} \tag{6-15}$$

由 $\Sigma X = 0$ $$qc = \frac{\sigma_{sh} A_{sh}}{s_h} h_w \tag{6-16a}$$

$$q = \frac{\sigma_{sh} A_{sh} h_w}{s_h c} \tag{6-16}$$

由式（6-15）及式（6-16）相等得：

$$c = h_w \sqrt{\frac{\sigma_{sh} A_{sh} s_v}{\sigma_{sv} A_{sv} s_h}} \tag{6-17}$$

代入式（6-15a）有：

$$
\begin{aligned}
V_s &= \frac{\sigma_{sv} A_{sv}}{s_v} h_w \sqrt{\frac{\sigma_{sh} A_{sh} s_v}{\sigma_{sv} A_{sv} s_h}} \\
&= h_w \frac{f_{yv} A_{sv}}{s_v} \sqrt{\frac{\sigma_{sv} \sigma_{sh}}{f_{yv} f_y}} \cdot \sqrt{\frac{f_y A_{sh} s_v}{f_{yv} A_{sv} s_h}} \\
&= \frac{h_w}{h_0} \sqrt{\frac{\sigma_{sv} \sigma_{sh}}{f_{yv} f_y}} \sqrt{\xi_v} \cdot \frac{f_{yv} A_{sv}}{s_v} h_0 \\
&= \beta \frac{f_{yv} A_{sv}}{s_v} h_0
\end{aligned} \tag{6-18}
$$

$$\beta = \frac{h_w}{h_0} \sqrt{\frac{\sigma_{sv} \sigma_{sh}}{f_{yv} f_y}} \sqrt{\xi_v} \tag{6-19}$$

ξ_v 为单位高度内纵向钢筋承受的拉力 $f_y A_{sh}/s_h$ 与单位水平长度内横向箍筋承受的拉力 $f_{yv} A_{sv}/s_v$ 的比值，即：

$$\xi_v = \frac{f_y A_{sh} s_v}{f_{yv} A_{sv} s_h} \tag{6-20}$$

式中 f_y、f_{yv}——纵筋及箍筋抗拉强度；

　　　A_{sh}、A_{sv}——纵筋及箍筋截面面积；

　　　s_h、s_v——纵筋竖向间距及箍筋横向间距。

如图 6-13 所示，上弦杆是在压力和剪力共同作用下的偏心受压连续构件，能直接把一部分剪力传递到支座上。当上弦杆中的混凝土单元体在压应力和剪应力共同作用下达到混凝土的抗压强度时，发生破坏。由上弦杆混凝土承担的这部分剪力即为 V_c。显然，V_c 的大小与上弦压杆的截面面积和混凝土的抗压强度有关，其表达式为：

$$V_c = \alpha_c f_c b h_0 \tag{6-21a}$$

由于混凝土的抗压强度与抗拉强度具有线性关系，因此上式也可表示为：

$$V_c = \alpha f_t b h_0 \tag{6-21}$$

系数 α 综合考虑了上弦压杆的截面面积和 bh_0 的比值以及混凝土在复杂应力状态下强度降低的多种因素。

综合 V_c 和 V_s 值，并忽略纵筋对抗剪的贡献，得抗剪承载力计算公式为：

$$V_{cs} = \alpha f_t b h_0 + \beta \frac{f_{yv} A_{sv}}{s_v} h_0 \tag{6-22}$$

由试验分析可知，影响 α、β 的因素很多，如剪跨比、配筋率等，较精确地确

定 α、β 可由试验资料统计分析确定。

6.3.4 设计规范推荐使用的公式

考虑到钢筋混凝土弯剪破坏的突然性以及试验数据的离散性相当大，因此从设计准则上应该保证构件抗剪的安全度高于抗弯的安全度（即保证强剪弱弯），故各国规范公式都采用抗剪承载力的下限值以保证构件的可靠指标。

多数国家的规范公式都是基于上述比拟桁架理论，根据本国实际工程实践以及试验值的下限值确定参数 α 和 β 的取值，这里对其中较有影响力的中美两国规范分别简述如下：

1. 我国规范

集中荷载作用下的独立梁（包括作用有多种荷载且集中荷载对支座截面或节点边缘产生的剪力值占总剪力的 75% 以上的情况）：

$$\alpha = \frac{1.75}{\lambda + 1.0} \qquad \beta = 1.0 \tag{6-23}$$

矩形、T 形、工字形截面的一般受弯构件：

$$\alpha = 0.7 \qquad \beta = 1.25 \tag{6-24}$$

当截面高度 $h > 800mm$ 时，α 均宜乘以折减系数 β_h；当 $h \leqslant 800mm$ 时，取 $\beta_h = 1.0$；当 $h \geqslant 1500mm$ 时，取 $\beta_h = 0.85$，其间按直线内插法取用。

（1）公式适用范围

1）上限　为防止配箍率过高而发生梁腹的斜压破坏，并控制使用荷载下裂缝的宽度，规范规定：

当 $h_w/h \leqslant 4$ 时　要求：

$$V \leqslant 0.25\beta_c f_c b h_0$$

对于 T 形或工字形截面的简支受弯构件，当有实际经验时，可以放宽为：

$$V \leqslant 0.30\beta_c f_c b h_0$$

当 $h_w/h \geqslant 6$ 时　要求：

$$V \leqslant 0.20\beta_c f_c b h_0$$

当 $4 < h_w/h < 6$ 时　按直线法内插得：

$$V \leqslant 0.025(14 - h_w/b)\beta_c f_c b h_0$$

式中　V——截面剪力设计值；

β_c——混凝土强度影响系数：当 $f_{cu,k} \leqslant 50N/mm^2$ 时，取 $\beta_c = 1.0$；当 $f_{cu,k} = 80N/mm^2$ 时，取 $\beta_c = 0.8$；其间按直线内插法取用；

b——矩形截面宽度；T 形、工字形截面的腹板宽度；

h_w——截面腹板高度；矩形截面取梁的有效高度 h_0，T 形截面取有效高度减去翼缘高度，工字形取腹板净高；

λ——计算截面的剪跨比，可取 $\lambda = a/h_0$，a 为计算截面至支座截面或节点边缘的距离，计算截面取集中荷载作用点处的截面，当 $\lambda < 1.5$ 时，取 $\lambda = 1.5$，当 $\lambda > 3.0$ 时，取 $\lambda = 3.0$。

上述限制相当于限制了最大配筋率：如对于一般荷载 $V \leqslant 0.25\beta_c f_c bh_0$，即有：

$$0.7f_t bh_0 + 1.25f_{yv} \cdot \frac{A_{sv}}{s}h_0 \leqslant 0.25\beta_c f_c bh_0$$

$$\rho_{sv,max} = \frac{A_{sv}}{bs} \leqslant \frac{0.25\beta_c f_c - 0.7f_t}{1.25f_{yv}} = \frac{0.20\beta_c f_c - 0.56f_t}{f_{yv}}$$

2）下限　当含箍特征 $\rho_{sv}f_{yv}/f_c$ 小于 0.02 时，按规范公式计算的抗剪承载力将高于试验值，为防止发生斜拉破坏，规范规定 $V > 0.7f_t bh_0$ 时，梁中配箍率应不小于 $0.24f_c/f_{yv}$。

（2）配置弯起钢筋

当梁承受的剪力较大时，如仅配箍筋则所需的箍筋直径较大或间距过小而不符合规范要求（详见 §6.5）时，可以考虑将部分不需要的纵筋弯起，形成弯起钢筋以承受斜截面的剪力。弯起钢筋的作用与箍筋相似，相当于在拱形桁架的节间设置了受拉斜腹杆。

达到抗剪承载力极限状态时，弯起钢筋中钢筋应力的大小取决于弯起钢筋穿越斜裂缝的位置。考虑到弯筋位于斜裂缝顶端时因接近受压区其应力值达不到屈服强度，规范取弯起钢筋应力为 $0.8f_y$。则同时配置箍筋和弯起钢筋的矩形、T 形和工字形受弯构件，其斜截面抗剪承载力按下式计算：

$$V = V_{cs} + 0.8f_y A_{sb}\sin\alpha_s \tag{6-25}$$

式中　V——配置弯起钢筋处的剪力设计值；当计算第一排（对支座而言）弯起钢筋时，取用支座边缘处的剪力值；当计算以后每一排弯起钢筋时，取用前一排（对支座而言）弯起钢筋弯起点处的剪力值；

　　　f_y——弯起钢筋的设计屈服强度；

　　　A_{sb}——同一弯起平面内弯起钢筋的截面面积；

　　　α_s——弯起钢筋与构件纵向轴线的夹角。

2. 美国 ACI-318

V_c：精确公式　$V_c = \left(0.16\sqrt{f_c} + 17.2\rho_w \frac{V_d}{M}\right)b_w d$　（限制 $V_d/M \leqslant 1$）

$$\tag{6-26}$$

简化公式　　　　　　$V_c = 0.17\sqrt{f'_c}b_w d \tag{6-27}$

V_{sv}：　　　　　　　　$V_{sv} = \frac{A_{sv}f_{yv}}{s}d \tag{6-28}$

V_{sb}：　　　　　　　　$V_{sb} = A_{vb}f_y\sin\alpha_s \tag{6-29}$

限制　　　　　　　$V_s = V_{sv} + V_{sb} \leqslant 8\sqrt{f_c^3}b_w d \tag{6-30}$

最小配筋限制：当设计剪力值超过混凝土提供的抗剪承载力的一半时，应满足：

$$A_{sv,min} \geqslant 0.34 b_w s / f_{yv} \qquad (6-31)$$

式中　f'_c——6in×12in 圆柱体试件混凝土抗压强度；

　　　ρ_w——纵向钢筋配筋率；$\rho_w = A_s / b_w d$；

　　　V_d——截面剪力值；

　　　M——截面弯矩值；

　　　d——截面有效高度；

　　　b_w——截面腹板厚度；

　　　f_{yv}——箍筋的设计屈服强度；

　　　f_y——弯起钢筋的设计屈服强度；

　　　A_{sb}——同一弯起平面内弯起钢筋的截面面积；

　　　α_s——弯起钢筋与构件纵向轴线的夹角。

§6.4　有轴力作用构件的斜截面承载力计算

6.4.1　轴力对抗剪强度的影响

构件截面上同时作用轴力（压力或拉力）、剪力时，纵向应力 σ_x 会发生很大的变化，从而影响到构件的破坏形态和抗剪承载力。

简支构件在定值轴压力作用下再施加横向力，由于轴压力的影响，垂直裂缝出现较晚且宽度较小，压区高度较大，斜裂缝倾角较小但水平投影基本不变，纵筋拉力降低。简支构件在定值轴拉力作用下，构件上已有横贯截面高度的初始裂缝；施加横向力后，顶端裂缝闭合而底端裂缝宽度加大，斜裂缝可能直接穿越初始裂缝也可能沿初始裂缝延伸一小段后再斜向发展，斜裂缝宽度较大，分布较广，倾角也较大，压区混凝土高度减小，纵筋拉应力增加。

轴力对破坏形态和抗剪强度的影响很大。轴拉力较大时，构件常发生斜拉破坏，抗剪强度很低；轴拉力较小时多为剪压破坏，抗剪强度降低较小。无轴压力时构件发生剪压破坏；轴压力不大时转化为斜压破坏，抗剪强度提高；轴压增大到一定程度时发生兼有斜压破坏和小偏压破坏特征的过渡类型破坏，称为压剪破坏，其抗剪强度增长趋于停滞；轴压力再增大则发生小偏压破坏，抗剪强度随轴压力加大而急剧降低；最后则发生轴压破坏。

承受轴力和横向力的框架柱，由于柱两端受到约束，故柱两端承受的弯矩方向相反，特别是地震作用产生的横向力是交变的，因此框架柱的裂缝分布和破坏形态与简支构件是不同的，与柱高 H 和柱截面高度 h_0 之比值 H/h_0 有很大的关系。

在单向荷载作用下，H/h_0 比较小的短柱，箍筋含量较小时发生劈裂破坏；箍筋含量较高时发生斜压破坏，斜裂缝越过反弯点，斜向贯穿柱的全高。H/h_0 较高的长柱则发生斜拉破坏,在柱的两端高h_0范围内出现斜裂缝,从柱的受拉边外缘贯通到受压边外缘,裂缝出现后承载力突然下降。H/h_0不太大的中长柱则发生剪压破坏,常伴随着很多粘结开裂裂缝,破坏时承载力下降较慢,具有一定的延性。

当剪力方向交变时,原先出现的斜裂缝闭合,接着在交叉方向出现新的斜裂缝,随剪力的加大,交叉裂缝不断发展。H/h_0比较小的短柱,交叉裂缝斜向贯穿整个柱高,其实际受力情况是两个交叉斜放的受压棱柱体,棱柱体被交叉斜裂缝切割成碎块,破坏形态主要显示出劈裂破坏的特征,具有明显的脆性。H/h_0比较大的长柱,如轴力不大时,将发生斜拉破坏,破坏是由低周疲劳引起的。H/h_0不太大的中长柱不仅柱端出现交叉斜裂缝,而且在变形不断增大的过程中,纵筋和混凝土之间的粘结开裂裂缝不断出现,临近破坏时柱的中间部分出现很多斜裂缝,混凝土被分割,有一条较大的斜裂缝突然出现并横贯柱的中间部分,由于纵筋和混凝土之间的粘结破坏是逐步发展的,其破坏不像斜拉破坏那样呈现明显的脆性。

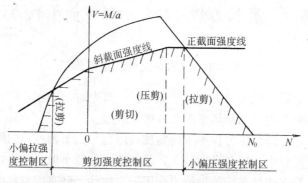

图 6-15   有轴力作用构件的破坏形态控制

对纵筋含量一定的构件,在各种轴力作用下,根据试验得到相应的抗剪承载力值表示于N—V图上,即得到构件的剪切强度线;然后将构件的垂直截面抗弯强度M化成剪力形式$V_w=M/a$(a为剪跨),同样表示于N—V图上;取两者的较低线段即构成了破坏强度线。它不仅表示了构件破坏时的N、V对应数值关系,还可以判断其破坏类型。轴力由拉变化到压时,构件的破坏形态分别经历了偏拉、拉剪、剪切、压剪和小偏压等五种类型,从中可以看出,构件所受轴力过大时不会发生剪切破坏,剪切强度控制区位于中部(如图6-15所示)。

6.4.2   抗剪承载力计算

轴压力对构件抗剪承载力的影响可以用轴压比参数$n_0=N/f_cA$来表示,式中N为作用在构件上的轴压力,f_c为混凝土的轴心抗压强度,A为构件的截面面积。

试验表明,当$n_0 \leqslant 0.3$时,轴压力引起的抗剪承载力的增量ΔV_N与轴力N近乎线形增长;当$n_0 > 0.3$时,ΔV_N将不再随轴力N的增大而提高。对矩形截面偏心受压构件的抗剪承载力可以采用下列公式计算:

$$V = \frac{1.75}{\lambda + 1.0} f_t b h_0 + 1.0 f_{yv} \frac{A_{sv}}{s} h_0 + 0.07N \tag{6-32}$$

式中 λ—— 偏心受压构件的计算剪跨比。对框架柱，假定反弯点在柱高中点，故 $\lambda = H_n/h_0$（此处 H_n 为柱净高），当 $\lambda < 1$ 时，取 $\lambda = 1$；当 $\lambda > 3$ 时，取 $\lambda = 3$。对其他偏心受压构件，当承受均布荷载时，取 $\lambda = 1.5$；当承受集中荷载时（包括作用有多种荷载且集中荷载产生的对支座截面或节点边缘产生的剪力值占总剪力值的 75% 以上的情况），取 $\lambda = a/h_0$（此处，a 为集中荷载到柱或节点边缘的距离）；当 $\lambda < 1.5$ 时，取 $\lambda = 1.5$；当 $\lambda > 3.0$ 时，取 $\lambda = 3.0$。

N—— 与剪力设计值 V 相应的轴向压力设计值，当 $N > 0.3 f_c A$ 时，取 $N = 0.3 f_c A$，此处 A 为构件的截面面积。

与受弯构件相似，当含箍特征过大时，箍筋强度不能充分利用，上式中的第二项箍筋提高的抗剪承载力将减弱。因此，矩形截面偏心受压构件的抗剪截面应符合下列条件

$$V \leqslant 0.25 \beta_c f_c b h_0$$

当符合下列条件时

$$V \leq \frac{1.75}{\lambda + 1.0} f_t b h_0 + 0.07N \tag{6-33}$$

可不进行斜截面承载力计算，直接按下节构造要求配置箍筋。

试验表明，轴向拉力引起的受剪承载力的降低与轴向拉力也近乎成正比。因此，对矩形截面偏心受拉构件的受剪承载力采用下列公式计算：

$$V = \frac{1.75}{\lambda + 1.0} f_t b h_0 + 1.0 f_{yv} \frac{A_{sv}}{s} h_0 - 0.2N \tag{6-34}$$

式中 N—— 与剪力设计值 V 相应的轴向拉力设计值；

λ—— 计算截面的剪跨比，取用方法同偏心受压构件。

当上式右边的计算值小于 $1.0 f_{yv} A_{sv} h_0/s$ 时，考虑到箍筋承受的剪力应取

$$V = 1.0 f_{yv} A_{sv} h_0/s$$

同时，$1.0 f_{yv} A_{sv} h_0/s$ 的值不得小于 $0.36 f_t b h_0$。

§ 6.5 剪力墙的抗剪性能

钢筋混凝土剪力墙可分为实体剪力墙和开洞剪力墙两类。在实体剪力墙中，只有墙肢构件；在开洞剪力墙中，则有墙肢及连系梁两类构件。无论哪一类墙，连系梁及墙肢截面的特点都是宽而薄（此处宽即截面高度 h），因此这类构件对剪切变形很敏感，容易出现斜裂缝，发生脆性的剪切破坏。经过多年研究，发现经过合理设计，剪力墙也可以具有较好的延性，因此对其的使用限制逐渐放宽。剪力

墙不仅刚度大，承载能力高，在非地震区是一种较好的抗风结构，在地震区也可以通过延性剪力墙的设计成为较好的抗震结构。我国的抗震规范将在地震设防区使用的剪力墙称为抗震墙，肯定了其良好的抗震作用。

6.5.1　延性剪力墙的几个重要概念

现浇钢筋混凝土剪力墙常用于剪力墙结构以及框架-剪力墙结构中，它除了承受结构自重和楼面活荷载以外，还承受由风或地震引起的水平荷载。剪力墙设计中，假定墙的基底为嵌固端，墙与每层楼板的连接可靠，能很好的传递水平力，这样剪力墙可视为一个大型的悬臂薄壁杆件，其平面由楼板约束。对于剪力墙的性能要求，在风作用和地震作用下是有区别的。在风作用下，剪力墙设计主要满足强度和刚度要求；在地震作用下，剪力墙设计还必须满足非弹性变形反复循环下墙的延性、耗能以及破坏控制等要求。为保证剪力墙能有效抵抗地震作用，防止其发生脆性剪切破坏，应该尽可能将剪力墙设计成延性弯曲型。

（1）剪力墙的破坏形态与其剪跨比有很大的关系。剪跨比 $M/Vh>2$ 时，以弯曲变形为主，弯曲破坏的墙具有较大的延性。剪跨比小于 1 时，以剪切变形为主，塑性变形能力很差。如以典型的三角形分布荷载为例，悬臂墙的剪跨比为：

$$\frac{M}{Vh} = \frac{2H}{3h}$$

因此，当 $H/h \geqslant 3$ 时，为高墙；

$\quad$ $1.5 \leqslant H/h < 3$ 时，为中高墙；

$\quad$ $H/h < 1.5$ 时，为矮墙。

三种墙典型的裂缝如图 6-16 所示，因此在抗震结构中为保证延性应尽可能采用高墙及中高墙。

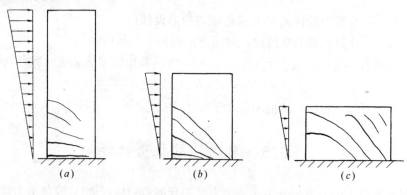

图 6-16　高墙、中高墙、矮墙的裂缝示意图
(a) 高墙；(b) 中高墙；(c) 矮墙

（2）实体剪力墙为静定结构，只要底部截面出现塑性铰就会使之成为机构，只要有一个截面破坏，就会导致结构失效或倒塌。而开洞剪力墙则不然，它是超静

定结构，连系梁及墙肢都可以出现塑性铰。与实体剪力墙相比，开洞剪力墙的塑性铰数量可以较多，耗能分散。如果将连系梁设计成延性的耗能构件，则可大大改善剪力墙的延性；如果连系梁破坏或失效，开洞剪力墙即退化为独立墙肢结构，只要保证墙肢的承载力及延性，结构不会倒塌。这种性能对实现大震不倒很有好处，同时，如将塑性铰或破坏局限在连系梁上，则便于震后修复。

(3) 在开洞剪力墙中，由地震产生的墙肢拉力不宜超过墙肢承受的竖向荷载，否则将出现偏心受拉墙肢。地震中，偏心受拉墙肢会较早出现裂缝，甚至钢筋较早屈服，这将导致剪力向未开裂或未屈服的其余墙肢转移，即发生塑性内力重分布，从而使这些墙肢的抗剪负担加大，引起剪切破坏。

6.5.2　构件配筋计算及构造

1. 墙肢

在竖向荷载和水平荷载共同作用下，使实体剪力墙的墙肢为压、弯、剪构件，而开洞剪力墙的墙肢可能是压、弯、剪，也可能是拉、弯、剪构件，后者出现的机会较少。墙肢的配筋计算和柱的配筋计算有共同之处，但是也有不同之处。

剪力墙截面高度大（通常 $h_w/b_w \geqslant 4$ 时才按墙截面配筋），除端部钢筋外，剪力墙要配置腹板中的分布钢筋。截面端部的竖向钢筋与竖向分布钢筋共同抵抗压弯作用；水平分布钢筋用于抗剪（与箍筋抗剪作用相同）；水平与竖向分布钢筋形成网状，不仅可以抵抗墙面混凝土的收缩及温度应力，还可以抵抗剪力墙平面外的弯矩。在一、二级抗震等级的剪力墙和三级抗震等级剪力墙结构加强部位的剪力墙中，其端部还要设置暗柱、端柱或翼柱以增加剪力墙的抗弯延性，限制斜裂缝向边缘开展。暗柱的截面面积宜取墙端（$1.5\sim2.0$）b 范围内的截面面积，b 为围墙的厚度；对带翼缘的剪力墙，其翼柱截面面积宜取暗柱及其两侧翼缘各不超过 2 倍翼缘厚度范围内的截面面积，如图 6-17 所示。

在正截面配筋计算时，偏压构件可分为大偏心受压和小偏心受压破坏两种情况，由平截面假定可以得到平衡配筋受压区相对高度 ξ_b。

$$\xi_b = \frac{0.8}{1 + \dfrac{f_y}{0.0033E_s}} \tag{6-35}$$

极限状态下，截面受压区相对高度 $\xi \leqslant \xi_b$ 时，为大偏压破坏情况。由于分布钢筋直径较小，受压分布筋不参加工作，中和轴附近分布钢筋应力较小，也不计入抗弯，只有 $1.5x$ 范围以外的受拉分布钢筋达到屈服应力。当 $\xi > \xi_b$ 时，应按小偏压状态计算配筋。小偏压状态截面大部分或全部受压，分布钢筋不计入抗弯，因此小偏压剪力墙的配筋计算与小偏压柱完全相同，仅计算 A_s 和 A'_s，并要求满足最小端部配筋要求，分布钢筋则按构造要求配置。

剪力墙在偏心受压时的斜截面承载力按下列公式计算：

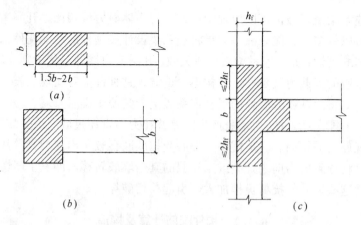

图 6-17　剪力墙端部暗柱、端柱、翼柱的截面面积

(a) 暗柱；(b) 端柱；(c) 翼柱

无地震作用组合时：

$$V_w \leqslant \frac{1}{\lambda - 0.5}\left(0.5f_t b_w h_{w0} + 0.13N\frac{A_w}{A}\right) + f_{yv}\frac{A_{sh}}{s}h_{w0} \qquad (6\text{-}36)$$

有地震作用组合时：

$$V_w \leqslant \frac{1}{\gamma_{RE}}\left[\frac{1}{\lambda - 0.5}\left(0.4f_t b_w h_{w0} + 0.1N\frac{A_w}{A}\right) + 0.8f_{yv}\frac{A_{sh}}{s}h_{w0}\right] \qquad (6\text{-}37)$$

式中　f_c——混凝土轴心抗压强度设计值；

f_{yh}——水平钢筋抗拉强度设计值；

A_w、A——分别为混凝土截面的腹板部分面积和全截面面积；

N——与剪力设计值相对应的轴向压力设计值；当 $N > 0.2f_c bh$ 时，取 $N = 0.2f_c bh$；

λ——截面剪跨比，由计算截面的内力计算：$\lambda = M_w/V_w h_w$。当 $\lambda < 1.5$ 时取 $\lambda = 1.5$；当 $\lambda > 2.2$ 时取 $\lambda = 2.2$，此处 M_w 为与剪力设计值 V_w 相应的弯矩设计值；当计算截面与墙底之间的距离小于 $h/2$ 时，λ 应按距墙底 $h/2$ 处的弯矩值和剪力值计算；

A_{sh}——配置在同一截面内水平钢筋各肢面积总和；

s——水平钢筋间距；

γ_{RE}——抗剪的承载力抗震调整系数。

剪力墙在偏心受拉时的斜截面承载力按下列公式计算：

无地震作用组合时

$$V_w \leqslant \frac{1}{\lambda - 0.5}\left(0.5f_t b_w h_{w0} - 0.13N\frac{A_w}{A}\right) + f_{yv}\frac{A_{sh}}{s}h_{w0} \qquad (6\text{-}38)$$

当此式右边的计算值小于 $f_{yv}\dfrac{A_{sh}}{s}h_{w0}$ 时，取等于 $f_{yv}\dfrac{A_{sh}}{s}h_{w0}$。

有地震作用组合时：

$$V_w \leqslant \frac{1}{\gamma_{RE}} \left[\frac{1}{\lambda - 0.5} \left(0.4 f_t b_w h_{w0} - 0.1 N \frac{A_w}{A} \right) + 0.8 f_{yv} \frac{A_{sh}}{s} h_{w0} \right] \qquad (6-39)$$

当此式右边的计算值小于 $0.8 f_{yv} \frac{A_{sh}}{s} h_{w0}$，取等于 $0.8 f_{yv} \frac{A_{sh}}{s} h_{w0}$。

V_w 为墙肢的剪力设计值，在一、二级抗震剪力墙的塑性铰区，要由强剪弱弯来计算 V_w 值，其余情况均取内力组合得到的最大剪力值 $V_{w,max}$。

一级抗震：$V_w = \frac{1.1}{\gamma_{RE}} \frac{M_{wu}}{M_w} V_{w,max}$

二级抗震：$V_w = 1.1 V_{w,max}$

式中 M_{wu}——由设计截面实际配筋计算的截面抗弯承载力，计算时用钢筋抗拉强度标准值；

M_w、$V_{w,max}$——由内力组合达到的弯矩与剪力设计值。

为了避免剪力墙斜压破坏，避免过早出现斜裂缝，要限制截面的剪压比

无地震作用组合时：$V_w \leqslant 0.25 f_c b_w h_{w0}$

有地震作用组合时：$V_w \leqslant 0.20 f_c b_w h_{w0} / \gamma_{RE}$

剪力墙中的竖向水平分布钢筋的最小配筋率是由裂缝出现后不能立即出现剪切脆性破坏以及考虑温度、收缩等综合要求定出的，用面积配筋率 $\rho_{min} = A_{sh}/b_w s$ 表示。在非抗震或三、四级抗震时，最小配筋率为 $0.15\% \sim 0.20\%$；在一、二级抗震时，最小配筋率为 $0.20\% \sim 0.25\%$；在剪力墙的加强部位，用上述各值中的较大值。所谓加强部位是指温度应力可能较大或可能出现平面外偏心弯矩的部位，例如顶层墙、底层墙、山墙、楼梯间墙、纵墙的端开间等，加强部位还包括在地震作用下可能出现塑性铰的部位。在底层大空间结构中落地剪力墙的底层、还有矮墙等最小配筋率要提高到 0.3%。

2. 连系梁

连系梁截面按照受弯构件计算，如图 6-18（a）所示为普通配筋连系梁，由正截面受弯承载力计算纵筋（上、下配筋），由斜截面受剪承载力计算箍筋用量。

连系梁是一个受到反弯作用的梁，且跨高比较小，因而容易出现斜裂缝，容易出现剪切破坏。为了做到强墙弱梁，减小连系梁剪力，在内力计算后可以进行调幅以降低其弯矩及剪力（降低 20%）。当有地震作用组合时，按照强剪弱弯的要求计算抗剪箍筋，当跨高比大于 5.0 时，其斜截面受剪承载力可按一般受弯构件计算；当连系梁的跨高比不大于 5.0 时，其斜截面抗剪承载力按下式计算：

(1) 连系梁的截面尺寸应该符合下列条件：

当 $l_0/h \geqslant 5$ 时，$V_{wb} \leqslant 0.2 \beta_c f_c b h_0 / \gamma_{RE}$

当 $l_0/h \geqslant 2$ 时，$V_{wb} \leqslant 0.15 \beta_c f_c b h_0 / \gamma_{RE}$

当 $2 < l_0/h < 5$ 时，按以上两式直线内插法取用。

式中，V_{wb} 为连系梁的设计剪力值。

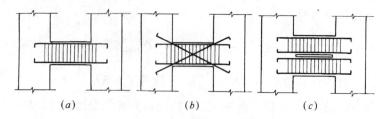

图 6-18 连系梁配筋形式

(a) 普通配筋；(b) 交叉配筋；(c) 开水平缝

(2) 连系梁的斜截面受剪承载力应按下式计算：

$$V_{wb} = \frac{1}{\gamma_{RE}} \left[0.50\beta_c f_t bh_0 + 0.33\left(\frac{l_0}{h} - 2\right) f_{yv} \frac{A_{sv}}{s_v} h_0 + 0.17\left(5 - \frac{l_0}{h}\right) f_{yh} \frac{A_{sh}}{s_h} h_0 \right]$$

(6-40)

为了改善连系梁的延性，可以采用交叉配筋形式，或在连系梁中开水平缝减小其跨高比，见图 6-18 (b)、(c)。

(3) 剪力墙的最小构造配筋率

竖向及横向分布钢筋的最小配筋率　　　　　表 6-2

墙 体 部 位 抗 震 等 级	非加强部位	加强部位
Ⅰ 级	0.25%	0.25%
Ⅱ 级	0.20%	0.25%
Ⅲ、Ⅳ 级	0.15%	0.20%

为保证剪力墙的延性，规定墙的最小配筋率是十分必要的。其主要原因有两点：一是防止墙体在斜裂缝出现后立即发生脆性剪切破坏；二是使墙的正截面极限强度大于墙的正截面抗裂强度。为防止墙体在斜裂缝出现后立即发生脆性剪切破坏，必须配置一定的横向抗剪钢筋（对于矮剪力墙，竖向钢筋也有显著的抗剪作用）。一般建议对剪力墙的竖向及横向分布钢筋各方向的最小配筋率为 0.1%～0.25%，具体见表 6-2。

§6.6 保证构件受剪性能的构造措施

6.6.1 箍筋的形式及其构造要求

1. 箍筋的形式与肢数

箍筋的受拉起到将斜裂缝间混凝土齿状体的斜向压力传递到受压区混凝土的作用，即箍筋将梁的受压区和受拉区紧密联系在一起，因此箍筋必须有良好的锚固，一般应将端部锚固在受压区内。

箍筋通常有开口式和封闭式两种。对于封闭式箍筋，其在受压区的水平肢将约束混凝土的横向变形，有助于提高混凝土的抗压强度。所以，在一般矩形截面梁中应采用封闭箍筋，既方便固定纵筋又对梁的受扭有利；对于现浇的 T 形截面梁，由于在翼缘顶面通常另有横向钢筋（如板中承受负弯矩的钢筋），此时也可采用开口箍筋。箍筋的端部锚固应采用135°弯钩而不宜用90°的弯钩，弯钩端头直线长度不小于 50mm 或 5d。（图 6-19）。

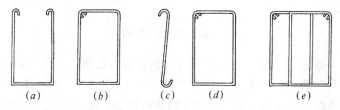

图 6-19　箍筋的形式和肢数
(a) 开口式；(b) 封闭式；(c) 单肢箍；(d) 双肢箍；(e) 四肢箍

实际工程中应用的抗剪箍筋主要有单肢箍、双肢箍和四肢箍等几种形式，其对应的极限抗剪承载力公式中 $A_{sv}=nA_{sv1}$ 的 n 值分别等于 1、2 和 4，式中 A_{sv1} 为单肢箍的截面面积。

一般按如下情况选用：

1）梁宽 $b<350$mm 时，通常用双肢箍；

2）梁宽 $b\geq350$mm 或纵向受拉钢筋在一排的根数多于 5 根时，应采用四肢；

3）箍梁配有受压钢筋时，应使受压钢筋至少每隔一根处于箍筋的转角处；

4）只有当梁宽 $b<150$mm 或作为腰筋的拉结筋时，才允许使用单肢箍。

2. 箍筋的间距

为了控制斜裂缝的宽度以及保证有必要数量的箍筋穿越每一条斜裂缝，箍筋间距除按计算确定外，箍筋的最大间距 S_{max} 可参考表 6-3 确定。

3. 箍筋的最小直径

为了使钢筋骨架具有一定的刚性，便于施工时制作安装，箍筋直径不应太小。我国规范规定的最小箍筋直径可参考表 6-4 取值。当梁内配有计算需要的受压纵筋时，箍筋直径应不小于 $d/4$，此处 d 为受压钢筋中的最大直径。

梁中箍筋最大间距 S_{max}（mm）　　　　表 6-3

梁高 h（mm）	$V>0.7f_tbh_0$	$V\leq0.7f_tbh_0$
$150<h\leq300$	150	200
$300<h\leq500$	200	300
$500<h\leq800$	250	350
$h>800$	300	500

梁中箍筋最小直径（mm）　　　　　　　　表 6-4

梁　　高 (mm)	箍筋直径 (mm)
$h \leqslant 250$	4
$250 < h \leqslant 800$	6
$h > 800$	8

6.6.2　纵筋的截断

在实际工程中常常在钢筋不需要处对钢筋进行截断，以节约钢筋用量。当将纵向受拉钢筋在跨中截断时，由于钢筋面积减少，使混凝土中产生应力集中现象，在纵筋截断处将提前出现裂缝。如截断钢筋的锚固长度不足，将导致粘结破坏，降低构件的承载力。因此，对于梁底部承受正弯矩的纵向受拉钢筋，一般不宜在跨中受拉区截断，而应将计算上不需要的钢筋弯起作为受剪的弯起钢筋，或作为支座截面承受负弯矩的钢筋。但是，对于悬臂梁、连续梁（板）、框架梁等构件，为了合理配筋，通常需将支座处负弯矩钢筋按弯矩图形的变化，在跨中受压区分批截断。为了保证钢筋强度的充分利用，截断的钢筋必须在跨中有足够的锚固长度。

前面曾经讲过，由于剪力的影响会导致纵筋拉力的增大，因此在钢筋截断时不能仅仅根据构件的弯矩图，而应考虑这一影响。为此，可以将构件的抗剪机制分成桁架机制和梁机制分别进行考虑。

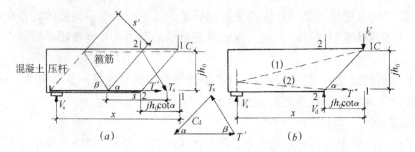

图 6-20　混凝土梁的桁架机制和梁机制
(a) 桁架机制图；(b) 梁机制图

首先考虑桁架机制，参考图 6-20 (a)，对 1-1 截面压力的合力点 C' 取弯矩可得：

$$M'_1 = V_s x = M'_2 + V_s jh_0 \cot\alpha = T' jh_0 + \frac{s}{2} T_s \sin\beta \qquad (6-41)$$

此处，M'_1、M'_2 分别为外力在 1-1 截面和 2-2 截面产生的弯矩值。

由图中的几何关系显然可以看出

$$s = jh_0(\cot\alpha + \cot\beta); \qquad (6-42)$$

由力的多边形可以得到

$$V_s = C_d \sin\alpha = T_s \sin\beta; \tag{6-43}$$

将以上式（6-42）、（6-43）、代入式（6-41）有：

$$T' = \frac{M'_2}{jh_0} + \frac{V_s}{2}(\cot\alpha - \cot\beta) \tag{6-44}$$

其次，参考无腹筋梁的梁机制图 6-20 (b)，忽略纵筋销栓力的影响，同样可以得到：

$$M''_1 = T'' jh_0 = M''_2 + V_c jh_0 \cot\alpha \tag{6-45}$$

式中，M''_1、M''_2 分别为外力在 1-1 截面和 2-2 截面产生的弯矩值。

由式（6-45）得：

$$T'' = \frac{M''_1}{jh_0} = \frac{M''_2}{jh_0} + V_c \cot\alpha \tag{6-46}$$

从中可以看出，截面 2-2 的钢筋拉力由截面 1-1 的弯矩值控制。

将两种机制综合得到：

$$V_u = V_s + V_c \qquad \therefore M_u = M'_2 + M''_2; \quad T_u = T' + T''$$

由此得到截面 2-2 处抗弯钢筋的总拉力为：

$$T_u = \frac{M_u}{jh_0} + V_c \cot\alpha + \frac{V_s}{2}(\cot\alpha - \cot\beta) \tag{6-47}$$

引入记号 $\eta = \dfrac{V_s}{V_u}$ 表示腹筋在总抵抗剪力中所占的比重，得到：

$$T_u = \frac{M_u}{jh_0} + \frac{e_v}{h_0} V_u \tag{6-48}$$

此处

$$\frac{e_v}{h_0} = \cot\alpha - \frac{\eta}{2}(\cot\alpha + \cot\beta) \geqslant 0 \tag{6-49}$$

从上式可以很明显地看出，斜裂缝形成后，抗弯纵筋的拉力 T_u 较该截面所需抵抗外弯矩的大，其增大程度同斜裂缝的倾斜方向有很大的关系（如斜压杆的角度 α）。

以上式子与抗弯纵筋的截断有密切的关系。图 6-21 是一简支梁及其在给定荷载作用下的弯矩图。假设跨中荷载 P_1 处需要 6 根钢筋，每批截断 1/3（即 2 根钢筋）。根据弯矩图在截面 2-2 似乎只需要 4 根钢筋即可抵抗该截面的弯矩值，然而，由于斜裂缝的存在，该截面所需抵抗的弯矩增大了 $e_v V_u$，因此弯矩图应向左平移相应的距离，用虚线表示。在弯矩减小的方向距 2-2 截面的距离为 e_v 的 3-3 截面需要充分利用 4 根钢筋的强度。如果要进一步截断两根钢筋就必须从 3-3 截面而不是 2-2 截面延伸一段锚固长度 l_d。

截断钢筋的延伸长度一般要求：

1) 当 $V > 0.7 f_t b h_0$ 时，截断点到该钢筋充分利用截面的距离应不小于 $1.2 l_a +$

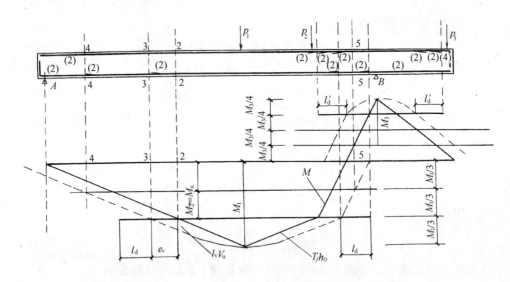

图 6-21　外力弯矩 M 与需抵抗弯矩 $T_j h_0$ 的关系

h_0；

2）当 $V \leqslant 0.07 f_c b h_0$ 时，截断点到该钢筋充分利用截面的距离应不小于 $1.2 l_a$；

3）纵向受拉钢筋截断点延伸至该钢筋理论截断点以外的长度不应小于 $20d$（d 为截断钢筋的直径）。

式中 l_a 为基本锚固长度，是由拔出试验确定的基本锚固长度，其值可在有关规范中查到。

6.6.3　纵筋的弯起

弯起钢筋虽能提高梁的抗剪强度，但实际工程中总是先选用箍筋，当箍筋用量过大时，再设置弯起钢筋。这是因为弯筋虽然受力方向和主拉应力方向接近，但施工不便。此外，混凝土斜压杆支承在弯筋上就象支承在刀刃上，可能引起弯起钢筋处混凝土发生劈裂。因此，弯筋一般不宜放在梁的边缘，也不宜采用过粗直径的钢筋。为了防止弯筋间距过大，以致可能出现不与弯筋相交的斜裂缝使弯筋无从发挥其抗剪作用，弯筋的最大间距应满足箍筋最大间距 S_{max} 的要求，从支座边到第一排弯筋的弯上点以及从前一排弯筋的弯起点到后一排弯筋的弯上点的间距都不应大于 S_{max}。

为了保证正截面受弯承载力的要求，弯起钢筋的抵抗弯矩图应位于荷载作用产生的弯矩图外；但是，在出现斜裂缝之后，还应满足斜截面受弯承载力要求。如图 6-22 所示，i 为弯起钢筋的充分利用点，在距 i 点距离为 a 处将②号钢筋弯起。设出现斜裂缝 cd，其顶点 d 位于②号钢筋的强度充分利用截面 i 处。则有：

②号钢筋在正截面 i 处的抵抗弯矩为 $M^{②} = f_y A_{sb} z$；

②号钢筋弯起后，在斜截面 cd 的抵抗弯矩为 $M_{st}^{②} = f_y A_{sb} z_b$；

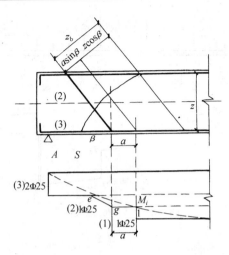

图 6-22

式中 A_{sb} 为弯起钢筋的截面面积，z 和 z_b 分别为弯起钢筋在正截面及斜截面的力臂。

为了保证钢筋弯起后斜截面的受弯承载力不低于正截面承载力，要求 $M_{st}^{②} \geqslant M^{②}$，即有

$$z_b \geqslant z$$

由图 6-22 中的几何关系

$z_b = a\sin\beta + z\cos\beta$，

故 $a\sin\beta + z\cos\beta \geqslant z$，因此有

$$a \geqslant \frac{z(1 - \cos\beta)}{\sin\beta} \tag{6-50}$$

弯起钢筋的弯起角度 β 一般为 $45° \sim 60°$，取 $z = (0.91 \sim 0.77)h_0$，则有：

$\beta = 45°$ 时，$a \geqslant (0.372 \sim 0.319)h_0$

$\beta = 60°$ 时，$a \geqslant (0.525 \sim 0.445)h_0$

因此，为方便起见，可简单取为

$$a \geqslant 0.5h_0$$

当弯起钢筋仅仅作为受剪钢筋，而不是伸过支座用于承受负弯矩时，弯起钢筋在弯折终点外应有一直线段的锚固长度，才能保证在斜截面发挥其强度。

【例 6-1】 一钢筋混凝土矩形截面外伸梁，如图 6-23 所示，支承于砖墙上，其跨度、截面尺寸及设计荷载如图所示。混凝土为 C20，$f_t = 1.1 \text{N/mm}^2$，$f_c = 9.5 \text{N/mm}^2$，箍筋用 HPB235 级钢筋，$f_{yv} = 210 \text{N/mm}^2$，纵筋用 HRB335 级钢筋，$f_y = 300 \text{N/mm}^2$。求箍筋和弯筋的数量。

【解】

(1) 求内力

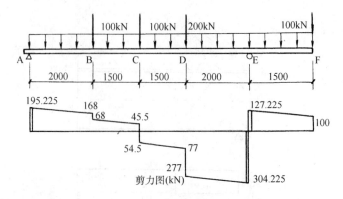

图 6-23   【例 6-1】附图

其剪力图如图所示。

(2) 验算截面条件

$0.25\beta_c f_c bh_0 = 0.25 \times 1.0 \times 9.5 \times 250 \times 640 = 384\text{kN} > 304.225\text{kN}$

(3) 箍筋和弯筋数量的确定

EF 段：集中荷载为 100kN，支座截面的总剪力为 127.225kN，因 $100/127.225 = 0.786 > 0.75$，故应考虑剪跨比的影响。

剪跨比 $\lambda = \dfrac{2000}{640} = 3.13 > 3.0$，故取 $\lambda = 3.0$。

$$V_c = \frac{1.75}{\lambda + 1.0} f_t h_0 = \frac{1.75}{3.0 + 1.0} \times 1.1 \times 250 \times 640$$

$$= 77000\text{N} < 127225\text{N}$$

故应按计算要求配筋：

$$\frac{nA_{sv1}}{s} = \frac{V - V_c}{1.0 f_{yv} h_0} = \frac{127225 - 77000}{1.0 \times 210 \times 640} = 0.374\text{mm}^2/\text{mm}$$

选用双肢箍 $\phi6@150\text{mm}$，$\dfrac{nA_{sv1}}{s} = 0.377\text{mm}^2/\text{mm}$

$\rho_{svmin} = 0.24 \times 1.1/210 = 0.00126 < 0.377/250 = 0.00151$，可以。

AB 段：该区段最大剪力值为 195225N，其中集中荷载剪力为 145.5kN，因 $145500/195225 = 0.745 < 0.75$，故不考虑剪跨比的影响。

$0.7 f_t bh_0 = 0.7 \times 1.1 \times 250 \times 640 = 123200\text{N} < 195225\text{N}$

故应按计算要求配置箍筋和弯筋：

选用双肢 $\phi6@250\text{mm}$，

$$V_{cs} = 0.7 f_t bh_0 + 1.25 f_{yv} \frac{A_{sv}}{s} h_0$$

$$= 0.7 \times 1.1 \times 250 \times 640 + 1.25 \times 210 \times \frac{2 \times 28.1}{250} \times 640$$

$$= 161235\text{N} < 195225\text{N}$$

需配置弯筋 $A_{sb} = \dfrac{195225 - 161235}{0.8 \times 300 \times 0.707} = 200\text{mm}^2$

用纵筋弯起 1 $\underline{\Phi}$ 22（$A_{sb}=380.1\text{mm}^2$），在 AB 段共弯起三批。

DE 段：该区段最大剪力值为 304225N，其中集中荷载剪力为 254.5kN，因 254500/304225＝0.837＞0.75，故需考虑剪跨比的影响。

剪跨比 $\lambda=\dfrac{2000}{640}=3.13>3.0$，故取 $\lambda=3.0$。

选用双肢箍筋 $\phi8@150\text{mm}$，

$$V_{cs}=\frac{1.75}{\lambda+1.0}f_tbh_0+1.0f_{yv}\frac{A_{sv}}{s}h_0$$
$$=\frac{1.75}{3.0+1.0}\times1.1\times250\times640+1.0\times210\times\frac{2\times50.3}{150}\times640$$
$$=189672\text{N}<304225\text{N}$$

需配置弯筋 $A_{sb}=\dfrac{304225-189672}{0.8\times300\times0.707}=675\text{mm}^2$，

用纵筋弯起 2 $\underline{\Phi}$ 22（$A_{sb}=760.2\text{mm}^2$），在 DE 段共弯起三批。

BD 段：该区段的集中荷载的剪力和左右两支座截面的剪力值相比均低于 75%，不考虑剪跨比的影响。

$0.7f_tbh_0=123200\text{N}=123.2\text{kN}$　按构造要求配置双肢箍筋

$\phi8@250\text{mm}$ 已足够，无需计算。

思 考 题

1. 为什么梁一般在跨中产生垂直裂缝而在跨中与支座之间产生斜裂缝？
2. 图 6-24 的简支梁可能会发生那几种裂缝形式？试简要画出各裂缝的大致形状。
3. 抗剪极限承载力公式采用混凝土项和钢筋项分项叠加是否表示二者互不影响？
4. 试以图 6-25 的变角桁架模型推导出箍筋承担的剪力 V_s，并与教材中的公式相比较，分析其异同点。
5. 薄腹梁的斜裂缝以及破坏特征与矩形截面梁有何不同之处？

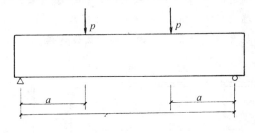

图 6-24　思考题 2 图

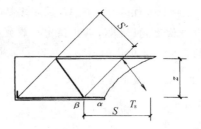

图 6-25　思考题 4 图

习　题

6-1　矩形截面简支梁支撑情况及其截面尺寸如图 6-26 所示，集中荷载设计值 $p=$
　　120kN，均布荷载 $q=10$kN/m（包括梁的自重）。选用 C20 混凝土，纵筋采用
　　HRB335 级钢筋，箍筋采用 HPB235 级钢筋。试配置纵向抗弯钢筋、抗剪箍筋并
　　要求画出梁的纵、横剖面图。

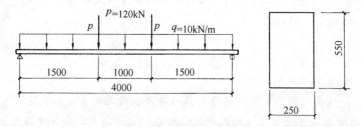

图 6-26　习题 6-1 图

6-2　如图 6-27 所示钢筋简支梁，承受均布荷载设计值 $g+q$，采用混凝土强度等级 C20，
　　纵筋采用 HRB335 级钢筋，箍筋采用 HPB235 级钢筋。试求：
　　1）当采用双肢箍筋 $\phi6@250$mm 时梁的允许荷载设计值 $g+q=$？；
　　2）当采用双肢箍筋 $\phi8@250$mm 时梁的允许荷载设计值 $g+q=$？；
　　3）如按正截面抗弯强度计算时梁的允许荷载设计值 $g+q=$？。

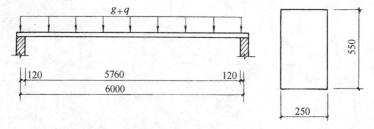

图 6-27　习题 6-2 图

6-3　如图 6-28 所示均布荷载设计值 g_1、q_1、g_2、q_2（均已包括梁的自重）作用下的伸
　　臂梁，采用混凝土强度等级 C20，钢筋均采用 HPB235 级钢筋。试对该梁进行如

下计算：

1）纵向受弯钢筋（跨中和支座）的直径和根数；

2）腹筋（考虑弯起钢筋）直径和间距；

3）按抵抗弯矩图布置钢筋（弯起以及截断），绘出梁的纵剖面、横剖面配筋图；

4）画出单根钢筋图。

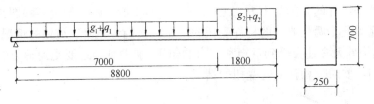

图 6-28   习题 6-3 图

6-4   T 形截面简支梁支承情况及截面尺寸如图 6-29 所示，均布荷载设计值 $q=72kN$。采用 C15 等级的混凝土，纵筋采用 HRB335 级钢筋，箍筋采用 HPB235 级钢筋。分别按下列两种情况进行梁的腹筋计算：

1）仅配箍筋；

2）采用双肢 $\phi6@200mm$ 箍筋，求所需配置的弯起钢筋。

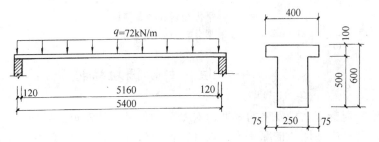

图 6-29   习题 6-4 图

6-5   如图 6-30 所示矩形截面梁。集中荷载设计值 $P=360kN$。采用 C20 等级的混凝土，按正截面受弯承载力计算纵向钢筋采用 6 Φ 18 的 HRB335 级钢筋，箍筋采用 HPB235 级钢筋。要求：

1）仅配箍筋，计算箍筋直径及间距；

2）如采用双肢 $\phi6@150mm$ 箍筋，求所需配置的弯起钢筋。

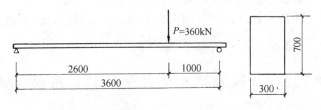

图 6-30   习题 6-5 图

第 7 章 构件受扭性能

扭转是构件的基本受力方式之一。图 7-1（a）所示的框架边梁和图 7-1（b）所示的雨篷梁就是两个典型的构件受扭的例子。我们将先研究纯扭的情况。但实际上，受扭构件大多还要受到弯矩和剪力的作用，有的甚至还要受到轴力的作用。因此，我们还要研究构件复合受扭的情况。

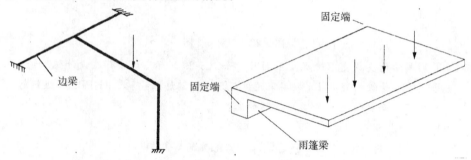

固定端

边梁

固定端

雨篷梁

图 7-1 平衡扭转和协调扭转
（a）框架边梁；（b）雨篷梁

§7.1 平衡扭转与协调扭转性能

在钢筋混凝土结构发展的早期，对多数构件是不计扭矩的影响的，只对不考虑扭矩就会产生破坏的情况才进行构件的抗扭设计。为了区分这两种不同情况，就引入了平衡扭转和协调扭转这两个概念。

当构件所受扭矩的大小与该构件的扭转刚度无关时，相应的扭转就称为平衡扭转。例如图 7-1（b）所示的雨篷梁就是典型的平衡扭转情况。显然，无论该雨篷梁的抗扭刚度如何变化，其承受的扭矩是不变的（此处仅考虑等截面构件）。

当构件所受扭矩的大小取决于该构件的扭转刚度时，相应的扭转就称为协调扭转。例如图 7-1（a）所示的框架边梁就是典型的协调扭转情况。在这种情况下，如果边梁因开裂而引起扭转刚度的降低，则其承受的扭矩也会降低。因此，边梁即使不进行受扭承载力设计，结构的承载力仍然是足够的，但要以构件的开裂和较大的变形为代价。

§7.2 混凝土结构构件受纯扭作用的性能

虽然实际的受扭构件一般都是受弯剪扭复合作用的，但对受纯扭构件的研究仍是有意义的。首先，这种研究能在单纯扭转的状态下揭示构件的受扭特性，抓住了主要特点；其次，早期的受扭构件的设计也是以纯扭构件的研究结果为依据的。

7.2.1 试 验 研 究 结 果

试件为配有纵筋和箍筋的矩形截面构件，两端加有扭矩使其处于纯扭状态。

试件开裂前，其性能符合弹性扭转理论。钢筋的应力很小，扭矩——扭转角之间呈线性关系。

初始裂缝发生在截面长边的中点附近，其方向与构件轴线呈 45°。此裂缝在后来的加载中向两端发展成螺旋状，并仍与构件轴线呈 45°。同时出现许多新的螺旋形裂缝。

长边的裂缝方向与构件轴线基本上呈 45°，而短边的裂缝方向则较为不规则些。

开裂后，试件的抗扭刚度大幅下降，扭矩——扭转角曲线出现明显的转折。在开裂后的试件中，混凝土受压，纵筋和箍筋则均受拉，形成了新的受力机制。随着扭矩的继续增加，此受力机制基本保持不变，而混凝土和钢筋的应力则不断增加，直至试件破坏。

典型的扭矩——扭转角曲线如图 7-2 所示，破坏后试件裂缝情况的表面展开图示于图 7-3。

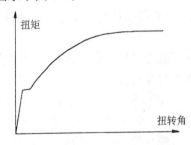

图 7-2　典型的扭矩—扭转角曲线

从图 7-2 可见，在开裂时构件的扭矩——扭转角曲线有明显的转折并呈现"屈服平台"。这是因为在螺旋形裂缝出现而形成扭曲裂面之后，原来的平衡状态不再成立，代之的是在扭面平衡的机理上建立的新的平衡。这种新的平衡机理的建立必须在一定的变形过程中完成，这就形成了曲线上的屈服台阶。这说明受扭构件在开裂后其平衡的机理有根本改变。

随着纵筋和箍筋配筋量的不同，试件呈不同的破坏模式。

当纵筋和箍筋的配置量适中时，纵筋和箍筋首先达到屈服强度，然后混凝土被压碎而破坏。这种试件呈现较好的延性，与适筋梁类似，称为低配筋构件。

当纵筋配得较少、箍筋配得较多时，破坏时纵筋屈服而箍筋不屈服；反之，当箍筋配得较少、纵筋配得较多时，破坏时箍筋屈服而纵筋不屈服。这两种类型的构件统称为部分超配筋构件。部分超配筋构件亦有一定的延性，但其延性比低配筋构件小。

当纵筋和箍筋均配得很多时，则破坏时二者均不会屈服。构件的破坏始于混凝土的压坏，属脆性破坏。这种构件称为超配筋构件，与超筋梁相类似。

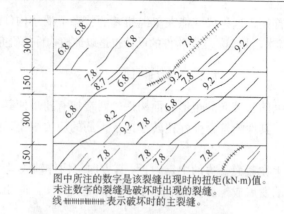

图中所注的数字是该裂缝出现时的扭矩(kN·m)值。
未注数字的裂缝是破坏时出现的裂缝。
线 ┼┼┼┼┼┼┼┼┼┼ 表示破坏时的主裂缝。

图 7-3　破坏后试件裂缝情况的表面展开图

当纵筋和箍筋均配得过少时，一旦裂缝出现，构件随即破坏。这是因为纵筋和箍筋无法与混凝土一起形成开裂后的新的承载机制。它们迅速屈服甚至进入强化段，但仍无力阻止构件的迅速开裂和破坏。这种构件称为少配筋构件，与少筋梁类似。

少配筋构件和超配筋构件在设计中应予以避免。

高强混凝土（$f_{cu}=77.2\sim91.9\text{MPa}$）构件受纯扭时，在未配抗扭腹筋的情况下，其破坏过程和破裂面形态基本上与普通混凝土构件一致，但斜裂缝比普通混凝土构件陡，破裂面较平整，骨料大部分被拉断。其开裂荷载比较接近破坏荷载，脆性破坏的特征比普通混凝土构件更为明显。

配有抗扭钢筋的高强混凝土构件受纯扭时，其裂缝发展及破坏过程与普通混凝土构件基本一致，但斜裂缝的倾角比普通混凝土构件略大。

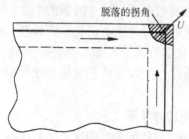

图 7-4　受扭构件的拐角脱落

除了上述破坏形式之外，受扭构件还可能出现拐角脱落的破坏形式。根据空间桁架模型，受压腹杆在截面拐角处相交会产生一个把拐角推离截面的径向力 U（图 7-4）。如果没有密配的箍筋或刚性的角部纵筋来承受此径向力，则当此力足够大时，拐角就会脱落。对不同的箍筋间距进行试验表明，当扭转剪应力大时，只有使箍筋间距≤100mm才能可靠地防止这类破坏。使用较粗的角部纵筋也能防止此类破坏。

7.2.2　开　裂　扭　矩

为避免形成少配筋构件，配筋构件的抗扭承载力至少应大于素混凝土构件的抗扭承载力。而素混凝土构件的抗扭承载力也就是它的开裂扭矩。因此，需要计算构件的开裂扭矩以作为确定最小抗扭配筋的依据。

由于钢筋在构件开裂前的应力很小，故在开裂扭矩的计算中可不计钢筋的作用。

对于弹性材料，应按弹性理论计算开裂扭矩；对于塑性材料，则应按塑性理论计算开裂扭矩。混凝土在受拉破坏时，其应力—应变关系呈软化特性并有一下降段，其性能介于弹性材料和塑性材料之间。

因此，开裂扭矩的计算有两类方法。一类是基于弹性理论，得出结果后，再考虑混凝土的塑性，把弹性开裂扭矩予以适当的放大。另一类是基于塑性理论，得出结果后，再考虑混凝土塑性的不足，把塑性极限扭矩予以适当的折减。美国规范用的是前一类方法，我国规范用的则是后一类方法。

1. 基于弹性理论的方法

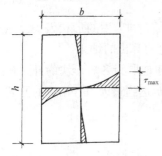

截面的弹性扭剪应力分布如图 7-5 所示。最大剪应力发生在长边中点，其值为

$$\tau_{\max} = \frac{T}{\alpha b^2 h} \tag{7-1}$$

其中 b 和 h 分别为截面的短边边长和长边边长，α 为形状因子，其值约为 1/4。

试验观察表明，沿翘曲截面的扭转破坏表现为截面一侧受拉，而截面的另一侧则受压,这更象沿此斜面的弯曲破坏。假定此斜面为与构件轴线成45°的平面，如图 7-6 所示，则扭矩 T 可分解为沿此截面

图 7-5 截面的弹性扭剪应力分布

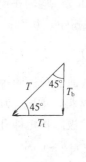
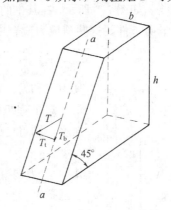

图 7-6 扭转的斜弯理论

的弯矩 T_b 和扭矩 T_t。从而有

$$T_b = T\cos45° \tag{7-2}$$

关于 a-a 轴的截面模量为（图 7-6）

$$W = \frac{1}{6} b^2 h \csc45° \tag{7-3}$$

从而，混凝土中的最大弯曲拉应力为

$$\sigma_{tb} = \frac{T_b}{W} = \frac{3T}{b^2 h} \tag{7-4}$$

当应力 σ_{tb} 达到混凝土的在相应应力状态下的抗拉强度时，构件即开裂破坏。从图7-6 可以看出，截面长边中点处的混凝土处于纯剪应力状态，该点混凝土不但承受主拉应力 σ_{tb} 的作用，还在与其垂直的方向受数值相等的主压应力作用。从前面学过的混凝土在双向受力时的强度曲线可知，在纯剪应力状态下混凝土的抗拉强度约降低 15%。即此时混凝土的表观抗拉强度为 $0.85f_t$，其中 f_t 为混凝土的单轴抗拉强度。由此，可得构件的开裂扭矩为

$$T_{cr} = 0.85 \frac{f_t b^2 h}{3} \tag{7-5}$$

上述结果也可看成是对弹性理论结果的修正，即把式（7-1）中的形状因子由原来的 1/4 改为 1/3，使计算的开裂扭矩大于按弹性理论的算出的结果。

对于工字形和 T 形截面，其开裂扭矩可偏于保守地取为各矩形块的开裂扭矩之和。因此，把截面划分成矩形块的方式应使得 $\Sigma b^2 h$ 达到最大值。相应的开裂扭矩为

$$T_{cr} = 0.85 f_t \frac{\Sigma b^2 h}{3} \tag{7-6}$$

2. 基于塑性理论的方法

假定截面完全进入塑性状态，则根据塑性理论的沙堆比拟，把截面的扭剪应力划分成四个部分，如图 7-7 所示。在其中的每个部分，均匀作用着沿图示方向的剪应力 τ_{max}。由平衡条件，这些剪应力应合成极限扭矩，从而得极限扭矩为

$$\tau_u = \tau_{max} \frac{b^2}{6} (3h - b) \tag{7-7}$$

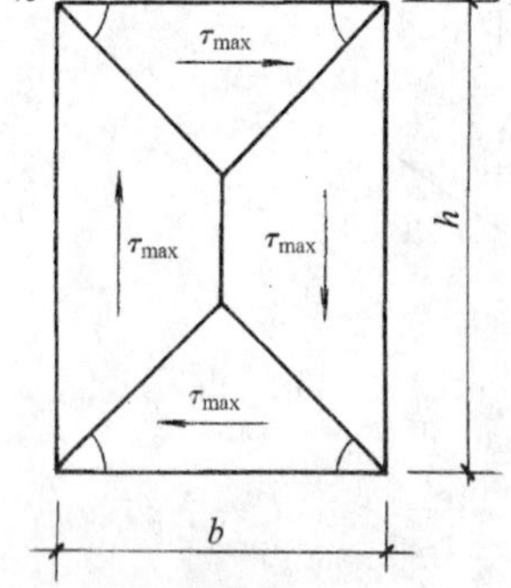

其中 h 和 b 分别为截面的长边和短边尺寸。

对于理想塑性材料，取 τ_{max} 为相应情况的抗拉强度，则可得到塑性极限扭矩即开裂扭矩：

$$T_{cr,p} = f_t W_t \tag{7-8}$$

其中 f_t 为混凝土的抗拉强度，W_t 为矩形截面的塑性抵抗矩：

$$W_t = \frac{b^2}{6} (3h - b) \tag{7-9}$$

图 7-7　截面的塑性剪扭应力

混凝土并不是理想塑性材料，因此，其抗拉强度应适当降低。试验表明，对高强混凝土，其降低系数为 0.7；对低强混凝土，降低系数接近 0.8。所以，我国规范取混凝土的抗拉强度降低系数为 0.7。相应的开裂扭矩计算公式为

$$T_{cr,c} = 0.7 f_t W_t \tag{7-10}$$

其中，对于矩形截面，$W_t = (b^2/6)(3h-b)$；对于一般形状的截面，W_t 为截面受扭的塑性抵抗矩。

由若干矩形组成的截面的沙堆比拟如图 7-8 的左图所示。显然，要计算这种沙堆的体积是很复杂的。为方便计算，采用图 7-8 右图所示的简化图形，即用连接处的沙堆体积 1'2'3' 去补充端部所缺的沙堆体积 1、2、3。由此可得翼缘上沙堆的体积为

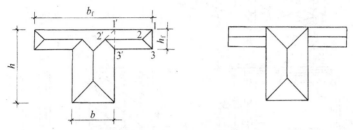

图 7-8 复杂截面的简化沙堆比拟

$$V_f = \phi \frac{h_f'}{4}(b_f - b) \tag{7-11}$$

其中 ϕ 为沙堆的斜率。可以证明，若 V 为沙堆的体积，ϕ 为沙堆的斜率，则抗扭塑性抵抗矩 $W_t = 2V/\phi$。因此可得图 7-8 所示翼缘的塑性抵抗矩 W_{tf} 为

$$W_{tf} = \frac{h_f^2}{2}(b_f - b) \tag{7-12}$$

试验表明，翼缘挑出部分的有效长度不应超过翼缘厚度的 3 倍。

因此，由若干矩形组成的截面的塑性抵抗矩为各矩形的塑性抵抗矩之和：

$$W_t = \Sigma W_{ti} \tag{7-13}$$

构造抗扭钢筋（最小抗扭钢筋量）的配置应保证截面的极限扭矩大于其开裂扭矩。

7.2.3 极 限 扭 矩

极限扭矩的计算，有基于空间桁架模型的方法和基于极限平衡的斜弯理论两大类。

1. 空间桁架模型

早期提出的空间桁架模型是 E. Rausch 在 1929 年提出的定角（45°）空间桁架模型。实际上，斜裂缝的角度是随纵筋和箍筋的比率而变化的。人为地把角度定在 45°，相当于给构件加上了额外的约束，使得计算结果偏于不安全。由于最终的计算公式中的系数是根据实验结果并考虑安全性而定出的，故采用定角并不会导致明显的不安全。但由于定角的做法没有反映纵筋和箍筋的比率对破坏时斜裂缝角度的影响和对极限扭矩的影响，故定角的做法至少导致了安全度的不均匀。

1968 年 P. Lampert 和 B. Thuerlimann 提出了变角度空间桁架模型，克服了上述缺陷。下面讲述变角度空间桁架模型。

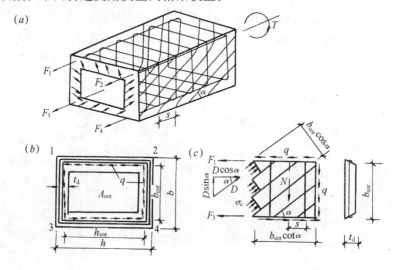

图 7-9　变角度空间桁架模型

该模型采用如下基本假定：①原实心截面构件简化为箱形截面构件，如图7-9所示。此时，箱形截面的混凝土被螺旋形裂缝分成一系列倾角为 α 的斜压杆，与纵筋和箍筋共同组成空间桁架。②纵筋和箍筋构成桁架的拉杆。③不计钢筋的销栓作用。

在上述假定下，引入剪力流的概念，对混凝土斜压杆只考虑其平均压应力，则问题就变为静定的了。

根据闭口薄壁杆件理论，由扭矩 T 在截面侧壁中产生的剪力流 q 可表示为

$$q = \tau t_d = \frac{T}{2A_{cor}} \tag{7-14}$$

其中，A_{cor} 为由截面侧壁中线所围成的面积，此处取为由位于截面角部纵筋中心连线所围成的面积，即 $A_{cor}=b_{cor} h_{cor}$（图 7-9）；τ 为扭剪应力；t_d 为箱形截面侧壁的厚度。

取箱形截面侧壁的侧板（1）为隔离体如图 7-9（c）所示，图中示出了剪力流 q 所引起的桁架杆件的力。斜压杆的平均压应力为 σ_c，斜压杆的总压力为 D。由平衡条件得

$$D = \frac{q b_{cor}}{\sin\alpha} = \frac{\tau t_d b_{cor}}{\sin\alpha} \tag{7-15}$$

考虑到上式和式（7-14），得混凝土的平均压应力为

$$\sigma_c = \frac{D}{t_d b_{cor}\cos\alpha} = \frac{q}{t_d\sin\alpha\cos\alpha} = \frac{\tau}{\sin\alpha\cos\alpha} \tag{7-16}$$

斜压杆的总压力 D 在单个纵筋中产生的拉力为 $F_1=F_2=F_{(1)}$，且

$$F_{(1)} = \frac{1}{2}D\cos\alpha = \frac{1}{2}qb_{\text{cor}}\text{ctg}\alpha = \frac{1}{2}\tau t_d b_{\text{cor}}\text{ctg}\alpha \tag{7-17}$$

把该隔离体沿斜裂缝切开，考虑上半部分的平衡，设 N 为单个箍筋的拉力，s 为箍筋间距，则有

$$\frac{Nb_{\text{cor}}\text{ctg}\alpha}{s} = qb_{\text{cor}}$$

从而得

$$N = qs\text{tg}\alpha = \tau t_d s\text{tg}\alpha \tag{7-18}$$

从上式可见，若各侧壁的箍筋面积 A_{st1} 相同，则各侧壁的斜压杆倾角 α 也相同。

对其他侧板的分析与上述类似，只是侧板高度可能不同，视情况取 b_{cor} 或 h_{cor} 即可。

对所有侧板求出的纵筋的拉力之和为

$$R = \sum_{\text{对各侧板求和}} 2F_{(i)} = q\text{ctg}\alpha \cdot 2(b_{\text{cor}} + h_{\text{cor}})$$

$$= q\text{ctg}\alpha U_{\text{cor}} = \frac{TU_{\text{cor}}\text{ctg}\alpha}{2A_{\text{cor}}} \tag{7-19}$$

其中，$U_{\text{cor}} = 2(b_{\text{cor}} + h_{\text{cor}})$ 为剪力流路线所围成面积 A_{cor} 的周长。

由剪力流的表达式，可把箍筋的拉力 N 和混凝土的平均压应力 σ_c 表为

$$N = \frac{T}{2A_{\text{cor}}}s\text{tg}\alpha \tag{7-20}$$

$$\sigma_c = \frac{T}{2A_{\text{cor}}t_d\sin\alpha\cos\alpha} \tag{7-21}$$

对低配筋受扭构件，纵筋和箍筋均达到屈服，从而有

$$R = R_y = f_y A_{\text{st}l} \tag{7-22}$$

$$N = N_y = f_{yv} A_{\text{st1}} \tag{7-23}$$

式（7-14）、（7-19）、（7-20）和（7-21）是按变角空间桁架模型得出的四个基本的静力平衡方程。其中 A_{cor}，U_{cor}，s，t_d 为已知。未知量有：T，q，R，α，N，σ_c。

上面一组 4 个方程中，却有 6 个未知量。一般地，给定这 6 个未知量中的 2 个，就可由这 4 个方程求出其余 4 个未知量，这就构成了不同类型的问题：①T 和 α 给定时，是设计问题。求出 R 和 N 后，由式（7-22）和（7-23）可求出纵筋和箍筋的面积；②R 和 N 给定时，是复核问题。可以求出极限扭矩 T。③已知 T 和 R 时，可以求出 N，进而求出箍筋的面积；④已知 T 和 N 时，可以求出 R，进而求出纵筋的面积；等等。

下面取 T 为极限扭矩 T_u，由上述公式导出 T_u 的表达式。

考虑到式（7-22）和（7-23），由式（7-19）和（7-20）可分别导出低配筋受扭

构件的极限扭矩计算公式：

$$T_u = 2f_y A_{stl} \frac{A_{cor}}{U_{cor}} \mathrm{tg}\alpha \tag{7-24}$$

$$T_u = 2f_{yv} A_{st1} \frac{A_{cor}}{s} \mathrm{ctg}\alpha \tag{7-25}$$

由上两式可解出

$$\mathrm{tg}\alpha = \sqrt{\frac{f_{yv} A_{st1} U_{cor}}{f_y A_{stl} s}} = \sqrt{\frac{1}{\zeta}} \tag{7-26}$$

$$T_u = 2A_{cor} \sqrt{\frac{f_y A_{stl} f_{yv} A_{st1}}{U_{cor} s}} = 2\sqrt{\zeta} \frac{f_{yv} A_{st1} A_{cor}}{s} \tag{7-27}$$

其中，

$$\zeta = \frac{f_y A_{stl} s}{f_{yv} A_{st1} U_{cor}} \tag{7-28}$$

ζ 为受扭构件纵筋与箍筋的配筋强度比。

当截面的纵筋配置不对称时，可按较少一侧配筋的对称截面计算。

当配筋强度比 $\zeta = 1$ 时，斜压杆的倾角为 45°，式（7-24）和（7-25）分别简化为

$$T_u = 2f_y A_{stl} \frac{A_{cor}}{U_{cor}} \tag{7-29}$$

$$T_u = 2f_{yv} A_{st1} \frac{A_{cor}}{s} \tag{7-30}$$

此二式即为 E. Rausch 的 45 度角空间桁架模型的计算公式。

由于开裂前钢筋基本上不起作用，故初始斜裂缝基本是呈 45°角的。但达到承载力极限状态时，临界斜裂缝的倾角 α 却是由配筋强度比 ζ 控制的。这说明当 $\zeta \neq 1$ 时，开裂后随着扭矩的增加，即时斜裂缝以及斜压杆的倾角都在不断变化，直至达到临界斜裂缝的倾角 α。

上面的结论是假定在达到承载力极限状态时，纵筋和箍筋均屈服而得出的。当 ζ 过大或过小时，纵筋或箍筋就达不到屈服。试验结果表明，当 α 介于 30°和 60°之间时，也即按式（7-28）算得的 ζ 在 3～0.333 之间时，构件破坏时，若纵筋和箍筋用量适当，则两种钢筋均能达到屈服强度。为了进一步限制构件在使用荷载作用下的裂缝宽度，一般取 α 角满足下列条件：

$$3/5 \leqslant \mathrm{tg}\alpha \leqslant 5/3 \tag{7-31}$$

或

$$0.36 \leqslant \zeta \leqslant 2.778 \tag{7-32}$$

为限制混凝土的压应力 σ_c 不超过其强度，必须限制钢筋的最大用量，避免形成超配筋构件。

2. 斜弯理论（亦称扭曲破坏面极限平衡理论）

1959 年 H. H. Лессиг 根据受弯、剪、扭作用的钢筋混凝土构件的试验结果,提出了受扭构件的斜弯破坏计算模型。

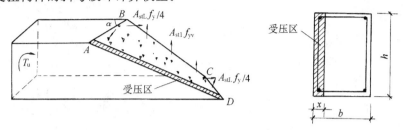

图 7-10　斜弯理论的计算图形

图 7-10 示出了破坏时由斜裂缝 $ABCD$ 界定的扭曲裂面,AD 边则为受压区。受压区通常很小,其厚度可近似取为纵筋保护层厚度的二倍。斜裂缝与杆轴线的夹角仍为 α。在配筋量适当的情况下,与斜裂缝相交的纵筋和箍筋均能达到屈服。

由静力平衡条件,可得出与前述相同的极限扭矩 T_u 的计算公式。

扭面平衡法的不足之处在于对非矩形截面不容易确定破坏扭面,而空间桁架模型则可以更容易地应用于异形截面构件的抗扭分析。

3. 《规范》的配筋计算方法

我国规范采用的矩形截面钢筋混凝土受纯扭构件的承载力计算公式为:

$$T \leqslant 0.35 f_t W_t + 1.2 \sqrt{\zeta} \, \frac{f_{yv} A_{st1} A_{cor}}{s} \tag{7-33}$$

其中,不等式右边的第一项为混凝土的抵抗扭矩,第二项为钢筋的抵抗扭矩。

对高强混凝土受扭构件,对试验数据回归得出的极限扭矩计算公式为

$$T \leqslant 0.422 f_t W_t + 1.166 \sqrt{\zeta} \, \frac{f_{yv} A_{st1} A_{cor}}{s} \tag{7-34}$$

可见,高强混凝土构件中混凝土的贡献提高了,钢筋的贡献降低了。考虑到上述由高强混凝土引起的变化并不太明显,1999 年修订后的规范仍采用式 (7-33)。

公式 (7-33) 假定构件的极限扭矩为混凝土的抵抗扭矩与钢筋的抵抗扭矩之和,由混凝土的塑性极限扭矩公式和变角空间桁架模型极限扭矩公式得出总极限扭矩公式的基本形式,再根据试验结果,考虑可靠指标 β 值的要求,定出混凝土项的系数 0.35 和钢筋项的系数 1.2。式 (7-33) 与试验结果的比较如图 7-11 所示。

式 (7-33) 中系数的取值还可作如下解释。钢筋项的系数按变角空间桁架模型应为 2,规范中却取此系数为 1.2。这是因为:①式 (7-33) 中已有第一项考虑了混凝土的抵抗扭矩;②规范公式中的 A_{cor} 是按箍筋内表面计算的,而变角空间桁架模型中的 A_{cor} 则是按截面四角纵筋中心的连线来计算的;③建立规范公式时,还考虑了少量的部分超配筋构件的试验结果。

式 (7-10) 是对未开裂构件导出的。在承载力极限状态时,构件已严重开裂,故规范取钢筋混凝土构件中混凝土部分的抗扭强度为开裂扭矩的一半,即取式

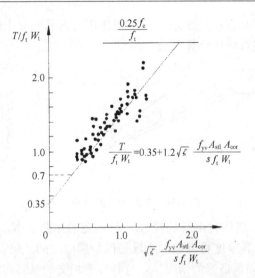

图 7-11 规范公式（7-33）与试验结果的比较

（7-27）中混凝土项的系数为 0.35。

国内的试验表明，配筋强度比 ζ 在 0.5 至 2.0 的范围内时，纵筋和箍筋的应力在构件破坏时均可达到屈服强度。规范则偏于安全地规定 ζ 的取值范围为 $0.6 \leqslant \zeta \leqslant 1.7$。当 $\zeta > 1.7$ 时，按 $\zeta = 1.7$ 计算。

4. T 形、工字形和箱形截面

上述都是关于矩形截面的结果。对于 T 形、工字形和箱形截面这类组合截面，其塑性极限扭矩可通过沙堆比拟法得出。若把这类截面看成由若干个矩形截面组合而成，则从沙堆比拟可明显看出，这种组合截面的塑性极限扭矩大于其所包含的各矩形截面的塑性极限扭矩之和，因为在各矩形的连接处所能堆住的沙子显然多于各矩形分离时所能堆住的沙子。

因此，一个保守的计算由若干个矩形组合而成的（开口）截面的塑性极限扭矩的方法，就是取组合截面的塑性极限扭矩为各矩形的塑性极限扭矩之和。即取

$$T_{\text{u组合}} = \sum_{\text{对各矩形求和}} T_{\text{u}i} \tag{7-35}$$

其中，$T_{\text{u}i}$ 为第 i 个矩形的塑性极限扭矩。

显然，把一个组合截面分解为若干个矩形截面的方法是不唯一的。在各种可能的分解方法中，能使 $T_{\text{u组合}}$ 取最大值的方法就是最优的方法。常见的最优分解方法如图 7-12 所示。当截面含有闭口环状部分时，截面分解时应把此闭口环状部分作为一个整体。

T 形和工字形截面翼缘挑出部分的有效长度不应大于其厚度的 3 倍。

矩形箱形截面，当其侧壁的厚度大于或等于截面短边边长的 1/4 时，可按实心截面设计。

侧壁较薄的箱形截面在承受扭矩时会发生脆性破坏，并且开裂扭矩与极限扭

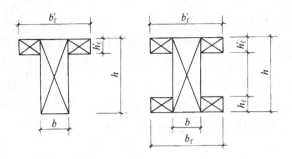

图 7-12 常见组合截面抗扭计算的最优分解方法

矩的比值也较小。而典型的实心截面构件的扭转破坏则更显延性。

因此，ACI 规范规定，当箱形截面侧壁壁厚满足（$b/4 > t \geqslant b/10$）时，其中 b 是截面宽度，此箱形截面仍可按实心截面计算，但算出的扭矩应乘以折减系数 $4t/b$。

壁厚小于 $b/10$ 的箱形截面则需要对其侧壁的刚度和稳定性进行专门的研究。所有箱形截面的内角都应加腋。

对于闭口薄壁截面，不能用简单的沙堆比拟。闭口薄壁截面的沙堆体积应为相应实心截面的沙堆体积减去把空心部分看作为实心而得的沙堆体积。

组合截面分解后，各部分所承担的扭矩与其抗扭刚度（受扭弹性或塑性抵抗矩）成正比。

我国规范规定，截面分解为腹板、受压翼缘和受拉翼缘后，腹板、受压翼缘和受拉翼缘的受扭塑性抵抗矩 W_{tw}、W_{tf}' 和 W_{tf} 可分别按式（7-9）和式（7-12）计算，即有：

$$W_{tw} = \frac{b^2}{6}(3h - b) \tag{7-36}$$

$$W_{tf}' = \frac{h_f'^2}{2}(b_f' - b) \tag{7-37}$$

$$W_{tf} = \frac{h_f^2}{6}(b_f - b) \tag{7-38}$$

其中，h 为截面高度，b 为腹板宽度，h_f' 和 h_f 分别为受压翼缘和受拉翼缘的高度，b_f' 和 b_f 分别为受压翼缘和受拉翼缘的宽度，如图 7-12 所示。截面总的受扭塑性抵抗矩为

$$W_t = W_{tw} + W_{tf}' + W_{tf} \tag{7-39}$$

7.2.4 扭 转 刚 度

在计算构件的扭转变形时，要用到扭转刚度。在分析超静定结构时，也要用到扭转刚度。这种情况在用计算机分析空间杆系结构时经常遇到。

开裂前构件的扭转刚度可以很准确地按弹性理论求出。这时可不计钢筋的影

响按素混凝土构件计算。

　　在正常使用时构件通常已经开裂。这时可按空间桁架模型导出抗扭刚度。试验结果表明，构件截面的高宽比 h/b 对开裂后抗扭刚度的影响并不显著。具有相同核芯面积 $h_{cor}b_{cor}$ 但截面高宽比在 $1 \leqslant h/b \leqslant 6$ 范围内的试件在所有的开裂阶段表现出大约相同的抗扭刚度。空间桁架模型的抗扭刚度主要取决于抗扭钢筋的含量。当配筋强度比等于 1 时钢筋含量与抗扭刚度的关系示于图 7-13。

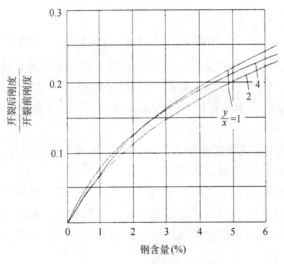

图 7-13　钢筋含量与抗扭刚度之间的关系

　　显然，纵筋和箍筋对抗扭刚度有很大影响。试验结果表明，这种影响恰能用薄壁管形截面模型的理论来解释。

　　空间桁架模型承担的扭矩为

$$T_{s} = 2h_{cor}b_{cor}\sqrt{\frac{A_{st1}f_{yv}}{s}\frac{A_{stl}f_{y}}{U_{cor}}} \tag{7-40}$$

另一方面，管形截面的剪力流公式为

$$q = \tau t = \frac{T}{2A_{cor}} \tag{7-41}$$

其中 t 为管的厚度。比较上面二式，取管的材料为钢，即取 $\tau = f_{y} = f_{yv}$，则可得管形截面的壁厚为

$$t = \sqrt{\frac{A_{st1}}{s}\frac{A_{stl}}{U_{cor}}} \tag{7-42}$$

用配筋强度比 ζ 来表达，可写为

$$t = \frac{A_{st1}}{s}\sqrt{\zeta} \tag{7-43}$$

　　薄壁管的扭矩 T 和扭转角 θ 之间的关系为

$$T = \frac{GJ_0}{l}\theta \tag{7-44}$$

其中 J_0 为薄壁管截面的等效极惯性矩：

$$J_0 = \frac{4A_0{}^2}{\oint \frac{ds}{t}} \tag{7-45}$$

上式可推导如下。杆件单位长度的内力功 W_i 和外力功 W_e 分别为

$$W_i = \frac{1}{2}\oint \tau\frac{\tau}{G}tds \times 1 \tag{7-46}$$

$$W_e = \frac{1}{2}T\frac{\theta}{l} \tag{7-47}$$

令 $W_i = W_e$，并注意到 $\tau = T/(2A_{cor}t)$，可得

$$T = \frac{GJ_0}{l}\theta \tag{7-48}$$

其中 J_0 的表达式即为式（7-45）。

对于空间桁架模型，式（7-45）可进一步简化为

$$J_0 = \frac{4A_{cor}{}^2}{\oint \frac{ds}{t}} = \frac{4A_{cor}{}^2 t}{U_{cor}} \tag{7-49}$$

现在把式（7-43）代入上式，得到具有斜裂缝截面的等效极惯性矩为

$$J_{0,cr} = \frac{4A_{cor}{}^2 t}{U_{cor}} = \frac{4A_{cor}{}^2}{U_{cor}}\left(\frac{A_{st1}}{s}\right)\sqrt{\zeta} \tag{7-50}$$

考虑到钢筋均为单向受力，整体上基本不表现泊松效应，故近似取 $G=(1/2)E_s$，从而得具有斜裂缝构件的扭转刚度 $K_{t,cr}$ 为

$$K_{t,cr} = \frac{GJ_{0,cr}}{l} = \frac{2E_s A_{cor}{}^2 A_{st1}}{lU_{cor}s}\sqrt{\zeta} \tag{7-51}$$

在上式中主要考虑了钢筋的特性。这是因为通常的梁都是适筋的，混凝土的变形并不重要，梁的扭转变形主要取决于钢筋的伸长。

§7.3 混凝土结构构件受弯剪扭作用的性能

只有在剪力很小的情况下才可对构件进行纯扭分析。受扭构件一般是受弯剪扭复合作用的。

7.3.1 试验研究结果

受复合内力作用的截面，其分析是较复杂的。截面受弯矩 M、剪力 V 和扭矩 T 作用时，对 M、V 和 T 的任一组合比例，都会得到一个独特的截面破坏结果。因此，一个截面的所有破坏情况的总和，在 M、V、T 三维空间中描绘出一个该截面

的破坏曲面。这显然是一个封闭曲面。曲面内部的点代表未达到破坏的状态；曲面上的点代表破坏状态。曲面外部的点一般是不可达到的。

通过试验研究，可得到破坏曲面的形状。对相同的一组试件，以不同的 M、V、T 的比例加载至破坏。每做一个试件，就得到破坏曲面上的一点。点子足够多时，就得到破坏曲面的大致形状。

试验中，通常以扭弯比 $\Psi = T/M$ 和扭剪比 $\chi = T/(Vb)$ 来控制构件的受力状态，其中 b 是截面的宽度。

对不同的扭弯比和扭剪比，截面表现出三种破坏形态，分别称为第 I、II、III 类型破坏。

第 I 类型破坏发生在扭弯比 Ψ 较小且剪力不起控制的条件下。此时弯矩是主要的，且配筋量适当，扭转斜裂缝首先在弯曲受拉的底面出现，然后发展到两侧面。弯曲受压的顶面无裂缝。构件破坏时与螺旋形裂缝相交的纵筋和箍筋均受拉，并达到屈服强度，构件顶部受压，如图 7-14（a）所示。

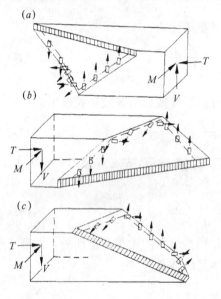

第 II 类型破坏发生在扭弯比 Ψ 和扭剪比 χ 均较大并且构件顶部纵筋少于底部纵筋的条件下。此时由于弯矩较小，其在构件顶部引起的压应力也较小，而构件顶部的纵筋也少于底部。综合作用的结果，使得在构件顶部，弯矩引起的压应力不足以抵消由于配筋较少而造成的较大的钢筋拉应力，并且这种构件顶部"受压"钢筋的拉应力比构件底部"受拉"钢筋的拉应力还要大。这使得扭转斜裂缝首先出现在构件顶部，并向两侧面扩展，而构件底部则受压。破坏情况如图 7-14(b) 所示。

第 III 类型破坏发生在弯矩较小而由剪力和扭矩起控制的条件下。此时剪力和扭矩均引起截面的剪应力。这两种剪应力叠加的结果，使得截面一侧的剪应力增大，而截面另一侧的剪应力减小。因此，扭转斜裂缝首先在剪应力较大的侧面出现，然后向顶面和底面扩展，构件的另一侧面则受压。破坏时与螺旋形裂缝相交的纵筋和箍筋均受拉并达到屈服强度。破坏情况如图 7-14(c) 所示。

图 7-14　弯剪扭构件的破坏类型。
(a) 第 I 类型破坏；(b) 第 II 类型破坏；(c) 第 III 类型破坏

除上述三种破坏形态外，当剪力很大且扭矩较小时，则会发生剪型破坏形态，与剪压破坏相近。

7.3.2 承载力计算方法

计算模型仍可采用变角度空间桁架模型和斜弯理论,但较繁琐。实用中则采用根据试验结果和变角度空间桁架模型分析得出的半经验半理论公式。

1. 弯扭构件的配筋计算

对此情况可用空间桁架模型和斜弯理论进行分析。在计算抗弯承载力时,假定内力臂沿杆件为常量并等于桁架弦杆间的距离,并且此内力臂不随配筋量而变化。采用桁架模型和斜弯理论都导出了抛物线型的弯扭相关曲线。桁架模型能准确地计算扭矩,因为该模型采用了正确的扭转内力臂;斜弯理论中若采用合适的内力臂则对于纯弯情况是准确的。在此基础上可导出与试验结果符合较好的下列相关曲线[7]:

当纵筋的屈服发生在弯曲受拉边时,相关曲线为

$$\left(\frac{T_u}{T_{u0}}\right)^2 = r\left(1 - \frac{M_u}{M_{u0}}\right) \tag{7-52}$$

当纵筋的屈服发生在弯曲受压边时,相关曲线为

$$\left(\frac{T_u}{T_{u0}}\right)^2 = 1 + r\frac{M_u}{M_{u0}} \tag{7-53}$$

其中,T_u 和 M_u 分别为极限扭矩和极限弯矩,T_{u0} 和 M_{u0} 分别为纯扭时的极限扭矩和纯弯时的极限弯矩。r 为受拉筋屈服力与受压筋屈服力之比:

$$r = \frac{A_s f_y}{A_s' f_y'} \tag{7-54}$$

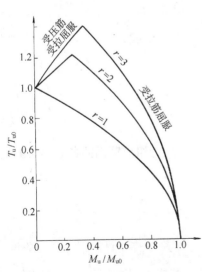

图 7-15 弯扭相关曲线

式 (7-52) 和 (7-53) 表示的相关曲线如图 7-15 所示。在受压钢筋受拉屈服的区段,弯矩的增加能减小受压钢筋所受的拉力,从而能延缓受压钢筋的受拉屈服,使抗扭承载力得到提高。在受拉钢筋屈服的区段,弯矩的增加只会加速受拉筋的屈服从而减小受扭承载力。显然,这些关系都是在破坏始于钢筋屈服的条件下导出的。因此,构件的截面不能太小或者配筋不能太多,以保证钢筋屈服前混凝土不致于压坏。

当剪力很小时,我国规范规定可不考虑弯矩和扭矩之间的耦合,按纯弯矩和纯扭矩分别计算各自的配筋,然后把算得的配筋叠加起来即可。此时纵筋由受弯和受扭共同决定,而箍筋则由受扭决定。

2. 弯剪扭构件的配筋

对这种情况，我国规范规定，构件纵筋截面面积由受弯承载力和受扭承载力所需的钢筋截面面积相叠加，箍筋截面面积则由受剪承载力和受扭承载力所需的箍筋截面面积相叠加。

构件的受弯纵筋可按纯弯进行计算。构件的受扭纵筋的计算则须考虑剪扭相关的影响。

如果简单把受扭和受剪分别计算并把算得的钢筋进行叠加，则截面混凝土的作用就被重复考虑了。为避免这种显然的不合理性，至少应考虑混凝土受剪扭复合作用时的相关性。在此基础上，在受剪承载力和受扭承载力的计算公式中仍可取混凝土项和钢筋项相叠加的形式。

根据前面的试验结果，通常可取混凝土受剪扭复合作用时的相关曲线为四分之一的圆弧。美国 ACI 规范就是基于这一思路。我国规范的思路则是用折线来代替这四分之一圆弧。

(1) ACI 规范的计算公式

抗扭承载力的计算公式为

$$T_u \leqslant \phi T_n \tag{7-55}$$

其中 ϕ 为承载力折减系数。T_u 和下面将出现的 V_u 分别为设计扭矩和设计剪力，T_n 为极限扭矩，

$$T_n = T_c + T_s \tag{7-56}$$

其中 T_c 为混凝土提供的抗扭承载力，考虑剪扭相关按四分之一圆规律确定：

$$T_c = \frac{\sqrt{f_c'} \, \Sigma b^2 h / 15}{\sqrt{1 + \left(\dfrac{0.4 V_u}{C_t T_u} \right)^2}} \tag{7-57}$$

上式中，C_t 为与剪切和扭转应力特性有关的系数：

$$C_t = \frac{b_w h_0}{\displaystyle\sum_i b_i^2 h_i} \tag{7-58}$$

其中 b_w 为腹板的宽度，h_0 为截面的有效高度，b_i 和 h_i 为组成截面的各矩形块的短边边长和长边边长。

下面来推导式 (7-57)。

考虑已开裂截面混凝土的剪扭承载力相关关系。定义

$$v_{tu} = \frac{3 T_c}{b^2 h} \text{ 和 } v_u = \frac{V_c}{b_w h_0} \tag{7-59}$$

分别为在极限状态时混凝土的名义扭应力和名义剪应力（均以 N/mm² 为单位）。

根据实验结果，取开裂后剪力为零时混凝土的名义极限扭剪应力强度为 $0.2\sqrt{f_c'}$（以 N/mm² 为单位），取开裂后扭矩为零时混凝土的名义极限剪切强度为

$0.166 \sqrt{f_c'}$（以 N/mm² 为单位）。则按四分之一圆的剪扭相关规律，得

$$\left(\frac{v_{tu}}{0.2 \sqrt{f_c'}}\right)^2 + \left(\frac{v_u}{0.166 \sqrt{f_c'}}\right)^2 = 1 \tag{7-60}$$

上式描述的是开裂后仅由混凝土起贡献的那部分抗力。

把式（7-60）变形为

$$v_{tu}^2 \left[1 + \left(\frac{0.2 \sqrt{f_c'}}{0.166 \sqrt{f_c'}} \cdot \frac{v_u}{v_{tu}}\right)^2\right] = (0.2 \sqrt{f_c'})^2 \tag{7-61}$$

从而，当有剪力存在时，开裂后混凝土能承受的名义极限扭剪应力可表为

$$v_{tc} = \frac{0.2 \sqrt{f_c'}}{\sqrt{1 + (1.2v_u/v_{tu})^2}} \tag{7-62}$$

把式（7-59）代入上式，以 $\Sigma b^2 h$ 代 $b^2 h$，并取 $V_c/T_c = V_u/T_u$，就得到式（7-57）。

类似地也可得出由混凝土承担的剪力的表达式为

$$V_c = \frac{0.166 \sqrt{f_c'} b_w h_0}{\sqrt{1 + 2.5 C_t \dfrac{T_u}{V_u}}} \tag{7-63}$$

在式（7-57）和式（7-63）中，f_c' 以 N/mm² 计，长度量均以 mm 计，力以 N 计，扭矩以 N·mm 计。

式（7-56）中的 T_s 则取用按变角空间桁架模型导出的式子：

$$T_s = \alpha_t \frac{f_{yv} A_{st1} A_{cor}}{s} \tag{7-64}$$

其中，A_{st1} 是一肢箍筋的截面积，f_{yv} 为箍筋的屈服强度，$A_{cor} = b_{cor} h_{cor}$ 为受箍筋约束的核芯区混凝土的截面积，s 为箍筋间距。b_{cor} 和 h_{cor} 分别为核芯区截面的短边边长和长边边长。

试验表明，α_t 主要依赖于截面的长短边之比，其表达式为

$$\alpha_t = \left(2 + \frac{h_{cor}}{b_{cor}}\right)/3 \leqslant 1.50 \tag{7-65}$$

取纵筋的体积配筋率与箍筋相同，则全部抗扭纵筋的总面积 A_{stl} 可表为

$$A_{stl} = 2A_{st1} \frac{b_{cor} + h_{cor}}{s} \tag{7-66}$$

或者

$$A_{stl} = \left[\frac{2.8bs}{f_{yv}} \cdot \frac{T_u}{T_u + \dfrac{V_u}{3C_t}} - 2A_{st1}\right]\left(\frac{b_{cor} + h_{cor}}{s}\right) \tag{7-67}$$

A_{stl} 应取上两式中的较大值。并且由式（7-67）求得的 A_{stl} 值不必超过用 $b_w s/$

$(3f_{yv})$ 代替式中的 $2A_{st1}$ 项所得的 $A_{st\ell}$ 值。并且纵筋应沿截面四周均匀布置。

（2）我国规范的计算公式

取受剪和受扭承载力计算公式的形式分别为

$$V \leqslant V_c + V_s \tag{7-68}$$

$$T \leqslant T_c + T_s \tag{7-69}$$

其中 V_s 和 T_s 分别为钢筋对抗剪和抗扭的贡献。

1）分布荷载为主的情况

矩形截面梁受均布荷载作用，以及工字形和 T 形截面梁受任意荷载作用都属于这种情况。此时式（7-68）（7-69）中的钢筋对抗剪的贡献 V_s 和钢筋对抗扭的贡献 T_s 分别取前面抗剪和抗扭公式中的相应项：

$$V_s = 1.25 f_{yv} \frac{A_{sv}}{s} h_0 \tag{7-70}$$

$$T_s = 1.2 \sqrt{\zeta} \frac{f_{yv} A_{st1} A_{cor}}{s} \tag{7-71}$$

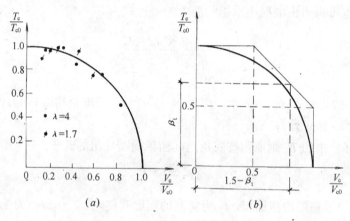

图 7-16 混凝土承载力的剪扭相关曲线

(a) 无腹筋构件；(b) 有腹筋构件混凝土承载力计算曲线

式（7-68）（7-69）中 V_c 和 T_c 的表达式中则考虑了剪扭相关。假定混凝土承载力的剪扭相关关系如图 7-16 中的折线所示，并取单独受剪和单独受扭时混凝土的承载力分别为 $0.7 f_t b h_0$ 和 $0.35 f_t W_t$，则式（7-68）（7-69）中 V_c 和 T_c 可分别表示为

$$V_c = 0.7(1.5 - \beta_t) f_t b h_0 \tag{7-72}$$

$$T_c = 0.35 \beta_t f_t W_t \tag{7-73}$$

其中 β_t 为剪扭构件混凝土受扭承载力降低系数。由图 7-16 所示的三折线关系，记 T_c 和 T_{c0} 分别为剪扭和纯扭构件的混凝土的受扭承载力，记 V_c 和 V_{c0} 分别为剪扭和无扭矩作用时构件的混凝土的受剪承载力，可得（此处假定配有箍筋的构件中混凝土的剪扭承载力相关曲线与无腹筋构件相同）：

$$\frac{V_c}{V_{c0}} \leqslant 0.5 \text{ 时}, \qquad \frac{T_c}{T_{c0}} = 1.0 \tag{7-74}$$

$$\frac{T_c}{T_{c0}} \leqslant 0.5 \text{ 时}, \qquad \frac{V_c}{V_{c0}} = 1.0 \tag{7-75}$$

$$\frac{V_c}{V_{c0}} > 0.5 \text{ 且} \frac{T_c}{T_{c0}} > 0.5 \text{ 时}, \qquad \frac{T_c}{T_{c0}} + \frac{V_c}{V_{c0}} = 1.5 \tag{7-76}$$

在上式中，记

$$\beta_t = \frac{T_c}{T_{c0}} \tag{7-77}$$

则有

$$\frac{V_c}{V_{c0}} = 1.5 - \beta_t \tag{7-78}$$

从式（7-77）和（7-76）可得

$$\beta_t = \frac{1.5}{1 + \dfrac{V_c/V_{c0}}{T_c/T_{c0}}} \tag{7-79}$$

在式（7-79）中，以剪力和扭矩设计值之比 V/T 代替 V_c/T_c，并取 $T_{c0} = 0.35 f_t W_t$，取 $V_{c0} = 0.7 f_t b h_0$，则得 β_t 的计算公式为

$$\beta_t = \frac{1.5}{1 + 0.5 \dfrac{V W_t}{T b h_0}} \tag{7-80}$$

2）集中荷载为主的情况

矩形截面独立构件受集中荷载作用时属于这种情况（包括作用有多种荷载，且其中集中荷载对支座截面或节点边缘所产生的剪力值占总剪力值的 75% 以上的情况）。此时式（7-68）、（7-69）中的钢筋对抗扭的贡献 T_s 仍与前述相同。而钢筋对抗剪的贡献 V_s 则相应地取为

$$V_s = f_{yv} \frac{A_{sv}}{s} h_0 \tag{7-81}$$

式（7-68）、（7-69）中的 V_c 和 T_c 相应地取

$$V_c = \frac{1.75}{\lambda + 1} (1.5 - \beta_t) f_t b h_0 \tag{7-82}$$

$$T_c = 0.35 \beta_t f_t W_t \tag{7-83}$$

其中 β_t 为集中荷载为主时的受扭承载力降低系数。显然 β_t 同样满足式（7-79）。在式（7-79）中，以剪力和扭矩设计值之比 V/T 代替 V_c/T_c，并取 $T_{c0} = 0.35 f_t W_t$，取 $V_{c0} = [1.75/(\lambda+1)] f_t b h_0$，则得 β_t 的计算公式为

$$\beta_t = \frac{1.5}{1 + 0.2(\lambda + 1) \dfrac{V}{T} \dfrac{W_t}{b h_0}} \tag{7-84}$$

3）受扭承载力降低系数的取值范围和简化处理方法

按上述公式算出的混凝土受扭承载力降低系数 β_t 的值若小于 0.5 时，则取 β_t = 0.5，并不考虑扭矩对混凝土受剪承载力的影响。若算出的 β_t 的值大于 1.0 时，则取 β_t = 1.0；并不考虑剪力对混凝土受扭承载力的影响。

4）β_t 取折线关系式的理由

试验研究表明，不仅无腹筋构件的剪扭相关曲线服从四分之一圆的规律，就是配有箍筋的构件的剪扭相关曲线仍基本符合四分之一圆的规律（图 7-17）。因此，选取 β_t 的表达式的目的，应是使整个构件的剪扭相关曲线与试验结果尽可能符合，而不是仅满足无腹筋构件的剪扭相关曲线。因此，看起来在图 7-16 中用折线代替圆弧偏差较大，且偏于不安全，但采用此折线后，整个配有箍筋的构件的剪扭承载力相关曲线却与试验结果的四分之一圆较为符合。

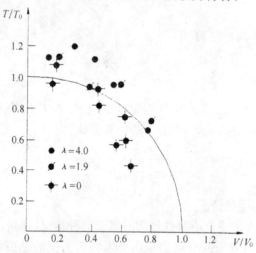

图 7-17　配有箍筋构件的剪扭承载力相关关系

5）T 形和工字形截面的配筋计算

由于抗弯配筋计算与抗剪和抗扭配筋计算均无关，故可直接对 T 形和工字形截面计算抗弯配筋。

为计算抗剪和抗扭钢筋，首先应把 T 形或工字形截面按前述方法划分为若干个矩形截面。然后把总扭矩按各矩形截面的受扭塑性抵抗矩与截面总的受扭塑性抵抗的比例进行分配。最后对划分后的各矩形截面分别进行配筋计算，并把算得的钢筋相叠加即可。一般剪力仅由腹板承受，即截面的翼缘视为纯扭构件，截面的腹板视为剪扭构件。

最终的配筋由抗弯配筋与抗剪和抗扭配筋相叠加而成。

6）最小配筋率和截面限制条件

（A）最小配箍率

最小配箍率是按面积计算的，其表达式为

$$\rho_{sv,\min} = \frac{nA_{sv1}}{bs} \tag{7-85}$$

其中，A_{sv1} 为受剪和受扭箍筋的单肢截面面积；n 为在同一截面内箍筋的肢数，一般取 $n=2$。

弯剪扭构件的最小配箍率应考虑剪扭相互作用的影响。可取如下的表达式：

$$\rho_{sv,\min} = 0.02[1 + 1.75(2\beta_t - 1)]\frac{f_c}{f_{yv}} \geqslant 0.28\frac{f_t}{f_{yv}} \tag{7-86}$$

当 $\beta_t < 0.5$ 时，取 $\beta_t = 0.5$，此时式(7-86)给出受剪构件的最小配箍率。当 $\beta_t > 1$ 时，取 $\beta_t = 1$，此时式(7-86)给出受纯扭构件的最小配箍率。

（B）纵筋最小配筋率

与纵筋的叠加计算法相对应，弯剪扭构件的纵筋最小配筋率也取受弯构件纵筋最小配筋率与受扭构件纵筋最小配筋率之和。其中受扭构件纵筋最小配筋率取为

$$\rho_{tl,\min} = \frac{A_{stl,\min}}{bh} = 0.08(2\beta_t - 1)\frac{f_c}{f_{yv}} \geqslant 0.7\frac{f_t}{f_y} \tag{7-87}$$

在上式中，当 $\beta_t < 0.5$ 时，取 $\beta_t = 0.5$。当 $\beta_t > 1$ 时，取 $\beta_t = 1$。

（C）截面限制条件

为保证弯剪扭构件在破坏时混凝土不首先被压碎，除应满足受弯构件的截面尺寸限制条件之外，其设计剪力和设计扭矩还应满足下列截面尺寸限制条件：

$$\frac{V}{bh_0} + \frac{T}{0.8W_t} \leqslant 0.25\beta_c f_c \tag{7-88}$$

（D）不需计算配置剪扭钢筋的条件

若剪力和扭矩的设计值满足下列条件：

$$\frac{V}{bh_0} + \frac{T}{W_t} \leqslant 0.7f_t \tag{7-89}$$

则不需计算配置剪扭钢筋。此时仍需进行抗弯纵筋的计算。

显然，当扭矩或剪力很小时，可不计其对承载力的影响。规范规定，当 $T \leqslant 0.175f_t W_t$ 时，可不计扭矩对构件承载力的影响。当 $V \leqslant 0.35f_t bh_0$ 或 $V \leqslant [0.875/(\lambda+1)]f_t bh_0$ 时，可不计剪力对构件承载力的影响。

§7.4 混凝土结构构件受压扭作用的性能

钢筋混凝土受压构件有时也会受扭。预应力混凝土构件受扭时，其混凝土截面也会受压扭。但预应力混凝土构件受扭的特殊性在于：受荷过程中的预应力筋屈服或构件缩短等会引起预应力损失，使轴压力减小。

在下文中，除特别指明处，主要论述非预应力的压扭构件。

7.4.1 试验研究结果

1. 破坏形态

无腹筋构件的破坏形态与纯扭构件基本相似。由于轴压力的存在,破坏表现得更为脆性。斜裂缝与构件轴线之间的夹角比轴力为零时小,一般小于 45°,且轴压力越大,此夹角越小。

配有箍筋时,则破坏形态还与配筋率的大小有关。

1) 轴力较小的情况。当配筋率低时,与斜裂缝相交的钢筋达到屈服,然后主压应力方向的混凝土达到极限压应变而破坏。当配筋率较高时,扭剪斜裂缝在两个长边几乎同时出现,然后向两个短边发展,形成不连贯的螺旋斜裂缝,最后斜裂缝间的混凝土压坏。破坏时钢筋一般不屈服。

2) 轴力较大的情况。当轴向压应力 σ 满足 $\sigma/f_c > 0.65$ 时,构件呈剪压脆性破坏。长边斜裂缝尚未发展到短边时,短边即出现明显压坏痕迹,呈现为短柱破坏形式。

2. 主要影响因素的分析

(1) 轴向压应力 σ

非比例加载时,通常先加一定的轴压力,然后再加扭矩到破坏。这时用相对轴压应力 σ/f_c 反映轴压应力的大小。

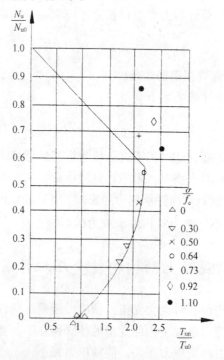

图 7-18　压扭极限承载力的相关曲线

比例加载时，则在保持轴力和弯矩之间比值不变的情况下加载到破坏。这时用压力 N 和扭矩 T 的比值 N/T 来反映受力状态。称 N/T 为压扭比，其单位为 1/m。

同济大学的试验结果表明，随着相对轴压应力 σ/f_c 的增大，构件的开裂扭矩提高。配筋构件的受扭极限承载力亦与 σ/f_c 有关。当 σ/f_c 较小时，随着 σ/f_c 的增加，受扭极限承载力亦提高；当 σ/f_c 较大时，受扭极限承载力则随 σ/f_c 的增大而降低。压扭极限承载力的相关曲线如图 7-18 所示，其中，曲线的转折点对应于最大抗扭承载力，相应的 σ/f_c 约为 0.65，相应的 N/T 约为 40（1/m）。

（2）配箍率

配箍率对开裂扭矩影响很小。配箍率增大时，构件的抗扭承载力提高，延性增加。

（3）纵筋数量

纵筋数量的增加，使构件的极限抗扭承载力提高，但却使延性和极限扭转角减小。

纵筋和箍筋等体积配置时，纵筋和箍筋几乎同时屈服。纵筋量超过箍筋时，纵筋则后于箍筋屈服。纵筋配置过多时，则纵筋始终不屈服。

7.4.2 压扭构件的破坏机理

1. 无腹筋构件的破坏机理

无腹筋构件的破坏取决于构件开裂前的应力状态和混凝土在复合应力状态下的破坏曲面。在压扭构件中，混凝土受剪应力和压应力作用，处于双轴应力状态，当其复合应力超过破坏准则所决定的混凝土强度时构件破坏。

（1）Cowan 的联合理论

Cowan 联合理论的破坏准则如图 7-19 所示。显然，此准则是 Rankine 最大拉应力理论和 Coulomb 内摩擦理论的组合。在图 7-19 中，斜直线与单轴受压应力圆相切，并与 σ 轴呈 37°夹角。这样就能定出图中的 A 点。

在压扭构件中典型单元的应力状态如图 7-19（a）（b）所示。单元受压应力 σ 和扭剪应力 τ_t 的作用。下面看两种情况。

情况一：单元主要由受压引起破坏。此时破坏由图 7-19 中的斜直线 CB 控制。对此应力状态作出莫尔圆，并令其仅与图 7-19 中的斜直线 AB 相切，由几何关系可得出受压破坏时压应力 σ 和扭剪应力 τ_t 的强度相关曲线为

$$\frac{\tau_t}{f_c} = \sqrt{0.0396 + 0.12\left(\frac{\sigma}{f_c}\right) - 0.1594\left(\frac{\sigma}{f_c}\right)^2} \tag{7-90}$$

情况二：单元主要由受拉引起破坏。此时破坏由图 7-19 中的竖直线 DE 控制。对扭剪应力状态作出莫尔圆，并令其仅与图 7-19 中的竖直线 DE 相切，由几何关系可得出受拉破坏时压应力 σ 和扭剪应力 τ_t 的强度相关曲线为

$$\frac{\tau_t}{f_c} = \frac{f_t}{f_c}\sqrt{1 + \frac{f_c}{f_t} \cdot \frac{\sigma}{f_c}} \tag{7-91}$$

以 τ_t/f_c 为纵坐标，以 σ/f_c 为横坐标，把式（7-90）（7-91）画在一张图中，得

图 7-20。

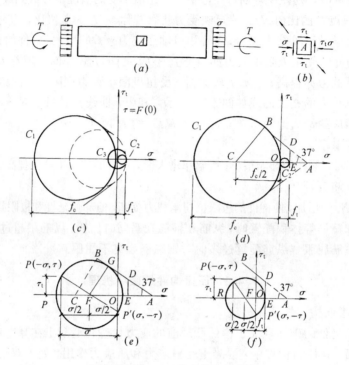

图 7-19 Cowan 的联合破坏准则

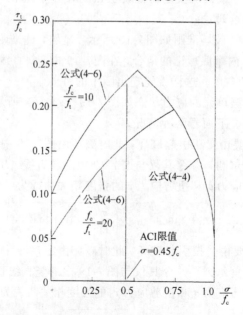

图 7-20 以压应力 σ 和扭剪应力 τ_t 表示的压扭
构件强度相关曲线

该图实际上也代表了压扭构件承载力的相关曲线。图中两条曲线交点的水平坐标即为判别受拉和受压破坏的分界点。其左边为受拉破坏,右边为受压破坏。比较图 7-20 和图 7-18,可见二者基本是一致的。这表明 Cowan 的联合理论能够描述压扭破坏的主要特点。

受拉破坏时,极限扭剪应力比值 τ_t/f_c 随 σ/f_c 的增大而增大;受压破坏时,τ_t/f_c 则随 σ/f_c 的增大而减小。

在受拉破坏的范围内,τ_t/f_c 还与混凝土强度比 f_c/f_t 有关。当 f_c/f_t 在 10~20 之间时,受拉受压破坏分界点的 σ/f_c 值在 0.5~0.75 之间。

(2) 斜弯破坏理论

由于无腹筋压扭构件的破坏形态与纯扭构件基本相似,故可认为斜弯破坏理论也适用于压扭构件。方法和前述类似。

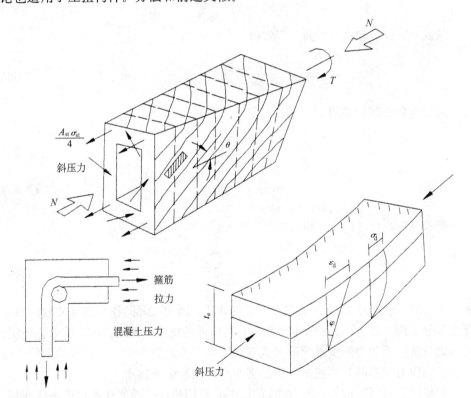

图 7-21　压扭构件的变角空间桁架模型

2. 有腹筋构件的破坏机理

用变角空间桁架模型进行分析,如图 7-21 所示。考虑轴向力的平衡,截面的应力合力的轴向分量应等于轴压力 N:

$$\sigma_d t_e \cos^2\theta \cdot u_{cor}'' - \sigma_{st} A_{st} = N \tag{7-92}$$

其中 σ_d 是混凝土斜压杆的应力，t_e 是箱形截面的壁厚，θ 是斜裂缝与杆轴线之间的夹角，u_{cor}'' 是箱形截面薄壁中线的周长，σ_{st} 和 A_{st} 分别是纵筋的应力和截面积。

由式（7-92）解得

$$\cos\theta = \sqrt{\frac{N + \sigma_{st}A_{st}}{u_{cor}''\sigma_d t_e}} \tag{7-93}$$

考虑构件截面角部单个箍筋的力与混凝土斜压杆力的平衡，得

$$\sigma_{sv}A_{sv1} = \sigma_d t_e s\sin^2\theta \tag{7-94}$$

其中 σ_{sv} 为箍筋的应力，A_{sv1} 为一个箍筋单肢的截面积，s 为箍筋的间距。由上式解得

$$\sin\theta = \sqrt{\frac{\sigma_{sv}A_{sv1}}{\sigma_d t_e s}} \tag{7-95}$$

从式（7-92）和式（7-94）可解得

$$t_d = \frac{N + \sigma_{st}A_{st}}{\sigma_d u_{cor}''} + \frac{\sigma_{sv}A_{sv1}}{\sigma_d s} \tag{7-96}$$

对于变角空间桁架模型，前面已导出下列公式：

$$q = \frac{T}{2A_{cor}''} \tag{7-97}$$

$$\sigma_d = \frac{q}{t_e\cos\theta\sin\theta} \tag{7-98}$$

把式（7-97）、（7-93）和（7-95）代入式（7-98），得

$$T = 2A_{cor}''\sqrt{\frac{N + \sigma_{st}A_{st}}{u_{cor}''}}\sqrt{\frac{\sigma_{sv}A_{sv1}}{s}} \tag{7-99}$$

从上式可见，轴压力 N 起到了部分纵筋的作用，因为二者的作用都是使截面的混凝土部分受压。因此，施加轴压力能够提高构件的抗扭承载力。试验结果也表明，轴压力对抗扭承载力的贡献等同于具有相同屈服力的纵向钢筋。二者的不同之处在于：轴压力能提高开裂扭矩，纵筋则对开裂扭矩影响很小。

对预应力混凝土构件，式（7-99）中的 N 可用构件截面所受的预应力值代替。当 $N=0$ 时，式（7-99）就退化为纯扭构件的抗扭承载力公式。

7.4.3   压扭构件的承载力计算

1. 无腹筋压扭构件的承载力

（1）受拉破坏的情况（$\sigma/f_c \leqslant 0.65$）

由式（7-1）和（7-91）可得有轴压力作用时混凝土构件的抗扭承载力为

$$T_{u} = \alpha b^2 h \tau_{\max} = \alpha b^2 h f_{t} \sqrt{1 + \frac{\sigma}{f_{t}}} \qquad (7\text{-}100)$$

因此，由轴压力引起的抗扭承载力提高系数为

$$\omega = \sqrt{1 + \frac{\sigma}{f_{t}}} \qquad (7\text{-}101)$$

一般地，ω 是 σ/f_{t} 或 σ/f_{c} 的函数。此函数可通过半理论半经验或回归的方法确定。例如，Bishara 通过对试验结果的统计分析，建议取

$$\omega = \sqrt{1 + \frac{12\sigma}{f_{c}}} \qquad (7\text{-}102)$$

同济大学通过压扭构件的试验提出

$$T_{u} = \left(1 + \frac{2.17\sigma}{f_{c}}\right) f_{t} W_{t} \qquad (7\text{-}103)$$

(2) 受压破坏的情况（$\sigma/f_{c} > 0.65$）

此时有按 Cowan 双重破坏强度准则推导的强度表达式（7-90）。很多学者通过试验得出与式（7-90）相类似的表达式。例如，Bresler 提出的建议式为

$$\frac{\tau_{t}}{f_{c}} = \sqrt{0.0062 + 0.079\,\frac{\sigma}{f_{c}} - 0.085\left(\frac{\sigma}{f_{c}}\right)^2} \qquad (7\text{-}104)$$

我们看到，完全通过理论推出的式（7-90）与试验结果较为接近。它至少提供了公式的形式，对其中的参数则可根据试验结果适当修正。这种方法在钢筋混凝土结构的研究中是经常用到的。

张誉提出，由于在高轴压力作用下构件的破坏是脆性的，应慎重对待。他建议在受压破坏时采用下列强度降低系数 ω'：

$$\omega' = 7.83\left(1 - \frac{\sigma}{f_{c}}\right), \quad 0.65 < \frac{\sigma}{f_{c}} \leqslant 0.8 \qquad (7\text{-}105)$$

2. 有腹筋压扭构件的承载力

目前认为对构件加预应力相当于加轴压力。故可以把二者的抗扭计算统一起来。

关于有腹筋压扭构件的承载力计算方法，目前的看法有以下几种：①认为轴压力仅对混凝土部分的抗扭承载力有影响；②认为轴压力仅对钢筋的抗扭承载力有影响；③认为轴压力对混凝土和钢筋的抗扭承载力均有影响。后一种看法现已得到较多学者的认同。

除了式（7-99）之外，现列举以下几种承载力计算公式。

同济大学和天津大学建议的压扭构件的抗扭承载力计算公式为：

$$T_{u} = 0.34 f_{t} W_{t} \sqrt{1 + 10\,\frac{\sigma}{f_{c}}} + \left(1.1 + 0.5\,\frac{\sigma}{f_{c}}\right)\sqrt{\zeta}\,\frac{f_{yv} A_{sv1} A_{cor}}{s} \qquad (7\text{-}106)$$

此式适用于 $0 < \sigma/f_c \leqslant 0.65$ 的情况。

Bishara 和 Peir 提出的公式为

$$T_u = T_{u0} \sqrt{1 + 12 \frac{\sigma}{f_c'}}, \quad \frac{\sigma}{f_c'} \leqslant 0.65 \qquad (7\text{-}107)$$

其中 T_{u0} 为轴力为零时的抗扭承载力。

以上公式都是根据试验结果提出的。还有其他一些相类似的公式，就不在此列举了。

我国规范规定预应力受扭构件的抗扭承载力计算公式为：

$$T_{up} = T_{u0} + 0.05 \frac{N_{p0}}{A_0} W_t \qquad (7\text{-}108)$$

其中，A_0 为构件的换算截面面积；N_{p0} 为计算截面上混凝土法向应力为零时预应力钢筋的合力，当 $N_{p0} > 0.3 f_c A_0$ 时，取 $N_{p0} = 0.3 f_c A_0$；T_{u0} 为按式（7-33）算得的非预应力受扭构件的抗扭承载力，但其中的配筋强度比 ζ 应按下式计算：

$$\zeta = \frac{(f_y A_{stl} + f_{py} A_{pt}) s}{f_{yv} A_{st1} u_{cor}} \qquad (7\text{-}109)$$

且 ζ 的取值范围为 $2 \leqslant \zeta \leqslant 4.0$，当 $\zeta > 4.0$ 时取 $\zeta = 4.0$。并且式（7-108）仅适用于预应力合力 N_{p0} 的作用点至换算截面形心的距离 $e_{p0} \leqslant h/6$ 的情况，其中 h 为矩形截面的长边。当 $\zeta < 2$ 或 $e_{p0} > h/6$ 时则应按非预应力纯扭构件计算。

规范规定，受轴压力和扭矩共同作用的矩形截面构件的抗扭承载力计算公式为：

$$T_{up} = T_{u0} + 0.07 \frac{N}{A} W_t \qquad (7\text{-}110)$$

其中，N 为设计轴压力，A 为构件截面面积，T_{u0} 为按（7-33）算得的抗扭承载力。上式应符合 $(N/A) \leqslant 0.3 f_c$，当 $(N/A) > 0.3 f_c$ 时取 $(N/A) = 0.3 f_c$。式（7-110）还应满足 $0.6 < \zeta \leqslant 1.7$ 的要求，当 $0.6 < \zeta$ 时取 $\zeta = 0.6$，当 $\zeta > 1.7$ 时取 $\zeta = 1.7$。

§7.5　例题和构造要求

7.5.1　例　题

【例题】　已知：T 形截面构件，其截面尺寸为 $b_f = 650\text{mm}$，$h_f = 120\text{mm}$，$b = 250\text{mm}$，$h = 500\text{mm}$。混凝土为 C20（$f_{ck} = 13.5\text{N/mm}^2$，$f_{tk} = 1.5\text{N/mm}^2$），部分纵筋采用 HRB335 钢筋（$f_{yk} = 335\text{N/mm}^2$），箍筋和部分纵筋采用 HPB235 钢筋（$f_{yvk} = 235\text{N/mm}^2$）。

【解】

（1）弹性开裂扭矩

由式（7-6）得

$$T_{\text{cr}} = 0.85f_{\text{t}}\frac{\Sigma\, x^2 y}{3} = 0.85 \times 1.5 \times \frac{2 \times 120^2 \times 200 + 250^2 \times 500}{3}$$

$$= 1.5729 \times 10^7 \text{N} \cdot \text{mm}$$

（2）塑性开裂扭矩

由式（7-13）可得

$$W_{\text{t}} = W_{\text{tw}} + W_{\text{tf}} = \frac{250^2}{6}(3 \times 500 - 250) + \frac{120^2}{2}(650 - 250) = 1.59 \times 10^7 \text{mm}^3$$

由式（7-8）得塑性开裂扭矩为

$$T_{\text{cr,p}} = 1.5 \times 1.59 \times 10^7 = 2.385 \times 10^7 \text{N} \cdot \text{mm}$$

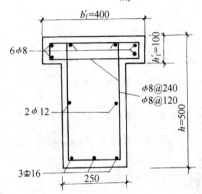

图 7-22　例题的 T 形受扭截面

（3）规范规定的开裂扭矩（标准值）

由式（7-10）得

$$T_{\text{cr,c}} = 0.7T_{\text{cr,p}} = 0.7 \times 2.385 \times 10^7$$

$$= 1.6695 \times 10^7 \text{N} \cdot \text{mm}$$

（4）截面的配筋如图 7-22 所示。求该截面受纯扭时的承载力。

腹板的受扭塑性抵抗矩：

$$W_{\text{tw}} = \frac{b^2}{6}(3h - b) = \frac{250^2}{6}(3 \times 500 - 250)$$

$$= 1302.1 \times 10^4 \text{mm}^3$$

翼缘的受扭塑性抵抗矩：

$$W_{\text{tf}}' = \frac{h_{\text{f}}'^{\,2}}{2}(b_{\text{f}}' - b) = \frac{100^2}{2}(400 - 250) = 75 \times 10^4 \text{mm}^3$$

所以截面总的受扭塑性抵抗矩为：

$$W_{\text{t}} = W_{\text{tw}} + W_{\text{tf}}' = (1302.1 + 75) \times 10^4 = 1377.1 \times 10^4 \text{mm}^3$$

下面计算腹板所能承受的扭矩 T_{w}：

腹板部分的纵筋配置是不对称的，只有其对称的部分才对受纯扭起贡献。故纵筋为 $4\phi8 + 2\phi12$，纵筋面积为 $A_{\text{st}l} = 201 + 226 = 427\text{mm}^2$。单肢箍筋的面积为 $A_{\text{st}1} = 50.3\text{mm}^2$。箍筋间距为 $s = 120\text{mm}$。$b_{\text{cor}} = 200\text{mm}$，$h_{\text{cor}} = 450\text{mm}$，所以 $A_{\text{cor}} = 200 \times 450 = 90000\text{mm}^2$，$U_{\text{cor}} = 2\,(200 + 450) = 1300\text{mm}$。得

$$\zeta = \frac{f_{\text{yk}}A_{\text{st}l}s}{f_{\text{yvk}}A_{\text{st}l}U_{\text{cor}}} = \frac{235 \times 427 \times 120}{235 \times 50.3 \times 1300} = 0.7836$$

所以

$$T_{\text{w}} = 0.35f_{\text{tk}}W_{\text{tw}} + 1.2\sqrt{\zeta_{\text{w}}}\frac{f_{\text{yvk}}A_{\text{st}l}A_{\text{cor}}}{s}$$

$$= 0.35 \times 1.5 \times 1302.1 \times 10^4 + 1.2 \times \sqrt{0.7836} \times \frac{235 \times 50.3 \times 90000}{120}$$

$$= 1.6253 \times 10^7 \text{N} \cdot \text{mm}$$

下面计算翼缘所能承受的扭矩 T_{f}：

纵筋为 $4\phi8$，纵筋面积为 $A_{\text{st}l}' = 201\text{mm}^2$。单肢箍筋的面积为 $A_{\text{st}1}' = 50.3\text{mm}^2$。箍筋

间距为 $s'=240$mm。$b_{cor}'=50$mm，$h_{cor}'=100$mm，所以

$A_{cor}'=50\times100=5000$mm^2，$U_{cor}'=2(100+50)=300$mm 得

$$\zeta'=\frac{f_{yk}A_{st1}'s'}{f_{yvk}A_{st1}'U_{cor}'}=\frac{235\times201\times240}{235\times50.3\times300}=3.1968>1.7$$

所以取 $\zeta'=1.7$。得

$$T_f=0.35f_{tk}W_{tf}'+1.2\sqrt{\zeta'}\frac{f_{yvk}A_{st1}'A_{cor}'}{s'}$$

$$=0.35\times1.5\times75\times10^4+1.2\times\sqrt{1.7}\times\frac{235\times50.3\times5000}{240}$$

$$=7.7905\times10^5\text{N}\cdot\text{mm}$$

全截面的抗扭承载力：

从 $T_w=(W_{tw}/W_t)T$ 和 $T_f=(W_{tf}'/W_t)T$ 得

$$T=\frac{W_t}{W_{tw}}T_w=\frac{1377.1\times10^4}{1302.1\times10^4}\times1.6253\times10^7=1.7189\times10^7\text{N}\cdot\text{mm}$$

$$T=\frac{W_t}{W_{tf}'}T_f=\frac{1377.1\times10^4}{75\times10^4}\times7.7905\times10^5=1.4304\times10^7\text{N}\cdot\text{mm}$$

全截面的抗扭承载力 T 应取上两式中的小者。但 T 应不小于 T_w，所以取 $T=T_w$ $=1.6253\times10^7\text{N}\cdot\text{mm}=16.253\text{kN}\cdot\text{m}$

可以看出，在此例中翼缘对抗扭的贡献是很小的。

（5）截面同上。按式（7-52）和式（7-53）画出该截面的弯扭相关图。

前面已算出 $T_{u0}=16.253$kN·m，只要再算出 M_{u0} 和 r 即可。纵筋为 3 ϕ16，$A_s=$ 603mm^2。

$$f_{yk}A_s=335\times603=202005\text{N}$$

$$f_{ck}b_f'h_f'=13.5\times400\times100=540000\text{N}>f_{yk}A_s$$

所以为第一类 T 形梁。

$$x=\frac{f_{yk}A_s}{f_{ck}b_f'}=\frac{202005}{13.5\times400}=37.408\text{mm}$$

$$M_{u0}=f_{yk}A_s\left(h_0-\frac{x}{2}\right)=202005\times\left(465-\frac{37.408}{2}\right)=9.0154\times10^7\text{N}\cdot\text{mm}$$

$$=90.154\text{kN}\cdot\text{m}$$

$$r=\frac{A_sf_{yk}}{A_s'f_{yk}'}=\frac{202005}{101\times235}=8.5108$$

把上述结果代入式（7-52）和式（7-53），得弯矩较小时的相关曲线为

$$T_u=\sqrt{264.16+24.937M_u}$$

弯矩较大时的相关曲线为

$$T_u=\sqrt{2248.2-24.937M_u}$$

上两式中的 T_{u0} 和 M_{u0} 均以 kN·m 为单位。上述相关曲线示于图 7-23 中。图中两曲线交点所对应的 $M_u=39.781$kN·m

（6）按规范的计算方法，显然只要扣除抗弯所需的纵筋面积后剩下的纵筋面积大

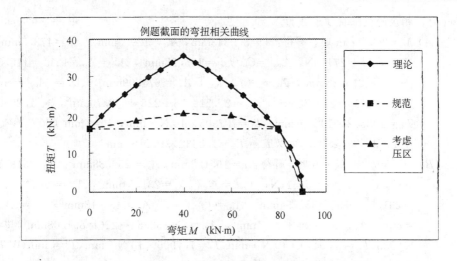

图 7-23 例题的弯扭相关曲线

于受扭所需的纵筋面积,抗扭承载力就不会受到影响。当抗弯所需纵筋面积超过上述值时,抗扭承载力就会降低。设底部纵筋与顶部纵筋相应的那部分面积为 A_{s1},则有 $f_{yk}A_{s1} = f_{yk}'A_s'$,从而解得

$$A_{s1} = \frac{f_{yk}'}{f_{yk}}A_s' = \frac{235}{335} \times 101 = 70.85 \text{mm}^2$$

相应的底部抗弯纵筋面积为 $A_{s2} = A_s - A_{s1} = 603 - 70.85 = 532.15 \text{mm}^2$。相应的抗弯承载力为 M_2。下面计算 M_2

$$x = \frac{f_{yk}A_{s2}}{f_{ck}b_f'} = \frac{335 \times 532.15}{13.5 \times 400} = 33.013 \text{mm}$$

$$M_2 = f_{yk}A_{s2}\left(h_0 - \frac{x}{2}\right) = 335 \times 532.15 \times \left(465 - \frac{33.013}{2}\right) = 7.9953 \times 10^7 \text{N} \cdot \text{mm}$$

$$= 79.953 \text{kN} \cdot \text{m}。$$

因此,按规范的计算方法,当 $M < M_2$ 时,截面的抗扭承载力等于 T_{u0}。当 $M = M_{u0}$ 时,截面的抗扭承载力为零。上述结果示于图 7-23。

(7) 同时受弯矩和扭矩作用时,考虑受压区有利作用的分析。

从抗扭的角度看,弯矩引起的受压区的压力可以等效成当量的抗扭纵筋。设在极限弯矩 M 的作用下所需的受弯纵筋面积为 A_{s2},则相应的受拉区的抗扭纵筋面积为 $A_{s1} = A_s - A_{s2}$。设受压区高度为 x,则作用在腹板部分的压力合力为 $C_w = f_{ck}bx$。该压力等效成受压区抗扭纵筋面积为 A_{scw}',则有 $C_w = A_{scw}'f_{yk}'$。则受压区的总的等效抗扭纵筋面积 A_{se}' 为 A_{scw}' 与原有受压区抗扭纵筋面积 A_s' 之和,即 $A_{se}' = A_{scw}' + A_s'$。此时受拉区能参与抗扭的等效纵筋面积为 $A_{se} = (f_{yk}/f_{yk}')A_{s1}$。按对称分布的原则,受压区有效的抗扭纵筋面积应为 $A_{see}' = \min(A_{se}, A_{se}')$,并且受拉区有效的抗扭纵筋面积 A_{see} 应与受压区相同,即也应为 $A_{see} = \min(A_{se}, A_{se}')$。由于在此例中翼缘对抗扭的影响较小,故暂不考虑翼缘部分受压的有利影响。

下面用上述方法,分别计算当弯矩为 20kN·m、39.781kN·m、60kN·m、80kN

·m 时，相应的极限抗扭承载力。

(A) $M=20$kN·m 时，解得：$x=8.0343$mm，$A_{s2}=129.5$mm²。$A_{s1}=473.5$mm²，$C_w=f_{ck}bx=27115$N，$A_{scw}'=C_w/f_{yk}'=115.38$mm²，$A_{se}'=A_{scw}'+A_s'=115.38+101=216.38$mm²，$A_{se}=(f_{yk}/f_{yk}')A_{s1}=674.99$mm²，$A_{see}=A_{see}'=min(A_{se},A_{se}')=216.38$mm²，$A_{stl}=2\times216.38+226=658.76$mm²，$\zeta=1.2089$，$T_w=1.8532\times10^7$N·mm，$T_f=7.7905\times10^5$N·mm，$T=min(W_tT_w/W_{tw},W_tT_f/W_{tf}')\geqslant T_w$，所以 $T=T_w=1.8532\times10^7$N·mm

(B) $M=39.781$kN·m 时，解得：$x=16.122$mm，$A_{s2}=259.88$mm²。$A_{s1}=343.12$mm²，$C_w=f_{ck}bx=54411$N，$A_{scw}'=C_w/f_{yk}'=231.54$mm²，$A_{se}'=A_{scw}'+A_s'=231.54+101=332.54$mm²，$A_{se}=(f_{yk}/f_{yk}')A_{s1}=489.13$mm²，$A_{see}=A_{see}'=min(A_{se},A_{se}')=332.54$mm²，$A_{stl}=2\times332.54+226=891.08$mm²，$\zeta=1.6353$，$T_w=2.0440\times10^7$N·mm，$T_f=7.7905\times10^5$N·mm，$T=min(W_tT_w/W_{tw},W_tT_f/W_{tf}')\geqslant T_w$，所以 $T=T_w=2.0440\times10^7$N·mm

(C) $M=60$kN·m 时，解得：$x=24.543$mm，$A_{s2}=395.61$mm²。$A_{s1}=207.39$mm²，$C_w=f_{ck}bx=82832$N，$A_{scw}'=C_w/f_{yk}'=352.48$mm²，$A_{se}'=A_{scw}''+A_s'=352.48+101=453.48$mm²，$A_{se}=(f_{yk}/f_{yk}')A_{s1}=295.64$mm²，$A_{see}=A_{see}'=min(A_{se},A_{se}')=295.64$mm²，$A_{stl}=2\times295.64+226=817.28$mm²，$\zeta=1.4998$，$T_w=1.9864\times10^7$N·mm，$T_f=7.7905\times10^5$N·mm，$T=min(W_tT_w/W_{tw},W_tT_f/W_{tf}')\geqslant T_w$，所以 $T=T_w=1.9864\times10^7$N·mm

(D) $M=80$kN·m 时，解得：$x=33.033$mm，$A_{s2}=532.47$mm²。$A_{s1}=70.53$mm²，$C_w=f_{ck}bx=111486$N，$A_{scw}'=C_w/f_{yk}'=474.41$mm²，$A_{se}'=A_{scw}'+A_s'=474.41+101=575.41$mm²，$A_{se}=(f_{yk}/f_{yk}')A_{s1}=100.54$mm²，$A_{see}=A_{see}'=min(A_{se},A_{se}')=100.54$mm²，$A_{stl}=2\times100.54+226=427.08$mm²，$\zeta=0.7838$，$T_w=1.6254\times10^7$N·mm，$T_f=7.7905\times10^5$N·mm，$T=min(W_tT_w/W_{tw},W_tT_f/W_{tf}')\geqslant T_w$，所以 $T=T_w=1.6254\times10^7$N·mm

上述考虑受压区有利作用的结果，亦表示在图 7-23 中。

(8) 考虑弯剪扭作用时的分析（之一）

已知截面作用有弯矩 65kN·m，剪力 100kN，求此时截面能承受的扭矩。

受弯分析：弯矩为 65kN·m 时，受压区高度 $x=26.65$mm，所需的纵筋面积为 $A_{s2}=429.58$mm²。

所以，截面底部剩余的可用于抗扭的纵筋面积为 $A_{s1}=603-429.58=173.42$mm²。按不考虑受压区有利作用的规范方法分析，则抗扭纵筋面积如前所述为 $A_{stl}=427$mm²（于是箍筋和纵筋部分对抗扭的贡献与前面纯扭时相同，而混凝土项的贡献则需考虑剪扭相关的影响）

此时有如下计算公式：

$$\beta_t=\frac{1.5}{1+0.5\dfrac{VW_{tw}}{T_wbh_0}}\qquad(7\text{-}111)$$

$$V \leqslant 0.7(1.5 - \beta_t)f_{tk}bh_0 + 1.25f_{yvk}\frac{A_{sv2}}{s}h_0 \tag{7-112}$$

$$T_w \leqslant 0.35\beta_t f_{tk}W_{tw} + 1.2\sqrt{\zeta}\,f_{yvk}\frac{A_{st1}}{s}A_{cor} \tag{7-113}$$

$$\zeta = \frac{f_{yk}A_{stl}s}{f_{yvk}A_{stl}U_{cor}} \tag{7-114}$$

显然，抗剪箍筋的肢数为 2，故有

$$\frac{A_{sv2}}{2s} + \frac{A_{st1}}{s} = \frac{A_{sv}}{s} \tag{7-115}$$

其中 A_{sv} 为已给定箍筋的一个肢的截面积。

上面有 5 个方程，也有 5 个未知量：β_t，ζ，A_{sv2}，A_{st1}，T_w。原则上，可以求解。但由于方程组是非线性的，直接求解较困难。

下面用迭代的方法求解 T_w。迭代步骤如下：

1）取 $\beta_{t,1}=1$（$\beta_{t,1}$ 即为 β_t 的当前值）

2）由式（7-112）解出 A_{sv2}

3）由式（7-115）解出 A_{st1}

4）由式（7-113）和（7-114）解出 T_w

5）由式（7-111）解出 β_t

6）若 β_t 与 $\beta_{t,1}$ 的相对误差小于给定值 δ，则停止，所得的 T_w 等即为正确解。否则，取 $\beta_{t,1} \leftarrow \beta_t$，返回第 2）步。

表 7-1 示出了对本例用上述迭代方法计算的结果。可见，由于 $\beta_t > 1$ 时取 $\beta_t = 1$，故只需一次迭代即得到结果，得 $T_w = 1.6 \times 10^7 \text{N} \cdot \text{mm}$。依据与前面相同的考虑，全截面的抗扭承载力仍为 $T = 1.6 \times 10^7 \text{N} \cdot \text{mm}$。

剪扭相关分析的迭代计算结果（之一）　　　　　表 7-1

迭代次数	初值 β_t	A_{sv2} (mm²)	A_{st1} (mm²)	ζ	T_w (N·mm)	终值 β_t
1	1.0	34.23473	33.18264	1.693292	1.60E+07	1.11E+00

（9）考虑弯剪扭作用时的分析（之二）

已知截面作用有弯矩 65kN·m，剪力 180kN，求此时截面能承受的扭矩。

此时抗扭纵筋面积如前所述仍为 $A_{stl} = 427\text{mm}^2$。

用上述迭代方法进行计算，结果示于表 7-2。此时取初值 $\beta_t = 1$ 时结果无意义，故取初值 $\beta_t = 0.9$。可见，只需二次迭代即得结果 $T_w = 1.03 \times 10^7 \text{N} \cdot \text{mm}$。此时全截面的扭矩按下两式计算分别为

$$T = \frac{W_t}{W_{tw}}T_w = \frac{1377.1 \times 10^4}{1302.1 \times 10^4} \times 1.03 \times 10^7 = 1.089 \times 10^7 \text{N} \cdot \text{mm}$$

$$T = \frac{W_t}{W_{tf'}}T_f = \frac{1377.1 \times 10^4}{75 \times 10^4} \times 7.7905 \times 10^5 = 1.4304 \times 10^7 \text{N} \cdot \text{mm}$$

显然 T 应取上两式中的较小者，即取 $T=1.089\times10^7\text{N}\cdot\text{mm}=10.89\text{kN}\cdot\text{m}$

剪扭相关分析的迭代计算结果（之二）　　　　　　　表 7-2

迭代次数	初值 β_t	A_{sv2} (mm²)	A_{st1} (mm²)	ζ	T_w (N·mm)	终值 β_t
1	0.9	93.7927	3.403638	1.7	7.09E+06	6.19E-01
2	0.5	50.8991	24.85045	1.7	1.03E+07	7.57E-01

7.5.2 构 造 要 求

受扭箍筋应为封闭式，并带 135°弯钩。受扭纵筋应均匀地分布在截面四周。受扭箍筋和受扭纵筋应分别满足各自的最小配筋率的要求。

思 考 题

1. 在实际工程中哪些构件中有扭矩作用？

2. 矩形截面纯扭构件从加荷直至破坏的过程分哪几个阶段？各有什么特点？

3. 矩形截面纯扭构件的裂缝与同一构件的剪切裂缝有哪些相同点和不同点？

4. 矩形截面纯扭构件的裂缝方向与作用扭矩的方向有什么对应关系？

5. 什么是平衡扭转？什么是协调扭转？试举出各自的实际例子。

6. 矩形截面受扭塑性抵抗矩 W_t 是如何导出的？对 T 形和工字形截面如何计算 W_t？

7. 什么是配筋强度比？配筋强度比的范围为什么要加以限制？配筋强度比不同时对破坏形式有何影响？

8. 矩形截面纯扭构件的第一条裂缝出现在什么位置？

9. 高强混凝土纯扭构件的破坏形式与普通混凝土纯扭构件的破坏形式相比有何不同？

10. 拐角脱落破坏形式的机理是什么？如何防止出现这种破坏形式？

11. 什么是部分超配筋构件？

12. 最小抗扭钢筋量应依据什么确定？

13. 变角空间桁架模型的基本假定有哪些？

14. 弯扭构件的抗弯——抗扭承载力相关曲线是怎样的？它随纵筋配置的不同如何变化？

15. 我国规范抗扭承载力计算公式中的 β_t 的物理意义是什么？其表达式表示了什么关系？此表达式的取值考虑了哪些因素？

16. 轴压力对构件的受扭承载力有何影响？

17. 受扭构件中纵向钢筋和箍筋的布置应注意什么？

习 题

7-1 有一矩形截面纯扭构件,已知截面尺寸为 $b \times h = 300mm \times 500mm$,配有纵筋 4 Φ 14,箍筋为 $\phi 8@150$,混凝土为 C25,试求该截面所能承受的扭矩值。

7-2 已知某钢筋混凝土构件截面尺寸 $b \times h = 200mm \times 400mm$,受纯扭荷载作用,经计算知作用于其上的可变荷载值为 2500N·m,永久荷载值为 1200N·m,混凝土采用 C30,钢筋用 I 级钢筋,试计算其配筋。

7-3 已知钢筋混凝土弯扭构件,截面尺寸为 $b \times h = 200mm \times 400mm$,弯矩值 $M = 55kN·m$,扭矩值 $T = 9kN·m$,采用 C25 级混凝土,箍筋用 I 级,纵筋用 II 级,试计算其配筋。

7-4 已知某构件截面尺寸为 $b \times h = 250mm \times 600mm$,经计算求得作用于其上的弯矩值 $M = 142kN·m$,剪力值 $V = 97kN$,扭矩值 $T = 12kN·m$,采用 C30 级混凝土,箍筋用 I 级,纵筋用 II 级,试计算其配筋(剪力主要由均布荷载产生)。

7-5 已知某均布荷载作用下的弯剪扭构件,截面为 T 形,尺寸为 $b'_f = 400mm$,$h'_f = 80mm$,$b = 200mm$,$h = 450mm$,其配筋如图 7-24 所示,构件所承受的弯矩值 $M = 54kN·m$,剪力值 $V = 42kN$,扭矩值 $T = 8kN·m$。混凝土为 C20 级,钢筋为 I 级钢,验算截面是否能承受上述给定的内力?($a_s = 35mm$)

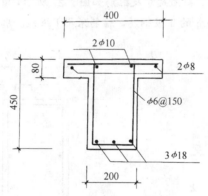

图 7-24 题 7-5 图

7-6 已知钢筋混凝土剪扭构件,截面尺寸 $b \times h = 250mm \times 500mm$,截面上的剪力值 $V = 80kN$,扭矩值 $T = 8kN·m$,采用 C30 级混凝土,I 级钢筋,试计算能够承受上述内力的配筋(剪力主要由均布荷载引起)。

7-7 已知钢筋混凝土弯扭构件,截面尺寸 $b \times h = 200mm \times 400mm$,作用于其上的弯矩值 $M = 54kN·m$,扭矩值 $T = 9.7kN·m$,混凝土采用 C20 级,I 级钢筋,配筋如图 7-25 所示,试验算该构件能否承受上述内力($a_s = 35mm$)。

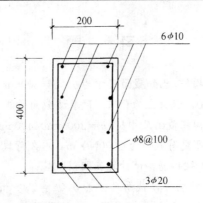

图 7-25   题 7-7 图

7-8   一工字形截面钢筋混凝土纯扭构件，截面尺寸如图 7-26 所示，承受扭矩值 $T =$
8.5kN·m，混凝土采用 C20，钢筋采用 I 级。试计算腹板、受压翼缘和受拉翼缘
各承受扭矩多少？并计算腹板所需的抗扭箍筋和纵筋。

7-9   一钢筋混凝土框架纵向边梁，梁上承受均布荷载，截面尺寸 $b \times h = 250mm \times$
400mm，经内力计算，支座处截面承受扭矩值 $T = 8$kN·m，弯矩值 $M = 45$kN·
m（截面上边受拉）及剪力值 $V = 46$kN，混凝土采用 C20，钢筋采用 I 级。试按
弯剪扭构件计算该截面配筋，并画出截面配筋图。

7-10   矩形截面纯扭构件，截面尺寸及配筋如图 7-27 所示，混凝土为 C30 级，纵筋采
用 6 根直径为 16mm 的 III 级钢筋，箍筋采用 I 级钢。求此构件所能承受的最大
扭矩值。

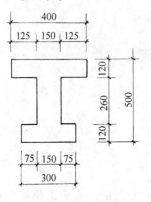

图 7-26   题 7-8 图

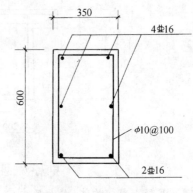

图 7-27   题 7-10 图

第8章 构件受冲切性能

§8.1 概 述

试验研究表明，钢筋混凝土板受集中荷载作用时，除了可能产生弯曲破坏外，还可能产生剪切破坏。这种剪切破坏是双向受剪，两个方向的斜裂缝面形成一个锥面，如图 8-1 所示。这种破坏形式称为冲切破坏。

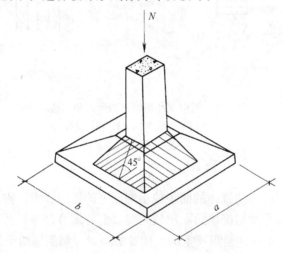

图 8-1　冲切破坏所形成的锥形裂面

当比较集中的力作用在混凝土的表面的一小部分面积时，就使混凝土仅在局部受力。这样的例子有：（a）柱作用在基础板上；（b）梁通过支座搁置在柱顶上，等等。在情况（a），基础板设计得不合理时，柱传来的力会在基础板上"冲一个洞"，即形成冲切破坏；在情况（b），当设计不合理时，会使柱顶局部受力的混凝土被压坏，即局部受压破坏。

增大板的厚度或增大受荷面积都能有效地防止冲切破坏。当这两者难以做到时，可考虑配置抗冲切钢筋。常见的抗冲切钢筋的形式有弯起钢筋和在暗梁中配置的箍筋（图 8-2）。

在局部受压的情况，混凝土局部所受的压力就是作用效应，相应的抗力就是直接承压的混凝土所能提供的承载力。

在冲切的情况，作用效应则是作用在冲切锥面上的力 F_l。取出锥体作为隔离

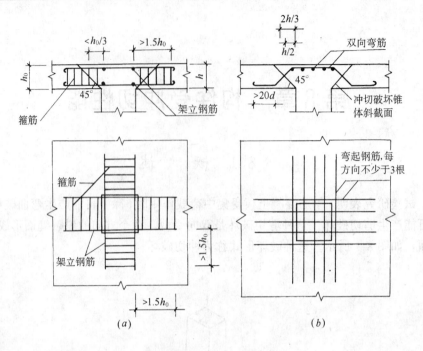

图 8-2 板中抗冲切钢筋的形式和构造

(a) 在暗梁中配箍筋; (b) 弯起钢筋

体如图 8-3 所示,可见应有

$$F_l = N_s - N_l \tag{8-1}$$

式中 N_s——作用在冲切锥体的面积较小端面上的压力合力,称为冲切力;

N_l——作用在冲切锥体的面积较大端面上的压力合力。

冲切破坏的后果往往是很严重的。因此必须对冲切问题给予足够的重视。

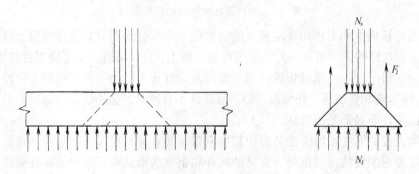

图 8-3 冲切作用效应的计算

§8.2 混凝土板受冲切作用的性能和分析

8.2.1 无抗冲切钢筋的板

板柱节点的冲切破坏如图8-4所示。第一条斜裂缝沿荷载作用的周长出现,略成圆形。然后,径向裂缝开始沿此环向裂缝向外延伸。沿径向向外,内力迅速减小,而可能产生的新裂面面积却迅速增大,因此,裂缝的扩展被限制在集中荷载作用周围的一个区域。此区域周围完好的板还对出现冲切裂缝的区域形成约束,提高了板的受冲切承载力。出现斜裂缝后,冲切力由混凝土受压区的抗剪切能力、裂缝面的骨料咬合以及纵筋的销栓作用承担。这些机制均因上述约束作用的存在而得到增强。约束能提高板的受冲切承载力,但也减小了受冲切破坏时的延性。形成的斜裂缝锥面与板平面大致成45°的倾角。

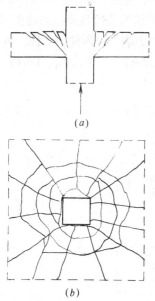

图 8-4 板柱节点的冲切破坏
(a) 截面; (b) 平面

影响冲切承载力的主要变量是:

1) 混凝土的抗拉强度 f_t。当 f_t 增大时,冲切承载力亦增大。

2) 受荷面积的边长与板的有效高度之比 c/d。此比值增大时,冲切承载力减小。

3) 受荷面积与边长之比。以矩形截面柱为例,当边长 c 不变而截面的长边与短边之比增大时,冲切承载力一般减小。此时沿柱边剪力的分布是不均匀的,柱单向受弯的趋势增强,使得柱的短边剪力较大。

4) 混凝土的骨料。混凝土抗压强度相同时,轻质混凝土与普通混凝土相比,其劈裂抗拉强度较低。

试验结果表明,冲切承载力与混凝土强度等级的平方根、局部荷载的周界长度均大体呈线性关系;而冲切承载力与板的厚度大体呈抛物线关系。

集中荷载作用处板的纵筋配筋率对板的冲切承载力几乎没有影响。但在发生冲切破坏后,由于几何形状的改变,纵筋构成的网能够承担一定的冲切荷载。并且,纵筋还有利于各垂直抗冲切力的重分布,从而降低发生冲切破坏的可能性。因此,适当地增加纵筋配筋率可防止灾难性的破坏。

目前用于计算冲切承载力的方法有:有限元方法,塑性力学上下限方法,以及经验公式方法。下面主要介绍一些经验公式以及塑性力学上下限方法的概要。

1. 美国 ACI 规范计算抗冲切力的方法

取距冲切荷载边界 $h_0/2$ 处的截面为临界截面(危险截面),h_0 为板截面的有效高度。临界截面的周长记为 U_m。在临界截面处,冲切力设计值 F_l 和截面所能提供的抗冲切力 V_c 应满足下列关系:

$$F_l \leqslant \phi V_c \tag{8-2}$$

其中,ϕ 为抗剪时的强度降低系数 $(\phi = 0.85)$。V_c 取三种情况的最小值:

$$V_c = \min(V_{c1}, V_{c2}, V_{c3}) \tag{8-3}$$

其中,

$$V_{c1} = \left(1 + \frac{2}{\beta_c}\right)\sqrt{f_c'}\, U_m h_0/6 \tag{8-4}$$

$$V_{c2} = \left(\frac{\alpha_s h_0}{U_m} + 2\right)\sqrt{f_c'}\, U_m h_0/12 \tag{8-5}$$

$$V_{c3} = \sqrt{f_c'}\, U_m h_0/3 \tag{8-6}$$

上式中,β_c 为产生冲切力的柱、集中荷载或反力作用面积的长边与短边的比值;系数 α_s 反映了临界截面周长 U_m 与板有效高度 h_0 之比的影响,对内柱、边柱、角柱三种情况 α_s 的值分别取 40、30、20。在式(8-4)~式(8-6)中,V_{c1}、V_{c2} 和 V_{c3} 以 N(牛顿)计,f_c' 以 N/mm² 计,U_m 和 h_0 以 mm 计。

2. 我国规范计算抗冲切力的方法

冲切承载力的计算公式为

$$F_l \leqslant 0.7 f_t U_m h_0 \tag{8-7}$$

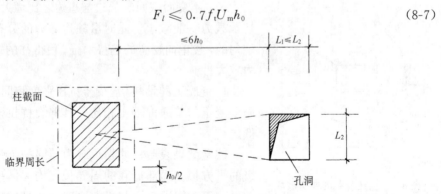

图 8-5 板的开孔对冲切承载力的影响

当图示 $L_1 > L_2$ 时,孔洞边长 L_2 应用 $\sqrt{L_1 L_2}$ 代替

当板中距冲切力作用较近处开有洞口时,则用对 U_m 进行折减的方法来考虑开洞的影响:当板中开孔位于距冲切力作用面积边缘的距离不大于 6 倍板有效高度时,从冲切力作用面积中心作两条至孔洞边缘线的切线,并从 U_m 中扣除被这两条切线所截取的部分。当单个孔洞中心靠近柱边且孔洞最大宽度小于四分之一柱宽或二分之一板厚中的较小者时,该孔洞对周长 U_m 的影响可略去不计(图 8-5)。

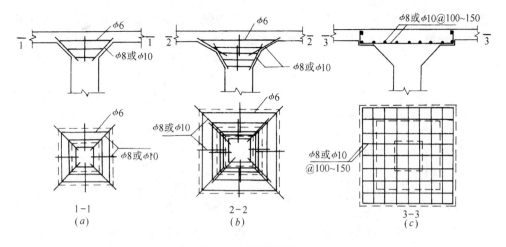

图 8-6 柱帽的构造

为了提高冲切承载力，通常采用柱帽使柱传来的集中力分布在板的较大面积上。常见柱帽的构造如图 8-6 所示。

3. 基于塑性理论的分析概要

通常认为塑性力学的分析方法可用于钢筋混凝土结构。其中比较实用的是上下限的分析方法。这种分析方法基于塑性极限分析的上下限定理。

下限定理：如果能找到一种满足平衡条件的应力分布，此应力分布与外荷载相平衡，并且在结构中每一点都满足屈服条件（小于或等于屈服强度），则该结构不会破坏或最多是刚满足破坏条件（相应的外荷载总是小于或等于破坏荷载）。

上限定理：如果能找到一种满足变形协调条件的塑性变形机构，则与此相应的外荷载大于或等于破坏荷载。

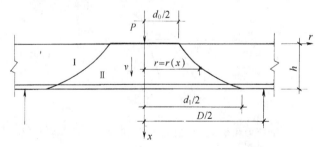

图 8-7 轴对称受冲切的板及其破坏机构

同时应用上、下限定理可给出破坏荷载的范围。合理地应用其中之一可给出破坏荷载（也称极限荷载）的近似解。下面我们用上限定理来求冲切极限荷载的近似解。

考虑轴对称板受冲切的情况，图 8-7 示出该板沿径向的剖面。所取的塑性变形机构是这样的：中部的锥形体有向下的铅直位移 v，变形集中在由母线 $r(x)$ 代表的锥面上。母线 $r(x)$ 又称为屈服线。设屈服线的厚度为 δ，则屈服线两侧刚体发生相对位移 v 时，屈服线内的变形如图 8-8 所示。

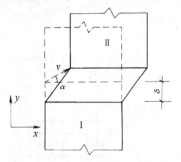 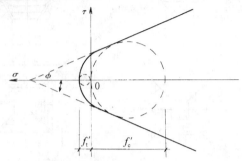

图 8-8　屈服线内的变形　　　　图 8-9　修正的 Mohr-Coulomb 屈服准则

采用修正的 Mohr-Coulomb 屈服准则，如图 8-9 所示，其中 f_t' 和 f_c' 分别为混凝土的抗拉强度和抗压强度，ϕ 为内摩擦角，试验表明 $\phi \approx 37°$。在平面应力和平面应变情况下该屈服准则示于图 8-10。由虚功原理可得：

$$P = \pi f_t' \int_0^h \left[\sqrt{1 + \left(\frac{\mathrm{d}r}{\mathrm{d}x} \right)^2} + \frac{\mathrm{d}r}{\mathrm{d}x} \right] r \mathrm{d}x \tag{8-8}$$

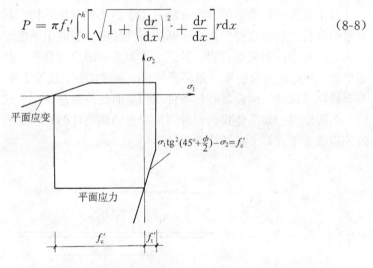

图 8-10　平面应力和平面应变情况下修正的 Mohr-Coulomb 屈服准则

求上式的极小值（满足限制条件 $\alpha \geqslant \phi$）即可得到极限荷载的最小上限解，这构成求泛函的极值问题。若不求极值，则给定满足限制条件的曲线 $r(x)$，就可求得一个上限解。

例如，取 $\alpha = 45°$，则 $r(x) = x$，由式（8-8）可解得

$$P = \frac{1}{2}(1 + \sqrt{2}) \pi f_t' h(d_0 + h) \tag{8-9}$$

把上式写成与式（8-7）相类似的形式，得

$$P = (1 + \sqrt{2})f_t'U_m h \tag{8-10}$$

与式 (8-7) 相比较，上式显然给出了过高的估计。因此，在用理论方法导出公式的形式后，有关的系数应根据试验结果来确定。

8.2.2　配有抗冲切钢筋的板

当不配抗冲切钢筋时冲切承载力无法满足上述要求，且板厚大于或等于 150mm 时，可配置箍筋或弯起钢筋。

1. ACI 规范的计算方法

冲切作用效应 F_l 应满足下式：

$$F_l \leqslant \phi(V_c + V_s) \leqslant 0.5\sqrt{f_c'}U_m h_0 \tag{8-11}$$

其中，

$$V_c = 0.17\sqrt{f_c'}U_m h_0 \tag{8-12}$$

采用箍筋抗冲切时，每个暗梁提供的抗冲切力为 $A_{sv}f_{yv}h_0/s$，其中 A_{sv} 为在间距 s 内箍筋的面积。一般四个暗梁内箍筋的配置相同，故有

$$V_s = \frac{4A_{sv}f_{yv}h_0}{s} \tag{8-13}$$

当采用弯起钢筋时，

$$V_s = A_v f_y \sin\alpha \tag{8-14}$$

其中 A_v 为弯起钢筋的截面积，α 为弯起角度。

2. 我国规范的计算方法

当配置箍筋时，冲切承载力的计算公式为

$$F_l \leqslant P = 0.35 f_t U_m h_0 + 0.8 f_{yv}A_{svu} \tag{8-15}$$

当配置弯起钢筋时，计算公式为

$$F_l \leqslant P = 0.35 f_t U_m h_0 + 0.8 f_y A_{sbu}\sin\alpha \tag{8-16}$$

在上两式中，A_{svu} 为与呈 45° 冲切破坏锥体斜截面相交的全部箍筋截面面积，A_{sbu} 为与上述斜截面相交的全部弯起钢筋面积，f_{yv} 为箍筋的抗拉强度值（但不大于 360N/mm²），f_y 和 α 分别为弯起钢筋的抗拉强度值和弯起角（与板平面的夹角）。

8.2.3　弯矩对冲切承载力的影响

当在板柱节点既传递冲切力又传递不平衡弯矩时，板的抗冲切承载力就会降低。这类问题也称为不对称冲切。这时，板受的冲切力表现为沿抗冲切临界截面作用的不均匀的剪力。剪力和不平衡弯矩通过临界截面的弯、扭和剪切的组合来传递。

当板达到抗剪承载力时，板的冲切破坏表现为板在垂直剪应力最大的柱边上以斜向受拉的方式破坏，同时引起板顶钢筋和混凝土保护层的剥离。配置抗冲切

钢筋能显著地提高板的受冲切承载力。

　　分析不对称冲切的方法有多种，实际应用较多的是根据冲切剪应力呈线性变化的分析方法。此法的基本假定是：在临界截面周边上某点剪应力的值与该点至周边的形心轴的距离成线性关系；这种"偏心剪应力"的分布方式是由剪力和板柱节点处部分不平衡弯矩引起的，板柱节点处其余的不平衡弯矩则由板的弯曲来承担。此法适用于无抗冲切钢筋的情况。

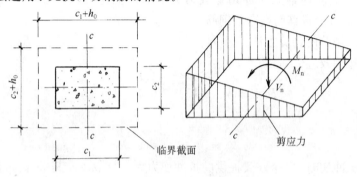

图 8-11　临界截面上的偏心剪应力

　　此方法的特点是引入偏心剪应力的概念。取相应于破坏锥面平均周长的周界作垂直于板的截面，称此为临界截面。假定临界截面上的剪应力呈直线分布，对于板柱中节点其剪应力分布如图 8-11 所示。在冲切作用效应 V_n 和单向弯矩 M_n 的作用下，根据上述假定，应用类似于材料力学的方法，可导出临界截面上任一点处的剪应力为

$$v_c = \frac{V_n}{A_c} \pm \frac{\gamma_v M_n c_v}{J_c} \qquad (8\text{-}17)$$

其中，

$$\gamma_v = 1 - \frac{1}{1 + (2/3)\sqrt{\beta_{cr}}} \qquad (8\text{-}18)$$

为由偏心剪应力承担的弯矩的比例系数。在上两式中，β_{cr} 为临界截面的平行力矩作用边尺寸与垂直力矩作用边尺寸的比值，对图 8-11 所示的情况，$\beta_{cr} = (C_1 + h_0)/(C_2 + h_0)$；$c_v$ 为临界截面几何中心至剪应力计算点的距离在平行于力矩作用方向的分量；A_c 为临界截面面积，由图 8-11 可得：

$$A_c = 2h_0(c_1 + c_2 + 2h_0) \qquad (8\text{-}19)$$

其中 h_0 为板截面的有效高度。

　　式（8-17）中的 J_c 是类似于极惯性矩的截面特征，可称为拟极惯性矩，其表达式为：

$$J_c = \frac{2h_0(c_1 + h_0)^3}{12} + \frac{2(c_1 + h_0)h_0^3}{12} + 2h_0(c_2 + h_0)\left(\frac{c_1 + h_0}{2}\right)^2 \qquad (8\text{-}20)$$

对于边柱和角柱等不同的情况，也可类似地导出相应的公式。

用于设计时，按式(8-17)算出的最大剪应力应不超过相应的材料所能承受的最大剪应力的限值。在 ACI 规范中，此限值为 ϕv_u，因此应满足

$$v_c \leqslant \phi v_u \qquad (8\text{-}21)$$

其中 ϕ 与前述相同仍为强度折减系数。对没有抗剪钢筋的构件

$$v_u = \frac{V_c}{U_m h_0} \qquad (8\text{-}22)$$

V_c 为由混凝土提供的名义抗剪承载力，仍按前述有关公式计算；U_m 与以前的定义一样，此处即为临界截面的周长。这里所说的剪应力 v_c 和 v_u 都是沿板截面高度均匀分布的。对有抗剪钢筋（即抗冲切钢筋）的构件

$$v_u = \frac{V_c + V_s}{U_m h_0} \qquad (8\text{-}23)$$

其中 V_s 为抗剪钢筋提供的抗剪承载力。显然，抗剪钢筋的设置应考虑围绕柱子的剪应力的变化。

§8.3 混凝土基础受冲切作用的性能和分析

柱子把集中力传给基础，除了会造成基础的弯曲破坏外，还可能造成基础的双向剪切破坏，即冲切破坏。基础冲切破坏的机理与板基本相同，其计算原理也与前述基本相同。但考虑到基础的受力特点和基础本身的重要性，在计算方法上亦作了相应的调整。

以柱下单独基础为例，其受力特点是基础板要承受较大的弯矩，并且基础板所承受的分布荷载也随着弯矩的变化而变化。基础往往在一个方向承受较大的弯矩，因此，柱下单独基础的平面形状往往做成矩形。

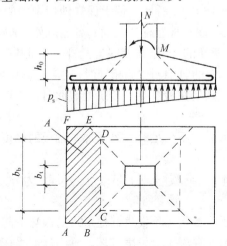

图 8-12 柱下单独基础的受力及其抗冲切计算

典型的柱下单独基础及其受力如图 8-12 所示。其抗冲切计算原则上与平板相同，但考虑其上述特点作了调整，以使冲切计算更安全。对矩形截面柱的矩形基础，在柱与基础交接处的受冲切承载力计算公式为：

$$F_l \leqslant 0.7 f_t b_m h_0 \tag{8-24}$$

其中，F_l 为冲切作用效应

$$F_l = p_s A \tag{8-25}$$

b_m 为不利侧锥面侧面的平均宽度

$$b_m = \frac{b_t + b_b}{2} \tag{8-26}$$

在以上三式中，h_0 为基础冲切破坏锥体的有效高度，取其为基础板沿柱边正截面的有效高度；p_s 为在荷载设计值作用下基础底面单位面积上的土的最大净反力（即扣除基础自重及其上土重后的最大反力）；A 为不利侧锥面侧面的水平投影的面积（图 8-12 中多边形 $ABCDEF$ 的面积）；b_t 为冲切破坏锥体最不利一侧斜截面的上边长（此处为柱宽）；b_b 为冲切破坏锥体最不利一侧斜截面的下边长（此处为柱宽加两倍基础有效高度）。

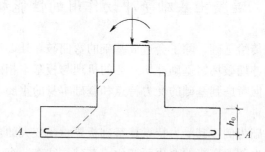

图 8-13　基础抗冲切验算截面位置

基础的验算截面如图 8-13 所示。偏于保守地假定混凝土材料的内摩擦角为45°。相应的验算方法是：逐一检验柱边截面和各变阶处（基础底板厚度突变处）截面。当以该截面为顶边所作的 45° 锥面能够与 h_0 平面（即基础抗弯受拉钢筋形心所在的平面，也即图 8-13 中的 A-A 平面）相交时，则应验算该截面的抗冲切承载力。计算方法与上述相同，只是在验算某一变阶处截面时，应以该变阶处的尺寸代替上述公式中柱的尺寸。

当基础板的冲切承载力不满足时，可增加基础板的厚度以满足冲切承载力。

§8.4　混凝土局部受压承载力的计算

在集中荷载作用下，若构件不发生其他形式的破坏，随着荷载的增大，构件直接承受荷载部分的局部混凝土会发生破坏，称为局部受压破坏。例如，柱顶承受由大梁或屋架支座传来的局部压力、后张法预应力构件在端部锚固区受到锚具的局部压力等。广义地讲，受集中力作用的混凝土，或由混凝土强度较高截面较小的构件传力给混凝土强度较低截面较大的构件时（例如柱的力传给基础），都有混凝土局部受压的问题。

8.4.1 局部受压破坏的机理

混凝土受局部压力作用时，受压部位混凝土的变形受到周围混凝土的约束，处于三向受压应力状态，使局部受压部分混凝土的强度得到提高。

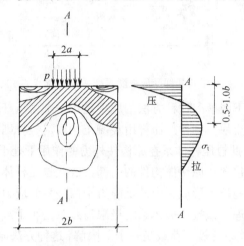

图 8-14 局部荷载作用下横向应力的等应力线及 A-A 截面应力分布

这时，混凝土内的应力是很不均匀的。图 8-14 所示为局部荷载作用下，横向应力 σ_t 的等应力线及其分布图。可见，直接处于荷载下的混凝土处于三向受压状态，而在荷载下方一定距离以外的混凝土则受到侧向拉应力的作用。最大横向拉应力发生在距加载面约 $(0.5\sim1.0)\, b$ 处，其中 b 为试件宽度的一半。记 A_b 为局部受压的计算底面积（可根据同心对称的原则确定），A_l 为混凝土局部受压面积，则混凝土局部受压试件的破坏形态与比值 A_b/A_l 有关。A_b 的物理意义是承压面积 A_l 周围（包括 A_l）能有效地起约束作用的那部分混凝土所对应的面积。中心局部受压时的相应试验结果示于图 8-15，其中局部受压强度提高系数 $\beta = f_{cl}/f_c$，f_{cl} 为混凝土的局部受压强度。可见，β 值随 A_b/A_l 的增大而增大，但增长逐渐趋缓。

为提高混凝土的局部受压强度，可在局部受压部位配置与外力成垂直的螺旋箍筋或横向钢筋网。这类配筋对混凝土构成约束，使混凝土处于三向受压状态，从而提高混凝土的局部受压强度。

8.4.2 局部受压承载力的计算

局部受压问题一般是多轴应力问题，计算求解比较困难。采用拉压杆模型或

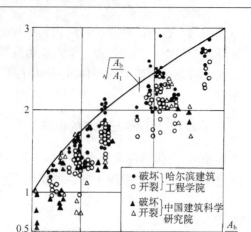

图 8-15　中心局部受压强度提高系数 β 与 A_b/A_l 的关系

桁架模型可以求得下限解。这种方法的原理是用一个由压杆和拉杆组成的结构代替原来的钢筋混凝土块体构件。压杆由混凝土构成，拉杆则主要由钢筋构成（也可由混凝土构成）。此拉压杆体系在原构件外力的作用下处于静力平衡状态。由于此拉压杆体系完全包含在原块体构件的内部，故此拉压杆体系内所有点的应力状态的全体在原块体构件内形成一个满足静力平衡条件的应力场，于是由塑性力学极限分析的下限定理，该拉压杆体系的极限荷载总是小于或等于原块体构件的极限荷载，即拉压杆体系的极限荷载是一个下限解。这种方法显然是非常通用的，可以用于任何形状的钢筋混凝土构件，因而特别适合于平截面假定不成立的接近于块体的钢筋混凝土构件。

　　实际应用中主要是使用建立在实验基础上的半理论半经验公式。下面主要介绍这类方法。

　　根据对实验数据的分析，局部受压的混凝土的承载力可按下式计算：

$$F_l \leqslant 0.9\beta_c\beta_l f_c A_{ln} \tag{8-27}$$

式中　F_l——作用在局部受压面上的压力值；

　　　A_{ln}——局部受压净面积；

　　　β_c——考虑混凝土强度变化的影响系数。β_c 的取值规则为：当 $f_{cu,k}\leqslant 50$ N/mm² 时，取 $\beta_c=1.0$；$f_{cu,k}=80$N/mm² 时，取 $\beta_c=0.8$；其间按直线内插法取用。

　　式（8-27）中的 β_l 为混凝土局部受压时的强度提高系数，其表达式为

$$\beta_l = \sqrt{\frac{A_b}{A_l}} \tag{8-28}$$

其中 A_l 为混凝土的局部受压面积，A_b 如前所述为混凝土局部受压时的计算底面积。A_b 的取值方法如图 8-16 所示。

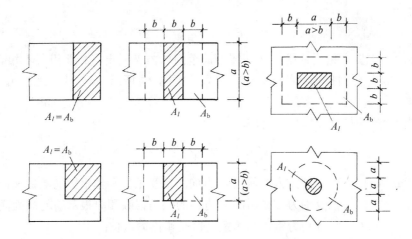

图 8-16 局部受压计算底面积 A_b 的确定

当无法满足上式时，可配置间接钢筋以加强对混凝土的约束，从而提高局部受压承载力。间接钢筋的形式有两种：一种是钢筋网片（方格网式），另一种是螺旋钢筋。其形式分别如图 8-17 （a）和（b）所示。配有间接钢筋时，局部受压承载力的计算公式为：

$$F_l \leqslant 0.9(\beta_c\beta_l f_c + 2\rho_v\beta_{cor}f_y)A_{ln} \tag{8-29}$$

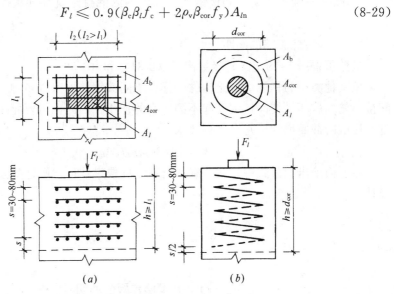

图 8-17 提高局部受压承载力的配筋形式

（a）方格网配筋；（b）螺旋式配筋

其中，ρ_v 为间接钢筋的体积配筋率，即在由间接钢筋所围 成的核芯区中单位体积内所含的间接钢筋的体积；β_{cor} 为考虑间接钢筋作用的局部受压承载力提高系数。β_{cor} 的计算公式为：

$$\beta_{cor} = \sqrt{\frac{A_{cor}}{A_l}} \tag{8-30}$$

其中 A_{cor} 为配置方格网或螺旋式间接钢筋范围以内混凝土核芯面积（不扣除孔道面积，从最外侧间接钢筋的外表面算起），如图 8-17 所示。A_{cor} 不应大于 A_b，且二者的重心应重合。

当为方格网配筋时，ρ_v 的计算公式为

$$\rho_v = \frac{n_1 A_{s1} l_1 + n_2 A_{s2} l_2}{A_{cor} s} \tag{8-31}$$

式中 n_1 和 A_{s1}——分别为方格网沿 l_1 方向的钢筋根数和单根钢筋的截面面积；

n_2 和 A_{s2}——分别为方格网沿 l_2 方向的钢筋根数和单根钢筋的截面面积；

l_1 和 l_2——分别为钢筋网的短边边长和长边边长；

s——钢筋网片的间距。

当为螺旋式配筋时，ρ_v 的计算公式为

$$\rho_v = \frac{4A_{ss1}}{d_{cor} s} \tag{8-32}$$

式中 A_{ss1}——螺旋式单根间接钢筋的截面面积；

d_{cor}——配置螺旋式间接钢筋范围以内的混凝土直径（从螺旋筋外表面算起）；

s——螺旋筋的间距。

显然可根据 ρ_v 的定义直接导出式（8-31）和（8-32）。

象其他类型的钢筋混凝土构件一样，当间接钢筋配得过多时，混凝土会先于间接钢筋而破坏，使间接钢筋起不到应有的作用。因此，需要配间接钢筋时，局部受压区的截面尺寸应符合下列要求：

$$F_l \leqslant 1.35\beta_c \beta_l f_c A_{ln} \tag{8-33}$$

在上面给出的公式中，若荷载和材料强度取设计值，则这些公式可用来进行设计。

§8.5   例   题

8.5.1   无梁楼盖板的冲切

【例 8-1】   无梁楼盖的板柱节点如图 8-18 所示。柱的尺寸为 $b \times b = 400\text{mm} \times 400\text{mm}$，板厚为 $h = 150\text{mm}$，板的有效厚度为 $h_0 = 120\text{mm}$，混凝土为 C20（$f_t = 1.1\text{N/mm}^2$），楼面总的均布荷载（包括自重）为 12.556kN/m^2，其中活载为 $q = 7\text{kN/m}^2$。板顶面处柱的轴压力为 $N_1 = 760\text{kN}$，板底面处柱的轴压力为 $N_2 = 1139\text{kN}$。试选取柱帽宽度 B，使该板满足抗冲切承载力。

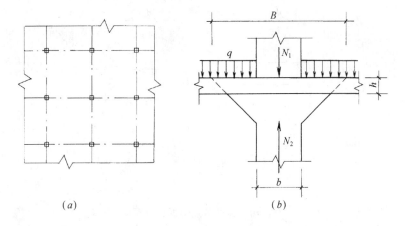

图 8-18 无梁楼盖的板柱节点

(*a*) 柱网平面；(*b*) 板柱节点

【解】 破坏锥面如图 8-18 中的虚线所示。冲切作用为

$$F_l = N_2 - N_1 - qA'$$

其中 $A' = (B + 2h_0)^2 - b^2$ 为锥体范围内的活载受荷面积。满足抗冲切承载力要求即应使

$$F_l \leqslant 0.7 f_t U_m h_0$$

其中 $U_m = 4(B + h_0)$。从而得

$$N_2 - N_1 - q[(B + 2h_0)^2 - b^2] \leqslant 2.8 f_t h_0 (B + h_0) \tag{8-34}$$

把各量代入得

$$(1139 - 760) \times 10^3 - 7 \times 10^{-3}[(B + 2 \times 120)^2 - 400^2] \leqslant 2.8 \times 1.1 \times 120 \times (B + 120)$$

解得 $B \geqslant 896.2$mm。所以，取 $B = 900$mm，即可满足冲切承载力的要求。

此题也可近似地偏于安全地不扣除 A' 范围内活载对冲切作用的影响。此时式（8-34）变为：

$$N_2 - N_1 \leqslant 2.8 f_t h_0 (B + h_0) \tag{8-35}$$

把数字代入上式，解得 $B \geqslant 905.4$mm。若仍取 $B = 900$mm，则相对误差为 0.6%，可以。

8.5.2 柱附近开有孔洞时的影响

【例 8-2】 同【例 8-1】，但在柱近旁的楼板上开有洞口，如图 8-19 所示。试求此时满足冲切承载力要求的柱帽宽度 B。

【解】 由上题知洞口距柱帽边缘 $< 6h_0 = 6 \times 120 = 720$mm，故应考虑开洞的影响。此时临界截面周长为

$$U_m = 4(B + h_0) - 2 \times \frac{1}{2}(B + h_0)\text{tg}\alpha = (4 - \text{tg}\alpha)(B + h_0)$$

从而得满足冲切承载力的表达式为

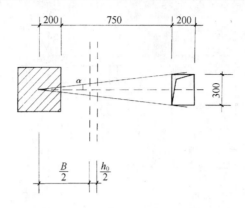

图 8-19   板柱节点附近开有洞口

$$N_2 - N_1 - q[(B + 2h_0)^2 - b^2] \leqslant 0.7f_th_0(4 - \mathrm{tg}\alpha)(B + h_0)$$

把数字代入上式得

$$(1139 - 760) \times 10^3 - 7 \times 10^{-3}[(B + 2 \times 120)^2 - 400^2]$$

$$\leqslant 0.7 \times 1.1 \times 120 \times \left(4 - \frac{150}{950}\right)(B + 120)$$

解得 $B \geqslant 924$mm。取 $B = 960$mm，可满足冲切承载力的要求。

若近似地偏于安全地不扣除 A' 范围内活载对冲切作用的影响，则有：

$$N_2 - N_1 \leqslant 0.7f_th_0(4 - \mathrm{tg}\alpha)(B + h_0)$$

代入数字解得 $B \geqslant 947.6$mm。仍取 $B = 960$mm，可以。

8.5.3 基础板的冲切

【**例8-3**】 柱下单独基础及其受力如图8-20所示。其中作用在基础顶面的轴力 N $=800$kN，弯矩 $M = 100$kN·m，剪力 $V = 30$kN。基础底面在地下水位以上。基础底面上部土体与基础的平均表观密度为 20kN/m³。基础采用 C15 级混凝土 ($f_c = 7.2$N/mm², $f_t = 0.91$ N/mm²)。试验算基础高度是否满足要求。

【**解**】 底部有垫层时可取 $a_s = 35$mm，故基础板的有效高度为 $h_0 = 600 - 35 = 565$mm。冲切承载力计算公式为

$$F_l \leqslant 0.7f_tb_mh_0$$

其中，$F_l = p_sA$，p_s 为基底净反力的最大值。把作用在基础顶面的力移至基础底面，得作用在基础底面的轴力和弯矩分别为：

$$N' = N + \Delta N = 800 + 20 \times 3 \times 2.5 \times 1.5 = 1025\text{kN}$$

$$M' = M + Vh = 100 + 30 \times 0.6 = 118\text{kN} \cdot \text{m}$$

所以，

$$p_s = \frac{N'}{A'} + \frac{M'}{W'} - (基础和土引起的压力)$$

$$= \frac{1025}{3 \times 2.5} + \frac{118}{\frac{1}{6} \times 2.5 \times 3^2} - 20 \times 1.5 = 138.13\text{kN/m}^2$$

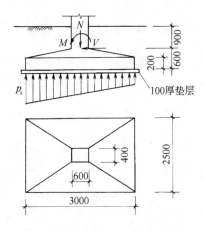

图 8-20 柱下单独基础及其受力

（由于基础和土自重引起的作用力和反作用力大小相等方向相反，故 p_s 也等于直接把基础顶面作用力 N，M 和 V 移至基础底部而得的结果：

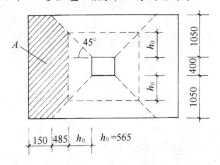

图 8-21 多边形的面积 A

$$p_s = \frac{N}{A'} + \frac{M'}{W'} = \frac{800}{3 \times 2.5} + \frac{118}{\frac{1}{6} \times 2.5 \times 3^2} = 138.13\text{kN/m}^2$$

多边形面积 A 如图 8-21 所示。由图得

$$A = (150 + 485) \times 2500 - 485^2 = 1.3523 \times 10^6\text{mm}^2 = 1.3523\text{m}^2$$

所以，
$$F_l = p_s A = 138.13 \times 1.3523 = 186.79\text{kN}$$

又有：

$$b_m = \frac{1}{2}(b_t + b_b) = \frac{1}{2} \times (400 + 400 + 2 \times 565) = 965\text{mm}$$

所以，

$$0.7 f_t b_m h_0 = 0.7 \times 0.91 \times 965 \times 565 = 3.4731 \times 10^5\text{N}$$

$$= 347.31\text{kN} > F_l = 186.79\text{kN}$$

故基础高度满足要求。

8.5.4　局部受压承载力

【例8-5】　一梁的支座搁置在混凝土墙上，如图8-22所示，使图中的阴影部分受压，总压力为367kN。混凝土为C20级（$f_c = 9.6\text{N/mm}^2$）。试验算该墙的局部受压承载力。

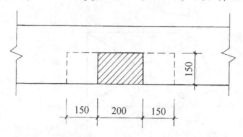

图 8-22　混凝土墙的局部承压

【解】局部受压底面积 A_b 如图8-22中虚线所示，有

$$A_b = (200 + 300) \times 150 = 75000\text{mm}^2$$

局部受压面积为

$$A_l = A_{ln} = 200 \times 150 = 30000\text{mm}^2$$

所以，

$$\beta_l = \sqrt{\frac{A_b}{A_l}} = \sqrt{\frac{75000}{30000}} = 1.5811$$

$\beta_c = 1.0$，从而，

$$0.9\beta_c\beta_l f_c A_{ln} = 0.9 \times 1.0 \times 1.5811 \times 9.6 \times 30000 = 4.0982 \times 10^5\text{N}$$
$$= 409.82\text{kN} > F_l = 367\text{kN}$$

所以，该墙的局部受压承载力满足要求。

思　考　题

1. 冲切破坏的形式是怎样的？

2. 什么情况下应考虑混凝土的局部承压？

3. 抗冲切钢筋有哪些形式？

4. 配抗冲切钢筋时，对板的厚度有什么要求？

5. 影响冲切承载力的因素有哪些？

6. 抗冲切计算的临界截面为何取在距冲切荷载边界 $h_0/2$ 处？

7. 柱帽的作用是什么？

8. 计算混凝土基础受冲切作用时引入了哪些假定？

9. 局部受压破坏的机理是什么？

10. 什么是间接钢筋？其作用是什么？间接钢筋有哪些形式？

习 题

8-1 一钢筋混凝土板柱结构的内节点，柱截面尺寸为 400mm×400mm，板厚为 120mm，板的有效高度 $h_0=100$mm，板上作用均布恒载 $g=4.5$kN/m² (含自重)，均布活载 $q=3.5$kN/m²。节点处上柱底部的轴力为 576kN，下柱顶部的轴力为 864kN。板混凝土的抗拉强度为 $f_t=1.5$N/mm²，试确定柱帽的尺寸。

8-2 条件同习题 8-1，但该节点还作用有弯矩 $M=35$kN·m，试确定柱帽的尺寸。

8-3 某现浇柱下锥形基础的尺寸和埋深如图 8-23 所示。基础顶面承受由柱传来的轴向荷载 $N=900$kN。柱的截面尺寸为 400mm×600mm，基础底面在地下水位以上，土体与基础的平均表观密度为 20kN/m³。基础的有效高度为 $h_0=560$mm，基础混凝土的抗拉强度为 $f_t=0.9$N/mm²，试验算此基础是否会发生冲切破坏。

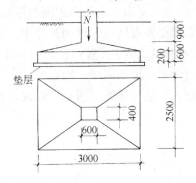

图 8-23 习题 8-3 图

8-4 混凝土局部承压提高系数 $\beta=\sqrt{A_b-A_l}$。试在题图（图 8-24）中标出 A_b 和 A_l，并算出 β 的值。

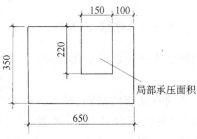

图 8-24 习题 8-4 图

第9章 粘结与锚固

§9.1 概 述

9.1.1 粘结的作用

钢筋混凝土结构由钢筋与混凝土两种材料组成。为使钢筋和混凝土这两种不同性质的材料能有效地共同工作,就需要钢筋和周围的混凝土之间有可靠的粘结。所谓粘结是指钢筋与周围混凝土界面间的一种相互作用。通过粘结可以传递两者之间的应力,协调变形。没有粘结,梁中配置钢筋是不起任何作用的。如图 9-1 所示一简支梁,如在钢筋表面设置一滑动涂层,则在梁受力时,钢筋上将不含有任何应力,梁的性能和素混凝土梁是一样的。因此可以说,没有粘结,就没有钢筋混凝土。

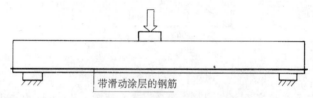

带滑动涂层的钢筋

图 9-1 带滑动涂层的钢筋混凝土梁

9.1.2 粘结作用的种类

钢筋和混凝土之间的粘结作用,就其受力性质而言,一般可分为两类:

1. 锚固粘结

在钢筋伸入支座时,必须有足够的锚固长度,通过这段长度上粘结应力的累积,才能使钢筋中建立起所需要的拉力;因经济因素将钢筋在构件中间切断时,为确保钢筋在充分利用点处能发挥作用,需要有一个延伸长度来建立起所需要的拉力;由于钢筋长度不够,或由于构造要求需设施工缝,在钢筋的接头处还需要一个搭接长度来传递钢筋的拉力。这些都是锚固粘结问题。如锚固不足,将会导致构件提前破坏。

2. 裂缝间的局部粘结应力

开裂截面处钢筋的拉力,通过裂缝两侧的粘结应力部分地向混凝土传递,使未开裂的混凝土受拉。局部粘结应力的丧失和退化,将会导致构件刚度降低,裂缝宽度加大。

　　这两种粘结问题，钢筋和混凝土中的应力分布、粘结应力的分布是不同的。图9-2给出了两类问题的应力分布情况。在锚固粘结情况下，钢筋的应力从零逐步累积到最大应力（图9-2a），混凝土受到的是压应力；而裂缝间钢筋的应力有一部分转移到混凝土上（图9-2b），混凝土受到的是拉应力。

　　粘结作用是否有效，决定了钢筋能否被充分利用，决定了钢筋和混凝土能否有效地共同工作。

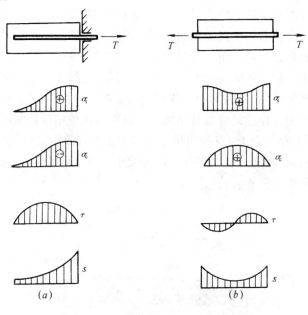

图 9-2　锚固粘结和缝间粘结

(a) 锚固粘结；(b) 缝间粘结

§9.2　粘　结　机　理

9.2.1　光　圆　钢　筋

　　光圆钢筋的粘结力主要由三部分组成：①钢筋在混凝土中由于化学作用或毛细作用而存在的附着力；②钢筋与混凝土之间的机械摩擦力；③钢筋表面粗糙不平引起的机械咬合作用。

　　光圆钢筋的附着力是其在滑动前粘结力的主要部分，它取决于钢筋表面的清洁度。单是这种附着力不足以形成良好的粘结，它在钢筋产生很小的滑移时就被破坏掉。当失去附着粘结后，如有垂直钢筋的压力，则会引起摩擦阻力，这种摩擦力只有在产生横向压力时才具有可靠的作用。如没有横向压力，粘结力即由咬合作用负担。光圆钢筋的粘结强度主要是摩擦阻力和机械咬合力的组合。当钢筋表面有微锈时，会明显地增加机械咬合力。

9.2.2 变 形 钢 筋

初始加载时，和光圆钢筋一样，附着力在起作用。附着力破坏后，钢筋开始滑动。这时，由于变形钢筋肋的存在，钢筋和混凝土之间形成了机械啮合作用。这种啮合作用产生了作用于变形肋的压力（图 9-3a），与此大小相等方向相反的力作用于肋周围的混凝土（图 9-3b）。作用于混凝土的力有纵向和径向分量，当径向分量足够大时，就会引起周围混凝土的开裂，形成沿钢筋的纵向裂缝，这时混凝土齿的强度不能被充分利用；而且一旦混凝土开裂将迅速失去粘结强度，除非另配有横向钢筋阻止开裂。除纵向开裂外，钢筋对混凝土的作用力还会使在钢筋肋顶角处的混凝土产生撕裂（图 9-4a），或混凝土被挤碎（图 9-4b）。尽管如此，钢筋与混凝土之间的啮合作用仍能维持粘结力，只有当这种销栓状的混凝土齿被剪断以后，才达到了其粘结强度。这种机械咬合作用是最有效和最可靠的粘结方式，而且为了利用高的钢筋强度，这种粘结也是必要的。当肋距过小，或肋高过小时，将会发生刮出式破坏（图 9-4c）。

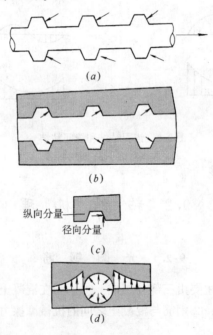

(a)

(b)

纵向分量————

径向分量

(c)

(d)

图 9-3　粘结传递机理

(a) 作用于钢筋的力；(b) 作用于混凝土的力；(c) 作用于混凝土的力的分量；

(d) 混凝土的径向应力和钢筋截面的劈裂应力

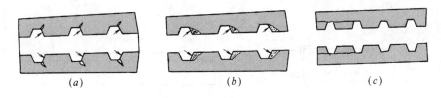

图 9-4 机械啮合对混凝土的影响

(a) 混凝土撕裂；(b) 混凝土挤碎；(c) 刮出式破坏

9.2.3 粘结滑移的试验分析

为了合理地评判钢筋的粘结性能，并确定其适用强度，就需要建立相应的基本粘结试验方法。粘结试验有两种基本的试验方案。

1. 拔出试验

拔出试验主要用于解决粘结锚固问题。图 9-5（a）为拔出试验的示意图。钢筋埋置在混凝土圆柱体或棱柱体内，拉力作用在钢筋的外伸端上。通过测量加荷端和非加荷端钢筋和混凝土之间的相对位移，就可以得到这两点钢筋的滑移量。当荷载较小时，引起的钢筋滑移量较小，但在加荷端钢筋与混凝土之间的粘结作用却很大，而在非加荷端粘结应力基本为零，如图 9-5（b）所示。当荷载进一步增加时，滑移和最大粘结应力都会进一步向试件深处发展（图 9-5c），粘结力最大时的粘结应力分布如图 9-5（d）所示。实际的粘结力分布主要取决于钢筋的形状，可能与 9-5（c）画出的形状不尽一致。当非加荷端发生滑移时，就达到了最大粘结强度。如为变形钢筋，多为混凝土纵向劈裂破坏；如为光圆钢筋或钢筋很细或采用轻骨料混凝土，则多为钢筋从混凝土中拔出；如埋置长度足够，则会发生钢筋拉断破坏。

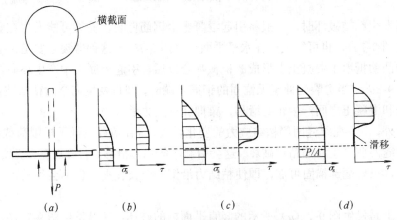

图 9-5 拉伸试件及其应力分布

（a）试件；（b）拉力较小时的应力分布；

（c）加荷端产生滑移时的应力分布；（d）滑移向内部扩展时的应力分布

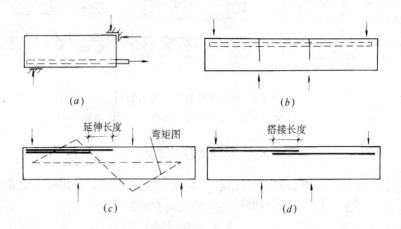

图 9-6　梁式试件
(*a*) 半梁式试件；(*b*) 伸臂梁试件；
(*c*) 延伸长度试件；(*d*) 搭接长度试件

2. 梁式试验

梁式试验比拔出试验更能真实地反映实际受力情况，梁式试件的形式如图 9-6 所示。图 9-6 (*a*) 为半梁式试件，它可以减少构件尺寸和试验成本。图 9-6 (*b*) 用来检验当弯矩和剪力共同工作时，粘结力的分布情况，同时也可以减少支座对粘结的影响。图 9-6 (*c*) 用来研究延伸长度，图 9-6 (*d*) 的试件则用来确定搭接长度。

9.2.4　粘结破坏的形态

当发生粘结破坏时，一般将引起混凝土沿钢筋劈裂。劈裂可能发生在竖直平面内 (图 9-7*a*)，也可能发生在水平平面内 (图 9-7*b*)。这种劈裂主要是由于变形钢筋的凸肋抵承于混凝土上形成的机械啮合以后，引起混凝土中产生环向拉力所致 (图 9-3*d*)。当劈裂延伸至无锚固的钢筋末端时，则将发生完全的粘结破坏，这时钢筋和混凝土之间产生相对滑移，梁即完全失去承载力。

此外，由于在裂缝两侧粘结应力的变化较大，常在荷载远低于极限荷载时，就会在裂缝两侧产生局部粘结破坏。这会引起小的局部滑移，裂缝加宽，挠度增加。事实上，只要端部锚固可靠，即使粘结力沿钢筋全长丧失，也不会危及梁的承载能力。

至于是发生图 9-7 (*a*) 所示的竖直平面内的破坏，还是发生图 9-7 (*b*) 所示的水平面内的破坏，这主要取决于钢筋直径，间距以及保护层厚度。

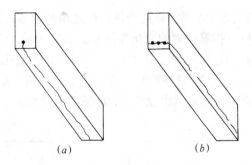

图 9-7 粘结破坏形态

(a) 竖直平面劈裂；(b) 水平平面劈裂

§9.3 粘 结 强 度

9.3.1 粘 结 应 力

钢筋混凝土梁中受拉钢筋的应力和粘结力的大小有关。一根受横向荷载作用的梁（图 9-8a），其弯距在各个截面上的分布是不尽相同的，故受拉钢筋在各个截面上所受到的拉力也不相同，即存在拉力差。设任意截面处钢筋总拉力为 T，外弯距为 M，则有：

$$T = M/\alpha h \tag{9-1}$$

式中，αh 为 T 至混凝土受压区合力点的距离，在未开裂状态下，αh 几乎保持为常数。

设 1—2 截面的距离为 Δx，截面 1 处的弯矩 M_1 在 Δx 范围内变化至 $M_2 = M_1 + \Delta M$（图 9-8b），T_1 则变化至 $T_2 = T_1 + \Delta T$（图 9-8c），则

$$\Delta T = \frac{\Delta M}{\alpha h} \tag{9-2}$$

如 S 为钢筋总周长，则在 ΔX 范围内的平均粘结应力 τ_u 可写为

$$\tau_u = \frac{\Delta T}{\Delta x \cdot S} = \frac{\Delta M}{\Delta x} \cdot \frac{1}{\alpha h \cdot S} \tag{9-3}$$

当 Δx 足够小时，则有 $\frac{\Delta M}{\Delta x} = V$，于是有：

$$\tau_u = \frac{V}{\alpha h \cdot S} \tag{9-4}$$

由式（9-4）可知，平均粘结应力的分布和剪力图是近似相同的，在纯弯段，平均粘结应力为零。

实际的弯曲粘结应力要复杂得多。由于实际在构件中总是有裂缝存在的，且裂缝间距也不是不变的，在裂缝之间还将有局部粘结应力。钢筋应力在开裂处最

大，在裂缝间中部应力最小，因为在此处钢筋通过粘结力将拉力传递给混凝土，混凝土此时也参与受拉。钢筋应力的变化如图 9-8（e）所示。

局部粘结应力的变化和 σ_{st} 的变化率有关，而和 M 的变化率没有直接的关系。图中可见，$d\sigma_{st}/dx$ 是变化的，故弯曲粘结应力也是变化的。如梁截面保持不开裂，则钢筋的应力 σ_{st} 为图 9-8（e）中虚线所示，粘结应力则如图 9-8（f）中虚线所示。

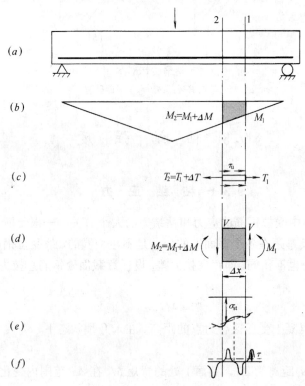

图 9-8   粘结应力
（a）钢筋混凝土梁；（b）弯矩图；（c）钢筋受力隔离体；
（d）截面受力隔离体；（e）钢筋应力；（f）粘结应力

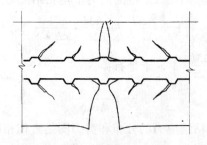

图 9-9   主裂缝和次裂缝

随着弯矩的增加，在钢筋肋的周围就会形成一些微裂缝。这些裂缝总是出现在初始主裂缝的附近，并且一般不会扩展至混凝土外表面。由于粘结力在裂缝两侧方向相反，故裂缝的方向也是相反的（图9-9）。

9.3.2 粘结强度

1. 平均粘结强度

对图9-5（a）所示的试件，假定在整个钢筋埋置长度范围内粘结应力均匀分布，可以按下式求出粘结强度：

$$\tau_u = \frac{T}{S \cdot l} \tag{9-5}$$

式中 τ_u —— 平均粘结强度；

$\quad\quad T$ —— 发生粘结破坏时的拉力；

$\quad\quad S$ —— 钢筋周长；

$\quad\quad l$ —— 埋置长度。

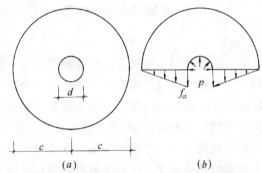

图9-10   粘结力作用下混凝土圆柱体中的应力

显然，上式求出的粘结强度并不是粘结应力的最大值，但提供了一个评判标准。

2. 埋置长度和粘结强度的关系

对图9-5（a）所示的试件，假定试件直径为$2c$，钢筋直径为d，由于粘结力引起的径向膨胀力（即图9-3c中的径向力分量）为p，为简化起见，设混凝土中的拉应力为三角形分布，如图9-10所示。假定在混凝土最大应力达到f_{ct}时产生劈裂，在埋置长度l范围内由力的平衡条件给出：

$$2l \int_0^{\frac{\pi}{2}} \frac{d}{2} p \sin\theta \mathrm{d}\theta = (2c-d) \frac{f_{ct}}{2} l \tag{9-6}$$

$$即 \quad p = \left(\frac{c}{d} - \frac{1}{2} \right) f_{ct} \tag{9-7}$$

如钢筋肋倾角为45°，则图9-3（c）中的径向力分量和纵向分量相等，即

$$\tau_u = p \tag{9-8}$$

显然，粘结强度和混凝土强度，钢筋直径及包裹层混凝土厚度有关。

如果混凝土劈裂时钢筋也正好屈服

$$\tau_u = \frac{T}{S \cdot l} = \frac{\pi d^2 f_y / 4}{\pi dl} = \frac{df_y}{4l} \tag{9-9}$$

将式（9-7）、式（9-8）、式（9-9）化简，得到：

$$\frac{l}{d} = \frac{f_y}{f_{ct}\left(\frac{4c}{d} - 2\right)} \tag{9-10}$$

令 $c = 2d$，则

$$l = \frac{f_y}{6f_{ct}} d \tag{9-11}$$

由此可知，埋置长度和混凝土强度等级，钢筋等级和直径有关。当 $c \geqslant 2d$ 时，l 的数值要比上式算出的数值小。

9.3.3 影响粘结强度的因素

1. 混凝土强度及组成

试验结果表明，随着混凝土强度的提高，粘结强度 τ_u 也有所提高，但提高的速度比较缓慢。光圆钢筋的粘结强度主要取决于摩擦力，而摩擦力不与混凝土强度成正比。变形钢筋的粘结强度则与混凝土的劈裂抗拉强度有关。

从混凝土的材料组成成分上来看，水泥用量及含砂率对粘结强度的影响较大。一般来说，过多的水泥用量将导致粘结强度降低，含砂量过高或过低都会降低粘结强度。我国近年来的试验结果表明，给定滑移量时的粘结应力与混凝土抗拉强度几乎成正比（图 9-11）。

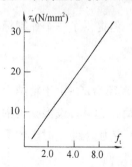

图 9-11 粘结强度与混凝土
抗拉强度的关系

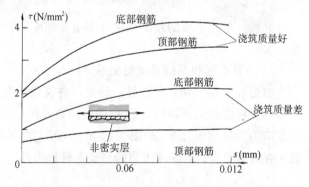

图 9-12 浇筑位置和质量对粘结力的影响

2. 浇注位置和质量

混凝土浇注后有下沉和泌水现象，处于水平位置浇注的钢筋，其上部混凝土比较密实，而直接位于钢筋下方的混凝土，由于水分、气泡的逸出及混凝土的下沉，并不与钢筋紧密接触，形成一强度较低的非密实层；这使得水平位浇注的混凝土与竖位浇注的混凝土相比，其粘结强度显著降低。浇注质量对粘结强度的影响也是非常显著的，图 9-12 给出了浇注质量、钢筋位置对粘结强度的影响情况。

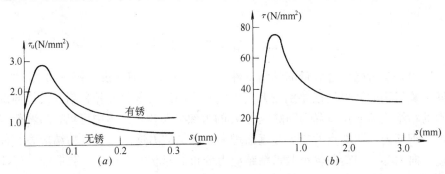

图 9-13　钢筋外形对粘结强度的影响

(a) 光圆钢筋拔出试验钢筋的 τ-s 曲线；(b) 变形钢筋拔出试验钢筋的 τ-s 曲线

3. 钢筋的外形特征

变形钢筋的粘结强度优于光圆钢筋（图 9-13）。钢筋表面的轻微锈蚀能增加粘结强度（图 9-13a）。但对于变形钢筋，在同样浇注质量和位置的情况下，其外形变化对粘结强度的影响不敏感。

4. 保护层厚度和钢筋的净距

保护层厚度增大，粘结强度也增大，钢筋的净距太小会显著降低粘结强度。实际上，保护层厚度，钢筋净距与钢筋直径之比对粘结强度的影响基本上呈线性关系，如图 9-14 所示，图中，c 为保护层厚度，d 为钢筋直径。当净间距不足时，外围混凝土将发生钢筋平面内贯穿整个梁宽的劈裂裂缝。

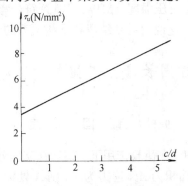

图 9-14　粘结强度和保护层厚度、钢筋直径的关系

此外，横向配筋和侧向压应力的存在，都会提高粘结强度。横向钢筋的存在延缓了内裂缝的发展，并可限制到达构件表面的劈裂裂缝的宽度，因而可提高粘

结强度；横向压力则可约束混凝土的横向变形，使钢筋与混凝土间抵抗滑动的摩阻力增大，因而可提高粘结强度。

§9.4   粘结应力滑移本构关系

9.4.1   粘结应力的分布

国内外学者已作过大量的粘结试件的试验。由于目前还没有统一的试验方法，不同试验得到的结果往往差别较大。图 9-15 是同济大学蒋大骅利用开式拉伸试件得到的粘结应力 τ 和埋置钢筋的应力 σ_s 的大致分布规律。图中可见，随着荷载的增加，钢筋内部和端点的应力差逐渐增大，粘结应力逐渐增大，粘结应力的最大值逐渐向内移。当荷载较小时，粘结应力分布的形状大致接近正弦曲线，当荷载增大时，逐渐变为高次幂函数曲线。

9.4.2   粘结滑移本构关系

在进行钢筋混凝土结构有限元分析时，还需要知道各点处的粘结应力和滑移之间的关系。Nilson 整理了 Bresler 等的部分试验结果，在数据较分散的情况下拟合得到的粘结滑移关系的经验公式为：

$$\tau=9.8\times10^3 s-5.74\times10^6 s^2+0.836\times10^9 s^3 \tag{9-12}$$

式中 τ ——粘结应力（MPa）；

s ——滑移量（cm）。

Houde 等得到的粘结滑移关系的经验公式为：

$$\tau=\sqrt{f'_c/34.6}\ (5.29\times10^3 s-2.51\times10^6 s^2+0.584\times10^9 s^3-0.055\times10^{12} s^4) \tag{9-13}$$

其中，f'_c 为混凝土圆柱体抗压强度（MPa），其余符号意义同前。

以上二式的差异较大，这说明对粘结滑移本构关系的认识有待于进一步深入。

§9.5   锚固长度、搭接长度及构造要求

9.5.1   锚   固   长   度

如图 9-16 所示的梁中，在荷载作用下，钢筋在支座处粘结应力为零，而在 A 截面处达到最大，设钢筋面积为 A_s，应力为 σ_s，则 A 处钢筋总拉力为 $T_s=A_s\cdot\sigma_s$，显然，此力在长度 l 范围内，通过粘结从混凝土传至钢筋，其单位长度的平均粘结力为

$$\tau_m=\frac{A_s f_s}{Sl} \tag{9-14}$$

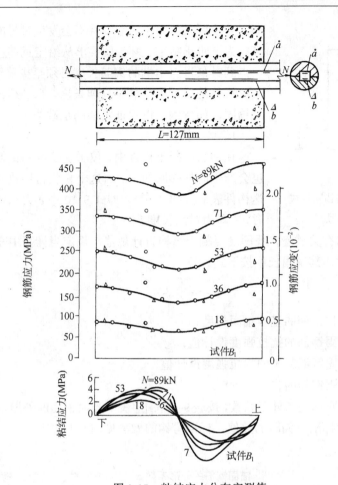

图 9-15 粘结应力分布实测值

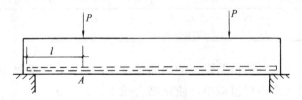

图 9-16 简支梁

如 τ_m 小于式 (9-9) 的数值 τ_u，则在 l 范围内将不会发生劈裂或其他的完全破坏。为了达到 $A_s f_s$ 所需的最小粘结长度为

$$l_a = \frac{A_s f_s}{S \tau_u} \qquad (9\text{-}15)$$

此长度称为钢筋的延伸长度。为了保证钢筋能由粘结力安全地锚固，取

$$l_a = \frac{A_s f_y}{S \tau_u} \qquad (9\text{-}16)$$

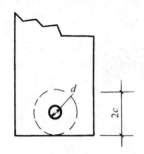

图 9-17　钢筋锚固形成
的拉力环

若实际长度延伸 $l \geqslant l_a$，将不会发生过早的粘结破坏。为了防止粘结破坏，就要求从给定钢筋应力的任一点到其最近自由端的钢筋长度必须至少等于 l_a。若实际可能的长度不能满足延伸长度，则必须设置专门的锚固，如弯钩，以保证足够的承载力。

1. 基本锚固长度

在钢筋混凝土构件中，位于受拉区的钢筋受拉时也会产生向外膨胀的力。当这个膨胀力导致的拉力到达构件表面（图 9-17），即式 9-10 中 c 为保护层厚度时，l 即为锚固长度 l_a。

因此，根据有关试验，我国《混凝土结构设计规范》规定当计算中充分利用钢筋受拉强度时，其锚固长度按下式计算：

$$l_a = \alpha \frac{f_y}{f_t} d \tag{9-17}$$

式中　l_a —— 受拉钢筋的基本锚固长度；

f_y —— 锚固钢筋的抗拉强度设计值；

f_t —— 锚固区混凝土的抗拉强度设计值；

d —— 锚固钢筋的直径；

α —— 锚固钢筋的外形系数，按表 9-1 取用。表中光面钢筋的外形系数是指钢筋末端做 180° 标准弯钩时的数值。标准弯钩的做法见图 9-18。

锚固钢筋的外形系数 α　　　　　　　　　　表 9-1

钢筋类型	光面钢筋	带肋钢筋	三面刻痕钢丝	螺旋肋钢丝	三股钢绞线	七股钢绞线
钢筋外形系数 α	0.15	0.14（当 $d<25$mm 时） 0.154（当 $d \geqslant 25$mm 时）	0.19	0.13	0.16	0.17

表中对直径较大时的带肋钢筋的锚固长度予以加大，主要是考虑当带肋钢筋直径较大时，其肋高相对值减小，使粘结力减小。

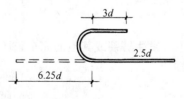

图 9-18　标准弯钩

上述规定基本上是基于式（9-10）在锚固区混凝土保护层厚度等于钢筋直径的 2 倍时定出。当带肋钢筋锚固区混凝土保护层厚度大于钢筋直径的 2 倍或钢筋中心到中心的间距大于钢筋直径的 4 倍时，握裹作用增强，根据式（9-10）和（9-11），锚固长度可乘以一个修正系数予以减小，见表 9-2。对于构件顶部混凝土中的水平钢筋，由于离析泌水造成钢筋下有酥松层，粘结力受到影响，不予修正。

锚固长度厚度修正系数　　　　　　　　表 9-2

保护层厚度	＞2d	＞3d	＞4d	＞5d
钢筋中心到中心间距	＞4d	＞6d	＞8d	＞10d
厚度修正系数	0.9	0.8	0.75	0.7

2. 环氧涂层钢筋

在寒冷地区,在路面结冰时,为保障交通安全,往往采取撒盐融冰的办法。但盐对混凝土中钢筋的侵蚀作用很大。为解决这个问题,可以采取在钢筋表面上涂一层环氧树脂的方法。对带环氧涂层的钢筋的试验表明,混凝土和带环氧涂层肋之间的摩擦力几乎消失,这使作用于钢筋变形肋和混凝土之间的力(图 9-3a、b)垂直于变形肋;而没有环氧涂层时,钢筋变形肋和混凝土之间的摩擦力使上述作用于钢筋变形肋和混凝土之间的力的角度更小一些。故对于一个给定拉力的钢筋来说,带环氧涂层钢筋引起的径向膨胀力要比普通钢筋大一些。也就是说,发生劈裂破坏时的钢筋拉力更小一些。为考虑这种影响,对环氧涂层带肋钢筋的外形系数尚应乘以修正系数1.25。

3. 并筋

当构件截面的尺寸难以保证钢筋的间距,或截面的配筋面积较大时,为施工方便,可以采用并筋(钢筋束)的布筋形式,即将几根钢筋合并在一起集中布置。一般来说,并筋的根数不得超过 4 根,并在同一平面上不得超过 2 根,可布置成如图 9-19 的形式。为控制构件的裂缝宽度,直径 36mm 及以上的钢筋不得采用并筋的形式。

图 9-19　并筋的布置方式

(a) 2 根并筋;(b) 3 根并筋;(c) 3 根并筋;(d) 4 根并筋

并筋由于和周围混凝土的结合没有单根钢筋好,其粘结强度比单根钢筋时要差。国外的试验表明,3 根钢筋并筋时,其粘结强度约降低16%,4 根时降低25%。考虑到并筋的常常位于构件截面的角部,更容易发生劈裂或拔出破坏,我国《混凝土结构设计规范》规定,在计算并筋的锚固长度 l_a 时,将按下式计算锚固并筋的等效直径 d_{eq} 代入式(9-17):

$$d_{eq} = \sqrt{\sum_{i=1}^{n} d_i^2} \qquad (9-18)$$

式中　d_i ——并筋的钢筋直径;

　　　n ——并筋的根数。

这相当于锚固并筋时，其基本锚固长度增加为单筋相应值的 1.4 倍（2 根并筋）、1.7 倍（3 根并筋）和 2 倍（4 根并筋）。

4. 多配钢筋

在实际工程中，往往出现实际配筋面积大于计算值的情况。这时实际钢筋应力小于强度设计值，故受力钢筋的锚固长度可以缩短，其缩短值与配筋余量成正比，即其锚固长度按下式计算：

$$\bar{l}_a = \frac{A_s}{\overline{A}_s} l_a \tag{9-19}$$

式中　$\bar{l}_a$——多配钢筋时的锚固长度；

　　　$\overline{A}_s$——实际配筋面积；

　　　A_s——计算配筋面积。

5. 机械锚固

为减小锚固长度，也可以采用机械锚固锚固措施，这时锚固长度（包括附加锚固端头在内的水平投影长度）可乘以修正系数 0.7。机械锚固形式如图 9-20 所示。

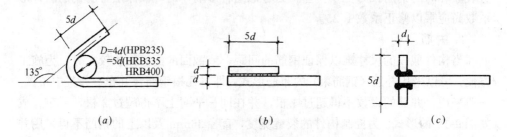

图 9-20　钢筋机械锚固的形式

(a) 末端带 135° 弯钩；(b) 末端贴焊短钢筋；(c) 末端与钢板穿孔塞焊

9.5.2　支座处的锚固

1. 悬臂梁

在悬臂梁支座处，需要充分利用钢筋的强度，当支座高度足够时，悬臂梁的上部纵筋可用直线方式锚入支座，伸入支座范围内的锚固长度取为 l_a。当支座高度不足时，可以通过设置弯钩的方式进行锚固。图 9-21 (a) 为钢筋弯折 90° 时的受力情况。钢筋的拉力由水平段钢筋与混凝土之间的粘结力和在垂直段混凝土对钢筋的支承力来抵抗。这种锚固方式的破坏形态一般为弯折部分的混凝土产生局部受压破坏。如果埋入水平段的长度过小，会产生混凝土表面的冲剪破坏；如尾部长度过小，则又会产生钢筋拔出式破坏。为此，我国《混凝土结构设计规范》规定，当采用弯钩形式锚固时，其弯折前的水平投影长度不应小于按下式计算的 l_{ah}，弯折后的垂直投影长度不应小于 $15d$（图 9-21b）。

$$l_{ah} = \alpha_{ah} l_a \tag{9-20}$$

式中 l_a——按式 9-17 得到的基本锚固长度；

α_{ah}——锚固端水平投影长度系数，当混凝土强度等级为 C20 时，取 $\alpha_{ah}=$ 0.45；当混凝土强度等级大于等于 C25 时，取 $\alpha_{ah}=0.4$。

2. 简支梁

在简支梁近支座处产生斜裂缝时，斜裂缝处钢筋应力将增大。如果锚固长度不足，钢筋与混凝土之间的相对滑移将使斜裂缝宽度显著增大，尤其是对于近支座一定距离内有较大集中荷载的构件，甚至会发生粘结锚固破坏。

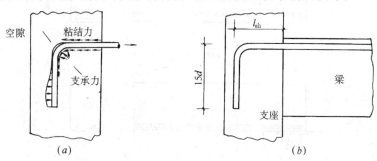

图 9-21 悬臂梁上部纵筋的锚固

对钢筋混凝土简支梁，考虑到支座压力对锚固的有利影响，其下部纵向受力钢筋伸入支座范围内的锚固长度 l_{as} 可以比基本锚固长度 l_a 减小。我国《混凝土结构设计规范》规定如下：

当 $V \leq 0.7 f_t b h_0$ 时，$l_{as} \geq 5d$；

当 $V > 0.7 f_t b h_0$ 时，$l_{as} \geq 0.35 l_a$。

其中，d 为钢筋直径，l_a 为按式（9-17）确定的锚固长度。l_{as} 从支座内边缘算起（图 9-22）。

当混凝土强度等级小于或等于 C25 的简支梁，在距支座边 $1.5h$ 范围内作用有集中荷载（集中荷载在支座截面产生的剪力占该截面总剪力的 75% 以上）且 $V > 0.7 f_t b h_0$ 时，对热轧带肋钢筋 $l_{as} \geq 0.45 l_a$。

如纵向受力钢筋伸入支座范围内的锚固长度不符合上述规定时，应采取在钢筋上

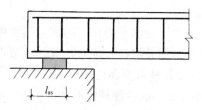

图 9-22 简支梁纵向受力筋的锚固

加焊横向钢筋（图 9-23a）、加焊锚固钢板（图 9-23b）或将钢筋端部焊接在梁端的预埋件上（9-23c）等有效的附加锚固措施或采用机械锚固。

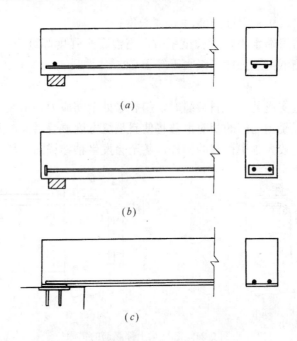

图 9-23　附加锚固措施

(a) 加焊横向钢筋；(b) 加焊端头锚固钢板；(c) 纵筋端头与支座预埋件焊接

3. 连续梁中间支座

在连续梁到达破坏荷载时，由于斜裂缝即沿上部和下部纵筋粘结裂缝的发展，弯矩图的反弯点并不是上下钢筋的零应力点，产生钢筋拉应力平移的现象；近中间支座处下部纵向钢筋同样受拉，荷载通过混凝土的斜压杆作用传至中间支座。因此，纵筋伸入中间支座的锚固长度，可按 $V>0.7f_tbh_0$ 时的简支梁支座处理（图 9-24a）。

对于受水平力作用的靠近梁的中间节点，如梁的下部纵筋在正弯矩作用下需充分利用其抗拉强度时，其伸入节点的锚固长度不应小于基本锚固长度 l_a（图 9-24b）。如柱截面高度不够，亦可象悬臂梁支座锚固那样采用带 90° 弯折的锚固方式（图 9-24c），各种规定亦如前所述。如节点两侧纵筋均在节点内锚固，节点钢筋过多，造成施工困难；下部钢筋也可穿越节点或支座范围，并在节点或支座以外梁内弯矩较小部位设置受拉搭接接头（图 9-24d）。

如梁的下部纵筋在负弯矩作用下，在计算中作为受压钢筋，需充分利用其受压强度时，其伸入节点的锚固长度不应小于 $0.7l_a$（图 9-24b）；纵向钢筋亦可贯穿节点或支座范围，并在节点或支座以外梁内弯矩较小部位设置受压搭接接头（图 9-24d）。

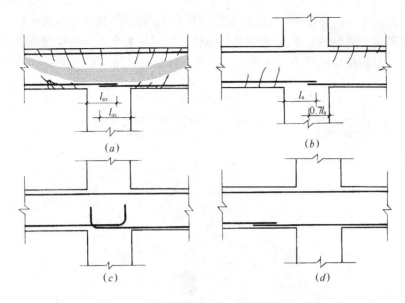

图 9-24 梁纵筋在中间支座的锚固

(*a*) 纵筋不作为 A_s' 的锚固；(*b*) 纵筋作为 A_s 和 A_s' 的锚固；

(*c*) 用带 90 弯折的锚固端锚固；(*d*) 在支座范围以外搭接

9.5.3 钢 筋 的 搭 接

当混凝土构件中的钢筋长度不够时，或为构造要求需设施工缝或后浇带时，钢筋就需要搭接，即将两根钢筋的端头在一定长度内并放，通过搭接钢筋之间的混凝土，将一根钢筋的力传给另一根钢筋。对于采用搭接的受拉钢筋，在接头处钢筋的受力方向相反，位于两根搭接钢筋之间的混凝土受到钢筋肋的斜向挤压力作用，如图 9-25 (*a*) 所示。这个挤压力的径向分量使外围混凝土保护层混凝土受横向拉力，纵向分量使搭接钢筋之间的混凝土受到剪切作用，其破坏形式一般为沿钢筋方向，混凝土被相对剪切而发生劈裂，导致纵筋的滑移甚至被拔出，如图 9-25 (*b*) 所示。破坏一般始于搭接接头的端部，因为作用于端部混凝土的劈裂应力要比中部大。图 9-25 (*b*) 中也可看出，位于搭接接头的裂缝宽度也较宽。

同济大学进行过大量的钢筋搭接试验。试验结果表明，搭接区段的极限粘结强度 τ_u 同样与混凝土抗拉强度 f_t 成正比，与相对搭接长度 l_1/d 呈线性关系。相对保护层厚度 c/d 及钢筋净间距的减小将使纵向劈裂裂缝较早出现，使钢筋的应力不能得到充分发挥。在搭接接头处配置横向钢筋，能明显地推迟搭接区的开裂，改善搭接性能。

受拉钢筋搭接接头处的粘结比锚固粘结要恶劣，实际工程中需要对受拉钢筋进行搭接时，搭接长度应大于锚固长度。我国《混凝土结构设计规范》规定，对受拉钢筋进行搭接时，其搭接长度按表 9-3 取值，表中 l_a 为按式 9-17 规定确定的锚固长度,同一连接范围内搭接钢筋面积百分率,是指搭接钢筋端部间距小于0.3倍搭接长度(图9-26),或搭接钢筋接头中心间距不大于1.3倍搭接长度时,在此范围内有搭接接头的受力钢筋截面面积与全部受力钢筋面积之比。

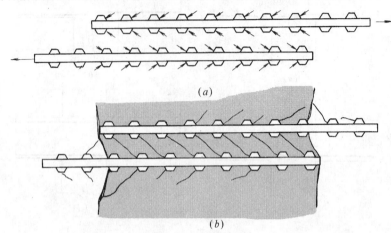

图 9-25   搭接接头

(*a*) 搭接处作用于钢筋的力; (*b*) 搭接接头混凝土的破坏

受拉钢筋的搭接长度 l_1   表 9-3

同一连接范围内搭接钢筋面积百分率 W(%)	$W \leqslant 25$	$25 < W \leqslant 50$	$50 < W \leqslant 100$
l_1	$1.2l_a$	$1.45l_a$	$1.8l_a$
	$\geqslant 300\text{mm}$		

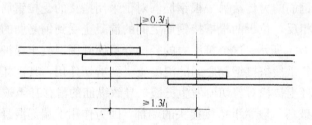

图 9-26   钢筋搭接接头的连接范围

如搭接钢筋排列较密,就会产生侧边劈裂(图9-27*a*)、面层劈裂(图9-27*c*)和 V 形劈裂(图9-27*b*)等破坏形式。如果在同一截面中钢筋搭接得越多,就越容易产生破坏。因此,在实际工程中,通过控制接头区段内受力钢筋接头面积的百分率来防止类似的破坏。位于同一连接范围内受拉搭接钢筋面积百分率一般不宜超过25%。搭接钢筋在布置时,最好能错开布置,接头部位应保持一定距离,首尾相接式的布置会在接头处应力集中而引起局部裂缝,应予避免。

当构件内受拉钢筋长度不能满足搭接长度要求时,可采用钢筋相互焊接搭接,

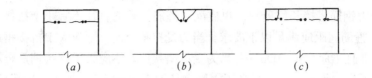

图 9-27 搭接破坏

(a) 边缘开裂；(b) V 形裂缝；(c) 边缘和面层开裂

也可以通过机械连接或冷挤压进行连接。

对于受压钢筋的搭接接头，由于钢筋将一部分力以端承形式转移到混凝土上，这样搭接钢筋之间的混凝土受到的剪力就明显地小于受拉搭接的情形。所以受压搭接的搭接长度可以明显地小于受拉搭接长度，同一连接范围内搭接钢筋面积百分率也可较大，但不宜超过 50%。

我国《混凝土结构设计规范》规定，对受压钢筋进行搭接时，其搭接长度 l_c 按表 9-4 取值，表中各符号意义同前。

受压钢筋的搭接长度 l_c 表 9-4

同一连接范围内搭接钢筋面积百分率 W（%）	$W \leqslant 50$	$50 < W \leqslant 100$
l_c	$0.85 l_a$	$1.05 l_a$
	$\geqslant 200\text{mm}$	

由于轴向压力对偏心受压构件中的受拉钢筋的搭接传力具有有利的影响，故柱中受拉钢筋采用搭接连接时，搭接接头的长度可按表 9-3 中的数值乘以轴向压力的影响系数 0.9 后取用，但不得小于 300mm。

9.5.4 锚固和搭接区的构造措施

受拉钢筋的最小锚固长度不应小于表 9-5 规定的数值，且在任何情况下不应小于式（9-17）计算值的 0.7 倍及 250mm。

受拉钢筋的最小锚固长度 表 9-5

钢筋类型	光面钢筋	带肋钢筋	三面刻痕钢丝	螺旋肋钢丝	三股钢绞线	七股钢绞线
最小锚固长度	$20d$	$25d$	$100d$	$80d$	$90d$	$100d$

箍筋可以延缓内裂缝的发展，并可限制到达构件表面的劈裂裂缝的宽度，因而可提高粘结强度，为保证锚固和搭接的有效可靠，在纵筋锚固长度范围内应配置箍筋。箍筋直径不宜小于锚固钢筋直径或并筋等效直径的 0.25 倍；间距不应大于单根锚固钢筋直径的 10 倍，在采用机械锚固措施时不应大于单根锚固钢筋直径的 5 倍。在整个锚固范围内箍筋不应少于 3 个。当锚固钢筋或并筋的混凝土保护层厚度不小于钢筋直径或并筋等效直径的 5 倍时，可不受以上限制。

在受力钢筋搭接长度范围内也应配置箍筋。箍筋直径不宜小于搭接钢筋直径0.25倍；箍筋间距应满足以下要求：当为受拉搭接时，不应大于搭接钢筋较小直径的5倍，且不应大于100mm；当为受压搭接时，不应大于搭接钢筋较小直径的10倍，且不应大于200mm。当受压钢筋直径大于25mm时，为防止局部挤压裂缝，需在钢筋端部增配箍筋。

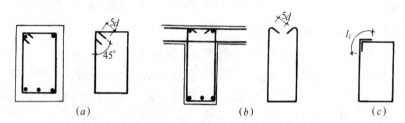

图 9-28   箍筋的锚固

(*a*) 封闭箍筋；(*b*) U 形箍筋；(*c*) 弯折 90°箍筋

9.5.5   箍筋的锚固

不论受剪还是受扭，箍筋是受拉钢筋，它的主要作用就是把梁的受压区和受拉区牢固地联系在一起，把斜裂缝间混凝土齿状体的斜向压力传递到受压区混凝土。为此，除了箍筋的最小直径和最大间距要满足抗剪和抗扭的规定外，还应保证箍筋在受拉区和受压区都有足够的锚固。矩形截面梁的箍筋应采用封闭的矩形 (图 9-28*a*)；T 形截面构件，由于翼缘顶面通常设有横向钢筋，也可采用 U 形箍筋 (图 9-28*b*)。箍筋的锚固可采用 135°的弯钩，弯钩深入核芯混凝土不小于 $5d$，为施工方便，也可采用 90°弯折 (图 9-28*c*)，此时应保证箍筋接头具有不小于 l_1 的搭接长度；否则，将会导致角部混凝土的崩落。

思 考 题

1. 钢筋与混凝土粘结力有哪几部分组成？哪一种作用为主要作用？
2. 影响钢筋与混凝土之间粘结力的主要因素有哪些？
3. 如果需要进行搭接的受拉钢筋中的钢筋应力较小，则所需要的搭接长度是否可以比表 9-3 中的规定减小？为什么？
4. 如何确定两个钢筋的搭接接头是否属于同一连接范围？
5. 为何采用并筋时，不允许在同一平面内设置 3 根钢筋？

习 题

9-1　如图 9-29 为一钢筋混凝土悬臂梁，截面尺寸 $b \times h = 300\text{mm} \times 650\text{mm}$，荷载大小

及位置示于图上。混凝土强度等级为C30。选用HRB335级钢筋,钢筋直径选用18mm,请算出最经济的纵向受力筋布置(包括锚固),并将结果和选用直径为22mm的结果进行比较。

9-2　某工程中采用HRB335级25mm的带环氧涂层的钢筋,在使用荷载下,钢筋应力为280MPa,试求其所需的锚固长度。

9-3　边长为450mm的正方形截面轴心受压柱,柱高3.6m,其纵筋为8根20mm的HRB335级钢筋(图9-30),试进行钢筋搭接设计。

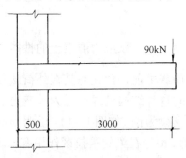

图 9-29

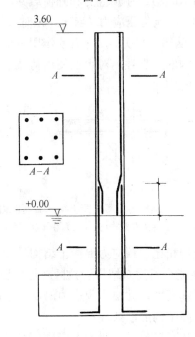

图 9-30

第10章 预应力混凝土结构受力性能

§10.1 概 述

10.1.1 预应力混凝土的性能

在混凝土结构承受外荷载之前，预先对其在外荷载作用下的受拉区施加压应力，以改善结构使用性能的这种结构型式称之为预应力混凝土结构。

以一预应力混凝土简支梁为例（如图10-1），说明预应力混凝土结构的基本受力原理：在外荷载作用之前，预先在梁的受拉区作用有一定偏心距的压力 N，N 在梁截面的下缘纤维产生压应力 σ_c（图10-1a）；在外荷载 P 作用下，在梁截面的下缘纤维产生拉应力 σ_t（图10-1b）；在预应力和外荷载共同作用下，梁截面下缘纤维的应力应是两者的迭加，可能是压应力（当 $\sigma_c > \sigma_t$ 时），也可能是较小的拉应力（当 $\sigma_c \leq \sigma_t$ 时）（图10-1c）。从图中可见，预应力的作用可部分或全部抵消外荷载产生的拉应力，从而提高结构的抗裂性，对于在使用荷载下出现裂缝的构件，预应力也会起到减小裂缝宽度的作用。

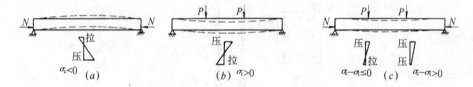

图10-1 预应力混凝土简支梁的截面应力
(a) 在预应力作用下；(b) 在外荷载作用下；(c) 在预应力和外荷载共同作用下

与普通钢筋混凝土结构相比，预应力混凝土结构具有如下的一些特点：

1）改善结构的使用性能 通过对结构受拉区施加预压应力，可以使结构在使用荷载下不开裂或减小裂缝宽度，并由于预应力的反拱而降低结构的变形，从而改善结构的使用性能，提高结构的耐久性；

2）减小构件截面高度和减轻自重 对于大跨度、大柱网和承受重荷载的结构，能有效地提高结构的跨高比限值；

3）充分利用高强度钢材 在普通钢筋混凝土结构中，由于裂缝宽度和挠度的限制，高强度钢材的强度不可能被充分利用。而在预应力混凝土结构中，对高强度钢材预先施加较高的应力，使得高强度钢材在结构破坏前能够达到屈服强度；

　　4）具有良好的裂缝闭合性能　当结构部分或全部卸载时，预应力混凝土结构的裂缝具有良好的闭合性能，从而提高截面刚度，减小结构变形，进一步改善结构的耐久性；

　　5）提高抗剪承载力　由于预压应力延缓了斜裂缝的产生，增加了剪压区面积，从而提高了混凝土构件的抗剪承载力，另一方面，预应力混凝土梁的腹板宽度也可以做得薄些，减轻自重；

　　6）提高抗疲劳强度　预压应力可以有效降低钢筋中应力循环幅度，增加疲劳寿命。这对于以承受动力荷载为主的桥梁结构是很有利的；

　　7）具有良好的经济性　对适合采用预应力混凝土的结构来说，预应力混凝土结构可比普通钢筋混凝土结构节省 20%～40% 的混凝土、30%～60% 的主筋钢材，而与钢结构相比，则可节省一半以上的造价；

　　8）预应力混凝土结构所用材料单价较高，相应的设计、施工等比较复杂。

10.1.2　施加预应力的方法

　　按预应力建立方式的不同，对混凝土构件施加预应力的方法可分为：千斤顶张拉法、机械法、电热法和化学方法等，千斤顶张拉法又分为先张法和后张法。

　　1. 先张法

　　在浇筑混凝土之前张拉预应力钢筋的方法称为先张法，如图 10-2 示意。

　　先张法的主要施工工序：在台座上张拉预应力钢筋至预定长度后，将预应力钢筋固定在台座的传力架上；然后在张拉好的预应力钢筋周围浇筑混凝土；待混凝土达到一定的强度后（约为混凝土设计强度的 70% 左右）切断预应力钢筋。由于预应力钢筋的弹性回缩，使得与预应力钢筋粘结在一起的混凝土受到预压作用。因此，先张法是靠预应力钢筋与混凝土之间粘结力来传递预应力的。

　　先张法通常适用在长线台座（50～200m）上成批生产配直线预应力钢筋的构件，如屋面板、空心楼板、檩条等。先张法的优点为生产效率高、施工工艺简单、锚夹具可多次重复使用等。

　　2. 后张法

　　在结硬后的混凝土构件预留孔道中张拉预应力钢筋的方法称为后张法，如图 10-3 示意。

　　后张法的主要施工工序：先浇筑好混凝土构件，并在构件中预留孔道（直线或曲线形）；待混凝土达到预期强度后（一般不低于混凝土设计强度的 70%），将预应力钢筋穿入孔道；利用构件本身做为受力台座进行张拉（一端锚固一端张拉或两端同时张拉），在张拉预应力钢筋的同时，使混凝土受到预压；张拉完成后，在张拉端用锚具将预应力钢筋锚住；最后在孔道内灌浆使预应力钢筋和混凝土形成一个整体，也可不灌浆，完全通过锚具施加预压力，形成无粘结预应力结构。

　　后张法不需要专门台座，便于在现场制作大型构件，适用于配直线及曲线预应力钢筋的构件。但其施工工艺较复杂、锚具消耗量大、成本较高等。

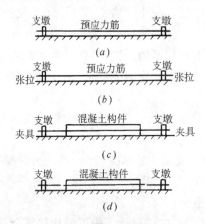

图 10-2　先张法施工工艺

(a) 钢筋就位；(b) 张拉预应力筋；

(c) 锚固预应力筋，浇注混凝土；

(d) 放松预应力筋，混凝土预压

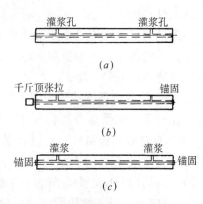

图 10-3　后张法施工工艺

(a) 预留孔道，浇筑混凝土；

(b) 张拉预应力筋，混凝土预压；

(c) 锚固预应力筋，孔道灌浆

3. 机械法

机械法通常是用液压千斤顶完成的。这种方法是把特殊的千斤顶放置在构件之间或是构件与岩石之间，通过千斤顶的伸长来对构件施加预压应力。这种方法在实际工程中应用较少。

4. 电热法

电热法是指将电流通过预应力钢筋使其加热伸长来建立预应力的。电热法常用于制造楼屋面构件、电线杆、枕轨等。其优点在于投资很少、设备工艺简单、速度快等，缺点是耗电量大、预应力钢筋中预应力难以准确建立等。

5. 化学方法

化学方法是利用膨胀水泥实现的。根据预应力的大小，膨胀水泥混凝土可分为：收缩补偿型（2～7MPa）、自应力型（7～30MPa）。化学方法可应用于大型箱型结构的预制装配式构件、墙板结构（控制收缩裂缝的发生或发展）等。但由于一些实际问题（如膨胀的控制等）还未解决好，因此在实践中，化学方法还没有得到广泛的应用。

10.1.3　预应力混凝土的发展历史

1928 年法国工程师 Freyssinet 首次将高强钢丝应用于预应力混凝土梁，这是现代预应力混凝土的雏形。1939 年 Freyssinet 设计出锥形锚具，用于锚固后张预应力混凝土构件端部的钢丝。1940 年比利时 Magnel 教授开发了新型后张锚具，使后张预应力混凝土得到进一步发展。从 50 年代以来，先张法预应力混凝土构件和后张法预应力混凝土结构在工程中得到广泛应用，先张法预应力混凝土构件主要用于中小跨度桥梁、预制桥面板、厂房等。后张预应力混凝土结构则主要用于箱型桥梁、大型厂房结构、现浇框架结构等。

预应力混凝土技术在我国的发展始于1954年。60年代，无粘结预应力混凝土开始大规模应用于工业和民用建筑中。70年代，预应力混凝土的应用领域日渐扩大，其应用领域已拓展至高层建筑、地下建筑、海洋工程、压力容器、安全壳、电视塔、地下锚杆、基础工程等。预应力混凝土结构已成为当前世界上最有发展前途的建筑结构之一。

在预应力混凝土工程实践发展的同时，预应力混凝土的设计理论也得到了发展。在预应力混凝土的发展初期，设计要求在全部使用荷载作用下，混凝土应当永远处于受压状态而不允许出现拉应力，即要求为"全预应力混凝土"。但后来的大量工程实践和科学研究表明，要求预应力混凝土中一律不出现拉应力实属过严，在一些情况下，预应力混凝土中不仅可以出现拉应力，而且可以出现宽度不超过一定限值的裂缝，即所谓的"部分预应力混凝土"。因此，1970年国际预应力混凝土协会和欧洲混凝土委员会（FIP—CEB）建议将混凝土结构按裂缝控制等级的不同分为四级：（Ⅰ）全预应力混凝土，在最不利荷载组合下也不允许出现拉应力；（Ⅱ）限值预应力混凝土，在最不利荷载组合下，混凝土中允许出现低于抗拉强度的拉应力，但在长期荷载作用下不得出现拉应力；（Ⅲ）限宽预应力混凝土，允许开裂，但应控制裂缝宽度；（Ⅳ）普通钢筋混凝土，其中第Ⅱ级和第Ⅲ级可合称为部分预应力混凝土。目前，部分预应力混凝土的设计思想已在世界范围内得到了广泛的承认和应用。

§10.2　预应力混凝土的材料和锚具

10.2.1　预应力混凝土的材料

1. 预应力钢材

预应力混凝土结构所用的预应力钢材主要有：钢丝、钢绞线和热处理钢筋等三类。另外在一些次要的或小型构件中，也可以采用冷拉Ⅰ、Ⅱ、Ⅲ、Ⅳ级钢筋和冷轧带肋钢筋。目前，国内外开展了采用纤维塑料筋来代替预应力钢筋的探索研究工作。预应力钢材的发展趋势是高强度、大直径、低松弛和耐腐蚀。

（1）预应力钢材的种类

1）钢丝　钢丝是用含碳量0.5%～0.9%的优质高碳钢盘条经回火处理、酸洗、镀铜或磷化后经几次冷拔而成。钢丝的品种主要有：消除应力钢丝、螺旋肋钢丝和刻痕钢丝等。钢丝的直径通常为3～7mm，抗拉强度标准值分为1570、1670、1770MPa几个等级。

2）钢绞线   预应力混凝土用钢绞线是用多根（2、3、7、19根）钢丝在绞线机上扭绞而成。7根钢丝组成的钢绞线最常见，它是由6根钢丝围绕着一根中间钢丝顺一个方向扭结而成。钢绞线的抗拉强度标准值分为1470、1570、1670、1770、1860MPa几个等级。

3）热处理钢筋

热处理钢筋是由热轧中碳低合金钢筋盘条经淬火和回火的调质处理而成的，直径通常为6～10mm，这种钢筋多用于先张法预应力混凝土构件，抗拉强度标准值为1470MPa。

（2）预应力钢材的物理力学性质

1）应力—应变曲线   图10-4为高强钢丝和钢绞线的应力—应变曲线，热处理钢筋的应力—应变曲线与它相似，这些高强钢材与低碳钢筋（包括冷拉钢筋）不同，它们没有明显的屈服点，一般将残余应变0.2%时的应力定义为名义屈服强度$f_{0.2}$，这一应力约为高强钢材极限强度的80%。

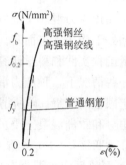

图10-4   预应力筋的
应力—应变曲线

2）钢材强度   钢丝、钢绞线、热处理钢筋的强度标准值是根据极限抗拉强度确定，用f_{ptk}表示。强度设计值$f_{py}=0.68f_{ptk}$。

3）应力松弛   应力松弛是指预应力钢材受到较高的张拉力之后，在长度不变的条件下，应力随时间的增加而降低的性能。应力松弛与时间、钢筋品种、初应力、温度等多种因素有关。

（3）无粘结预应力束

无粘结预应力束是由钢绞线或钢丝束、涂料层和包裹层组成，它在施加预应力后沿全长与其周围的混凝土没有粘结力。

无粘结预应力束所用钢材多为ϕ^j12和ϕ^j15钢绞线、ϕ^s4和ϕ^s5钢丝束。其抗拉强度标准值为1570～1860MPa。

2．混凝土

与普通钢筋混凝土结构相比，预应力混凝土结构要求采用强度更高的混凝土。混凝土的发展方向是高强、轻质、快硬和高性能。

目前，我国预应力混凝土结构用的混凝土强度等级，在建筑结构中为C35～C60，在桥梁和特种结构中为C50～C60，在一些预制构件中已开始采用C80混凝土。

3．孔道灌浆材料

后张有粘结预应力混凝土结构中预应力束的留孔方法，目前普遍采用波纹管留孔，而不再采用过去常用的胶管抽芯和预埋钢管等方法。选用波纹管的原则是：波纹管的内径宜比钢绞线或钢丝束的外径大5～10mm，孔道面积应不小于预应力钢材净面积的 2 倍。

孔道灌浆材料为纯水泥浆，有时也加细砂，宜采用标号不低于 425 号的普通硅酸盐水泥或矿渣硅酸盐水泥，但后者在寒冷地区不宜采用。水泥浆的水灰比为 0.40~0.45，搅拌后的泌水率不大于 2%。

10.2.2 预应力混凝土的施工工艺

预应力锚具是实现预应力的施加和预应力束的锚固的工具，是预应力混凝土施工工艺的核心部分。按锚固的预应力束类型的不同，锚具可分为：锚固粗钢筋的螺丝端杆锚具、锚固钢丝束的锚具、锚固钢绞线或钢筋束的锚具。按锚具使用的位置不同，锚具可分为固定端锚具和张拉端锚具两种。不同的锚具需配套采用不同形式的张拉千斤顶及液压设备，并有特定的张拉工序和细节要求。

下面介绍各类典型的预应力锚具。

1. 螺丝端杆锚具

螺丝端杆锚具是指在单根预应力粗钢筋的两端各焊上一根短的螺丝端杆，并套以螺帽及垫板。预应力螺杆通过螺纹将力传给螺帽，螺帽再通过垫板将力传给混凝土。

这种锚具操作简单，受力可靠，滑移量小，适用于较短的预应力构件及直线预应力束。缺点是预应力束下料长度的精度要求高，且不能锚固多根钢筋。

2. 镦头锚具

钢丝束镦头锚具是利用钢丝的粗镦头来锚固预应力钢丝的，如图 10-5。这种锚具加工简单，张拉方便，锚固可靠，成本低廉，但钢丝的下料长度要求严格，张拉端一般要扩孔，较费人工。钢丝束镦头锚具适用于单跨结构及直线型构件。

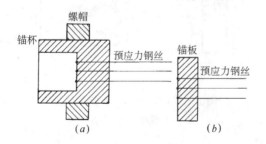

图 10-5 镦头锚具

(a) 张拉端锚具；(b) 固定端锚具

3. 锥形锚具

锥形锚具也称弗氏锚具，是由锚环及锚塞组成，主要用于锚固平行钢丝束。这种锚具既可用于张拉端，也可用于固定端。锥形锚具的缺点是滑移量大，每根钢丝的应力有差异，预应力锚固损失将达到 $0.05\sigma_{con}$ 以上。

4. JM 系列锚具

JM 型锚具由锚环及夹片组成,夹片的数量与预应力筋的数量相同,夹片呈锲形,如图 10-6。JM 锚具可锚固粗钢筋和钢绞线,既可用于张拉端,也可用于固定端。这种锚具的缺点是内缩量较大,实测表明,钢绞线的内缩量在 6~7mm。

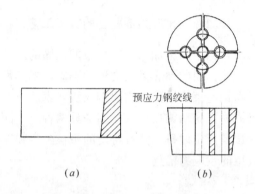

图 10-6   JM 锚具

(*a*) 锚环;(*b*) 锲块

5. QM (OVM) 群锚锚具

QM (OVM) 锚具由锚板和夹片组成,分为单孔和多孔两类,可根据预应力束的钢绞线根数选用不同孔数的锚具,如图 10-7。这种锚具的特点是任意一根钢绞线的滑移和断裂都不会影响束中其他钢绞线的锚固,故锚固可靠,互换性好,群锚能力强。

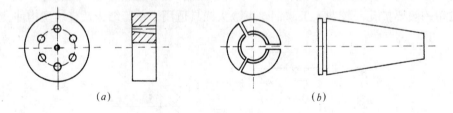

图 10-7   QM (OVM) 镦头锚具

(*a*) 锚板;(*b*) 夹片

6. XM 群锚锚具

XM 型锚具的锚固原理同 QM 型锚具相似,但 XM 型锚具可锚固更多根数钢绞线的预应力束,最多可达 55 根钢绞线。XM 型锚具可用于大型预应力混凝土结构。

§10.3 预应力损失的计算

10.3.1 预应力张拉控制应力

预应力张拉控制应力 σ_{con} 是指预应力筋张拉时需要达到的应力。

为了充分发挥预应力的优势，预应力钢筋的张拉控制应力 σ_{con} 宜定得高一些，以便混凝土获得较高的预压应力，从而提高构件的抗裂性。但张拉控制应力定得过高也存在缺点，比如：易发生脆性破坏，构件开裂不久即发生破坏；由于钢材材质的不均匀性以及施工误差，预应力筋有可能被拉断或产生塑性变形等。

张拉控制应力 σ_{con} 的取值，主要与预应力钢材的材料及张拉方法有关。

冷拉钢筋属于软钢，塑性好，以屈服强度 f_{pyk} 作为强度标准值，所以 σ_{con} 可定得高一些。钢丝和钢绞线属硬钢，塑性差，以极限抗拉强度 f_{ptk} 作为强度标准值，故 σ_{con} 可定得低一些。

先张法的张拉控制应力较后张法的定得高一些。采用后张法时，构件在张拉钢筋的同时混凝土已发生弹性压缩，不必再考虑混凝土弹性压缩而引起的应力降低。而对于先张法构件，混凝土是在钢筋放张后才发生弹性压缩的，故需要考虑混凝土弹性压缩引起的应力降低。另外，因混凝土收缩、徐变引起的预应力损失，先张法也要比后张法大。

预应力筋的张拉控制应力也不能定得太低，否则在考虑预应力损失后，构件实际受到的预压应力可能太小。为此，现行设计规范规定了 σ_{con} 的下限值。

根据设计、施工经验，现行设计规范规定的张拉控制应力 σ_{con} 允许值见表 10-1。

张拉控制应力 σ_{con} 表 10-1

钢筋种类	先 张 法	后 张 法
钢丝、钢绞线	$0.75f_{ptk}$	$0.75f_{ptk}$
热处理钢筋	$0.70f_{ptk}$	$0.65f_{ptk}$

注：钢丝、钢绞线和热处理钢筋的张拉控制应力值不应小于 $0.4f_{ptk}$。

下列情况下，表 10-1 中的张拉控制应力允许值可提高 $0.05f_{ptk}$：

(1) 为了提高构件在施工阶段的抗裂性，而在使用阶段受压区内设置预应力筋；

(2) 为了部分抵消由于应力松弛、摩擦、钢筋分批张拉以及预应力筋与台座之间的温差等因素产生的预应力损失。

10.3.2 预应力损失的计算及组合

在预应力混凝土结构构件的施工及使用过程中，由于张拉工艺和材料特性等原因，预应力钢材中的应力是不断降低的。这种预应力筋应力的降低，即为预应力损失。

对于预应力损失的计算，各国规范的规定大同小异，一般采用分项叠加法计算。预应力总损失由瞬时损失和长期损失两部分组成。瞬时损失包括摩擦损失、锚固损失和混凝土弹性压缩损失。长期损失包括混凝土的收缩、徐变损失和预应力钢材的松弛损失。

1. 摩擦损失 σ_{l2}

摩擦损失是指预应力筋与孔道壁之间的摩擦引起的预应力损失，包括长度效应 (kx) 和曲率效应 $(\mu\theta)$。摩擦损失 σ_{l2} 的计算公式如下：

$$\sigma_{l2} = \sigma_{con}(1 - e^{-(kx+\mu\theta)}) \tag{10-1}$$

式中　k——考虑孔道每米长度局部偏差的摩擦系数，按表 10-2 取用；

　　　μ——考虑预应力钢筋与孔道壁之间的摩擦系数，按表 10-2 取用；

　　　x——从张拉端至计算截面之间的曲线距离（m）；

　　　θ——从张拉端至计算截面曲线孔道部分切线的夹角（rad）。

通常 $(kx + \mu\theta)$ 不大于 0.2，此时 σ_{l2} 可近似按下列公式计算：

$$\sigma_{l2} = \sigma_{con}(kx + \mu\theta) \tag{10-2}$$

对多种曲率的曲线孔道或直线段与曲线段组成的孔道，应分段计算摩擦损失。

现行设计规范中 k 和 μ 的取值　　　　　表 10-2

孔道成型方式	k	μ	
		钢丝、钢绞线、光面钢筋	变形钢筋
预埋铁皮管	0.0030	0.35	0.4
预埋波纹管	0.0015	0.25	—
预埋钢管	0.0010	0.25	—
抽芯成型	0.0015	0.55	0.6
无粘结钢绞线	0.0040	0.12	—
无粘结钢丝束	0.0035	0.10	—

2. 锚固损失 σ_{l1}

锚固损失是指张拉端锚固时由于锚具变形和预应力筋内缩引起的预应力损失。

（1）直线预应力筋

锚固损失 σ_{l1} 可按下式计算

$$\sigma_{l1} = aE_p/L \tag{10-3}$$

式中　a——张拉端锚具变形和预应力钢筋内缩值，按表 10-3 取用；

　　　L——张拉端至锚固端之间的距离（mm）。

锚具变形和预应力钢筋内缩值 a（mm）　　　　　　　**表 10-3**

锚 具 类 型		a
带螺帽的锚具：螺帽缝隙		1
每块后加垫板的缝隙		1
钢丝束的镦头锚具		1
钢丝束的钢制锥形锚具		5
夹片式锚具	有顶压时	5
	无顶压时	6～8

注：1. 表中的锚具变形和钢筋内缩值也可根据实测数据确定；

　　2. 其他类型的锚具变形和钢筋内缩值应根据实测数据确定。

（2）圆弧形预应力筋

对曲线和折线形预应力筋，由于反摩擦的作用，锚固损失在张拉端处最大，沿预应力筋逐步减小，直到为零。圆弧形预应力筋的锚固损失 σ_{l1} 可按下列公式计算

$$\sigma_{l1} = 2\sigma_{con}l_f(\mu/r_c + k)(1 - x/l_f) \tag{10-4}$$

反向摩擦影响长度 l_f（m）按下列公式计算：

$$l_f = \sqrt{\frac{aE_p}{1000\sigma_{con}(\mu/r_c + k)}} \tag{10-5}$$

式中　r_c——圆弧形曲线预应力筋的曲率半径（m）。

（3）抛物线形预应力筋

1）抛物线形预应力钢筋可近似按圆弧形曲线考虑，当其对应的圆心角 θ 不大于 30°时，其预应力损失值可按公式（10-4）和（10-5）计算。

2）当预应力钢筋在端部为直线时，其初始长度为 l_0，而后由两条圆弧形曲线组成（如图 10-8），当每条圆弧对应的圆心角 θ 不大于 30°时，其预应力损失值可按下式进行计算

当 $x \leqslant l_0$ 时：　　　　　　$\sigma_{l1} = 2i_1(l_1 - l_0) + 2i_2(l_f - l_1)$　　　　　(10-6)

当 $l_0 \leqslant x \leqslant l_1$ 时：　　　　$\sigma_{l1} = 2i_1(l_1 - x) + 2i_2(l_f - l_1)$　　　　　(10-7)

当 $l_1 \leqslant x \leqslant l_f$ 时：　　　　$\sigma_{l1} = 2i_2(l_f - x)$　　　　　　　　　(10-8)

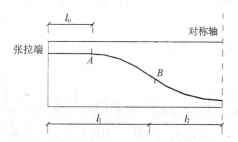

图 10-8　锚固损失消失于曲线拐点外的情况

反向摩擦影响长度 l_f（m）按下列公式计算：

$$l_f = \sqrt{\frac{aE_p - 1000i_1(l_1^2 - l_0^2)}{1000i_2} + l_1^2} \qquad (10\text{-}9)$$

其中 $i_1 = \sigma_A\ (k + \mu/r_{c1})$

$i_2 = \sigma_B\ (k + \mu/r_{c2})$

式中 i_1、r_{c1}——第一段圆弧曲线预应力钢筋中应力近似直线变化的斜率和圆弧半径；

i_2、r_{c2}——第二段圆弧曲线预应力钢筋中应力近似直线变化的斜率和圆弧半径；

σ_A、σ_B——预应力钢筋在 A、B 点的应力。

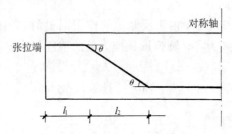

图 10-9 锚固损失消失于折点外的情况

（4）折线形预应力筋

当折线形预应力钢筋锚固损失消失于折点之外（如图 10-9），其预应力损失 σ_{l1} 可按下式计算

当 $x \leqslant l_1$ 时：$\sigma_{l1} = 2i_1\ (l_1 - x)\ + 2\sigma_1 + 2i_2l_2 + 2\sigma_2 + 2i_3\ (l_f - l_1 - l_2)$ (10-10)

当 $l_1 \leqslant x \leqslant l_1 + l_2$ 时：$\sigma_{l1} = 2i_2\ (l_1 + l_2 - x)\ + 2\sigma_2 + 2i_3\ (l_f - l_1 - l_2)$ (10-11)

当 $l_1 + l_2 \leqslant x \leqslant l_f$ 时：$\sigma_{l1} = 2i_3\ (l_f - x)$ (10-12)

反向摩擦影响长度 l_f（m）按下列公式计算：

$$l_f = \sqrt{\frac{aE_p - 1000i_2l_2^2 - 2000\sigma_2l_2}{1000l_3} + l_2^2} \qquad (10\text{-}13)$$

其中 $\sigma_1 = \sigma_{con}\mu\theta$

$\sigma_2 = \sigma_{con}\ (1 - kl_2)\ (1 - \mu\theta)\ \mu\theta$

$i_1 = \sigma_{con}k$

$i_2 = \sigma_{con}\ (1 - \mu\theta)\ k$

$i_3 = \sigma_{con}\ (1 - kl_2)\ (1 - \mu\theta)^2 k$

式中 i_1——第一折线段预应力钢筋中应力近似直线变化的斜率；

i_2——第二折线段预应力钢筋中应力近似直线变化的斜率；

i_3——第三折线段预应力钢筋中应力近似直线变化的斜率。

3. 温差损失 σ_{l3}

温差损失是指先张法构件加热养护时预应力筋与台座之间温差引起的预应力损失。

$$\sigma_{l3} = 2\Delta t \tag{10-14}$$

式中 Δt——预应力筋与台座之间的温差，单位度。

4. 松弛损失 σ_{l4}

预应力钢材在高应力作用下，将发生应力松弛现象，由此引起的应力损失称为松弛损失。减少预应力筋应力松弛的措施是超张拉。σ_{l4} 的计算方法如下：

（1）普通松弛预应力筋

$$\sigma_{l4} = 0.4\varphi\sigma_{con}(\sigma_{con}/f_{ptk} - 0.5) \tag{10-15}$$

式中 φ——系数，一次张拉时取为 1.0，超张拉时取为 0.9。

（2）低松弛预应力筋

当 $\sigma_{con} \leqslant 0.7f_{ptk}$ 时

$$\sigma_{l4} = 0.125\sigma_{con}(\sigma_{con}/f_{ptk} - 0.5) \tag{10-16}$$

当 $0.7f_{ptk} \leqslant \sigma_{con} \leqslant 0.8f_{ptk}$ 时

$$\sigma_{l4} = 0.20\sigma_{con}(\sigma_{con}/f_{ptk} - 0.575) \tag{10-17}$$

（3）热处理钢筋

对一次张拉： $\quad\sigma_{l4} = 0.05\sigma_{con}$

对超张拉： $\quad\sigma_{l4} = 0.035\sigma_{con}$

5. 收缩、徐变损失 σ_{l5}

因混凝土收缩、徐变引起的预应力损失 σ_{l5} 可按下列公式计算

先张法： $\quad\sigma_{l5} = (45 + 220 \times \sigma_{pc}/f'_{cu})/(1+15\rho) \tag{10-18}$

$\quad\sigma'_5 = (45 + 220 \times \sigma'_{pc}/f'_{cu})/(1+15\rho') \tag{10-19}$

后张法： $\quad\sigma_{l5} = (25 + 220 \times \sigma_{pc}/f'_{cu})/(1+15\rho) \tag{10-20}$

$\quad\sigma'_5 = (25 + 220 \times \sigma'_{pc}/f'_{cu})/(1+15\rho') \tag{10-21}$

式中 σ_{pc}、σ'_{pc}——受拉区、受压区预应力筋在合力点处混凝土的法向压应力。计算 σ_{pc} 时，预应力损失值仅考虑第一批损失值，并可根据施工情况考虑构件自重的影响。σ_{pc} 值不得大于 $0.5f'_{cu}$；

f'_{cu}——张拉预应力筋时的混凝土立方体强度；

ρ、ρ'——受拉区、受压区预应力筋和非预应力筋的配筋率。

当能预先确定构件承受外荷载的时间时，可考虑时间对混凝土收缩和徐变损失值的影响，此时可将 σ_{l5} 乘以不大于 1 的系数 β。β 可按下列公式计算

$$\beta = 4j/(120 + 3j) \tag{10-22}$$

式中 j——结构构件从预加应力时起至承受外荷载的天数。

对处于高湿度条件下的结构（如贮水池等），按上式算得的 σ_{l5} 值可降低 50%，对处于干燥环境下的结构，σ_{l5} 值可增加 20%～30%。

6. 钢筋挤压混凝土损失 σ_{l6}

采用螺旋式预应力筋作为配筋的环形构件，由于预应力钢筋对混凝土的局部挤压，使得环形构件的直径有所减小，预应力筋中的拉应力就会降低，从而引起预应力筋的引起的应力损失 σ_{l6}。σ_{l6} 的大小与环形构件的直径 d 成反比。可按下列公式计算

当 $d \leqslant 3\mathrm{m}$ 时：$\sigma_{l6} = 30\mathrm{MPa}$ \hfill (10-23)

当 $d > 3\mathrm{m}$ 时：$\sigma_{l6} = 0$ \hfill (10-24)

7. 弹性压缩损失 σ_{l7}

先张法构件放张时或后张法构件分批张拉时，由于混凝土受到弹性压缩引起的预应力损失，简称为弹性压缩损失 σ_{l7}。

对后张法构件，当多根预应力筋分批张拉时，先批张拉的预应力筋受到后批预应力筋张拉所产生的混凝土压缩，从而引起预应力损失，此时 σ_{l7} 可近似按下列公式计算

$$\sigma_{l7} = 0.5\sigma_{pc} \times E_p/E_c = 0.5\sigma_{pc}\alpha_E \tag{10-25}$$

式中 σ_{pc}——全部预应力筋产生的预应力筋水平处混凝土的预压应力。

8. 预应力损失值的组合

各项预应力损失不是同时发生的，而是在不同阶段分批产生的，如表 10-4 所示。

预应力损失值的组合　　　　　　　　　　　　　　　表 10-4

预应力损失值的组合	先张法构件	后张法构件
混凝土预压前（第一批）损失 $\sigma_{lⅠ}$	$\sigma_{l1} + \sigma_{l2} + \sigma_{l3} + \sigma_{l4}$	$\sigma_{l1} + \sigma_{l2}$
混凝土预压后（第二批）损失 $\sigma_{lⅡ}$	σ_{l5}	$\sigma_{l4} + \sigma_{l5} + \sigma_{l6}$

注：当后张法构件分批张拉时，$\sigma_{lⅠ}$ 需计入 σ_{l7}。

考虑到各项预应力损失值的离散性，实际损失值有可能比按公式计算的值大。为了保证预应力构件的抗裂性，现行规范规定了预应力总损失 σ_l 的下限值，先张法构件为 100MPa，后张法构件为 80MPa。

§10.4   预应力混凝土构件的受力性能

10.4.1   预应力混凝土轴心受拉构件的受力性能

1. 承载力计算

在构件承载力极限状态，全部荷载由预应力筋和普通钢筋承担，计算简图如图 10-10 所示。正截面受拉承载力按下式计算。

$$\gamma_0 N \leq f_y A_s + f_{py} A_p \tag{10-26}$$

式中　γ_0——结构重要性系数；

$\qquad$ N——设计轴向拉力；

$\qquad$ f_y、A_s、f_{py}、A_p——普通钢筋和预应力筋的抗拉强度设计值和面积。

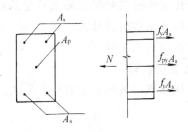

图 10-10　轴拉构件的承载力计算

2. 抗裂度验算

预应力轴心受拉构件的抗裂等级可分为两个控制等级进行验算，计算公式如下：

（1）严格要求不出现裂缝的构件

在荷载标准组合下应符合下列要求：

$$\sigma_{ck} - \sigma_{pc} \leq 0 \tag{10-27}$$

（2）一般要求不出现裂缝的构件

1）在荷载标准组合下应符合下列要求：

$$\sigma_{ck} - \sigma_{pc} \leq f_{tk} \tag{10-28}$$

式中　f_{tk}——混凝土的抗拉强度标准值。

2）在荷载准永久组合下应符合下列要求

$$\sigma_{cq} - \sigma_{pc} \leq 0 \tag{10-29}$$

式中　σ_{ck}、σ_{cq}——荷载在标准组合、准永久组合下抗裂验算边缘的混凝土法向应力；

$\qquad$ A_0——混凝土的换算截面面积 $A_0 = A_c + \alpha_{Ep} A_p + \alpha_{Es} A_s$，$A_c$ 为扣除预应力筋和普通钢筋截面面积后的混凝土截面面积；

$\qquad$ σ_{pc}——扣除全部预应力损失后在抗裂验算边缘混凝土的预压应力。

3. 裂缝宽度验算

预应力混凝土轴心受拉构件最大裂缝宽度 w_{max} 的计算公式与普通钢筋混凝土构件的类似，即 $w_{max} \leq w_{lim}$。不同之处在于

（1）$\rho_{te} = (A_s + A_p) / A_{te}$；

（2）$\sigma_{sk} = (N_k - N_{p0}) / (A_s + A_p)$，$N_{p0}$ 为当混凝土法向应力等于 0 时，全部纵向预应力筋和普通钢筋的合力。

4. 张拉或放张预应力筋时的构件承载力验算

当不允许出现裂缝时，混凝土截面边缘的法向应力应符合下列条件

$$\sigma_{cc} \leqslant 0.8 f'_{ck} \tag{10-30}$$

式中　f'_{ck}——预应力筋张拉完毕或放张时混凝土的轴心抗压强度标准值；

　　　σ_{cc}——预应力筋张拉完毕或放张时混凝土承受的预压应力；

先张法构件按第一批损失出现后计算 σ_{cc}，即 $\sigma_{cc} = (\sigma_{con} - \sigma_{lI}) A_p / A_0$

后张法构件按不考虑预应力损失计算 σ_{cc}，即 $\sigma_{cc} = \sigma_{con} A_p / A_0$。

5. 构件张拉端的局部受压验算

构件张拉端的局部受压验算可按第 8 章的有关公式进行，此时的局部压力设计值 $F_l = 1.2\sigma_{con} A_p$。

10.4.2 预应力混凝土受弯构件的受力性能

1. 正截面受弯承载力计算

(1) 界限破坏时截面相对受压区高度 ξ_b 的计算

对于有明显屈服点的预应力筋，ξ_b 的计算参见第四章中的有关公式。

对于无明显屈服点的预应力筋（热处理钢筋、钢丝和钢绞线），ξ_b 的计算公式为

$$\xi_b = \frac{\beta_1}{1 + \dfrac{0.002}{\varepsilon_{cu}} + \dfrac{f_s - \sigma_{p0}}{E_s \varepsilon_{cu}}} \tag{10-31}$$

式中　σ_{p0}——截面受拉区预应力筋合力点处混凝土的法向应力为零时的预应力筋应力；

　　　式中其他符号的意义参见第 4 章。

(2) 正截面受弯承载力计算公式

以矩形截面为例，基本计算图式如下图所示。基本公式为

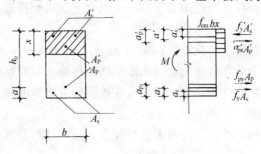

图 10-11 受弯构件的承载力计算

由 $\Sigma X = 0$ 　　　$\alpha_1 f_c bx = f_y A_s - f'_y A'_s + f_{py} A_p + \sigma'_{pe} A'_p \tag{10-32}$

$\Sigma M = 0$

$$M = \alpha_1 f_c bx (h_0 - 0.5x) + f'_y A'_s (h_0 - a'_s) - \sigma'_{pe} A'_p (h_0 - a'_p) \tag{10-33}$$

对先张法构件受压区纵向预应力筋的应力 $\sigma'_{pe} = (\sigma'_{con} - \sigma'_l) - f'_{py} = \sigma'_{p0} - f'_{py}$

对后张法构件受压区纵向预应力筋的应力 $\sigma'_{pe} = (\sigma'_{con} - \sigma'_l) + \alpha_E \sigma'_{pc} - f'_{py} = \sigma'_{p0} - f'_{py}$

混凝土受压区高度应符合下列适用条件

$$2a' \leqslant x \leqslant \xi_b h_0$$

式中　M——弯矩设计值；

　　　σ_{p0}——截面受压区预应力筋合力点处混凝土的应力为零时的预应力筋应力；

　　　a'——纵向受压钢筋合力点至受压区边缘的距离，当受压区纵向预应力筋的应力 σ'_{p0} 为拉应力，a' 取为 a'_s；

　　a'_s、a'_p——受压区纵向普通钢筋合力点、纵向预应力筋合力点至受压区边缘的距离；

　　a_s、a_p——受拉区纵向普通钢筋合力点、纵向预应力筋合力点至受拉区边缘的距离。

其他截面型式（如 T 形和工字形截面）的受弯构件，正截面承载力计算可参见第 4 章中的有关公式进行。

2. 正截面抗裂度验算

正截面抗裂度验算可参照预应力轴心受拉构件的抗裂验算方法进行。

3. 正截面裂缝宽度验算

预应力混凝土受弯构件最大裂缝宽度 w_{max} 的计算公式与普通钢筋混凝土构件的类似，不同之处在于

1）$\rho_{te} = (A_s + A_p) / A_{te}$；

2）$\sigma_{sk} = (M_k - N_{p0}(z - e_p)) / ((A_s + A_p) z)$

式中　z——受拉区纵向普通钢筋和预应力筋合力点至受压区合力点的距离，

$$z = (0.87 - 0.12(1 - \gamma'_f)(h_0/e')^2) h_0$$

$$e' = M_k/N_{p0} + e_p$$

　　　e_p——混凝土法向应力为零时，全部纵向预应力筋和普通钢筋的合力 N_{p0} 的作用点至受拉区纵向预应力筋和普通钢筋合力点的距离。

4. 斜截面受剪承载力计算

与普通钢筋混凝土梁相比，预应力混凝土梁具有较高的抗剪能力，原因在于预应力筋的预压作用阻滞了斜裂缝的出现和发展，增加了混凝土剪压区高度，从而提高了混凝土剪压区所承担的剪力。

预应力混凝土梁斜截面受弯承载力可按下列公式计算

$$V = V_{cs} + V_p = V_{cs} + 0.05 N_{p0} \tag{10-34}$$

式中，V_{cs} 参见第 6 章中的有关内容。

需要说明：对于当混凝土法向应力为零时 N_{p0} 引起的截面弯矩与外弯矩方向相同的情况，以及对于预应力混凝土连续梁和允许出现裂缝的预应力混凝土简支

梁，均取 $V_p=0$。另外，当 $N_{p0}>0.3f_cA_0$ 时，取 $N_{p0}=0.3f_cA_0$。

5. 斜截面抗裂度验算

预应力混凝土受弯构件斜截面的抗裂度验算，主要是验算截面上主拉应力 σ_{tp} 和主压应力 σ_{cp} 不超过一定的限值。验算公式如下

(1) 混凝土主拉应力验算

对严格要求不出现裂缝的构件，应符合下列条件

$$\sigma_{tp} \leqslant 0.85f_{tk} \tag{10-35}$$

对一般要求不出现裂缝的构件，应符合下列条件

$$\sigma_{tp} \leqslant 0.95f_{tk} \tag{10-36}$$

(2) 混凝土主压应力验算

对严格要求和一般要求不出现裂缝的构件，应符合下列条件

$$\sigma_{cp} \leqslant 0.60f_{ck} \tag{10-37}$$

式中　f_{tk}、f_{ck}——混凝土的抗拉强度标准值、混凝土的轴心抗压强度标准值；

　0.85、0.95——考虑张拉力的不准确性和构件质量变异影响的经验系数；

　　　　0.6——考虑防止梁截面在预应力和外荷载作用下压坏的经验系数。

6. 施工阶段验算

(1) 对制作、运输及安装等施工阶段不允许出现裂缝的构件，或预压时全截面受压的构件，在预加应力、自重及施工荷载下截面边缘的混凝土法向应力应满足下列条件：

$$\sigma_{ct} \leqslant 1.0f'_{tk} \tag{10-38}$$

$$\sigma_{cc} \leqslant 0.8f'_{ck} \tag{10-39}$$

(2) 对制作、运输及安装等施工阶段预拉区允许出现裂缝的构件，当预拉区不配置预应力筋时，截面边缘的混凝土法向应力应符合下列条件：

$$\sigma_{ct} \leqslant 2.0f'_{tk} \tag{10-40}$$

$$\sigma_{cc} \leqslant 0.8f'_{ck} \tag{10-41}$$

式中　σ_{ct}、σ_{cc}——相应于施工阶段的计算截面边缘纤维的混凝土拉应力、压应力；

　　　f'_{tk}、f'_{ck}——与各施工阶段混凝土立方体抗压强度 f'_{cu} 相对应的抗拉强度标准值、抗压强度设计值。

7. 变形验算

预应力受弯构件的挠度由两部分叠加而得：一部分是由外荷载产生的挠度 f_1，另一部分是预应力产生的反拱 f_2。

外荷载产生的挠度 f_1 的计算可按一般材料力学的方法进行，但截面刚度需要按开裂截面和未开裂截面分别计算。

预应力产生的反拱 f_2 的计算则按弹性未开裂截面计算。

荷载长期效应组合下的变形计算需考虑预压区混凝土徐变变形的影响。

【例题】　预应力混凝土简支梁，跨度 18m，截面尺寸 $b \times h = 400mm \times 1200mm$。

简支梁上作用有恒载标准值 $g_k=25kN/m$，设计值 $g=30kN/m$，活载标准值 $q_k=15kN/m$，设计值 $q=21kN/m$，如图 10-12 所示。梁上配置有粘结低松弛高强钢丝束 90-φ5，镦头锚具，两端张拉，孔道采用预埋波纹管成型，预应力筋的曲线布置如图 10-12 (b) 所示。梁混凝土强度等级为 C40，钢绞线 $f_{ptk}=1860MPa$，$E_p=195000MPa$，普通钢筋采用 HRB335 热轧钢筋，裂缝控制要求为一般要求不出现裂缝。试进行该简支梁跨中截面的预应力损失计算、荷载标准组合下抗裂验算以及正截面设计（按单筋截面）。

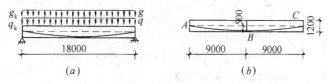

图 10-12 【例 10-1】附图

(a) 简支梁上的荷载；(b) 简支梁的预应力曲线

【解】

（1）材料特性计算

混凝土 C40，$f_{cu}=40MPa$，$f_c=19.1MPa$，$f_{tk}=2.4MPa$，$\alpha_1=1.0$

钢绞线 1860 级，$f_{ptk}=1860MPa$，$f_y=1320MPa$，$\sigma_{con}=0.75f_{ptk}=1395MPa$

普通钢筋，$f_y=300MPa$

（2）截面几何特性计算

梁截面，$A=400\times1200=4.8\times10^5mm^2$

$\quad\quad\quad\quad I=400\times1200^3/12=5.76\times10^{10}mm^4$

$\quad\quad\quad\quad W=400\times1200^2/6=9.6\times10^7mm^3$

预应力筋，$A_p=1764mm^2$，预应力筋曲线端点处的切线斜角 $\theta=0.11$（6.3°），$r_c=81m$

（3）跨中截面弯矩计算

恒载产生的弯矩标准值，$M_{gk}=25\times18^2/8=1012.5kN\cdot m$

活载产生的弯矩标准值，$M_{qk}=15\times18^2/8=607.5kN\cdot m$

恒载产生的弯矩设计值，$M_g=30\times18^2/8=1215kN\cdot m$

活载产生的弯矩设计值，$M_q=21\times18^2/8=850.5kN\cdot m$

荷载标准组合下的弯矩标准值，$M_s=1620kN\cdot m$

弯矩设计值，$M=2065.5N\cdot m$

（4）预应力损失计算（$k=0.0015$，$\mu=0.25$，$a=1mm$）

（1）摩擦损失 σ_{l2}

B 点：$\sigma_{l2}=1395(0.0015\times9.0+0.25\times0.11)=57MPa$

（2）锚固损失 σ_{l1}

$l_f=\sqrt{1\times1.95\times10^5/(1000\times1395(0.25/81+0.0015))}=5.52m$

A 点和 C 点：$\sigma_{l1} = 2 \times 1395 \times 5.52 \times (0.25/81 + 0.0015) = 71 \text{MPa}$

B 点：$\sigma_{l1} = 0$

（3）松弛损失 σ_{l4}

$$\sigma_{l4} = 0.2 \times 1395 \times (0.75 - 0.575) = 49 \text{MPa}$$

（4）徐变损失 σ_{l5}（这里取 $f'_{cu} = f_{cu}$，$\rho = 0.004$）

B 点：预应力筋有效预应力 $N_P = 1764 (1395 - 57) = 2360232 \text{N} \cong 2360 \text{kN}$

$$\sigma_{pc} = 2360 \times 10^3/(4.8 \times 10^5) + (2360 \times 10^3 \times 500 - 1012.5 \times 10^6)$$
$$/(9.6 \times 10^7)$$
$$= 4.92 + 1.74 = 6.66 \text{MPa}$$

$$\sigma_{l5} = (25 + 220 \times 6.66/40)/(1 + 15 \times 0.004) = 58 \text{MPa}$$

（5）B 点的总预应力损失 σ_l 和有效预应力 N_{pe}

$$\sigma_l = 57 + 49 + 58 = 164 \text{MPa}$$

$$N_{pe} = 1764 \times (1395 - 164) = 2171484 \text{N} \cong 2171 \text{kN}$$

（6）荷载标准组合下抗裂验算

验算公式为：$\sigma_{sc} - \sigma_{pc} \leqslant f_{tk}$

$\sigma_{sc} = M_s/W = 1620 \times 10^6/(9.6 \times 10^7) = 16.9 \text{MPa}$

$\sigma_{pc} = N_{pe}/(1/A + 500/W) = 2171 \times 10^3/(1/480000 + 500/96000000) = 15.9 \text{MPa}$

$\sigma_{sc} - \sigma_{pc} = 16.9 - 15.9 = 1.0 < f_{tk} = 2.4 \text{MPa}$ 满足要求

（7）正截面设计

取 $h_0 = \text{h} - 100 = 1100 \text{mm}$

设计公式为：$M = \alpha_1 f_c bx (h_0 - 0.5x)$

$$\alpha_1 f_c bx = f_y A_s + f_{py} A_p$$

计算可得：$x = 281 \text{mm}$，$\xi = 0.255 \leqslant \xi_b$

$$A_s = (19.1 \times 400 \times 281 - 1764 \times 1320)/300 = -605 \text{mm}^2 < 0$$

按构造配筋，$A_s = 0.0015 bh = 0.0015 \times 400 \times 1100 = 660 \text{mm}^2$ 实配 3 $\oplus$ 20，$A_s = 941 \text{mm}^2$

§10.5　超静定预应力混凝土结构的受力性能

10.5.1　预应力次弯矩

对于静定结构以及由先张法预制预应力混凝土梁、柱组成的超静定结构，截面上由预应力引起的弯矩仅与预应力的大小及其对梁轴线偏心距的乘积（即主弯矩）有关。而在超静定后张预应力混凝土结构中，由预应力引起的弯矩不仅仅与预应力的大小及其偏心距有关（即主弯矩），还与支座对预应力引起的结构变形的约束有关（这种约束作用将产生一种次生弯矩，我们称之为次弯矩）。次弯矩的定义为，预应力主弯矩所产生的变形受到约束而引起的弯矩。超静定后张预应力混凝土结构中的次弯矩，对结构在使用荷载下的应力分布和变形计算以及极限承载力有较大的影响，不可忽略。

下面我们用图 10-13 所示的双跨连续梁来说明由于预应力产生的主弯矩、次弯矩和综合弯矩（综合弯矩为主弯矩和次弯矩之和）的计算。

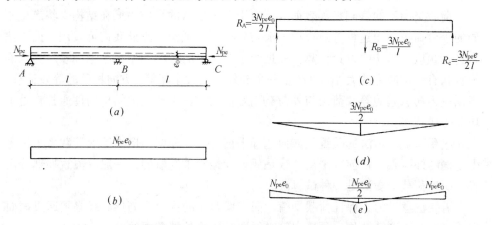

图 10-13   预应力主弯矩、次弯矩和综合弯矩

（a）直线配筋的两跨连续梁；（b）由预应力引起的主弯矩；（c）由预应力引起的支座反力；

（d）由预应力引起的次弯矩；（e）由预应力引起的综合弯矩

10.5.2   等效荷载与荷载平衡法

1. 等效荷载

预应力作用可用一组等效荷载来代替，它一般由两部分组成：①在端部锚固处锚具对构件作用的集中力和偏心弯矩；②由预应力筋曲率引起的垂直于预应力筋中心线的横向分布力，或由预应力筋折角引起的集中力。下面列出了②中预应力筋对应的等效荷载。

（1）曲线预应力筋在预应力混凝土结构中最为常见，且通常都采用二次抛物线型式。二次抛物线的特点是沿其全长曲率为常数。配置抛物线预应力筋的简支梁的等效荷载如图 10-14（a）所示。

（2）折线预应力筋的等效荷载通常用来抵消上部的集中荷载，配置折线预应力筋简支梁的等效荷载如图 10-14（b）所示。

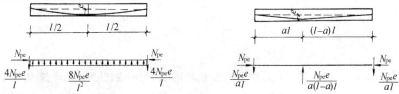

图 10-14   预应力等效荷载

（a）曲线预应力筋；（b）折线预应力筋

2. 荷载平衡法

由于预应力将在超静定结构中产生次弯矩，故预应力超静定结构的分析、设计比较复杂。1961 年，林同炎教授提出了荷载平衡法，这种方法避免了预应力次弯矩的计算，简化了超静定结构的分析计算，为预应力超静定结构设计提供了一种简单而巧妙的工具。

荷载平衡法的基础是等效荷载。由于不同形状的预应力筋在结构中将产生不同的等效荷载，而这种等效荷载一般与外荷载相抵消，因此我们可以用下面方法来进行预应力结构的设计计算：根据给定外荷载的大小和型式来选择预应力筋的形状和有效预应力的大小，以产生一个与外荷载大小相等、方向相反的等效荷载。当预应力筋引起的等效荷载与外荷载刚好抵消时，则预应力结构构件通长将处于均匀受压状态。

应用荷载平衡法的关键是如何选择平衡荷载，亦即预应力等效荷载需平衡多少比例的外荷载。目前，平衡荷载是凭设计经验来选取的，一般取恒载加部分活载。所以荷载平衡法是一种试算法。

需要注意，为了保证荷载平衡，简支梁两端的预应力筋形心线必须通过截面重心。而对于连续结构，预应力筋必须通过边跨外端截面的重心。

思 考 题

1. 为什么预应力混凝土结构适用于大跨度结构？为什么预应力混凝土结构能充分利用高强度钢筋？
2. 预应力混凝土结构的主要优缺点是什么？
3. 对预应力混凝土中的钢材和混凝土的性能分别有哪些要求？为什么？
4. 什么是张拉控制应力？为什么要规定张拉控制应力的上限？它与哪些因素有关？张拉控制应力是否有下限？
5. 预应力混凝土结构中的预应力损失有哪些项目？如何分批考虑？
6. 影响收缩和徐变损失的因素有哪些？这时的混凝土预压应力是指哪一位置处的值？
7. 什么是钢材的应力松弛？它与哪些因素有关？
8. 为什么要对预应力混凝土构件进行施工阶段的抗裂性和强度验算？
9. 什么是部分预应力混凝土？它的优越性是什么？

习 题

预应力混凝土简支梁，梁上作用有恒载标准值 $P_{gk} = 225\text{kN}$，设计值 $P_g = 270\text{kN}$，活载标准值 $P_{qk} = 135\text{kN}$，设计值 $P_q = 189\text{kN}$，如图 10-15 (a) 所示。梁上配置有粘结低松弛高强钢丝束 90-ϕ5，镦头锚具，两端张拉，孔道采用预埋波纹管成型，预应力筋的曲线布置如图 10-15 (b) 所示。其余条件同本章【例题】。试进行该简支梁跨中截面的预应力损失计算、标准组合下抗裂验算以及正截面设计（按单筋截面）。

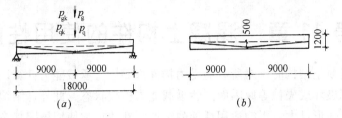

图 10-15　习题附图

(a) 简支梁上的荷载；(b) 简支梁的预应力曲线

第 11 章　混凝土构件的使用性能

设计混凝土结构时，对所有的受力构件都要进行承载能力计算，因为构件可能由于强度破坏或失稳等原因而到达承载能力极限状态。此外，结构还可能由于裂缝宽度、变形过大，影响适用性和耐久性而到达正常使用极限状态。所以，为使结构的使用性能满足要求，根据结构的使用条件还要对某些构件的裂缝宽度和变形进行控制验算。

计算结构构件的裂缝宽度和变形时，应按荷载的标准值并按各类工程结构（房屋建筑、桥梁、港口工程等等）设计规范的规定求出的荷载效应值进行，并应控制它们的计算值于限值之内。

§11.1　构件的裂缝控制

11.1.1　混凝土结构裂缝的分类与成因

混凝土是由水泥石和砂、石骨料等组成的材料。在硬化过程中，就已存在气穴、微孔和微观裂缝。微观裂缝可分为砂浆内部的砂浆裂缝、砂浆和骨料界面上的粘结裂缝和骨料内部的骨料裂缝。一般情况下，在构件受力以前混凝土中的微观裂缝主要是前两种；受力以后微观裂缝和微孔逐渐连通、扩展，形成宏观裂缝；再继续扩展，将可能导致混凝土丧失承载能力。从工程设计应用角度研究的裂缝，主要是指对混凝土强度及对工程结构物的适用性和耐久性等结构功能有不利影响的宏观裂缝。

混凝土结构中的裂缝有多种类型，其产生的原因、特点不同，对结构的适用性、耐久性和安全性的影响也不同。一条裂缝可能由一种或几种原因同时引起，也并不是所有的裂缝都会危及结构的使用性能和承载能力。因而，必须区别裂缝类型，以探究裂缝所反映的结构问题，并采取相应的措施。

1. 混凝土裂缝的分类方法

1) 根据裂缝产生的时间，分为施工期间产生的裂缝和使用期间产生的裂缝；

2) 根据裂缝产生的原因，可分为因材料选用不当、施工不当、混凝土塑性作用、静力荷载作用、温度变化、混凝土收缩、钢筋锈蚀、冻融作用、地基不均匀沉降、地震作用、火灾（烧伤裂缝）以及其他原因等引起的裂缝；

3) 根据裂缝的形态、分布情况和规律性等，可分为龟裂、横向裂缝（与构件轴线垂直）、纵向裂缝、斜裂缝、八字形裂缝、X 形交叉裂缝等等。

2. 各类裂缝的成因与特点

(1) 施工期间产生的裂缝

1) 塑性混凝土裂缝　这类裂缝发生于混凝土硬化前最初几小时,通常在浇筑混凝土后24h内即可观察到。一种是塑性下沉裂缝,是由于重力作用下混凝土中固体的下沉受到模板、钢筋等的阻挡,混凝土表面出现大量泌水现象而引起的(图11-1),通常比较宽、深。沿钢筋纵向出现的这类裂缝,是引起钢筋锈蚀的常见原因之一,对结构有一定的危害;另一种是塑性收缩裂缝,由于大风、高温等原因,水分从混凝土表面(例如大面积路面和楼板)以极快的速度蒸发而引起,如图11-2所示,当结构的混凝土保护层厚度过小时常常发生。

浇注时混凝土表面

纵向裂缝

下沉后混凝土表面

图 11-1　塑性下沉裂缝

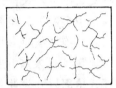

图 11-2　板的塑性收缩裂缝

2) 温度裂缝　例如水坝、水闸等大体积混凝土结构,在混凝土硬化过程中产生大量的水化热,内部温度升高,当与外部环境温度相差很大、温度应变超过当时混凝土的极限拉应变时即形成裂缝。又如闸墩、闸墙等混凝土结构拆模后如遇大幅度降温也会产生这类裂缝。对一般尺寸的构件,这类裂缝通常垂直于构件轴向。有时仅位于构件表面,有时贯穿于整个截面。

3) 约束收缩裂缝　普通混凝土硬化过程中由于收缩引起的体积变化受到约束,如两端固定梁、高配筋率梁及浇筑在老混凝土上、坚硬基础上的新混凝土,或混凝土养护不足时,都可能产生这类裂缝。裂缝一般与轴向垂直,宽度有时很大,甚至会贯穿整个构件。

4) 施工质量问题引起的裂缝　例如因配筋不足、构件上部钢筋被踩踏下移、支撑拆除过早、预应力张拉错误等引起的裂缝。混凝土施工时若无合理的整修和养护,可能在初凝时发生龟裂,但裂缝很浅。

5) 早期冻融作用引起的裂缝　这类裂缝在结构构件表面沿主筋、箍筋方向出现,宽窄不一,深度一般可到达主筋。

(2) 使用期间随时间发展的裂缝

这类裂缝也称耐久性裂缝。

1) 钢筋锈蚀引起的纵向裂缝　处于不利环境中的钢筋混凝土结构(如在含有氯离子环境中的海滨建筑物、海洋结构以及在湿度过高、气温较高大气环境中的结构),当混凝土保护层过薄,特别是密实性不良时,钢筋极易锈蚀,锈蚀物质体积膨胀而致混凝土胀裂,即所谓先锈后裂(图11-3)。裂缝沿钢筋方向发生后,更加速了钢筋的锈蚀过程,最后可导致保护层成片剥落。这种裂缝对结构的耐久性和安全性危害较大。

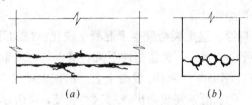

图 11-3   钢筋锈蚀引起的纵向裂缝

2）温度变化和收缩作用引起的裂缝   如现浇框架梁、板和桥面结构，由于其温度和收缩变形受到刚度较大构件的约束而开裂。混凝土烟囱、核反应堆容器等承受高温的结构，也会发生温差裂缝。实践表明，公路箱形梁桥的横向温差应力较大，如在横向没有施加预应力和设置足够的温度钢筋，势必导致顶板混凝土开裂（图 11-4），且随时间而发展。当现浇屋面混凝土结构上部因低温或干燥而收缩时，会发生中部或角部裂缝等等。

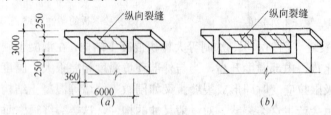

图 11-4   公路箱形梁桥顶板的纵向温度裂缝
(a) 单室箱形梁；(b) 双室箱形梁

3）地基不均匀沉降引起的裂缝   超静定结构下的地基沉降不均匀时，结构构件受到强迫变形可能开裂，在房屋建筑结构中这种情况较为常见。随着不均匀沉降的发展，裂缝将进一步扩大。

4）冻融循环作用、混凝土中碱-骨料反应、盐类和酸类物质侵蚀等都能引起混凝土结构构件开裂。碱-骨料反应是指混凝土组成材料中的碱和碱活性骨料在混凝土浇筑后的反应，当反应物积累到一定程度时吸水膨胀而使混凝土开裂。

（3）荷载作用引起的裂缝

构件在荷载作用下都可能发生裂缝，受力状态不同（如受弯、受剪、受扭或弯剪扭组合作用、局部荷载作用等等），其裂缝形状和分布也不同，前述各有关章节中已予说明。计算静力荷载作用下的裂缝是本章讨论的主要内容。

综上所述，混凝土构件出现裂缝有多种可能的原因，主要包括静力荷载、外加变形和约束变形以及施工等方面。工程实践表明，在合理设计和施工的条件下，荷载的直接作用往往不是形成过大裂缝宽度的主要原因。很多裂缝是几种原因组合作用的结果，其中温度变化及收缩作用起着相当主要的影响。由基础不均匀沉降、温度变化和收缩作用等外加变形和约束变形引起的裂缝，往往是结构中某些部位的开裂，而不是个别构件受拉区的开裂，对这类裂缝应通过合理的结构布置及相应的构造措施予以控制。

11.1.2 裂缝控制的目的和要求

1. 裂缝控制的目的

混凝土的抗拉强度远低于抗压强度，构件在不大的拉应力下就可能开裂。例如钢筋混凝土受弯构件，在使用状态下受拉区出现裂缝是正常现象，是不可避免的。总的来说，对裂缝进行控制的目的之一，是为了保证结构的耐久性。因为裂缝过宽时气体和水分、化学介质会侵入裂缝，引起钢筋锈蚀，不仅削弱了钢筋的受力面积，还会因钢筋体积的膨胀，引起保护层剥落，产生长期危害，影响结构的使用寿命。近年来高强钢筋的采用逐渐广泛，构件中钢筋应力相应提高、应变增大，裂缝必然随之加宽，钢筋锈蚀的后果也随之严重。各种工程结构设计规范规定，对钢筋混凝土构件的横向裂缝须进行宽度验算。而对于如水池等等有专门要求的结构，要通过设计计算保证它们不开裂。实际上，从结构耐久性的角度看，保证混凝土的密实性和必要的保护层厚度和质量，要比控制结构表面的横向裂缝宽度重要得多。采用高性能混凝土和施加预应力有利于改善构件的抗裂性能。

另一方面，多年来的试验研究也表明，横向裂缝处钢筋锈蚀的程度、范围及发展情况，并不象通常所设想的那么严重，其发展的速度甚至锈蚀与否和构件表面的裂缝宽度并不呈平行关系。所以，在一定的条件下，控制裂缝宽度的理由更多的是考虑到对建筑物观瞻、对人的心理感受和使用者不安程度的影响。有专题研究为此对公众的反应作过调查，发现大多数人对于宽度超过 0.3mm 的裂缝感到明显的心理压力。

2. 裂缝控制的等级和要求

构件裂缝控制等级的划分，主要根据结构的功能要求、环境条件对钢筋的腐蚀影响、钢筋种类对腐蚀的敏感性、荷载作用的时间等因素来考虑。

混凝土结构构件的正截面裂缝控制等级划分为三级。

一级——严格要求不出现裂缝的构件。按荷载标准组合计算，要求构件受拉边缘混凝土不应产生拉应力；

二级——一般要求不出现裂缝的构件。要求按荷载标准组合计算时，构件受拉边缘混凝土拉应力不应大于混凝土抗拉强度标准值；而按荷载准永久组合计算时，构件受拉边缘混凝土不宜产生拉应力，当有可靠经验时可适当放宽；

三级——允许出现裂缝的构件。最大裂缝宽度按荷载标准组合并考虑长期作用的影响计算，其值不应超过规定的最大裂缝宽度限值 $w_{\lim}$。

对预应力混凝土构件，根据其工作条件、钢筋种类，分别进行一级或二级或三级裂缝控制验算。钢筋混凝土构件是允许出现裂缝的构件，应按三级裂缝控制要求验算。

建筑工程结构构件的最大裂缝宽度限值 w_{lim} 如表11-1所列。

结构构件的最大裂缝宽度限值 w_{lim}（mm）　　　　表 11-1

（摘自《混凝土结构设计规范》）

环境类别	钢筋混凝土结构		预应力混凝土结构	
	裂缝控制等级	w_{lim}	裂缝控制等级	w_{lim}
一	三	0.3	三	0.2
二	三	0.2		
三	三	0.2		

注：1. 表中规定适用于采用热轧钢筋的钢筋混凝土构件和采用预应力钢丝、钢绞线和热处理钢筋的预应力混凝土构件。当采用其他类别的钢丝和钢筋时，其裂缝宽度控制要求可参照专门规范规定确定；

2. 在一类环境条件下，对于可变荷载标准值与永久荷载标准值之比大于0.5的钢筋混凝土受弯构件，其最大裂缝宽度限值可采用0.4mm；

3. 在一类环境条件下，对于钢筋混凝土屋架、托架及需作疲劳验算的吊车梁，其最大裂缝宽度限值应取为0.2mm。

对室内正常环境条件（即一类环境条件，每年中只有一个短暂期间相对湿度较高的环境条件）下钢筋混凝土构件剖形观察的结果表明，不论其裂缝宽度的大小、使用时间的长短、地区湿度的差异，凡钢筋上不出现结露和水膜者，裂缝处钢筋基本上未发现明显的锈蚀现象。因此，从耐久性方面考虑，表11-1中有条件地放宽处于室内正常环境条件下的钢筋混凝土一般构件的最大裂缝宽度限值。

对于公路桥梁，在一般正常大气（即不带高浓度侵蚀性气体）的条件下，钢筋混凝土受弯构件的最大裂缝宽度限值 w_{lim}，在荷载组合Ⅰ作用下为0.2mm，在荷载组合Ⅱ或荷载组合Ⅲ作用下为0.25mm。处于严重暴露情况（有侵蚀性气体或海洋大气）下的钢筋混凝土构件为0.1mm。

11.1.3　裂缝宽度的计算理论

混凝土构件裂缝的成因很多，即使把问题仅限于研究静力荷载作用下所产生的裂缝，影响其宽度的因素仍然相当复杂，有钢筋类型与外形（光圆钢筋、带肋钢筋、钢丝、钢绞线等）、钢筋应力、钢筋的布置（分散配筋、成束配筋、间距等）、配筋率、混凝土与钢筋的粘结强度以及构件的受力状态等等。因此，要建立一个公认的通用裂缝计算公式是困难的。本章主要讨论轴心受拉、受弯构件横向裂缝宽度的计算方法。

1. 粘结滑移理论

这一理论是根据轴心受拉构件的试验结果提出的，认为裂缝的开展主要取决于钢筋与混凝土之间的粘结性能。当裂缝出现后，裂缝截面处钢筋与混凝土之间发生局部粘结破坏，引起相对滑移，其相对滑移值就是裂缝的宽度。实际上，它是假设混凝土应力沿轴拉杆件截面均匀分布,应变服从平截面假定,构件表面的裂缝宽度与钢筋处的裂缝宽度相等(如图 11-5 中的虚线)。因而,可根据粘结应力的传递规律,先确定裂缝的间距,进而得到与裂缝间距成比例的裂缝宽度计算公式。以下以轴心受拉构件为例予以说明。

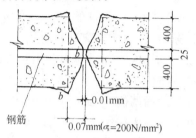

图 11-5 轴心受拉构件裂缝出现后的混凝土回缩变形

(1) 裂缝间距

在使用阶段,构件的裂缝经历了从出现到开展、稳定的过程(图 11-6)。裂缝出现以前,沿构件的纵向,混凝土和钢筋中的拉应力和应变基本上是均匀分布的。当混凝土的拉应变接近到达其极限拉应变时,各截面均进入即将出现裂缝的状态。但是,实际上由于混凝土力学性能的局部差异、混凝土中存在由收缩和温度变化引起的微裂缝以及局部削弱(例如设置箍筋处)等偶然因素的影响,第一条(批)裂缝出现在最薄弱截面(例如图中截面 1),所以开裂位置是一种随机现象。裂缝

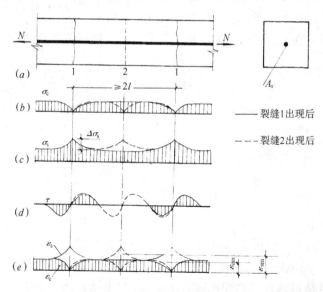

图 11-6 裂缝开展过程

(a) 第一批裂缝出现;(b) 混凝土应力分布;(c) 钢筋应力分布;
(d) 粘结应力分布;(e) 钢筋、混凝土的应变分布

出现后，开裂截面处的混凝土退出工作，应力 σ_c 等于零，于是钢筋负担了全部拉力，应力 σ_s 突然增大（增量为 $\Delta\sigma_s$）。同时，原来受拉的混凝土则向开裂截面两侧回缩，混凝土与钢筋表面出现了粘结应力 τ 和相对滑移，故裂缝一旦出现就有一定的宽度。开裂截面钢筋的应力，又通过粘结应力逐步传递给混凝土。随着离开裂截面距离的增大，粘结应力逐步积累，钢筋的应力 σ_s 及应变 ε_s 则相应地逐渐减小，混凝土的拉应力及应变逐渐增大，直到在离开开裂截面一定的距离 l 处（这段距离可称为传递长度），两者的应变相等，粘结应力和相对滑移消失，钢筋和混凝土的应力又恢复到未开裂时的状态。

显然，在距第一批开裂截面两侧 l、或间距小于 $2l$ 的第一批裂缝之间的范围内，都不可能再出现裂缝了。因为在这些范围内，通过粘结作用的积累，混凝土的拉应变值再也不可能达到极限拉应变值。所以，理论上的最小裂缝间距为 l，最大裂缝间距为 $2l$，平均裂缝间距 l_m 则为 $1.5l$。

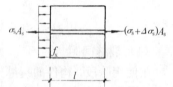

图 11-7   长度为 l 的截离体

随着荷载的继续增大，裂缝将不断出现（例如图中截面 2），钢筋与混凝土的应力、应变以及钢筋与混凝土之间粘结应力的变化重复上述的规律，直到裂缝的间距处于稳定状态。此时，沿构件的纵向，钢筋应变、受拉混凝土应变都是不均匀的。

平均裂缝间距 l_m 可以利用平衡条件求得。若轴心受拉构件的截面面积为 A，钢筋的截面面积为 A_s、直径为 d，在 l 长度内的平均粘结应力为 τ_m，则由图 11-7 中截离体的平衡条件得到

$$\Delta\sigma_s A_s = f_t A$$

及

$$\Delta\sigma_s A_s = \tau_m \pi d l$$

于是

$$l = f_t A / \tau_m \pi d$$

由于 $A_s = \dfrac{\pi d^2}{4}$ 及截面配筋率 $\rho = \dfrac{A_s}{A}$，平均裂缝宽度则可表达为

$$l_m = 1.5l = \frac{1.5}{4} \frac{f_t}{\tau_m} \frac{d}{\rho} = k_2' \frac{d}{\rho} \tag{11-1}$$

k_2' 值与 τ_m、f_t 有关。试验研究表明，粘结应力平均值 τ_m 与混凝土的抗拉强度 f_t 成正比，它们的比值可取为常值，故 k_2' 为一常数。所以，按照粘结滑移理论，平均裂缝间距 l_m 与混凝土的强度等级无关。当钢筋种类和钢筋应力一定时，确定 l_m 值的主要变量是钢筋直径和配筋率之比 d/ρ，且与之成线性关系。

试验和计算表明，式（11-1）也适用于受弯构件。考虑到受弯构件开裂时截面混凝土并非全截面受拉，为便于表达，可统一把配筋率 ρ 改为以有效受拉混凝土截面面积（A_{te}）计算的配筋率 ρ_{te} 来表示，则式（11-1）可改写成

$$l_m = k_2 \frac{d}{\rho_{te}} \qquad (11\text{-}2)$$

以有效受拉混凝土截面面积（A_{te}）计算的配筋率 ρ_{te}，也可简称为有效配筋率，按下式计算

$$\rho_{te} = \frac{A_s}{A_{te}} \qquad (11\text{-}3)$$

其中的有效受拉混凝土截面面积 A_{te} 按下列公式计算（图 11-8）：

对轴心受拉构件

$$A_{te} = A = bh \qquad (11\text{-}4)$$

对受弯构件

$$A_{te} = 0.5bh + (b_f - b) h_f \qquad (11\text{-}5)$$

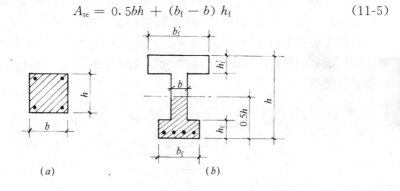

图 11-8 有效受拉混凝土截面面积 A_{te}

(a) 轴心受拉构件；(b) 受弯构件

（2）裂缝宽度

裂缝宽度是指纵向受拉钢筋重心水平线处构件侧表面上的裂缝宽度。

按照粘结滑移理论，裂缝的宽度等于开裂截面处混凝土的回缩量，即裂缝之间钢筋与外围混凝土相对滑移的总和，或者说是在裂缝间距内二者伸长的差值。设平均裂缝间距 l_m 范围内钢筋的平均应变为 ε_{sm}，混凝土的平均应变为 ε_{cm}（图 11-6），则平均裂缝宽度

$$w_m = (\varepsilon_{sm} - \varepsilon_{cm}) l_m = k'_{w2} \varepsilon_{sm} l_m \qquad (11\text{-}6)$$

其中的系数 $k'_{w2} = 1 - \varepsilon_{cm}/\varepsilon_{sm}$。

设 ψ 为裂缝之间钢筋应变不均匀系数，其值为裂缝间钢筋的平均应变 ε_{sm} 与开裂截面处钢筋的应变 ε_s 之比，即 $\psi = \varepsilon_{sm}/\varepsilon_s$。又由于 $\varepsilon_s = \sigma_s/E_s$，则平均裂缝宽度 w_m 可表达为

$$w_m = k'_{w2} \varepsilon_{sm} l_m = k'_{w2} \psi \varepsilon_s l_m = k'_{w2} \psi \frac{\sigma_s}{E_s} l_m = k_{w2} \psi \frac{\sigma_s}{E_s} \frac{d}{\rho_{te}} \qquad (11\text{-}7)$$

其中的 σ_s 为裂缝截面处钢筋的应力，E_s 为钢筋的弹性模量。

最后，在确定了构件的裂缝宽度频率分布类型后，根据要求的裂缝宽度保证

率、并考虑荷载长期作用的影响，就可以在平均裂缝宽度的基础上求得最大裂缝宽度 w_{max} 值（详见11.1.4）。

2. 无滑移理论

大量试验结果指出，粘结滑移理论对裂缝截面应变分布和裂缝形状的假定与实际情况不甚相符。试验量测显示，裂缝出现后，混凝土的回缩变形分布如图11-5中的 b-b 曲线（轴心受拉构件）以及图11-9（受弯构件）所示。裂缝宽度随距钢筋表面距离的增大而增大,钢筋处的裂缝宽度比构件表面的裂缝宽度要小得多。说明由于相互之间良好的粘结性能，钢筋对混凝土的回缩具有约束作用，使截面上混凝土的回缩变形不可能保持平面。因而认为，在使用阶段的钢筋应力水平下（一般 $\sigma_s = 160 \sim 210 \text{N/mm}^2$），钢筋与混凝土之间的相对滑移很小，可以忽略，于是假定钢筋表面处的混凝土回缩值为零，即此处的裂缝宽度为零；构件的裂缝宽度则是由于混凝土回缩的不均匀引起的，主要取决于裂缝量测点到最近钢筋的距离，因而混凝土保护层厚度是影响裂缝宽度的主要因素，与钢筋直径和配筋率的比值 d/ρ 无关。

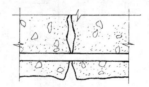

图 11-9   受弯构件裂缝出现后的混凝土回缩变形

依照以上分析和对试验数据的整理，平均裂缝宽度 w_m 可用下式表达

$$w_m = k_{w1} c \frac{\sigma_s}{E_s} \tag{11-8}$$

式中 c—— 裂缝量测点到最近一根钢筋表面的距离；

k_{w1}—— 系数。

至于最大裂缝宽度 w_{max} 值，也是在确定了构件的裂缝宽度频率分布类型和保证率后求算。

这一理论的实质，是假定在允许的裂缝宽度范围内，钢筋表面处与混凝土之间不存在相对滑移，因而称为无滑移理论。它与粘结滑移理论是矛盾的。

3. 粘结滑移理论和无滑移理论的结合

无论是粘结滑移理论或是无滑移理论，用试验结果检验都不十分理想。按照粘结滑移理论，平均裂缝间距 l_m 或平均裂缝宽度 w_m 与 d/ρ 成正比，比例常数取决于粘结强度。但大量试验发现，此常数的值与粘结强度并不成比例关系，例如配置带肋钢筋时的粘结强度是配置光圆钢筋时的2~3倍,但相应的平均裂缝宽度 w_m 仅为 1.2~1.3 倍；另外，由式（11-1）绘出的 l_m 与 d/ρ 关系是一条通过原点的直线，而试验表明，当配筋率 ρ 很大即 d/ρ 值趋近于零时，平均裂缝间距 l_m 并不趋近于零，而是趋近于某一定值，此定值与混凝土保护层厚度值有关。无滑移理论指出了混凝土保护层厚度是影响裂缝宽度的主要因素，但实际上钢筋表面处仍有一定的裂缝宽度。因而，很自然地想到可把两种理论结合起来计算裂缝宽度。

在建立结合两种理论的裂缝宽度表达式之前，先分析混凝土保护层厚度和钢筋有效约束区的影响。

(1) 混凝土保护层厚度对裂缝宽度的影响

如前所述，试验研究表明裂缝截面处混凝土的回缩变形是不均匀的，钢筋表面处的裂缝宽度比构件表面的裂缝宽度要小得多。这一变形分布说明，保护层厚度（更准确地说是构件表面至最近钢筋的距离）是影响表面裂缝宽度的主要因素。

图 11-10 所示的 4 个轴心受拉构件，配置的钢筋直径 d 和配筋率 ρ 都相同，区别仅在于保护层厚度不同。按粘结滑移理论，它们的裂缝宽度应完全相同，但实测结果表明，平均裂缝宽度 w_m（图中▼处的数值，单位 mm）基本上与裂缝量测点到最近钢筋的距离（即图中括号内数值，单位 mm）成正比。

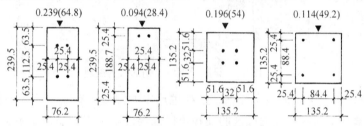

图 11-10 不同保护层厚度轴心受拉构件的裂缝宽度量测数据对比

(2) 钢筋有效约束区对裂缝宽度的影响

裂缝的开展是由钢筋外围混凝土的回缩引起的，钢筋通过粘结应力把拉应力扩散到混凝土上，因而，混凝土的回缩必然受到钢筋的约束，但这一约束作用是有一定的范围的，这一范围便称为钢筋有效约束区。随着钢筋约束作用的逐渐减弱乃至丧失，裂缝间距增大，裂缝宽度也增大。如图 11-11 钢筋间距较大的单向板，在荷载作用下的最大裂缝宽度不在钢筋位置处而是在相邻钢筋之间的部分，钢筋附近的裂缝较密较细；又如图 11-12 高度较大的 T 形梁中，最大裂缝宽度在梁腹处而不是在钢筋水平处或梁底，钢筋附近的裂缝也较密较细。上述的裂缝都呈树

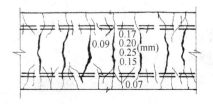

图 11-11 单向板板底的裂缝

枝状。裂缝开展的这一规律很好地说明了钢筋对混凝土的约束作用只局限在一定的范围内。所以，如果减小板中钢筋间距、在 T 形梁的腹板部分设置纵向钢筋（图11-13），即可避免这种树枝状裂缝，而使裂缝间距、裂缝宽度减小。试验证实，梁腹纵筋对裂缝的控制效果与钢筋间距也有密切关系，当纵向钢筋间距大于 15 倍纵筋直径时，钢筋的有效约束作用显著降低。

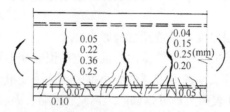

图 11-12　高度较大 T 形梁的裂缝

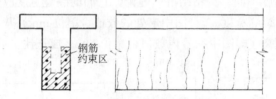

图 11-13　梁腹设置纵向钢筋时的裂缝

钢筋有效约束区的概念与粘结滑移理论中的混凝土有效受拉区的概念类似。在实用计算中，钢筋有效约束区的面积可以采用混凝土有效受拉面积 A_{te}（式（11-4）和（11-5））。

（3）计算模式

裂缝出现后，无滑移理论指出的混凝土回缩变形分布是必然发生的，而混凝土与钢筋表面之间的粘结滑移也是存在的。所以，计算裂缝宽度时可把两种理论结合起来考虑，认为它与保护层厚度 c 有关，也与 d/ρ 值有关。再考虑到钢筋有效约束区对裂缝开展的影响，构件的平均裂缝间距 l_m 和平均裂缝宽度 w_m 可用下列公式表达：

$$l_m = k_l \left(k_1 c + k_2 \frac{d}{\rho_{te}} \right) \qquad (11-9)$$

$$w_m = k_w \psi \frac{\sigma_s}{E_s} \left(k_1 c + k_2 \frac{d}{\rho_{te}} \right) \qquad (11-10)$$

当然，这些式子中各项系数 k 的值，都与前述有关表达式中的不同，要根据理论和试验研究分析结果确定。

11.1.4　裂缝宽度的计算

裂缝宽度的验算要求是最大裂缝宽度计算值不应超过规定的限值，即

$$w_{max} \leqslant w_{lim} \tag{11-11}$$

计算构件在使用荷载下的最大裂缝宽度，有两类方法。第一类是半理论半经验方法，先确定平均裂缝间距、平均裂缝宽度，而后乘以根据试验结果统计分析得到的扩大系数确定最大裂缝宽度（扩大系数反映实际裂缝分布的不均匀性和荷载长期作用的影响）；第二类是在确定主要的影响因素后，再根据试验数据的数理统计结果，在一定的保证率下，得到最大裂缝宽度的经验公式。这两类方法在我国土木工程结构有关规范中都有所应用。

1. 半理论半经验方法

它实质上是粘结滑移理论和无滑移理论相结合的一类方法。我国有的设计规范如《混凝土结构设计规范》（用于建筑结构）和《水工钢筋混凝土结构设计规范》采用的是这一类方法。

(1) 平均裂缝间距

根据试验结果并参照使用经验，确定式（11-9）中的 $k_1 = 1.9$；$k_2 = 0.08$。并且考虑到不同种类钢筋与混凝土的粘结特性的不同，用等效直径 d_{eq} 来表示纵向受拉钢筋的直径，于是构件的平均裂缝间距一般表达式为

$$l_m = k_l \left(1.9c + 0.08 \frac{d_{eq}}{\rho_{te}} \right) \tag{11-12}$$

式中　c——最外层纵向受拉钢筋外边缘至受拉区底边的距离(mm)。当 $c < 20$ 时，取 $c = 20$；当 $c > 65$ 时，取 $c = 65$；

　　　ρ_{te}——按有效受拉混凝土截面面积计算的纵向受拉钢筋配筋率，当 $\rho_{te} < 0.01$ 时，取 $\rho_{te} = 0.01$；

　　　d_{eq}——纵向受拉钢筋的等效直径（mm）；

$$d_{eq} = \frac{\sum n_i d_i^2}{\sum n_i \nu_i d_i} \tag{11-13}$$

　　　d_i——第 i 种纵向受拉钢筋的直径（mm）；

　　　n_i——第 i 种纵向受拉钢筋的根数；

　　　ν_i——第 i 种纵向受拉钢筋的相对粘结特性系数。光圆钢筋 $\nu_i = 0.7$；带肋钢筋 $\nu_i = 1.0$；

　　　k_l——与构件受力状态有关的系数，由试验结果分析确定。对受弯构件，$k_l = 1.0$；对轴心受拉构件，$k_l = 1.1$。

(2) 平均裂缝宽度

与平均裂缝间距相应的平均裂缝宽度一般表达式为：

$$w_m = k_w \psi \frac{\sigma_{sk}}{E_s} \left(1.9c + 0.08 \frac{d_{eq}}{\rho_{te}} \right) \tag{11-14}$$

式中　E_s——纵向受拉钢筋的弹性模量；

　　　σ_{sk}——裂缝截面处纵向受拉钢筋应力；

ψ——裂缝间纵向受拉钢筋应变不均匀系数；

k_w——系数。根据试验结果分析，其值在 0.85 左右变化，故取为 0.85。

对于建筑结构的钢筋混凝土结构构件，裂缝宽度应按荷载标准组合计算，故式中把裂缝截面处的钢筋应力改记为 σ_{sk}。

（3）裂缝截面处的钢筋应力 σ_{sk}

σ_{sk} 值可根据按荷载标准组合计算的轴力 N_k 或弯矩 M_k 作用下裂缝截面处的平衡条件求得。

对于轴心受拉构件：

$$\sigma_{sk} = \frac{N_k}{A_s} \tag{11-15}$$

对于受弯构件（图 11-14）：

$$\sigma_{sk} = \frac{M_k}{A_s \eta h_0} \tag{11-16}$$

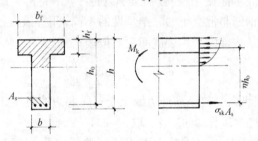

图 11-14　受弯构件裂缝截面的应力图形

式（11-16）中 η 为裂缝截面内力臂长度系数，其值与构件的混凝土强度、配筋率以及受压区的截面形式等因素有关。根据试验和理论分析结果，η 值可按下列经验公式计算：

$$\eta = 1 - 0.4 \frac{\sqrt{\alpha_E \rho}}{1 + 2\gamma'_f} \tag{11-17}$$

式中　ρ——纵向受拉钢筋配筋率；

α_E——钢筋弹性模量与混凝土弹性模量之比；

γ'_f——受压区翼缘加强系数

$$\gamma'_f = \frac{(b'_f - b)h'_f}{bh_0} \tag{11-18}$$

为简化计算，可取 $\eta = 0.87$。因为在使用荷载下，$M = (0.6 \sim 0.8) M_u$，梁的工作处于第 II 阶段，试验和理论分析表明，在常用的混凝土强度等级和配筋率的情况下，截面的相对受压区高度 $\xi = x/h_0$ 值的变化很小，内力臂 η 值的变化也不大，约在 0.83～0.93 之间波动，故可近似取 $\eta = 0.87$。

（4）裂缝间纵向受拉钢筋应变不均匀系数 ψ

如前所述，系数 ψ 为裂缝间钢筋平均应变 ε_{sm} 与裂缝截面处钢筋应变 ε_s 之比，即 $\psi = \varepsilon_{sm}/\varepsilon_s$。实际上它也反映了裂缝截面之间混凝土参与受拉的程度。分析试验研究数据后发现，ψ 值与混凝土的强度等级、截面配筋率以及裂缝截面的钢筋应力值有关，可按下式计算：

$$\psi = 1.1 - 0.65 \frac{f_{tk}}{\rho_{te}\sigma_{sk}} \tag{11-19}$$

按 ψ 的定义，$\psi > 1$ 是没有物理意义的，所以当求得的 $\psi > 1.0$ 时，取 $\psi = 1.0$；同时经分析表明，当 ψ 计算值较小时已过高地估计了混凝土的作用，因而规定当求得 $\psi < 0.2$ 时，取 $\psi = 0.2$。

式（11-19）对轴心受拉构件和受弯构件都适用。

（5）最大裂缝宽度

最大裂缝宽度是由平均裂缝宽度乘以扩大系数得到的。扩大系数值根据试验结果的统计分析和使用经验确定，并解决以下两方面的问题。

一方面，大量试验实测结果表明，裂缝宽度的不均匀程度很显著，所以关键是如何确定荷载标准组合下最大裂缝宽度的计算控制值。合理的方法应该是根据统计分析确定在某一保证率下的相对最大裂缝宽度，通常取最大裂缝宽度计算控制值的保证率为 95%。试验分析表明，受弯构件裂缝宽度的频率基本上呈正态分布，因此，可由下式计算相对最大裂缝宽度

$$w_{max} = w_m(1 + 1.645\delta) \tag{11-20}$$

式中，w_m 为平均裂缝宽度，δ 为裂缝宽度的变异系数。对于受弯构件可取 δ 的平均值 0.4，故 $w_{max} = 1.66w_m$。对于轴心受拉构件，因其裂缝宽度的频率呈偏态分布，w_{max} 和 w_m 的比值较大，取 $w_{max} = 1.9w_m$。

另一方面，在荷载的长期作用下，由于混凝土的进一步收缩、徐变以及钢筋与混凝土之间滑移徐变等原因，裂缝宽度将随时间而增大。经分析，取此时的裂缝宽度扩大系数为 1.5。

综合以上考虑，钢筋混凝土轴心受拉及受弯构件按荷载标准组合计算、并考虑荷载长期作用影响的最大裂缝宽度计算公式为

$$w_{max} = \alpha_{cr}\psi\frac{\sigma_{sk}}{E_s}\left(1.9c + 0.08\frac{d_{eq}}{\rho_{te}}\right) \tag{11-21}$$

式中　α_{cr} —— 构件受力特征系数：

对轴心受拉构件

$$\alpha_{cr} = 1.5 \times 1.90 \times 0.85 \times 1.1 = 2.7$$

对受弯构件

$$\alpha_{cr} = 1.5 \times 1.66 \times 0.85 \times 1.0 = 2.1$$

【例 11-1】　某屋架下弦按轴心受拉构件设计，截面尺寸为 200mm×160mm，保

护层厚度 $c = 20\text{mm}$ ，配置 4 Φ 16（ $A_s = 804\text{mm}^2$ ），混凝土强度等级 C25 ，荷载标准组合下的轴向力 $N_k = 142\text{kN}$ ，裂缝宽度限值 $w_{lim} = 0.2\text{mm}$ 。试按半理论半经验方法进行裂缝宽度控制验算。

【解】

$$\rho_{te} = \frac{A_s}{bh} = \frac{804}{200 \times 160} = 0.0251$$

$$\sigma_{sk} = \frac{N_k}{A_s} = \frac{142000}{804} = 177\text{N/mm}^2$$

$$f_{tk} = 1.78\text{N/mm}^2$$

$$\psi = 1.1 - 0.65 \frac{f_{tk}}{\rho_{te}\sigma_{sk}} = 1.1 - 0.65 \frac{1.78}{0.0251 \times 177} = 0.84$$

$$\alpha_{cr} = 2.7$$

$$w_{max} = \alpha_{cr}\psi \frac{\sigma_{sk}}{E_s}\left(1.9c + 0.08\frac{d_{eg}}{\rho_{te}}\right)$$
$$= 2.7 \times 0.84 \times \frac{177}{2.0 \times 10^5}\left(1.9 \times 20 + 0.08\frac{16}{0.0251}\right)$$
$$= 0.18\text{mm} < w_{lim} = 0.2\text{mm}$$

满足要求。

【例 11-2】 已知一 T 形截面梁的尺寸如图 11-15 所示。承受在荷载标准组合下的弯矩 $M_k = 440\ \text{kN} \cdot \text{m}$ ，混凝土的抗拉强度标准值 $f_{tk} = 1.54\text{N/mm}^2$ ，受拉钢筋 6 Φ 25（ $A_s = 2945\text{mm}^2$ ），保护层厚度 $c = 25\ \text{mm}$ ， $E_s = 2.0 \times 10^5\ \text{N/mm}^2$ 。试按本章所述半理论半经验方法计算最大裂缝宽度 w_{max} 值。

【解】

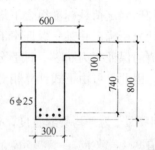

图 11-15　【例 11-2】附图

$$\rho_{te} = \frac{A_s}{0.5bh} = \frac{2945}{0.5 \times 300 \times 800} = 0.0245$$

$$\sigma_{sk} = \frac{M_k}{0.87A_sh_0} = \frac{440 \times 10^6}{0.87 \times 2945 \times 740} = 232\text{N/mm}^2$$

$$\psi = 1.1 - 0.65 \frac{f_{tk}}{\rho_{te}\sigma_{sk}} = 1.1 - 0.65 \frac{1.54}{0.0245 \times 232} = 0.92$$

$$w_{max} = \alpha_{cr}\psi \frac{\sigma_{sk}}{E_s}\left(1.9c + 0.08 \times \frac{d_{eg}}{\rho_{te}}\right)$$
$$= 2.1 \times 0.92 \times \frac{232}{2.0 \times 10^5}\left(1.9 \times 25 + 0.08 \times \frac{25}{0.0245}\right)$$
$$= 0.29\text{mm}$$

2. 以数理统计分析为基础的计算方法

近年来国际上裂缝宽度计算方法的发展趋势是应用数理统计方法。这主要是基于两方面的考虑：一是按半理论半经验方法计算时比较繁复，计算值与试验结果的符合性也不是很理想；二是裂缝宽度的整体验算要求是不大于裂缝宽度限值，而目前对裂缝宽度限值的规定还相当粗糙，这样，即使能做到使计算值十分精确，作为裂缝宽度限制的整体验算仍然是粗糙和近似的。

这一类方法的基础是积累相当数量试件的裂缝宽度量测数据，以每个试件的最大裂缝宽度为观测值，然后进行数理统计分析，在确定影响裂缝宽度的主要因素后，归纳得到最大裂缝宽度的计算公式。我国《公路钢筋混凝土及预应力混凝土桥涵设计规范》采用的计算方法属于这一类。

（1）影响裂缝宽度的主要因素

试验数据分析表明，影响裂缝宽度的主要因素有：

1）受拉钢筋应力 σ_s：钢筋的应力值大时，裂缝宽度也大。在使用荷载作用下，用线性形式表达 w_{max} 与 σ_s 的关系最为简单；

2）钢筋直径 d：当其他条件相同时，裂缝宽度随 d 的增大而增大；

3）配筋率 ρ 值：随 ρ 值的增大裂缝宽度有所减小；

4）混凝土保护层厚度 c：当其他条件相同时，保护层厚度值越大，裂缝宽度也越大，因而增大保护层厚度对表面裂缝宽度是不利的。但另一方面，有研究表明，保护层越厚，在使用荷载下钢筋腐蚀的程度越轻。而实际上，由于一般构件的保护层厚度与构件高度比值的变化范围不大（$c/h=0.05\sim0.1$），所以在裂缝宽度的计算公式中可以不考虑保护层厚度的影响；

5）钢筋的表面形状：其他条件相同时，配置带肋钢筋时的裂缝宽度比配置光圆钢筋时的裂缝宽度小；

6）荷载作用性质：荷载长期作用下的裂缝宽度较大；反复荷载作用下裂缝宽度有所增大；

7）构件受力性质（受弯、受拉等）。

研究还表明，混凝土强度等级（或抗拉强度）对裂缝宽度的影响不大。

（2）裂缝宽度的计算公式

综合以上主要影响因素的分析，经数理统计得到的一种最大裂缝宽度计算公式如下（已被《公路钢筋混凝土及预应力混凝土桥涵设计规范》所采用）：

$$w_{max} = C_1C_2C_3\frac{\sigma_s}{E_s}\left(\frac{30+d}{0.28+10\rho}\right)(\text{mm})\tag{11-22}$$

式中　C_1——考虑钢筋表面形状的系数，对带肋钢筋，$C_1=1.0$；对光圆钢筋，$C_1=1.4$；

　　　C_2——考虑荷载作用性质的系数，短期静荷载（不考虑冲击作用）作用时，取 $C_2=1.0$；长期荷载作用时，取 $C_2=1+0.5N_0/N$，其中 N_0 为长期荷载下的内力，N 为全部使用荷载下的内力；

　　　C_3——与构件形式有关的系数：对板式受弯构件，$C_3=1.15$；对有腹板的受弯构件，$C_3=1.0$；

　　　σ_s——在使用荷载作用下受弯构件纵向受拉钢筋的应力

$$\sigma_{s} = \frac{M}{0.87A_{s}h_{0}} \tag{11-23}$$

d——纵向受拉钢筋直径（mm）；当选用不同直径的钢筋时，式中的 d 改用换算直径 $d = 4A_{s}/u$，u 为纵向受拉钢筋截面的总周长；当用钢筋束时，取用一束钢筋截面积换算为一根钢筋后的换算直径；

ρ——受弯构件纵向受拉钢筋配筋率

$$\rho = \frac{A_{s}}{bh_{0} + (b_{f} - b)h_{f}} \tag{11-24}$$

当 $\rho > 0.02$ 时，取 $\rho = 0.02$；当 $\rho < 0.006$ 时，取 $\rho = 0.006$。

【例 11-3】 某计算跨度为 19.5m 的装配式钢筋混凝土 T 形梁桥，其截面如图 11-16。选用 C25 混凝土；Ⅱ级钢筋焊接骨架，纵向受拉钢筋 8 ϕ 32+2 ϕ 16，$E_{s} = 2.0 \times 10^{5}$ N/mm²。承受的跨中弯矩为：恒载弯矩 $M_{G} = 751$ kN·m，汽车荷载弯矩 $M_{Q1} = 596.04$ kN·m（冲击系数 $\mu = 1.191$），人群荷载弯矩 $M_{Q2} = 55.30$ kN·m。$w_{lim} = 0.2$ mm。试用以数理统计为基础的方法计算长期荷载作用下的最大裂缝宽度，此梁设计是否满足裂缝控制要求？

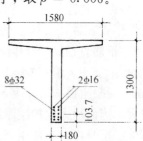

图 11-16　【例 11-3】附图

【解】 $C_{1} = 1.0$，

$M_{G} = 751$ kN·m，

$$M = M_{G} + \frac{M_{Q1}}{1.191} + M_{Q2} = 751 + \frac{596.04}{1.191} + 55.30 = 1306.75 \text{kN·m}$$

$$C_{2} = 1 + 0.5 \frac{M_{G}}{M} = 1 + 0.5 \frac{751}{1306.75} = 1.29$$

$C_{3} = 1.0$

$$A_{s} = 804 \times 8 + 201 \times 2 = 6834 \text{mm}^{2}$$

$$a = \frac{804 \times 8 \times 99 + 201 \times 2 \times 179}{6834} = 103.7 \text{mm}$$

$$h_{0} = h - a = 1300 - 103.7 = 1196.3 \text{mm}$$

$$\sigma_{s} = \frac{M}{\eta h_{0} A_{s}} = \frac{1306.75 \times 10^{6}}{0.87 \times 1196.3 \times 6834} = 183.7 \text{N/mm}^{2}$$

$$u = \pi(32 \times 8 + 16 \times 2) = 904.8 \text{mm}$$

$$d = \frac{4A_{s}}{u} = \frac{4 \times 6834}{904.8} = 30.2 \text{mm}$$

$b = 180$ mm，$h_{0} = 1196.3$ mm，$b_{f} = 0$，$h'_{f} = 0$

$$\rho = \frac{A_{s}}{bh_{0} + (b_{f} - b)h_{f}} = \frac{6834}{180 \times 1196.3} = 0.0317 > 0.02$$

取 $\rho = 0.02$

$$w_{max} = C_1 C_2 C_3 \frac{\sigma_s}{E_s} \left(\frac{30 + d}{0.28 + 10\rho} \right)$$

$$= 1.0 \times 1.29 \times 1.0 \times \frac{183.7}{2.0 \times 10^5} \left(\frac{30 + 30.2}{0.28 + 10 \times 0.02} \right)$$

$$= 0.15 \text{mm} < w_{lim} = 0.2 \text{mm}$$

满足要求。

注：如计算短期荷载作用下的最大裂缝宽度，取 $C_2 = 1.0$。

【例 11-4】　　试用以数理统计为基础的方法计算【例 11-2】梁的最大裂缝宽度。

【解】 $C_1 = 1.0$，$C_2 = 1.0$（因仅有荷载标准值作用），$C_3 = 1.5$

$\sigma_s = 232 \text{N/mm}^2$，

$$\rho = \frac{A_s}{bh_0} = \frac{2945}{300 \times 740} = 0.0133$$

$$w_{max} = C_1 C_2 C_3 \frac{\sigma_s}{E_s} \left(\frac{30 + d}{0.28 + 10\rho} \right)$$

$$= 1.0 \times 1.0 \times 1.5 \times \frac{232}{2.0 \times 10^5} \left(\frac{30 + 25}{0.28 + 10 \times 0.0133} \right)$$

$$= 0.232 \text{mm}$$

值得指出的是，【例 11-2】和【例 11-4】的计算结果表明，用不同的方法计算所得的最大裂缝宽度值有所不同，但应注意到它们相应的裂缝宽度限值也不同。所以，必须以各种方法的整体验算结果（即是否满足 $w_{max} \leqslant w_{lim}$）来评价构件的裂缝宽度控制效果。

§ 11.2　构件的变形控制

11.2.1　变形控制的目的和要求

1. 变形控制的目的

（1）保证结构的使用功能要求

结构构件的变形过大时，会严重影响甚至丧失它的使用功能。例如桥梁上部结构过大的挠曲变形使桥面形成凹凸的波浪形，影响车辆高速、平稳行驶，严重时将导致桥面结构的破坏；露天楼面（如停车场）或屋面挠度过大时会发生积水，增加渗漏的可能；精密仪器生产车间楼板的过大变形，将直接影响产品的质量；厂房吊车梁的挠度过大时不仅妨碍吊车的正常运行，也增加了对轨道扣件的磨损而影响使用。

（2）满足观瞻和使用者的心理要求

构件的变形（梁的挠度等）过大，不仅有碍观瞻，还会引起使用者明显的不安全感，所以应把构件的变形限制在人的心理所能承受的范围内。

（3）避免非结构构件的破坏

　　所谓非结构构件一般是指自承重构件或建筑构造构件，其支承构件的过大变形会导致这类构件的破坏。例如建筑物中的隔墙一般采用半砖厚的空心砖、石膏板等脆性材料，如果它的承重构件挠度过大，则很容易引起它的开裂和损坏（图 11-17），当支承梁的跨度较大时，裂缝宽度甚至可达数毫米；又如过梁的挠度过大会损坏门窗等。避免非结构构件的破坏是制订工程设计规范中变形控制条件时着重考虑的重要因素。

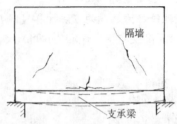

图 11-17　支承梁挠度过大引起的隔墙裂缝

　　（4）避免对其他结构构件的不利影响

　　如果某构件的变形过大，会导致结构构件的实际受力与计算假定不相符，并影响到与它连接的其他构件也发生过大变形，有时甚至会改变荷载的传递路线、大小和性质。例如吊车在变形过大的吊车梁上行驶会引起厂房的振动等。

　　2. 变形控制的要求

　　目前对于变形控制的研究，尚仅限于受弯构件以及公路桥梁中的桁架、拱等构件的挠度控制。总的来说，是要求计算所得的最大挠度值不大于挠度限值，即

$$f \leqslant f_{\text{lim}} \tag{11-25}$$

　　挠度的限值主要依据上述控制目的和工程经验的总结确定。目前一般工业与民用建筑的钢筋混凝土受弯构件的挠度限值如表 11-2 所列，公路钢筋混凝土桥涵构件的挠度限值则如表 11-3 所列。对其他土木工程结构构件也各有相关的规定。

受弯构件的挠度限值　　　　　　　　　　　　表 11-2

（摘自《混凝土结构设计规范》）

构　件　类　型	挠度限值（以计算跨度 l_0 计算）
吊车梁：手动吊车	$l_0/500$
电动吊车	$l_0/600$
屋盖、楼盖及楼梯构件	
当 $l_0 < 7\text{m}$ 时	$l_0/200$（$l_0/250$）
当 $7 \leqslant l_0 \leqslant 9\text{m}$ 时	$l_0/250$（$l_0/300$）
当 $l_0 > 9\text{m}$ 时	$l_0/300$（$l_0/400$）

注：1. 如果构件制作时预先起拱，且使用上也允许，则在验算挠度时可将计算所得的挠度值减去起拱值，预应力混凝土构件尚可减去预加应力所产生的反拱值；

　　2. 表中括号中的数值适用于使用上对挠度有较高要求的构件；

　　3. 悬臂构件的挠度限值按表中相应数值乘以系数 2.0 取用。

最大竖向挠度的限值　　　　　　　　　表 11-3

（摘自《公路钢筋混凝土及预应力混凝土桥涵设计规范》）

构　件　类　型	挠　度　限　值
梁式桥主梁跨中	$l/600$
梁式桥主梁悬臂端	$l_1/300$
桁架、拱	$l/800$

注：1. l 为计算跨径，l_1 为悬臂长度；

　　2. 用平板挂车或履带荷载试验时，上述挠度限值可增加20％；

　　3. 荷载在一个桥跨范围内移动产生正负不同的挠度时，计算挠度应为其正负挠度的最大绝对值之和。

11.2.2　受弯构件刚度的计算

钢筋混凝土受弯构件的挠度，可以利用材料力学的有关公式计算，关键在于如何确定其截面抗弯刚度。刚度的计算要合理反映构件开裂后的塑性性质。

由材料力学可知，根据应变平截面假定，弹性匀质材料梁的挠曲线微分方程为

$$\frac{d^2 y(x)}{dx^2} = -\frac{1}{\rho} = -\frac{M(x)}{EI}$$

其中，$y(x)$ 为梁各截面的挠度值，ρ 为曲率半径（其倒数即为曲率 ϕ），EI 为截面的抗弯刚度。解此方程，可得梁的最大挠度计算公式

$$f = S\frac{Ml^2}{EI} \tag{11-26}$$

式中　M——梁的最大弯矩；

　　　S——与荷载形式、支承条件有关的系数，例如对于均布荷载下的简支梁，$S=5/48$；

　　　l——计算跨度。

当梁的材料和截面尺寸确定后，弹性匀质材料梁的刚度 EI 为一常值，因而挠度 f 与弯矩 M 成直线关系，如图 11-18 中的虚线 OA 所表示。

对于钢筋混凝土适筋受弯构件，如第四章中已经阐明，从开始加载到破坏，它的刚度发展经历了三个阶段（图 11-18 中的实线）。开裂前（$M<M_{cr}$），梁处于弹性工作阶段，挠度 f 与弯矩 M 成直线关系，若构件弹性抗弯刚度为 EI，此直线关系与图中的虚线 OA 基本符合；受拉区混凝土一旦开裂（$M>M_{cr}$），梁即进入带裂缝工作阶段，刚度有明显的降低；当梁的受拉钢筋屈服以后（$M>M_y$），刚度则急剧降低。上述规律说明，与弹性匀质材料梁不同，钢筋混凝土受弯构件的刚度并不是一个常值，裂缝的出现与开展对它有很显著的影响。由于受弯构件在正常使用极限状态下是带裂缝工作的，因而它的变形计算是针对裂缝稳定后的构件而

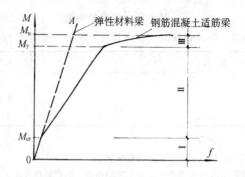

图 11-18　受弯构件的 M-f 曲线

言的，应以第 II 阶段作为其计算依据。

钢筋混凝土受弯构件的刚度计算，有两类理论。一类是考虑裂缝之间受拉混凝土仍参与受力，采用的是半理论半经验方法；另一类是忽略裂缝之间受拉混凝土的作用，采用的是以开裂截面的换算截面惯性矩为基础的计算方法，实质上是基于弹性刚度计算的一类方法。

1. 半理论半经验方法

（1）使用阶段受弯构件的应变特点

由试验研究可知，裂缝稳定以后，受弯构件的应变具有以下特点（图 11-19）：

1）沿构件长度方向钢筋的应变分布不均匀，裂缝截面处较大，裂缝之间较小，其不均匀程度可以用受拉钢筋应变不均匀系数 $\psi = \varepsilon_{sm}/\varepsilon_s$ 来反映。ε_{sm} 为裂缝间钢筋的平均应变，ε_s 为裂缝截面处钢筋的应变。实际上，ψ 也反映了受拉区混凝土参与工作的程度。与 ε_{sm} 相应的钢筋平均应力为 σ_{sm}。

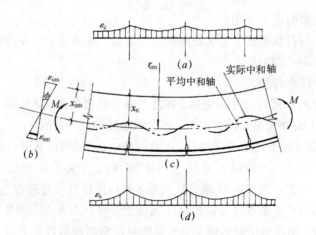

图 11-19　使用阶段梁纯弯段的应变分布和中和轴位置

（a）受压混凝土的应变分布；（b）平均截面的应变分布；

（c）中和轴位置；（d）钢筋的应变分布

2) 沿构件长度方向受压区混凝土的应变分布也不均匀,裂缝截面处较大,裂缝之间较小,但应变值的波动幅度比钢筋应变的波动幅度小得多,其最大值与平均应变 ε_{cm} 值相差不大。

3) 钢筋平均应变 ε_{sm}、受压混凝土平均应变 ε_{cm} 符合平均应变平截面假定。

所以,沿构件的长度方向,截面中和轴高度 x_n 也呈波浪形,即使在纯弯段内,x_n 值也是变化的,裂缝截面处较小,裂缝之间较大,其平均值 x_{nm} 称为平均中和轴高度,相应的中和轴称为"平均中和轴",截面则称为"平均截面",曲率称为"平均曲率",平均曲率半径记为 r_{cm}。

裂缝截面的实际应力分布如图 11-20 (a),计算时可把混凝土受压应力图形取作等效矩形应力图形(图 11-20 (b)),并取平均应力为 $\omega\sigma_c$。ω 为压应力图形系数。

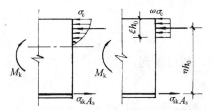

图 11-20   裂缝截面的应力分布
(a) 实际应力分布;(b) 等效应力分布

(2) 刚度计算公式的建立

按半理论半经验方法,受弯构件的变形应按荷载标准组合并考虑荷载长期作用的刚度计算。现先讨论荷载标准组合下刚度的计算。

1) 荷载标准组合作用下受弯构件的短期刚度 B_s

钢筋混凝土受弯构件在荷载标准组合作用下的刚度也称短期刚度,记为 B_s。建立短期刚度表达式的途径,与材料力学建立弯矩 M 与曲率 ϕ 关系的途径是相同的,即综合应用截面应变的几何关系、材料应变与应力的物理关系以及截面内力的平衡关系。

几何关系:由于裂缝开展的影响,混凝土与钢筋的应变沿构件的长度方向是不均匀的,但在纯弯段内,其平均应变 ε_{sm}、ε_{cm} 符合平截面假定。所以,截面曲率

$$\phi = \frac{1}{r_{cm}} = \frac{\varepsilon_{sm} + \varepsilon_{cm}}{h_0} \tag{11-27}$$

其中,r_{cm} 是平均曲率半径。

物理关系:在使用阶段,钢筋的平均应变 ε_{sm} 与平均应力 σ_{sm} 的关系符合虎克定律,即 $\varepsilon_{sm} = \dfrac{\sigma_{sm}}{E_s}$。又根据裂缝间受拉钢筋应变不均匀系数 ψ 的定义,$\varepsilon_{sm} = \psi\varepsilon_s$,则钢筋平均应变 ε_{sm} 与裂缝截面钢筋应力 σ_s 的关系为

$$\varepsilon_{sm} = \psi\varepsilon_s = \psi\frac{\sigma_s}{E_s} \tag{11-28}$$

另外，由于受压区混凝土的平均应变 ε_{cm} 与裂缝截面的应变 ε_c 相差很小，再考虑到混凝土的塑性变形而采用变形模量 E_c'（$E_c' = \nu E_c$，ν 为弹性系数），则

$$\varepsilon_{cm} \approx \varepsilon_c = \frac{\sigma_c}{E_c'} = \frac{\sigma_c}{\nu E_c} \tag{11-29}$$

平衡关系：设裂缝截面的受压区高度为 ξh_0，截面的内力臂为 ηh_0，则由截面内力的平衡关系（图 11-20（b））得

$$M_k = \xi \omega \eta \sigma_c b h_0^2$$

式中的 M_k 为按荷载标准组合计算的弯矩值。则受压混凝土应力

$$\sigma_c = \frac{M_k}{\xi \omega \eta b h_0^2} \tag{11-30}$$

同理，受拉钢筋应力

$$\sigma_{sk} = \frac{M_k}{A_s \eta h_0} \tag{11-31}$$

综合上述三项关系，即可得到：

$$\begin{aligned}
\phi &= \frac{\varepsilon_{sm} + \varepsilon_{cm}}{h_0} = \frac{\psi \dfrac{\sigma_{sk}}{E_s} + \dfrac{\sigma_c}{\nu E_c}}{h_0} \\
&= \frac{\psi \dfrac{M_k}{E_s A_s \eta h_0} + \dfrac{M_k}{\nu E_c \xi \omega \eta b h_0^2}}{h_0} \\
&= M_k \left[\frac{\psi}{E_s A_s \eta h_0^2} + \frac{1}{\nu \xi \omega \eta E_c b h_0^3} \right]
\end{aligned} \tag{11-32}$$

上式即为 M_k 与曲率 ϕ 的关系式。设 $\zeta = \nu \xi \omega \eta$，并称为混凝土受压边缘平均应变综合系数，经整理即可得出荷载标准组合下的截面抗弯刚度（短期刚度）的表达式

$$B_s = \frac{M_k}{\phi} = \frac{1}{\dfrac{\psi}{E_s A_s \eta h_0^2} + \dfrac{1}{\zeta E_c b h_0^3}} = \frac{E_s A_s h_0^2}{\dfrac{\psi}{\eta} + \dfrac{\alpha_E \rho}{\zeta}} \tag{11-33}$$

上式中裂缝间受拉钢筋平均应变不均匀系数 ψ 可按式（11-19）计算；α_E 为钢筋与混凝土的弹性模量比（$\alpha_E = E_s/E_c$）；ρ 为纵向受拉钢筋配筋率。显然，当构件的截面尺寸和配筋率已定时，式（11-33）中分母的第一项反映了钢筋应变不均匀程度（或受拉区混凝土参与受力的程度）对刚度的影响：当 M_k 较小时，σ_s 也较小，钢筋与混凝土之间具有较强的粘结作用，钢筋应变不均匀程度较小，受拉区混凝土参与受力的程度较大，ψ 值较小，短期刚度 B_s 值较大；当 M_k 较大时，则相反，短期刚度 B_s 值减小。式中分母的第二项则反映了受压区混凝土变形对刚度的影响。

受压边缘混凝土平均应变综合系数 ζ 反映了 ν、ξ、ω、η 四个参数的综合效果。当 M_k 较小时，弹性系数 ν 和截面相对受压区高度 ξ 值较大，而内力臂系数 η 和应

力图形系数 ω 值较小；当 M_k 较大时，则 ν、ξ 值较小，而 η、ω 值较大。因而在使用荷载值的范围内，弯矩值的变化对 ζ 值的影响并不显著，可以认为 ζ 值与弯矩值无关，而是取决于构件的混凝土强度等级、配筋率以及截面形式。由式（11-30）可知

$$M_k = \sigma_c \xi \omega b h_0^2 = \nu E_c \varepsilon_c \xi \omega b h_0^2 = \zeta \varepsilon_{cm} E_c b h_0^2 \tag{11-34}$$

所以 ζ 值是可以通过试验求得的，因为试件的 E_c、b、h_0 为已知值，M_k、ε_{cm} 可由试验量测得到。根据试验分析结果，得到

$$\frac{\alpha_E \rho}{\zeta} = 0.2 + \frac{6\alpha_E \rho}{1 + 3.5\gamma_f'} \tag{11-35}$$

式中，γ_f' 为受压区翼缘加强系数（式 (11-18)），对于矩形截面，$\gamma_f' = 0$；当 $h_f' > 0.2h_0$ 时，应取 $h_f' = 0.2h_0$。

式（11-35）即为短期刚度 B_s 计算表达式分母中的第二项。混凝土强度等级和配筋率确定后，它是一个常值。将该式以及 $\eta = 0.87$ 代入式（11-33），则得短期刚度 B_s 的计算公式为

$$B_s = \frac{E_s A_s h_0^2}{1.15\psi + 0.2 + \dfrac{6\alpha_E \rho}{1 + 3.5\gamma_f'}} \tag{11-36}$$

2）受弯构件的刚度 B

受弯构件的刚度 B 是在短期刚度的基础上考虑荷载长期作用的影响后确定的。

在长期荷载作用下，钢筋混凝土受弯构件的刚度随时间而降低，挠度随时间而增大。试验表明，梁的挠度在前半年时间内增加较快，此后增加的速度逐渐减缓，大约一年后渐趋稳定，增加已很微小。荷载长期作用下挠度增加的原因主要是受压混凝土的徐变引起平均应变 ε_{cm} 的增大。此外，钢筋与混凝土之间的滑移徐变（特别是配筋率不高的梁中）使部分受拉混凝土退出工作、受压混凝土塑性变形的发展、受拉混凝土与受压混凝土收缩的不一致等等，都导致构件刚度的降低，挠度的增加。所以，凡是影响混凝土徐变和收缩的因素，诸如混凝土的组成成分和比例、受压钢筋的配筋率、荷载作用时间、使用环境的因素（温度、湿度）等，都会引起构件刚度的降低。

长期荷载作用下受弯构件挠度的增大，可用考虑荷载准永久组合对挠度增大的影响系数 θ 来反映。设 f、f_s 分别是构件的挠度和荷载标准组合下的挠度，则

$$\theta = \frac{f}{f_s} \tag{11-37}$$

θ 值根据试验结果经分析后确定。可按下列规定取用（受弯构件受压钢筋配筋率 $\rho' = \dfrac{A_s'}{bh_0}$），其中考虑了长期荷载下受压钢筋对混凝土受压徐变及收缩所起的约束作用，使长期挠度有所减少的影响：

当 $\rho' = 0$ 时，$\theta = 2.0$；

当 $\rho' = \rho$ 时，$\theta = 1.6$；

当 ρ' 为中间数值时，按直线内插法取用；

对翼缘位于受拉区的 T 形截面，θ 值应增加 20%。

所以，矩形、T 形、倒 T 形和 I 形截面受弯构件的刚度 B，按下列公式计算：

$$B = \frac{M_k}{M_q(\theta - 1) + M_k} B_s \tag{11-38}$$

式中 M_q——按荷载准永久组合计算的弯矩值；

M_k——按荷载标准组合计算的弯矩值。

（3）刚度的简化计算方法

我国的《混凝土结构设计规范》、《轻骨料混凝土结构设计规程》等采用上述半理论半经验方法计算刚度。在这一方法中，受弯构件的短期刚度 B_s 与 $\alpha_E\rho$ 呈双曲线函数关系，计算较为繁复。为了简便，并使计算结果偏于安全，目前还有一类在弹性刚度计算的基础上乘以折算系数的简化方法。这类方法的一个基本假定是取折算系数与 $\alpha_E\rho$ 成正比。我国的《港口工程技术规范》和《公路钢筋混凝土及预应力混凝土桥涵设计规范》等都采用这一类方法。

计算弹性刚度时，采用换算截面。在实际计算中，通常是把钢筋的截面按钢筋与混凝土的弹性模量比（$\alpha_E = E_s/E_c$）换算成混凝土截面，换算后的截面则可作为匀质材料截面对待。

计算钢筋混凝土受弯构件变形时截面刚度的简化公式为：

对于简支梁等静定结构

$$B_s = 0.85 E_c I_{0cr} \tag{11-39}$$

对于超静定结构

$$B_s = 0.67 E_c I_0 \tag{11-40}$$

式中 I_{0cr}——开裂截面的换算惯性矩；

I_0——构件换算截面的惯性矩；

E_c——混凝土的弹性模量。

对于单筋矩形受弯构件：

截面的换算面积（图 11-21（a））为

$$A_0 = bh + (\alpha_E - 1)A_s$$

相应的构件换算截面惯性矩为

$$I_0 = \frac{1}{12}bh^2 + bh\left(\frac{1}{2}h - x\right)^2 + (\alpha_E - 1)A_s(h_0 - x)^2 \tag{11-41}$$

其中，截面的受压区高度 x 为

$$x = \frac{\frac{1}{2}bh^2 + (\alpha_E - 1)A_sh_0}{A_0} \tag{11-42}$$

开裂截面的换算面积（图 11-21 (b)）为

$$A_{0cr} = bx + \alpha_E A_s$$

其中，截面的受压区高度 x 为

$$x = \frac{\alpha_E A_s}{b}\left(\sqrt{1 + \frac{2bh_0}{\alpha_E A_s}} - 1\right) \tag{11-43}$$

相应的开裂截面换算惯性矩为

$$I_{0cr} = \frac{1}{3}bx^3 + \alpha_E A_s (h_0 - x)^2 \tag{11-44}$$

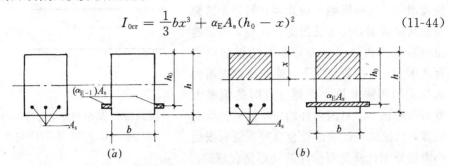

图 11-21　换算截面

(a) 构件截面；(b) 开裂截面

工程实践经验说明，利用上述计算式控制构件的变形是可行的，同时也照顾到了技术人员较为熟悉材料力学概念的实际情况。但毋庸置疑，这类简化方法的表达式比较粗略，其中折算系数的物理概念也不明确，而且仅用一个系数是否能准确反映开裂后钢筋混凝土受弯构件的全构件刚度，还有待于研究。目前也未进一步提出计算考虑荷载长期作用的挠度要求以及相应的挠度限值。

11.2.3　受弯构件的变形计算

求得刚度后，以刚度值替换材料力学公式 (11-26) 中的 EI，即可求得构件的挠度 f，再以式 (11-25) 验算构件的变形是否达到控制要求。

1. 半经验半理论方法

由以上讨论可知，式 (11-36)、(11-38) 所表达的刚度是沿受弯构件纯弯段的刚度平均值。而实际上，钢筋混凝土受弯构件在剪跨范围内各截面的弯矩值是不相等的，而且，一般情况下，截面尺寸、材料已经确定的构件，在使用荷载作用下各截面受拉区的开裂情况也不同。如图 11-22 所示，构件在靠近支座的截面处，因 $M < M_{cr}$，将不出现正截面裂缝，因而截面刚度比跨中已开裂截面大得多。沿构件的长度方向，各截面的抗弯刚度随钢筋截面面积 A_s 的多少以及钢筋应力 σ_{sk} 的大小不同而变化，弯矩最大的跨中截面的刚度最小（$B_{s,min}$）。所以，从理论上讲，应按变刚度受弯构件计算构件的挠度，但显然其计算非常复杂。为简化起见，对于等截面受弯构件，在工程设计中可假定各同号弯矩区段内各截面的刚度相等，并取该区段内最大弯矩 M_{max} 处的刚度 $B_{s,min}$ 计算挠度，如图 11-22 (a) 中的虚线。这

就是计算受弯构件变形的最小刚度原则。

按最小刚度原则计算,近支座处的曲率的计算值 $M/B_{s,min}$ 比实际值大(图11-22 (b))。实际上,一方面,上述的刚度计算仅考虑了正截面的弯曲变形,而对于剪跨内已出现斜裂缝的钢筋混凝土梁,剪切变形也使挠度增大,这一影响不应忽略;另外,试验实测结果表明,与正截面受弯比较,斜裂缝出现后剪跨内沿斜截面弯曲时的钢筋应力有所增大。在一般情况下,这些使挠度增大的影响与用刚度最小原则计算时的偏差大致可以相抵。经对国内外约350根试验梁的验算,试验值与计算值符合良好,说明按最小刚度原则计算受弯构件的变形是合理的。

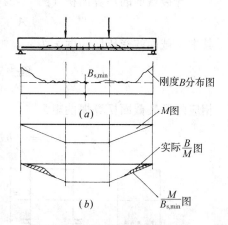

图11-22　最小刚度原则的应用
(a) 最小刚度; (b) 梁的曲率分布

【**例11-5**】　图11-23 (a) 所示多孔板的计算跨度 $l_0=3.04$ m,混凝土等级C20,配置9φ6.保护层厚度 $c=10$ mm。承受按荷载标准组合计算的弯矩值 $M_k=4.47$ kN·m,按荷载准永久组合计算的弯矩值 $M_q=3.53$ kN·m。试按半理论半经验方法验算变形控制要求。

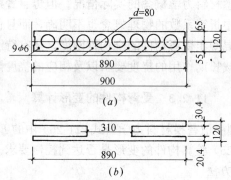

图11-23　【例11-5】附图
(a) 截面尺寸; (b) 计算截面

【**解**】

(1)计算截面

计算时,应把多孔板截面换算成I形计算截面。此时应按截面面积、形心位置和截面对形心轴的惯性矩不变的条件,把圆孔换算成 $b_a \times h_a$ 的矩形孔。即

$$\begin{cases} \dfrac{\pi d^2}{4} = b_a h_a \\ \dfrac{\pi d^4}{64} = \dfrac{b_a h_a^3}{12} \end{cases}$$

求得：$b_a = 72.6\text{mm}$，$h_a = 69.2\text{mm}$。换算后的 I 形截面尺寸（图 11-23（b））为：

$$b = 890 - 72.6 \times 8 = 310\text{mm}$$

$$h'_f = 65 - \frac{69.2}{2} = 30.4\text{mm}$$

$$h_f = 55 - \frac{69.2}{2} = 20.4\text{mm}$$

（2）挠度验算

$$\alpha_E \rho = \frac{E_s}{E_c} \frac{A_s}{bh_0} = \frac{2.1 \times 10^5}{2.55 \times 10^4} \frac{28.3 \times 9}{310 \times 107} = 0.063$$

$$\gamma'_f = \frac{(b'_f - b)h'_f}{bh_0} = \frac{(890 - 310) \times 30.4}{310 \times 107} = 0.53$$

$$\rho_{te} = \frac{A_s}{0.5bh + (b_f - b)h_f} = \frac{28.3 \times 9}{0.5 \times 310 \times 120 + (890 - 310) \times 20.4}$$

$$= 0.00837$$

$$\sigma_{sk} = \frac{M_k}{0.87h_0 A_s} = \frac{4.47 \times 10^6}{0.87 \times 107 \times 28.3 \times 9} = 188.5\text{N/mm}^2$$

$f_{tk} = 1.54\text{N/mm}^2$

$$\psi = 1.1 - 0.65 \frac{f_{tk}}{\rho_{te}\sigma_{sk}} = 1.1 - 0.65 \frac{1.54}{0.00837 \times 188.5} = 0.47$$

$$B_s = \frac{E_s A_s h_0^2}{1.15\psi + 0.2 + \dfrac{6\alpha_E\rho}{1 + 3.5\gamma'_f}}$$

$$= \frac{2.1 \times 10^5 \times 28.3 \times 8 \times 107^2}{1.15 \times 0.47 + 0.2 + \dfrac{6 \times 0.063}{1 + 3.5 \times 0.53}}$$

$$= 6.24 \times 10^{11}\text{N} \cdot \text{mm}^2$$

$$B = \frac{M_k}{M_q(\theta - 1) + M_k} B_s = \frac{4.47 \times 10^6}{3.53 \times 10^6(2 - 1) + 4.47 \times 10^6} \times 6.24 \times 10^{11}$$

$$= 3.49 \times 10^{11}\text{N} \cdot \text{mm}^2$$

$$f = \frac{5}{48} \frac{M_k l_0^2}{B} = \frac{5}{48} \frac{4.47 \times 10^6 \times 3040^2}{3.49 \times 10^{11}} = 12.3\text{mm} < \frac{l_0}{200} = \frac{3040}{200} = 15.2\text{mm}$$

满足要求。

【例 11-6】 已知 I 形截面受弯构件如图 11-24。混凝土强度等级 C30，钢筋 II 级，混凝土保护层厚度 25mm。计算跨度 $l_0 = 11.7\text{m}$。$M_k = 620\text{kN} \cdot \text{m}$，$M_q = 550\text{kN} \cdot \text{m}$。构件的挠度限值 $l_0/300$。试按半理论半经验方法验算构件的变形控制要求。

【解】 $A_s = 2945\text{mm}^2$，$h_0 = 1290 - 65 = 1225\text{mm}$

$$A_{te} = 0.5bh + (b_f - b)h_f$$

$$= 0.5 \times 80 \times 1290 + (200 - 80) \times 130 = 67200\text{mm}^2$$

$$\rho_{te} = \frac{A_s}{A_{te}} = \frac{2945}{67200} = 0.044$$

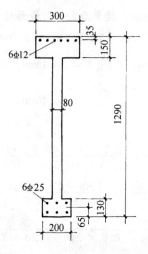

图 11-24

【例 11-6】附图

$$\rho = \frac{A_s}{bh_0} = \frac{2945}{80 \times 1225} = 0.03$$

$$\alpha_E\rho = \frac{E_s}{E_c}\rho = \frac{2.0 \times 10^5}{3.0 \times 10^4} \times 0.03 = 0.2$$

$$\sigma_{sk} = \frac{M_k}{0.87h_0A_s} = \frac{620 \times 10^6}{0.87 \times 1225 \times 2945} = 198\text{N/mm}^2$$

$f_{tk} = 2.01\text{N/mm}^2,$

$$\psi = 1.1 - 0.65\frac{f_{tk}}{\rho_{te}\sigma_{sk}} = 1.1 - 0.65\frac{2.01}{0.044 \times 198} = 0.95$$

$$\gamma'_f = \frac{(b'_f - b)h'_f}{bh_0} = \frac{(300-80)150}{80 \times 1225} = 0.34$$

$$B_s = \frac{E_sA_sh_0^2}{1.15\psi + 0.2 + \dfrac{6\alpha_E\rho}{1 + 3.5\gamma'_f}}$$

$$= \frac{2.0 \times 10^5 \times 2945 \times 1225^2}{1.15 \times 0.95 + 0.2 + \dfrac{6 \times 0.2}{1 + 3.5 \times 0.34}}$$

$$= 4.8 \times 10^{14}\text{N} \cdot \text{mm}^2$$

$A'_s = 678\text{mm}^2,$

$$\rho' = \frac{A'_s}{bh_0} = \frac{678}{80 \times 1225} = 0.007$$

$$\frac{\rho'}{\rho} = \frac{0.007}{0.03} = 0.23$$

$$\theta = 2.0 - 0.4\frac{\rho'}{\rho} = 2.0 - 0.4 \times 0.23 = 1.91$$

$$B = \frac{M_k}{M_q(\theta - 1) + M_k} B_s = \frac{620 \times 10^6}{550 \times 10^6(1.91 - 1) + 620 \times 10^6} \times 4.8 \times 10^{14}$$

$$= 2.65 \times 10^{14} \text{N} \cdot \text{mm}^2$$

$$f = \frac{5}{48} \frac{M_k l_0^2}{B} = \frac{5}{48} \frac{620 \times 10^6 \times 11700^2}{2.65 \times 10^{14}} = 33.4 \text{mm} < \frac{l_0}{300} = \frac{11700}{300} = 39 \text{mm}$$

满足要求。

2. 基于弹性计算的简化方法

当采用简化方法（式（11-39）或式（11-40））计算抗弯刚度时，也认为全构件的截面刚度相等。可认为钢筋混凝土桥梁的挠度由两部分组成，一部分是由结构重力（恒载）产生的挠度，另一部分是由静力活载（不计冲击力的活载）产生的挠度。有关规范规定，当结构重力和汽车荷载（不计冲击力）产生的向下挠度之和超过 $l_0/1600$ 时，都需设置预拱度，其值等于结构重力和半个汽车荷载（不计冲击力）所产生的竖向挠度。验算公路桥梁的变形控制要求时，若汽车荷载在一个桥跨内移动使构件产生正负两种挠度，则最大挠度值应为正负挠度的最大绝对值之和。

【例 11-7】 已知条件同例【11-3】。$I_{0cr} = 64.35 \times 10^7 \text{mm}^4$，$E_c = 2.85 \times 10^4 \text{N/mm}^2$。试进行挠度验算并计算预拱度。

【解】 （1）梁的挠度验算

不考虑冲击力的汽车荷载弯矩值

$$\frac{M_{Q1}}{\mu} = \frac{596.04}{1.191} = 500.45 \text{kN} \cdot \text{m}$$

人群荷载弯矩值

$M_{Q2} = 55.30 \text{ kN} \cdot \text{m}$,

$$M = 500.45 + 55.30 = 555.75 \times 10^6 \text{N} \cdot \text{mm}$$

$l_0 = 1.95 \times 10^4 \text{mm}$

$B_s = 0.85 E_c I_{0cr} = 0.85 \times 2.85 \times 10^4 \times 64.35 \times 10^7 = 1.559 \times 10^{15} \text{mm}^4$

$$f = \frac{5}{48} \frac{M l_0^2}{B_s}$$

$$= \frac{5}{48} \frac{555.75 \times 10^6 \times (1.95 \times 10^4)^2}{1.559 \times 10^{15}}$$

$$= 14.1 \text{mm}$$

$$< \frac{l_0}{600} = \frac{1.95 \times 10^4}{600} = 32.5 \text{mm}$$

满足要求。

（2）预拱度计算

恒载弯矩值

$$M_G = 7.51 \times 10^8 \text{N} \cdot \text{mm}$$

$$f_G = \frac{5}{48} \frac{7.51 \times 10^8 \times (1.95 \times 10^4)^2}{0.85 \times 2.85 \times 10^4 \times 64.35 \times 10^9}$$

$$= 19.1 \text{mm}$$

$$f_G + f = 19.1 + 14.1 = 33.2 \text{mm}$$

$$> \frac{1.95 \times 10^4}{1600} = 12.2 \text{mm}$$

所以必须设置预拱度

$$f_G + \frac{1}{2} f = 19.1 + \frac{14.1}{2} = 26.2 \text{mm}$$

3. 提高受弯构件刚度的措施

无论采用何种方法计算构件的刚度，从计算公式中都可看出，增大截面高度 h 是提高刚度最有效的措施。所以在工程实践中，一般都是根据受弯构件高跨比 (h/l) 的合适取值范围预先予以变形控制，这一高跨比范围是总结工程实践经验得到的。如果计算中发现刚度相差不大而构件的截面尺寸难以改变时，也可采取增加受拉钢筋配筋率、采用双筋截面等措施。此外，采用高性能混凝土、对构件施加预应力等都是提高混凝土构件刚度的有效手段。

思 考 题

1. 设计结构构件时，为什么要控制裂缝宽度和变形？受弯构件的裂缝宽度和变形计算应以哪一受力阶段为依据？

2. 半理论半经验方法建立裂缝宽度计算公式的思路是怎样的？其中参数 ψ 的物理意义如何？

3. 为什么说混凝土保护层厚度是影响构件表面裂缝宽度的一项主要因素？试验统计和分析表明，影响构件裂缝宽度的主要因素还有那些？

4. 试说明钢筋有效约束区的概念和实际意义，应用时如何计算？

5. 是否可以说限制了 w_{max} 值就等于限制了钢筋混凝土受弯构件中钢筋的抗拉强度设计值 f_y？为什么？

6. 与匀质弹性材料梁相比，半理论半经验方法建立受弯构件短期刚度计算公式的思路和方法如何？它是如何反映钢筋混凝土的特点的？

7. 试简要分析弯矩 M_k、受拉钢筋配筋率 ρ、截面形状、混凝土强度等级、截面高度 h 等对受弯构件截面刚度 B 的影响。

习 题

11-1 用于多层工业厂房楼盖的预制槽形板截面尺寸如图 11-25 所示，计算跨度 $l_0=$ 5.8m。混凝土强度等级 C25，配置受拉钢筋 2 ⌀ 16（带肋钢筋）。板的荷载标准组合和荷载准永久组合弯矩值分别为 $M_k=18$kNm、$M_q=14$kNm。试用半理论半经验方法验算其裂缝宽度控制要求。

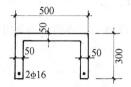

图 11-25 习题 11-1 附图

11-2 一承受均布荷载的 T 形截面简支梁（图 11-26），计算跨度 $l_0=6$m。混凝土强度等级 C30，配置带肋钢筋，受拉区为 6 ⌀ 25（$A_s=2945$mm^2），受压区为 2 ⌀ 20（$A'_s=628$mm^2）。承受按荷载标准组合计算的弯矩值 $M_k=315.5$kN·m，按荷载准永久组合计算的弯矩值 $M_q=301.5$kN·m。试用半理论半经验法验算此梁的裂缝宽度是否满足要求？

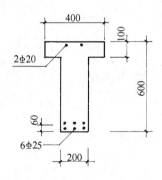

图 11-26 习题 11-2 附图

11-3 某一标准跨径为 20m 的公路装配式钢筋混凝土 T 形梁桥，配置带肋受拉钢筋 4 ⌀ 16＋8 ⌀ 32（$A_s=7238$mm^2），截面有效高度 $h_0=1200$mm，梁肋宽度 $b=$ 180mm。已知在短期静荷载（不计冲击力）下钢筋的应力 $\sigma_s=197$N/mm^2。恒载弯矩与总弯矩的比值为 0.545。最大裂缝宽度限值 $w_{lim}=0.25$mm。试用数理统计法计算短期荷载作用下的裂缝宽度，并验算长期荷载作用下的裂缝控制要求。

11-4 试验算习题 11-2 梁的最大挠度是否满足挠度限值 $l_0/200$ 的要求？

11-5 试求习题 11-1 槽形板在长期荷载作用下的挠度值。

11-6　某悬挑板如图 11-27，计算跨度 $l_0 = 3m$，板厚 $h = 200mm$。混凝土等级 C30，配置带肋钢筋 Φ 16@200。承受 $M_k = M_q = 38.25kN \cdot m$。试用半理论半经验方法验算此板的最大挠度控制要求。

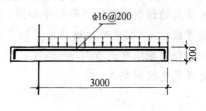

图 11-27　习题 11-6 附图

第12章 混凝土结构的耐久性

§12.1 概　述

12.1.1　研究结构耐久性的重要意义

建筑物的结构在长期自然环境或使用环境下随着时间的推移，逐步老化、损伤甚至损坏，它是一个不可逆的过程，必然影响到建筑物使用功能以及结构的安全。因此结构的耐久性是结构可靠性的重要内涵之一。

我国结构设计虽然采用可靠度理论计算，实际上仅能满足安全可靠指标要求，对耐久性要求尚考虑不足，且由于忽视维修保养，现有建筑物老化现象相当严重，到本世纪末有近 23.4 亿 m² 建筑物进入老龄期，处于提前退役的局面，急需维修改造。50 年代不少采用在混凝土中掺入氯化钙快速施工的建筑，损伤更严重。近几年房屋开发中也反映出不少问题，采用不合格的建筑材料，施工质量低劣，设计时不考虑环境的腐蚀影响等，不少新建好的商品房，未使用几年就需要修复，给国家资产造成极大浪费，这些都是不重视耐久性的后果。据报道，英国每年用于混凝土维修费约 5 亿英镑，美国每年因腐蚀而支出的维修费用高达 1260 亿美元。因此提高结构安全性、耐久性，已成为全世界关注的课题。

我国是一个发展中的大国，正在从事着为世界所瞩目的大规模的基本建设，而我国财力资源有限，如何科学地设计出既安全、适用又耐久的新建工程项目，并充分合理地、安全地延续利用现有房屋资源，是摆在我们面前的很现实的研究课题。

随着耐久性问题的研究不断深入，有些国家和地区的设计规范已经专门制定了一些有关耐久性条文，如欧洲混凝土委员会编制的CEB-FIP 模式规范(1990)就增列出了耐久性一章，欧洲混凝土委员会资料通报 182 号 （1992） 专门出版了"CEB 耐久性结构设计指南"。1992 年美国 ACI201 委员会编制了"耐久性混凝土指南"，1988 年日本土木学会混凝土学会委员会成立"耐久性设计委员会"，提出了"耐久性设计基本方法指南"。

我国对混凝土耐久性问题从 80 年代起日益引起重视，并已形成有组织地系统地开展研究。1989 年我国颁布了《钢铁工业建(构)筑物可靠性鉴定标准》(YBJ219-89)，制定了钢筋混凝土结构使用寿命预测方法。建设部在"七五"和"八五"期间都设立了混凝土耐久性研究课题，"七五"期间攻关课题是"大气条件下钢筋混凝土结构耐久性研究及其使用年限";"八五"期间攻关课题是"预应力混凝土结构及混凝土耐久性技术";"八五"期间,国家科委、国家自然科学基金会也重点资助,设立"重大土木与水利工程安全性与耐久性基础研究"项目(攀登计划 B)。

12.1.2　影响结构耐久性的因素

结构耐久性是指一个构件、一个结构系统或一幢建筑物在一定时期内维持其适用性的能力,也就是说,耐久性能良好的结构在其使用期限内,应当能够承受住所有可能的荷载和环境作用,而且不会发生过度的腐蚀、损坏或破坏。由此可知,混凝土结构的耐久性是由混凝土、钢筋材料本身特性和所处使用环境的侵蚀性两方面共同决定的。

影响混凝土结构耐久性的内在机理是气体、水化学反应中的溶解物有害物质在混凝土孔隙和裂缝中的迁移,迁移过程导致混凝土产生物理和化学方面的劣化和钢筋锈蚀的劣化,其结果将使结构承载力下降、刚度降低和开裂以及外观损伤,影响着结构的使用效果。

影响水、气、溶解物在孔隙中迁移速度、范围和结果的内在条件是混凝土的孔结构和裂缝形态;影响迁移的外部因素是结构设计所选用的结构形式和构造,混凝土和钢筋材料的性质和质量,施工操作质量的优劣,温湿养护条件和使用环境等。

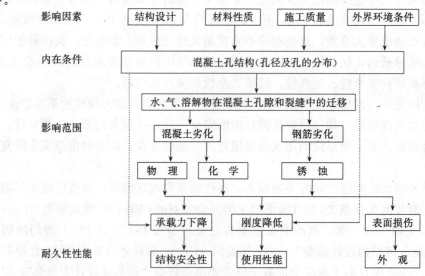

图 12-1　影响混凝土结构耐久性的因素

图 12-1 给出影响混凝土结构耐久性的原因、内在条件、影响的范围及其后果。对混凝土结构耐久性造成潜在损害的原因是多方面的:

1) 设计构造上的原因:钢筋的混凝土保护层厚度太小,钢筋的间距太大,沉降缝构造不正确,构件开孔洞的洞边配筋不当,隔热层、分隔层、防滑层处理不妥当等；

2）材料质量不合格：使用的水泥品种不当，如用矿渣水泥、加超量的粉煤灰、骨料颗粒级配不当，外加剂使用不当等；

3）施工质量低劣：支模不当，水灰比过大，使用含有氯离子的早强剂，海水搅拌混凝土，浇捣不密实，养护不当，快速冷却或干燥，温度太低等；

4）环境中各种介质的侵蚀：CO_2、SO_2、H_2SO_3 气体的侵蚀，有侵蚀性的水、硫酸盐及碱溶液的侵蚀等。

钢筋混凝土结构是由混凝土和钢筋两种材料组成，其性能的劣化包括混凝土材料劣化和钢筋材料的劣化以及两种材料之间粘结性能的破坏。混凝土材料的劣化可能是受物理作用引起的或受化学作用引起。物理作用包括有①冻融循环破坏：过冷的水在混凝土中迁移引起水压力以及水结冰产生体积膨胀，对混凝土孔壁产生拉应力造成内部开裂；②混凝土磨损破坏：如路面、水工结构等受到车辆、行人及水流夹带泥沙的磨损，使混凝土表面粗骨料突出，影响使用效果。化学作用是环境中有些侵蚀物质与混凝土中反应物质相遇产生化学反应，从其破坏机理来分，有些属于溶解性侵蚀，淡水将混凝土中氢氧化钙溶解，形成易溶的碳酸氢钙 $Ca(HCO_3)_2$。铵盐侵蚀时生成 $CaCl_2$ 溶于水可离析；有些属于膨胀性侵蚀：含有硫酸盐的水与水泥石的氢氧化钙及水化铝酸钙发生化学反应，产生石膏和硫铝酸钙产生体积膨胀。

侵蚀物质从环境迁移到混凝土中能否与混凝土中反应物质反应，取决于混凝土是否存在汽态或液态的水。升温作用能加快反应速度，高温可以提高高分子和离子的迁移率，反应加快，导致破坏速度加快。

§12.2　材料的劣化

12.2.1　混凝土的碳化

1. 混凝土碳化的机理

混凝土在浇筑养护后形成强碱性环境，其 pH 值在 13 左右，这时埋在混凝土中的钢筋表面生成一层氧化膜，使钢筋处于钝化状态，对钢筋起到一定保护作用。如果钢筋混凝土结构构件在使用过程中遇到氯离子或其他酸性物质侵入，钢筋表面的钝化膜会遭到破坏，在充分的氧和水环境下就会引发钢筋腐蚀，这一过程称为钢筋脱钝。

空气、土壤及地下水中 CO_2、HCl、SO_2 深入到混凝土中，与水泥石中碱性物质发生反应，侵蚀介质使混凝土的 pH 值下降的过程称为混凝土的中性化过程，其中因大气环境下 CO_2 引起的中性化过程称为混凝土的碳化。

混凝土碳化是一个复杂的物理化学过程，环境中的 CO_2 气体通过混凝土孔隙气相向混凝土内部扩散，并溶解于孔隙中，与水泥水化过程中产生的氢氧化钙和未水化的硅酸三钙、硅酸二钙等物质发生化学反应，生成$CaCO_3$，其反应过程可用下列反应方程式表示：

$$Ca(OH)_2 + CO_2 \longrightarrow CaCO_3 + H_2O \tag{12-1}$$

$$3Ca \cdot 2SiO_2 \cdot 3H_2O + 3CO_2 \longrightarrow 3CaCO_3 + 2SiO_2 + 3H_2O \tag{12-2}$$

$$3CaO \cdot SiO_2 + 3CO_2 + \gamma H_2O \longrightarrow SiO_2 \cdot \gamma H_2O + CaCO_3 \tag{12-3}$$

$$2CaO \cdot SiO_2 + 2CO_2 + \gamma H_2O \longrightarrow SiO_2 \cdot \gamma H_2O + 2CaCO_3 \tag{12-4}$$

式中 γ——结合水数。

上述碳化反应的结果，一方面生成的$CaCO_3$及其他固态物质堵塞在孔隙中，减弱了后续的CO_2的扩散，并使混凝土密实度与强度提高，另一方面孔隙水中的$Ca(OH)_2$浓度及pH值下降，导致钢筋脱钝而锈蚀。图12-2给出混凝土碳化过程的物理模型。

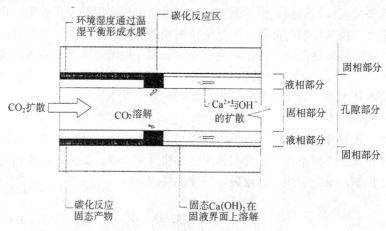

图12-2   混凝土碳化过程的物理模型

2. 影响混凝土碳化的因素

1）水灰比   水灰比$\dfrac{w}{c}$是决定混凝土孔结构与孔隙率的主要因素，它影响着CO_2在孔隙中的扩散程度，也即影响着混凝土碳化的速度。

2）水泥品种与用量   水泥品种决定着各种矿物成分在水泥中的含量，水泥用量决定着单位体积混凝土中水泥熟料多少，两者都关系着水泥水化后单位体积混凝土中可碳化物质的数量，也影响着混凝土碳化速度。

3）骨料品种与粒径   骨料粒径大小对骨料水泥浆粘结有重要影响，粗骨料与水泥浆粘结较差，CO_2易从骨料—水泥浆界面扩散，轻骨料本身孔隙能透过CO_2气体，因此轻骨料混凝土的碳化速度比普通骨料混凝土要快。

4）外掺加剂   外加剂影响水泥水化，从而改变孔结构和孔隙率，特别是引气剂的加入会直接增加孔隙含量，外加剂也影响着碳化速度。

5）养护方法与龄期　养护方法与龄期的不同，导致水泥水化程度不同，在水泥熟料一定条件下，生成的可碳化物质含量不同，因此也影响着碳化速度。

6）CO_2 浓度　环境中 CO_2 浓度越大，CO_2 越容易扩散进入混凝土孔隙，化学反应也加快。

7）相对湿度　环境相对湿度通过温湿平衡决定着孔隙饱和度，一方面影响 CO_2 的扩散速度；另一方面，由于混凝土碳化的化学反应需在溶液中或固液界面上进行，相对湿度决定着碳化反应的快慢。

8）覆盖层　覆盖层的材料与厚度的不同，对混凝土碳化速度的影响程度不同，如果覆盖层内不含可碳化物质（如沥青、有机涂料等），则覆盖层起着降低混凝土表面 CO_2 浓度的作用；如果覆盖层内含有可碳化物质（如砂浆、石膏等），CO_2 在进入混凝土之前先与覆盖层内的可碳化物质反应，则对混凝土的碳化起着延迟作用。

3. 应力状态对混凝土碳化的影响

对混凝土碳化的研究过去多停留在材料本身层次上，而实际工程中的混凝土碳化都是处于结构应力下的状态。

硬化后的混凝土在未受力作用之前，由于水泥水化造成化学收缩和物理收缩引起砂浆体积的变化，在粗骨料与砂浆界面上产生分布不均匀的拉应力。这些初应力通常导致许多分布很乱的界面微裂缝，另外成型后的泌水作用也形成界面微裂缝，这些微裂缝成为混凝土内在薄弱环节。混凝土受外力作用时，内部产生拉应力，这些拉应力很容易在具有几何形状为楔形的微裂缝顶端产生应力集中，随着拉应力不断增大导致进一步延伸、汇合、扩大，最后沿这些裂缝破坏。试验表明，当混凝土构件在拉应力作用达到一定程度（约为 $0.7f_t$）时，混凝土碳化深度增加近 30%，而拉应力 $<0.3f_t$ 时，作用影响不明显；而当受压力作用时，压应力 $<0.7f_c$ 时，可能由于混凝土受压密实，影响气体扩散，碳化速度相应缓慢，起到延缓碳化作用。

4. 混凝土碳化深度的测定

混凝土碳化深度的测定有两种方法：X 射线衍射法和化学试剂测定法。前者要用专门的仪器，它不仅能测到完全碳化的深度，还能测到部分碳化的深度，这种方法适用于试验室的精确测量；后者常用的试剂是酚酞试剂，它只能测定 pH＝9 的分界线，另有一种彩虹指示剂（Rainbow Indicator）可以根据反应的颜色判别不同的 pH 值（pH＝5～13），因此，它可以用于测定完全碳化和未完全碳化的深度，操作简便适用于现场检测。

5. 混凝土碳化深度的预测数学模型

混凝土碳化深度计算模式有十几种之多，可归纳为两类：一类是从碳化机理出发建立的理论模型；一类是根据试验研究确定的影响混凝土碳化的主要因素，求出碳化速度系数，建立经验表达式。不论哪一类计算模型，基本上都反映了混凝土碳化深度与碳化速度常数和碳化时间的平方根成正比的关系：

$$x = \alpha \sqrt{t} \tag{12-5}$$

式中 x——混凝土碳化深度；

α——碳化速度常数；

t——碳化时间。

（1）建立理论公式的基本假定

1）CO_2 在混凝土孔隙中的扩散遵守 Fick 第一扩散定律

$$N_{CO_2} = D_e^c \frac{d[CO_2]}{dx} \tag{12-6}$$

式中 N_{CO_2}——CO_2 的扩散速度 $mol/m^2 \cdot s$；

D_e^c——CO_2 在已碳化混凝土孔隙中的有效扩散系数 m^2/s；

$[CO_2]$——CO_2 的摩尔浓度 mol/m^3；

x——混凝土的深度 m。

2）设在混凝土表面处的大气中 CO_2 的摩尔浓度为 $[CO_2]^0$，随着 CO_2 向混凝土内部不断扩散，CO_2 浓度近似呈线性降低，在发生完全碳化反应的界面处的 CO_2 浓度降为零，如图 12-3 所示。

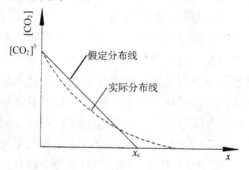

图 12-3 CO_2 浓度分布的假定

如此，（12-6）式可以写成

$$N_{CO_2} = D_e^c \frac{[CO_2]^0}{x_c} \tag{12-7}$$

式中 $[CO_2]^0$——混凝土表面处 CO_2 的摩尔浓度；

x_c——完全碳化的深度。

3）混凝土中 $Ca(OH)_2$ 与 CO_2 反应转化为 $CaCO_3$ 形成碳化，混凝土表面完全碳化处的 $CaCO_3$ 含量最多，相应地 $Ca(OH)_2$ 含量最少，而混凝土内部未碳化区中其含量正好相反。由于混凝土碳化是一个渐进过程，在完全碳化（pH≤9）与未碳化区（pH≥12.5）之间必然存在一个未完全碳化区或称部分碳化区（pH 值由 12.5 逐渐降低到 9），为近似计算，当不考虑未完全碳化影响时，假定界面两侧物质的浓度为常数，如图12-4所示。

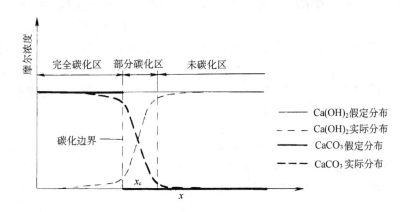

图 12-4　混凝土碳化界面的划分

4）单位体积混凝土吸收 CO_2 的量为常量 m_0（mol/m³）

（2）理论公式的建立

根据以上的假定，在 dt 时间内由孔隙扩散进入混凝土内部的 CO_2，会被 dx_c 长度范围内混凝土中可碳化物质所吸收，即

$$m_0 dx_c = N_{CO_2} \cdot dt \tag{12-8}$$

由上式，可将（12-8）式写成

$$m_0 dx_c = D_e^c \frac{[CO_2]^0}{x_c} \cdot dt$$

$$x_c dx_c = \frac{D_e^c [CO_2]^0}{m_0} \cdot dt$$

对两边积分，可得

$$x_c^2 = \frac{2 D_e^c [CO_2]^0}{m_0} \cdot t$$

则得到混凝土碳化深度理论计算公式

$$x_c = \sqrt{\frac{2 D_e^c [CO_2]^0}{m_0} \cdot t} \tag{12-9}$$

（3）预测混凝土碳化深度的实用计算式

1）单位体积混凝土吸收 CO_2 的量 m_0 与水化后混凝土中各可碳化物质浓度有关，同济大学蒋利学针对我国硅酸盐水泥矿物含量指标，参考波特兰水泥的典型矿物组成，通过计算建立了 m_0 与水泥用量 c 的关系

$$m_0 = 8.03c \, (\text{mol/m}^3) \tag{12-10}$$

2）有效扩散系数 D_e^c 与水灰比和相对湿度关系

CO_2 在混凝土中有效扩散系数 D_e^c 的大小与单位面积混凝土气态孔隙截面积

的大小直接有关，则必然也与混凝土孔隙率 ε_p 及孔隙饱和度有关。而孔隙饱和度主要受相对湿度 RH 影响，因此，D_e^c 可以表达为如下形式

$$D_e^c = \theta \varepsilon_p^a (1 - RH)^\beta$$

希腊学者Papadakis通过试验确定了其中的系数 θ、a、α、β，得到

$$D_e^c = 1.64 \times 10^{-6} \cdot \varepsilon_p^{1.8} (1 - RH)^{2.2}$$

式中 ε_p 是考虑水泥浆—骨料界面影响的碳化过程中的混凝土孔隙率，分析计算表明，ε_p 与水灰比有显著关系，上式可表示为

$$D_e^c = 8 \times 10^{-7} \cdot \left(\frac{w}{c} - 0.34 \right) (1 - RH)^{2.2} \tag{12-11}$$

3）混凝土碳化深度实用计算公式

根据气体状态方程将 CO_2 的体积分数 ν_0 换算成摩尔浓度 $[CO_2]^0$

$$[CO_2]^0 = 40.89\nu_0 \tag{12-12}$$

将式（12-11）、式（12-12）代入式（12-9），且碳化时间以天为单位表示，整理后可得到碳化深度实用计算公式

$$x_c = 839(1 - RH)^{1.1} \sqrt{\frac{w/c - 0.34}{c} \cdot \nu_0 \cdot t} \tag{12-13}$$

12.2.2　钢筋的锈蚀

1. 混凝土中钢筋锈蚀的机理

由于混凝土碳化或氯离子的作用，当混凝土的pH值降到9以下时，钢筋表面的钝化膜遭到破坏，在有足够的水分和氧的环境下，钢筋将产生锈蚀。混凝土中钢筋的锈蚀是一个电化学过程，在钢筋上某相连的二点处，由于该二点处的材质的差异、环境温湿度的不同、盐溶液的浓度的不同，可能引起二点之间存在电位差，不同电位的区段之间形成阳极和阴极，电极之间距离可从1～2cm 到6～7cm。混凝土中钢筋锈蚀机理如图12-5所示，其锈蚀过程可分为两个独立过程：

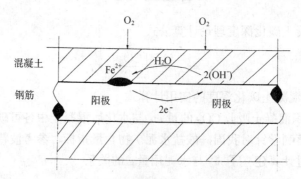

图12-5　混凝土中钢筋锈蚀示意图

阳极过程　在钝化状态已被破坏的阳极区，钢筋表面处于活化状态，铁原子 Fe 失去电子（e）成为二价铁离子（Fe^{2+}），带正电的铁离子进入水溶液

$$Fe \longrightarrow Fe^{2+} + 2e^- \qquad\qquad (12\text{-}14)$$

阴极过程　　阳极产生的多余电子，通过钢筋在阴极与水和氧结合，形成氢氧离子

$$2e^- + \frac{1}{2}O_2 + H_2O \longrightarrow 2(OH)^- \qquad\qquad (12\text{-}15)$$

阴极产生的 OH^- 通过混凝土孔隙中液相迁移到阳极，形成一个腐蚀电流的闭合回路，组成电池。

溶液中的 Fe^{2+} 与 OH^- 结合形成氢氧化亚铁

$$Fe^{2+} + 2OH^- \longrightarrow Fe(OH)_2 \qquad\qquad (12\text{-}16)$$

氢氧化亚铁与水中的氧作用生成氢氧化铁

$$4Fe(OH)_2 + O_2 + 2H_2O \longrightarrow 4Fe(OH)_3 \qquad\qquad (12\text{-}17)$$

钢筋表面生成的氢氧化铁，可转化为各类型的氧化物，一部分氢氧化铁脱水后形成氧基氢氧化铁 FeOOH，一部分因氧化不充分而生成 $Fe_3O_4 \cdot mH_2O$，在钢筋表面形成疏松的、易剥落的沉积物—铁锈。铁锈的体积一般要增大 2～4 倍，铁锈体积的膨胀，会导致混凝土保护层胀开。

在钢筋表面上，阳极与阴极作用区之间距离，可能靠得很近，则形成微电池腐蚀；当混凝土构件出现垂直于钢筋的横向裂缝，二极之间距离相对较远时，则形成宏观电池腐蚀。

2. 影响钢筋锈蚀速度的主要因素

（1）环境相对湿度

钢筋所处的部位的水分含量是控制 OH^- 传输过程速度的主要因素，在相对湿度较高的情况下，钢筋处水分充足，OH^- 传输不成问题，但随着相对湿度降低，OH^- 的传输逐渐变得困难，有可能成为整个锈蚀反应的控制过程。工程调查表明，在干燥无腐蚀介质的使用条件下，且有足够厚的保护层时，结构使用寿命就比较长，但在干湿交替的环境或在潮湿并有氯离子侵蚀作用下，使用寿命相对要短得多。

（2）含氧量

钢筋所在位置的水溶液中溶氧的含量是影响阴极反应速度的重要因素，在相对湿度较高的情况下，O_2 在混凝土孔隙气相中的扩散比较缓慢，导致阳极反应所需氧气含量不足，从而控制阴极反应，甚至整个锈蚀反应的速度。如果没有溶解氧，即使钢筋混凝土构件在水中也不易发生锈蚀。

（3）混凝土的密实度

混凝土的密实度好，就能阻碍水分、氧气及 Cl^- 离子的入侵。同时，混凝土越干燥，电阻越大，水化铁离子在阴阳极电位差作用下的运动速度越慢，由于浓度

差引起的扩散传质过程也越困难，越有可能附着于钢筋表面，阻碍阳极反应过程，使阳极反应变得困难。降低水灰比，采用优质粉煤灰掺合料，加强施工振捣和养护，都可以增大混凝土密实度。

（4）Cl^-离子的含量

在大气环境下，混凝土碳化是使钢筋脱钝锈蚀的重要原因，在含有氯离子的使用环境中（如海水浇捣混凝土、掺入氯盐早强剂等），氯离子具有很强穿透氧化膜的能力，钢筋表面Cl^-含量超过一定量（如混凝土氯化物含量达$1.0kg/m^3$左右），钝化膜就可能遭到局部破坏，出现坑蚀（坑状腐蚀），使得钢筋表面阳极面积很小而阴极面积很大，从而出现钢筋截面在局部明显减小的现象。在脱钝点处，氯离子起着类似催化剂作用，使阳极作用点上铁的溶解速度加快。

（5）混凝土构件上的裂缝

混凝土构件上有裂缝，将增大混凝土的渗透性，增加了腐蚀介质、水分和氧气的渗入，它会加剧腐蚀的发展，尽管裂缝能增加腐蚀的产生，但是要看是横向裂缝还是纵向裂缝，横向裂缝引起的钢筋的脱钝锈蚀仅是局部的，大部分介质仍是穿过未开裂部分侵入混凝土表面，同时经数年使用后，裂缝有闭合作用，裂缝的影响也会逐渐减弱；而纵向裂缝引起的锈蚀不是局部的，相对来说有一定长度，它更容易使水、空气渗入，则会加速钢筋的锈蚀。

3. 钢筋锈蚀的后果及其破坏形式

图12-6给出钢筋锈蚀后的影响结果。

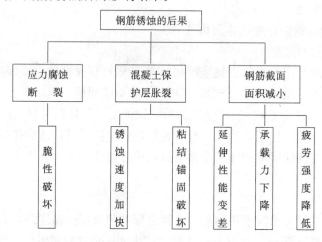

图12-6   钢筋锈蚀后果图

（1）钢筋截面面积减小

锈蚀后的钢筋截面面积损失＞10％时，其应力应变本构关系发生很大变化，没有明显屈服点，屈服强度与抗拉强度非常接近（而一般二者之比为1.25～1.9）。钢筋截面面积的减小会使构件承载力近似呈线性下降，图12-7给出ϕ12钢筋沿长度有均匀锈蚀时钢筋极限抗拉强度 σ_b 与钢筋重量损失率（%）之间关系。图 12-8 给出 $\phi12$ 钢筋极限延伸率 δ_b 与钢筋重量损失率（%）之间关系。钢筋锈蚀后其延伸率明显下降，当钢筋截面损失大于 10% 时，其延伸率已不能满足设计规范最小允许值。

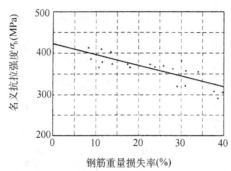

图 12-7 钢筋重量损失率与抗拉强度关系

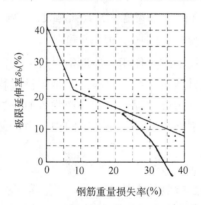

图 12-8 钢筋重量损失率与极限延伸率关系

（2）混凝土保护层开裂剥落

钢筋锈蚀伴随着产生的胀裂，通常是沿着钢筋纵向开裂，大多数情况下，构件边角处首先开裂，当钢筋截面损失率为 0.5%～10% 时，会产生纵向裂缝，当损失率大于 10%，会导致混凝土保护层剥落。因钢筋锈蚀引起的破坏，在受弯构件和大偏心构件受拉边，破坏前会有明显的变形；而在受弯构件弯剪区或钢筋锚固区，破坏时往往无明显预兆；对预应力构件中因预应力钢筋锈蚀引起的突然破坏，应引起注意。

（3）粘结性能退化

锈蚀率<1%，粘结强度随锈蚀量增加而有所提高，但锈蚀量增大后，粘结强度将明显下降，这主要是由于锈蚀产物的润滑作用、钢筋横肋锈损引起机械咬合作用的降低，保护层胀裂导致约束力减小等原因引起，如在重量锈蚀率达到 27%

左右时,变形钢筋与光圆钢筋的粘结强度分别为无腐蚀构件的 54％和 72％,图 12-9 给出锈蚀胀裂宽度与极限粘结强度降低系数的关系。

$$\tau_w = k_u \cdot \tau_u$$

式中　τ_u、τ_w——分别为锈蚀开裂前后的极限粘结强度;

k_u——考虑胀裂影响的极限粘结强度降低系数 $k_u = 0.9495 e^{-1.093w}$

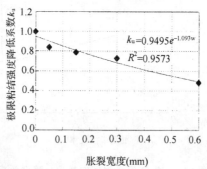

图 12-9　锈胀裂缝对极限粘结强度的影响

（4）钢筋应力腐蚀断裂导致脆性破坏

预应力构件有较高的长期应力作用,局部钢材脱钝的阳极腐蚀过程,可使钢材产生裂纹,裂纹穿过钢材晶格,在裂纹根部发生阳极过程,这种脆性称为应力腐蚀断裂;在某些条件下,阴极过程产生中间产物氢原子进入钢筋内部,在钢材内重新结合成氢分子,使钢材内部产生相当高的内压力,使钢材断裂的现象称为氢脆。

4. 钢筋锈蚀程度的检测

用于混凝土中钢筋锈蚀检测的方法有三类:电化学方法、物理法和分析法。混凝土中钢筋锈蚀是一个电化学过程,电化学测量是能反映其本质过程的有力手段。电化学方法有自然电位法（图 12-10）、交流阻抗谱技术和线性极化测量技术等,以及恒电量法、电化学噪声法、混凝土电阻法、谐波法等。

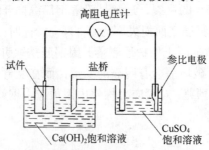

图 12-10　自然电位法检测装置

混凝土中钢筋与周围介质在交界面上相互作用形成双电层,并于界面两侧产生电位差（也称自然电位差），自然电位法通过测定钢筋电极对参比电极的相对电位差来判明钢筋的锈蚀状况。参比电极可选用硫酸铜电极、甘汞电极、氧化汞或氧化钼电极等，如钢筋处于钝化状态，此时自然电位一般处于 $-100 \sim -200\text{mV}$ 范围内（对比硫酸铜电极）。当钢筋钝化破坏后，自然电位负向变化（如低于 -300 mV）。根据电位及其变化情况，可判别钢筋锈蚀状况，美国、日本、德国已制定出判断钢筋锈蚀的电位标准值，我国冶金工业部建筑研究院对双电极法判别标准定为当两电极相距 200mm，电位梯度为 $150 \sim 200\text{mV}$ 时，低电位处判作腐蚀。应指出的是钢筋电极电位受环境相对湿度、水泥水灰比、品种、保护层厚度等多种因素影响。虽说这种方法简便，其结果精确程度尚有一定局限性，宜与其他方法相结合综合判断，或仅为初步定性判断。除自然电位法、电化学噪声法外，其他电化学检测法都是通过外加信号（电位、电流）引起钢筋腐蚀体系化学行为的变化推算钢筋锈蚀速率。

物理法有破样法、取样称重法、电阻棒法、涡流探测法、射线法、红外热像法及声发射探测法等。破样法是凿开混凝土保护层，直接测量钢筋锈蚀严重处的钢筋剩余直径或剩余周长，计算截面损失率；取样法是截取钢筋锈蚀钢筋的样品，在氢氧化钠溶液中通电除锈，将除锈试件放在天平上称重，根据称量质量与公称质量可以求得钢筋重量损失率。我国《普通混凝土长期性能和耐久性试验方法》（GBJ 82—85）就规定了用于钢筋锈蚀研究的称重测量标准方法，取样会对构件造成损伤，取样部位应认真选择。

在实际工程中不可能对每一锈蚀部位进行取样、破样，测量其锈蚀量或平均重量损失率，则可以采用分析法，根据现场实测的钢筋直径、保护层厚度、纵向裂缝等数据，综合考虑构件所处的环境情况推断钢筋锈蚀程度。

中国建筑科学研究院通过试验和调研，给出钢筋截面损失率与腐蚀裂缝宽度关系

$$\lambda = 507e^{0.007a} \cdot f_{cu}^{-0.09} \cdot d^{-1.76} \qquad (0 \leqslant \delta_f \leqslant 0.2\text{mm}) \qquad (12\text{-}18)$$

$$\lambda = 332e^{0.008a} \cdot f_{cu}^{-0.567} \cdot d^{-1.108} \qquad (0.2 \leqslant \delta_f \leqslant 0.4\text{mm}) \qquad (12\text{-}19)$$

式中　λ——截面损失率（%）；

a——保护层厚度（mm）；

f_{cu}——混凝土立方体强度（MPa）；

d——钢筋直径（mm）；

δ_f——锈蚀裂缝宽度（mm）。

冶金部建筑研究总院研究表明，当钢筋锈蚀刚刚开裂时，钢筋锈蚀程度主要与钢筋直径、钢筋类型、保护层厚度、混凝土强度及钢筋位置有关；当钢筋锈蚀开裂后，其锈蚀程度主要与钢筋直径及锈蚀裂缝宽度有关。钢筋锈蚀程度用钢筋重量损失率 ρ（%）表示时，当钢筋锈蚀刚开始时，

位于构件角部的一级钢筋

$$\rho = \frac{1}{d}(32.43 + 0.303f_{cu} + 0.65c + 27.45w) \quad c = 15 \sim 40\text{mm}$$

$$(12-20)$$

位于箍筋位置的一级钢筋

$$\rho = \frac{1}{d}(59.45 + 1.07f_{cu} + 2.76w) \quad c = 15 \sim 25\text{mm} \quad (12-21)$$

位于构件角部的螺纹钢筋

$$\rho = \frac{1}{d}(34.486w + 0.789f_{cu} - 1.763) \quad c = 20 \sim 40\text{mm} \quad (12-22)$$

式中　ρ——钢筋重量损失率（%）；

d——钢筋直径（mm）；

f_{cu}——混凝土立方体强度（MPa）；

w——纵向裂缝宽度（mm）；

c——混凝土保护层厚度（mm）。

12.2.3　混凝土冻融破坏

混凝土内的水分可分为化合水、结晶水和吸附水，前二者对冻融破坏无影响，吸附水又可分为毛细管水和凝胶水，毛细管是水泥水化后未被水化物质填充的孔隙，毛细管水是指凝胶体外部毛细孔中所含的水，当其含水率超过某一临界值（约为91.7%）时，水结冰体积膨胀9%向邻近的气孔排出多余的水分时，产生很大的压力。对于毛细孔中完全饱和水的水泥石，其最大压力为

$$P_{max} = 0.03\eta\frac{uR}{k}\varphi(L) \quad (10^{-1}\text{Pa}) \tag{12-23}$$

式中　η——水的粘结系数，在-2℃时为$0.009\text{Pa}\cdot\text{s}$；

u——温度每降低1℃，冻结水的增加率（$\text{cm}^3/\text{cm}^3\cdot$℃）；

R——温度降低速度（℃/s）；

K——与水泥石渗透性有关的系数；

$\varphi(L)$——与气孔大小、分布有关的系数。

当压力超过混凝土能承受的强度时，使混凝土内部孔隙及微裂缝逐渐增大扩展，并互相连通，强度逐渐降低，混凝土表面剥落，造成混凝土破坏。冻融破坏是影响结构耐久性重要因素之一，在水利水电工程、港口码头工程、道路桥梁工程、铁路工程及某些工业与民用建筑工程中较为常见。

在寒冷地区，多在城市道路或立交桥中使用除冰盐融化冰雪，也会加速混凝土冻融破坏，其损害表现为由于除冰盐使混凝土表面水融化，引起混凝土表面温度显著下降，造成对混凝土温度冲击，使混凝土外层开裂；或者是随混凝土表面深度增加除冰盐浓度降低，对水的融点影响也不同，可能出现各层混凝土在不同时间内冻结现象，形成混凝土分层剥落。

国内外有关技术规范为保证混凝土抗冻耐久性采用二种方法：一是按结构尺寸，分别规定水灰比最大允许值；另一种是按气候条件分别规定混凝土抗冻标号和水灰比最大允许值，我国采用后一种。

为使受冻融作用的混凝土结构达到一定的耐用年限，混凝土抗冻标号可用下式表示

$$D = \frac{NM}{s} \tag{12-24}$$

式中 D——混凝土抗冻标号，即混凝土试件能经受室内冻融循环的次数；

N——耐用年限；

s——室内一次冻融相当于天然冻融次数的倍数；

M——结构一年内可能遭受的天然冻融循环次数，北方沿海海工混凝土结构，经调查 M 可定为 50 年。

12.2.4 碱骨料反应

碱骨料反应是指来自混凝土中的水泥、外加剂、掺和料或拌和水中的可溶性碱（钾、钠）溶于混凝土孔隙中，与骨料中能与碱反应的有害矿物成分发生膨胀性反应，导致混凝土膨胀开裂破坏。

按有害矿物种类可分为碱-硅酸盐反应和碱-碳酸盐反应，前者是水泥混凝土微孔隙中碱性溶液（以 KOH、$NaOH$ 为主）与骨料中活化 SiO_2 矿物发生反应，生成吸水性碱硅凝胶，吸水膨胀产生膨胀压力，导致混凝土开裂损坏或胀大移位，其化学反应式为

$$ROH + nSiO_2 \longrightarrow R_2O \cdot nSiO_2 \tag{12-25}$$

式中 R 代表碱（K 或 Na）。

后者是指某些含有白云石的碳酸盐骨料与混凝土孔隙中碱液反应，发生去白云化反应，生成水镁石，伴随膨胀

$$CaMg(CO_3)_2 + 2ROH \longrightarrow Mg(OH)_2 + CaCO_3 + R_2CO_3 \tag{12-26}$$

式中 $Mg(OH)_2$ 为水镁石。

在水泥混凝土中水泥水化过程不断产生 $Ca(OH)_2$，碳酸碱又与 $Ca(OH)_2$ 反应生成 ROH，即使去白云化反应继续进行，一直到 $Ca(OH)_2$ 与碱活性白云石被消耗完为止。

$$R_2CO_3 + Ca(OH)_2 \longrightarrow 2ROH + CaCO_3 \tag{12-27}$$

碱骨料反应对混凝土结构的危害表现在：

1）膨胀应变　过度反应会引起明显体积膨胀。开始出现膨胀的时间、膨胀的速率以及在某一龄期后可能出现的最大膨胀量都是工程中引起关注的质量问题。

2）开裂　当膨胀应变超过 0.04%～0.05% 时会引起开裂，对不受约束的自由

膨胀常表现为网状裂缝，配筋会影响裂缝的扩展和分布，裂纹也可能是均匀也可能是不均匀分布。

3）改变微结构　水泥浆体结构明显变化，加大了气体、液体渗透性，易使有害物质进入，引起钢筋锈蚀。

4）力学性能下降　自由膨胀引起抗压强度下降40％，抗折能力下降80％，弹性模量下降60％。

5）影响结构的安全使用性　由于抗折强度、弹性模量下降及钢筋由于反应膨胀造成的附加应力，可使混凝土结构出现不可接受的变形和扭曲，影响到结构安全使用性。

§12.3　混凝土结构耐久性设计

工程结构的功能应满足安全性、适用性和耐久性三方面要求，因此，耐久性极限状态也应成为设计原则之一。我国现行混凝土结构设计规范，仅规定按承载力极限状态和正常使用极限状态二种功能进行设计，而对耐久性也有些考虑和规定，如限制裂缝宽度、最小保护层厚度、混凝土最低强度等级等，另外对防止碱骨料反应另有《混凝土碱含量限值标准》（CECS53：93），但远不能满足实际工程设计需要。

耐久性设计目标是保证结构的使用年限，设计使用寿命与设计标准的设计基准期似应不完全相同，重要的建筑结构设计使用寿命应该长一些，如英国标准（British Standard Guide 1991）建议的设计使用寿命，对重大的纪念性建筑是≥120年，对公共建筑是≥60年。日本法人税法及所得税法规定混凝土结构耐用年限也是与用途环境有关，用于办公楼、美术馆等其耐用年限≥65年，用于有腐蚀性的≥35年。欧洲混凝土协会CEB－FIP模式规范中关于耐久性设计采用环境暴露等级分为6级：干燥环境、潮湿环境、有霜冻和除冰剂的潮湿环境、海水环境、侵蚀性化学环境等。

对耐久性设计如何建立耐久性极限状态方程，目前尚有不同看法：

12.3.1　耐久性设计实用方法

日本东京大学冈村甫教授提出耐久性设计应全面考虑材料质量、施工程序、结构构造等。在一定环境中正常工作，在要求的期限内不要维修的条件是

$$S_p \leq T_p \qquad (12-28)$$

式中　S_p——环境指数 $S_p = S_0 + \Delta S_p$；

T_p——耐久性指数 $T_p = 50 + \sum T_p(i,j)$。

环境指数 S_p 的取值是以一个在中等环境条件下工作的混凝土结构，若有95％把握不需维修，取一个 S_p 初值 $S_0 = 100$；根据使用环境不同对环境指数增值，

如在含有氯化物环境中，视其腐蚀作用大小，可取 $\Delta S_p = 40 \sim 70$；有冻融作用时，可取 $\Delta S_p = 10 \sim 70$ 等等。

耐久性指数 T_p 是将反映设计施工各工序（序号为 i）中影响耐久性的诸因素（序号为 j），分别赋予不同数值然后叠加，如视混凝土材料（$i=1$）中骨料含水率（$j=8$）不同，可分别取 $T_p (1, 8) = 8 \sim -15$ 等。

上述设计方法简单实用，日本土木学会1989年制定的"混凝土结构耐久设计准则（试行）"的基本方法与上述方法相同，这本准则的参数取值主要依据经验，缺乏严格的定量分析，对疲劳、腐蚀性影响等也缺少规定，此法能起到一定宏观控制作用，而与安全性、适用性的以近似概率为主的极限状态设计方法不相协调。

12.3.2 耐久性极限状态设计法

设计原则是在使用寿命内抵抗环境作用的能力大于环境对结构作用的效应，即满足

$$F \leqslant R \tag{12-29}$$

式中 F——环境作用效应；

R——结构构件抵抗环境作用的能力。

按环境类别确定环境作用效应，将工作环境划分为大气环境、土壤环境、海洋环境、受环境水影响的环境和特殊工作环境等6类。

根据结构工作环境状况，确定耐久性极限状态及其标志，对大气环境下的混凝土结构耐久性极限状态分为：对不允许钢筋锈蚀的结构构件（如预应力钢筋、直径较小的钢筋、结构塑性铰区的主筋、低温下受拉主筋等），以混凝土碳化达到主要钢筋表面为耐久性极限状态标志；对允许有限锈蚀的构件，以钢筋截面质量损失率达1%作为耐久性极限状态的标志。

12.3.3 基于近似概率法的极限状态设计法

耐久性设计包括计算和构造部分。计算部分与现行混凝土结构设计规范设计方法相协调，引入耐久性设计概念，其表达式为

$$S \leqslant \eta R \tag{12-30}$$

式中 S——内力设计值；

R——构件抗力设计值；

η——耐久性设计系数，为构件经 t 时刻后的可靠指标 $\beta(t)$ 的函数，$\eta = f[\beta(t)]$，用蒙特卡罗法根据可靠性数学及规范给出

$$\eta = \beta_0 / [\beta_0 + \beta_t - \beta(t)] \tag{12-31}$$

式中 β_0——现行设计规范公式的可靠指标；

β_t——在 t 时刻要求的可靠指标确定值；

$\beta(t)$——随时间增长，结构构件抗力 R 将下降，假定主要由混凝土强度和钢筋强度降低引起，经统计回归求得某地某种结构构件经 t 时刻后的可靠指标。

§12.4 提高混凝土结构耐久性的技术措施

12.4.1 改进结构构件的设计

美国 Setter 曾提出"五倍定律"观点，认为在设计时省 1 美元，为维护、修理和翻建提高其耐久性所需的费用，就可能是 5 美元、25 美元甚至是 125 美元。因此，在设计阶段对有可能导致混凝土结构耐久性降低的诸因素，有意识地采取措施，是提高结构耐久性的关键环节。欧洲共同体委员会（CEB）和欧洲标准化委员会（CEN）编制的《结构用欧洲规范》第一篇中对构件截面设计如何考虑耐久性要求，从各种作用、设计准则、材料、施工等各方面做出规定。在设计中如何考虑耐久性，还有不少问题可以探讨，近期研究成果有如下一些建议：

1）要有足够的钢筋保护层厚度　《CEB 耐久混凝土结构设计指南》（第二版，1989）提出如果混凝土实际保护层比要求的减少一半，碳化或氯离子侵入钢筋表面的时间就会提前 3/4。CEP-FIP 模式规范按暴露条件、构件类别及混凝土强度等级，规定了不同保护层厚度，如一般构件，混凝土为 C25～C30 时，保护层不小于 35mm；而美国 ACI-201 委员会规定接近水位或外露于海上的沿海建筑物，其保护层厚度最小 75mm，混凝土路面及桥梁护栏最少为 50mm；美国 ACI-318 规范规定室内混凝土梁、柱，箍筋的最小保护层厚度为 38mm；我国现行《混凝土结构设计规范》对室内环境的梁、柱结构最小保护层厚度定为 25mm，从提高耐久性角度来看，此值偏小。

2）正确选用水泥品种、水泥用量和水灰比　应优先选用硅酸盐水泥，其抗碳化能力最好，掺有火山灰、高炉矿渣或粉煤灰的混合水泥，其早期硬化慢，后期强度增长快，如养护得当，可以提高抗氯化物侵入能力及抗冻融性能；增加水泥用量（$>300\text{kg/m}^3$）可降低混凝土渗透性；控制水灰比小于 0.6，可保证混凝土耐久性。

3）正确选用钢筋及其间距　尽量不用腐蚀敏感的钢筋，如 $\phi \leqslant 4\text{mm}$ 的钢筋及经过处理的钢筋，以及持续拉应力大于 400MPa 的冷加工的钢筋；钢筋的间距要保证易于振捣。

4）限制含盐量　含盐尤其含氯离子成分对钢筋锈蚀有严重影响，国外一般限制氯离子含量要小于水泥重量的 0.3%～1.0%，德国甚至不允许掺用 $CaCl_2$。

5）截面等耐久性设计　工程实践多观察到梁柱因钢筋锈蚀引起混凝土胀裂，多首先发生在构件截面拉角区。为此有人从推迟角区钢筋脱钝时间，延缓角区钢筋锈蚀速度，增强角区钢筋抗腐蚀能力出发，提出截面等耐久性设计观点，给出最大保护层厚度取值方法和改变配筋形式的建议。

12.4.2 加强施工管理

1）充分振捣和充分养护，可以增加混凝土表面密实性，降低混凝土渗透性，养护不好对混凝土的碳化和抗腐蚀的能力影响甚大，养护的敏感性随水灰比的增加、水泥用量的减少而增大。

2）为防止除冰盐剥蚀混凝土，可采用引气剂，形成均匀气泡，降低混凝土渗透性。

3）对沿海地区氯盐（$NaCl$、$CaCl_2$、$MgCl_2$）含量超过70%的盐渍土地区可采用增加水泥用量、减少水灰比、掺加减水剂或掺加钢筋阻锈剂（水泥用量的1%~3%），提高混凝土密实性并防锈。

12.4.3 防止继续劣化的措施

由于设计和施工的疏忽错误或使用环境恶劣，结构构件已出现劣化对耐久性有明显影响时，应采取一些可靠的补救措施，防止结构性能的继续恶化。可采用的措施有：

1）涂层法 采用一些防护装饰材料涂盖在构件表面上，如丙乳砂浆、环氧树脂砂浆、过氯乙烯涂料等，或者增涂一层水泥砂浆（厚度20mm左右），均能阻止空气中氧和盐类继续侵入，延缓混凝土碳化和防止钢筋进一步锈蚀。

2）阴极防腐法 由于混凝土含盐浓度不同，钢筋之间存在电位差，阴极钢筋锈蚀，可采用在混凝土表面涂一层导电涂料或埋设导电材料（铂丝等），与直流电源正极相连，形成新的电位差，使原钢筋骨架转化为阴极，则钢筋锈蚀可得到抑制（图12-11）。

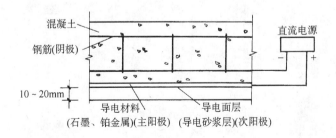

图12-11 阴极防腐法示意图

思 考 题

1. 影响混凝土结构耐久性的主要破坏过程是哪些？
2. 混凝土碳化的原因及其后果？
3. 钢筋锈蚀的起因及其破坏后果？
4. 混凝土冻融循环破坏的机理？
5. 何为碱骨料反应？
6. 在结构设计时应如何考虑保证混凝土结构的耐久性？

第13章 灾害作用下的钢筋 混凝土结构性能

§13.1 概　述

在结构的使用期限内，可能会受到各种类型的灾害的影响，从而危及结构的安全。钢筋混凝土结构在使用期限内可能遭受的灾害类型主要有：地震、火灾、风灾、爆炸与冲击、甚至水灾。

13.1.1　地　震

地震是一种自然现象。它是由于地球表层的板块构造运动所引起的。由于板块构造运动，引起地壳内地应力的积累，当地壳内某个区域的地应力积累到一定程度时，就会在该区域内某个点首先发生岩石层的错动与断裂。这种断裂与错动所产生的地震波传到地球表面所引起的地面运动称为地震。全球每年发生的地震约达 500 百万次，其中绝大多数是人们所感觉不到的。

震级大于 4.75 级的地震，若发生在人类聚居区，就有可能产生震害。因此，把震级大于 4.75 级的地震称为强烈地震。对于钢筋混凝土结构而言，强烈地震的影响可以导致结构产生裂缝，钢筋屈服，梁、柱折断，严重时甚至可以导致结构的整体与局部倒塌。

13.1.2　火　灾

不可控制的燃烧现象称为火灾。在现代城市灾害中，火灾是发生最为频繁的灾害。据统计，在所有火灾中，建筑火灾约占火灾总数的 75%，而直接经济损失则占总的火灾损失的 85% 以上。

与钢结构相比较，混凝土结构有较好的抗火性能。即便如此，在火灾中混凝土结构也可能遭受比较严重的破坏。遭受火灾的混凝土结构可能导致强度降低、混凝土开裂、构件变形过大，严重时也会造成局部或整体结构的倒塌。

13.1.3　爆炸与冲击

可以对混凝土结构产生破坏作用的爆炸类型主要有：燃料爆炸、粉尘爆炸、化学药品爆炸、武器爆炸等。爆炸发生的概率很低，但对直接受其作用的混凝土结构，可以造成非常严重的破坏。

　　与爆炸相比较，冲击作用力的作用速度较低。对混凝土结构引起冲击作用的主要原因是冲撞事故的发生，如车辆对于道路护栏的冲撞、船只对桥墩的冲撞、工厂吊车所吊物件对结构构件的冲撞等。

　　就作用的性质而言，爆炸与冲击都属于一次瞬时性的作用，由于这种作用一般会引起结构的振动，因此属于动力作用的范畴；而火灾对于结构的作用则属于静力作用的范畴；地震作用则具有两重性：对一般地上工程结构而言，地震作用主要表现为动力作用；而对于地下管线，地震作用则主要表现为静力作用。

　　混凝土结构的抗灾性能属于近年来混凝土结构研究中的前沿领域，许多认识还处于探索阶段，知识具有动态性。因此，本章仅就混凝土结构抗灾性能中一些比较成熟的基础知识加以初步介绍。

§13.2　抗　震　性　能

13.2.1　恢复力特性

　　恢复力是指结构或构件在外力去除后恢复原来形状的能力。这种能力一般以弹性能的方式在加载过程中逐步贮存在结构或构件中，一旦外力去除，弹性能就会自动释放出来，这种能量逐渐贮存和释放的过程表现在力——变形关系上，就是恢复力过程曲线。在加载过程中被消耗掉的能量表现为恢复力过程曲线所包围的面积。

　　试以图13-1(a)中悬臂柱为例，进一步说明上述概念。对柱沿水平方向单向加载，然后卸载，将形成OAB曲线（图13-1b）。卸载后柱的残余变形Δ_1称为塑性变形，它是一种不可自然恢复的变形。OAB曲线与横坐标轴所包围的面积则代表了在加载过程中柱所消耗的能量。若在卸载之后进一步对柱沿相反水平方向加载，则恢复力曲线将沿BC方向前进，若到达C点停止加载后再卸载，则恢复力曲线将到达D点，此时塑性变形量是Δ_2，BCD与横坐标轴所包围的面积代表反向加载过程中所消耗的能量（图13-1c）。在D点，若再对柱沿水平方向加载，则恢复力曲线近似沿DA方向前进。一般把封闭曲线$ABCDA$称为滞回曲线或滞回环

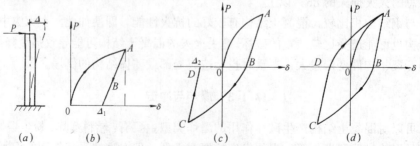

图13-1　恢复力曲线的形成

（如图 13-1d）。显然，滞回环所包围的面积是一次完整的循环往复加载过程中所消耗的能量。

　　上述反复加载过程一般称为低周反复加载，这一加载过程往往对同一加载水平重复 2～3 次，再逐步加大荷载或控制加载的变形水平（如图 13-2a），从而形成图 13-2（b）所示的恢复力曲线。这种恢复力曲线表达了结构或构件的耗能能力、变形特征、刚度变化特征等一系列与动力特性有关的特性，因此它是研究结构或构件抗震性能的一种重要的依据。

　　实际的地震动过程是一种不规则的循环往复过程，图 13-3（a）是一单自由度体系在 El-Centro 地震波作用下的位移反应全过程，而图 13-3（b）则是相应的恢复力与变形关系曲线。将图 13-3 与图 13-2 相对比，可以发现两者的相同点和不同点。

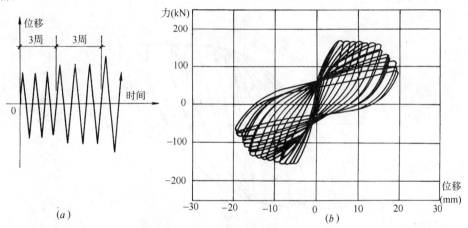

图 13-2　低周反复加载

（a）加载制度；（b）滞回曲线

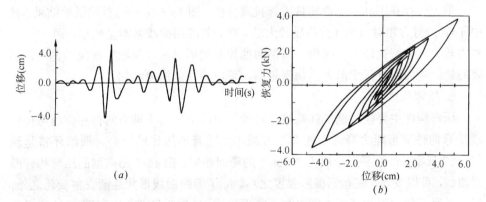

图 13-3　真实地震反应

（a）时程反应；（b）恢复力曲线

13.2.2　典型构件的滞回性能

研究不同的受力方式所形成的滞回曲线特征，对于建立结构抗震的基本概念至关重要。

1. 受弯构件

受弯构件是指没有轴力影响且以弯矩作用为主的梁式构件。适筋梁在循环往复荷载作用下的破坏属于纤维型的破坏，即受拉钢筋超过屈服应力后受压混凝土压碎而破坏。图13-4是典型的受弯构件滞回曲线，可以发现，滞回曲线基本上呈梭形，因而受弯构件具有较大的变形能力和耗能能力。对比试验表明：对称配筋梁的变形能力与耗能能力均优于非对称配筋梁。带翼缘 T 形梁的耗能能力比条件相同的矩形梁大。

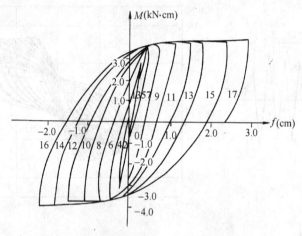

图 13-4　受弯构件的滞回曲线

剪力的存在不利于受弯构件发挥抗震性能。图13-5 为一组对比试验结果。其中（a）为剪力相对较小（剪跨比较大的）梁，其滞回曲线基本呈梭形，而（b）为剪力较大（剪跨比较小）的梁，其滞回曲线呈现明显的"捏拢"现象。显然，后者的耗能能力明显低于前者。加密箍筋，可以使耗能能力增加。

2. 压弯构件

压弯构件主要模拟框架柱或排架柱的受力情况。由于轴力的存在，压弯构件较受弯构件变形能力降低，耗能能力减小。随着轴压比的提高，滞回环将呈现"捏拢"现象，最终甚至会成为"弓形"的滞回曲线。图13-6是典型的压弯构件滞回曲线，可以发现，在达到极限强度之后，除了滞回曲线形状逐渐发生变化之外，每一滞回环所达到的峰值强度也在不断退化。这显然明显的不同于图13-4所示的受弯构件。

沿柱高一定范围内加密箍筋，有助于改善荷载达到最大值以后阶段的滞回特征。

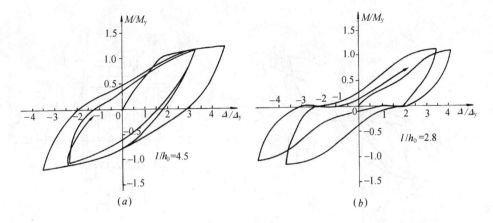

图13-5 剪力对滞回曲线的影响

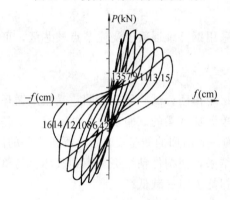

图13-6 压弯构件的滞回曲线

3. 梁柱节点

钢筋混凝土框架结构的梁柱节点附近,在地震作用下同时存在最大弯矩与最大剪力的作用,是结构抗震的薄弱环节之一。图13-7(a)是一典型荷载—梁端位移曲线。可以看到,梁柱节点的滞回曲线从初始的梭形经弓形过渡为反S形。在这一过程中,耗能能力明显减低。

梁柱节点的这种较差的抗震性能与节点核芯区处于复杂的多轴应力状态有关。如图13-7(b)所示,在轴力、弯矩和剪力的共同作用下,节点核芯区混凝土首先在节点对角线方向出现斜裂缝,从而导致核芯区内箍筋应力突然增大。在荷载多次反复作用下,在核芯区形成交叉的平行斜裂缝,随着箍筋逐个屈服,裂缝不断开展。与此同时,由于节点核芯区内梁纵筋处的粘结应力集中,从而导致纵筋与混凝土的粘结失效,并使梁箍筋受压一边也迅速转为受拉,形成梁纵筋在节点核芯区内贯通滑移。这种纵筋滑移破坏了节点核芯区剪力的正常传递,进一步使核芯区混凝土抗剪强度降低。上述两种机理的综合影响,使梁柱节点的变形能力、耗能能力都大大地被削弱。

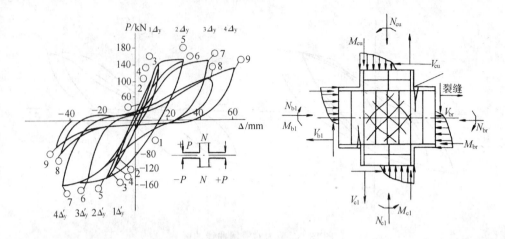

图13-7　梁柱节点

对于大型结构，采用钢纤维混凝土浇注节点核芯区，可以有效地改善梁柱节点的抗震能力。

4. 受扭构件

梁柱都可能承受扭矩作用。试验研究表明，受扭矩循环往复作用的梁的斜裂缝开展趋势与以扭矩单调加载梁的试验现象相似。图13-8是受扭转构件的典型滞回曲线。可见，纯扭构件的滞回曲线呈反S形，压扭构件的滞回曲线则相对丰满。扭矩循环往复作用的结果，使构件粘结更易遭到破坏。与单调受扭相比较，循环往复荷载下的极限抗扭能力略有减低。

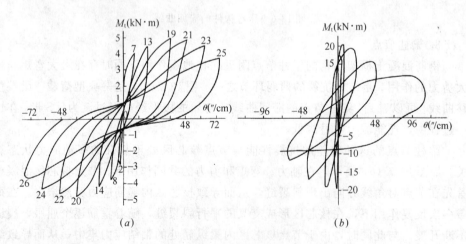

图13-8　受扭构件滞回曲线

(a) 纯扭构件；(b) 压扭构件

13.2.3 延 性

上述叙述表明，不同类型构件的抗震性能表现有两个共性的指标：变形能力与耗能能力。相比较而言，变形能力指标比耗能能力指标更容易得到，因此，在工程设计中，往往可以用变形能力的大小来衡量结构的抗震性能。一般而言，低周反复荷载作用下的结构或构件恢复力曲线的外包络线与单调加载下的力—变形曲线基本相同（图13-9），因此，可以用单调加载下结构或构件的力—变形曲线近似反映结构的抗震性能。

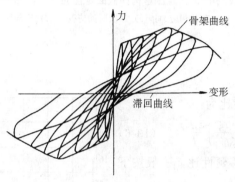

图13-9　恢复力曲线

延性是指结构、构件或截面在承载能力没有显著下降的情况下承受变形的能力。通常，用极限变形与屈服变形的比值（称为延性比）表达延性。当所考虑的变形为截面曲率时，有曲率延性比：

$$\beta_\varphi = \frac{\varphi_u}{\varphi_y} \tag{13-1}$$

式中　φ_u——截面极限曲率；

φ_y——截面屈服曲率。

类似的，有位移延性比：

$$\beta_\Delta = \frac{\Delta_u}{\Delta_y} \tag{13-2}$$

转角延性比：

$$\beta_\theta = \frac{\theta_u}{\theta_y} \tag{13-3}$$

上述式中，Δ、θ 分别表示位移和转角。

下面，以压弯构件为例，说明延性的计算方法。对于已知截面配筋的压弯构件，其钢筋初始屈服和达极限变形时的截面应变分布如图13-10。根据本书第4章的截面分析方法，可知对应这两个状态时的截面曲率分别为：

$$\varphi_y = \frac{\varepsilon_y}{h_0 - x_y} = \frac{f_y}{E_s h_0 (1 - \zeta_y)} \tag{13-4}$$

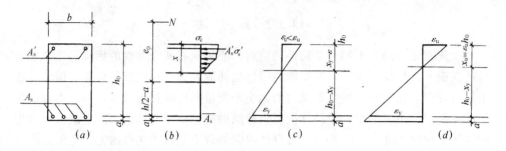

图 13-10 压弯构件截面延性的计算简图

(a) 截面；(b) 荷载和应力；(c) 屈服时的应变；(d) 极限变形时的应变

$$\varphi_{\mathrm{u}} = \frac{\varepsilon_{\mathrm{u}}}{x_{\mathrm{u}}} = \frac{\varepsilon_{\mathrm{u}}}{\zeta_{\mathrm{u}} h_0} \tag{13-5}$$

式中符号同第 4 章。

于是，曲率延性比为：

$$\beta_{\varphi} = \left(\frac{1 - \zeta_{\mathrm{y}}}{\zeta_{\mathrm{u}}}\right) \frac{\varepsilon_{\mathrm{u}} E_{\mathrm{s}}}{f_{\mathrm{y}}} \tag{13-6}$$

压弯构件的位移延性比，一般按下述步骤计算：

（1）利用第四章的基本原理计算弯矩—曲率关系；

（2）确定结构的内力图；

（3）利用虚功原理计算构件在钢筋屈服和达到极限变形时的变形值；

（4）代入式(13-2)计算位移延性比。

除了上述理论计算方式之外，还可以通过对试验进行回归分析的方法，建立延性比的经验计算公式，图 13-11 即为一批构件的位移延性比试验结果及相应的回归公式。

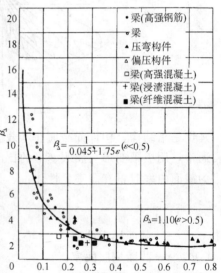

图 13-11 压弯构件位移延性比

§13.3 抗 火 性 能

13.3.1 建筑火灾与标准升温曲线

火灾是火失去控制而蔓延的一种灾害性燃烧现象。绝大多数建筑火灾是室内火灾，在没有灭火活动的条件下，建筑室内火灾的发展可以划分为三个阶段，即初期增长阶段、充分发展阶段和衰减阶段。这一过程可以用图 13-12 来表示。室内平均温度-时间曲线的形状主要取决于：①室内设施及堆放物中可燃材料的性质、数量与分布；②房间面积、门窗洞口的大小与位置；③通风的气流条件。显然，在实际工程中，这些因素与具体数值具有很大的不确定性，因此，温度-时间曲线具有很大的随机性。为了建立一个统一的比较尺度，有必要建立标准的温度-时间曲线，以用于研究结构的抗火性能。国际标准组织 ISO 制定的标准升温曲线（图13-13）的表达式是

$$T - T_0 = 345 \lg(8t + 1) \tag{13-7}$$

式中　T_0——初始温度，一般取为 $20℃$；

　　　T——起燃后 t（min）时的温度。

标准温度-时间曲线与实际火灾升温过程有较明显差别，但作为一个结构抗火性能的基准，可以保证结构具有一致的耐火极限或抗火安全性。

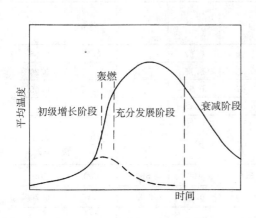

图 13-12　室内火灾发展过程

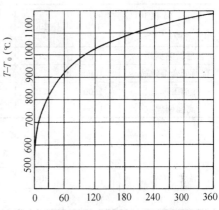

图 13-13　升温曲线

13.3.2　材料抗火性能

1. 钢筋

钢筋混凝土结构在火灾高温作用下，其承载力与钢筋强度关系极大。试验研究表明：当钢筋的温度在 $250℃$ 以下时，钢的强度和弹性模量变化不大；当温度超过 $250℃$ 时，发生塑性流动；超过 $300℃$ 后，应力—应变曲线的屈服极限与屈服平台消失，强度与弹性模量明显减小。图13-14是低碳钢在不同温度水平下的典型应力—应变曲线。

若定义钢筋在高温状态下的强度 f_{yt} 与常温时的强度 f_y 之比 K_s 为钢筋的强度折减系数，则对于不同类型的钢筋或钢丝，K_s 取值可参照表13-1取值。类似的，钢筋初始弹性模量折减系数 K_{sE} 可按表13-2取值。

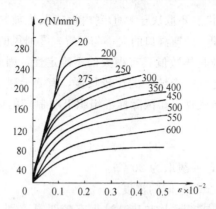

图 13-14   低碳钢在不同温度下的应力—应变关系

K_s 值   表 13-1

温度（℃） 钢 种	100	200	300	400	500	600	700
普通低碳钢筋	1.00	1.00	1.00	0.67	0.52	0.30	0.05
普通低合金钢筋	1.00	1.00	0.85	0.75	0.60	0.40	0.20
冷加工钢筋	1.00	0.84	0.67	0.52	0.36	0.20	0.05
高强钢丝	1.00	0.80	0.60	0.40	0.20	—	—

K_{sE} 值   表 13-2

温度（℃）	100	200	300	400	500	600	700
K_{sE}	1.00	0.95	0.90	0.85	0.80	0.75	0.70

值得注意的是，钢材在热态时的强度大大低于先加温后冷却到室温时测定的强度。所以，混凝土结构在火灾时的承载力计算和火灾后修复补强计算时钢筋强度后的取用不可混为一谈。加温冷却后的钢材强度与弹性模量定量结果可见有关文献，此处不再展开叙述。

2. 混凝土

混凝土受到火灾作用时，其本身发生脱水，从而导致水泥石的收缩。与此同时，混凝土中粗骨料则随温度升高而产生膨胀。两者变形不协调使混凝土产生裂缝、强度降低。试验表明，混凝土强度开始下降时的温度范围大体在 100～400℃之间，而在 200～300℃之间有强度波动变化的现象，在 400℃之后强度明显急剧下降。混凝土的弹性模量则在 100℃之后明显下降。图 13-15 是混凝土在高温时的典型应力—应变曲线。

定义混凝土在温度 T 时的抗压强度 f_{cuT} 与常温下的抗压强度 f_{cu} 之比 K_c 为混凝土的抗压强度折减系数，根据试验研究成果，K_c 可按下式计算：

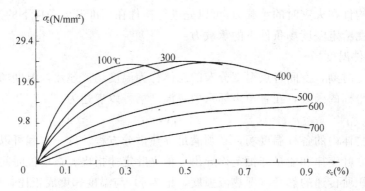

图13-15   混凝土在高温下的应力—应变曲线

$$K_c = \begin{cases} 1.0 & T < 250℃ \\ 1.0 - 0.00157(T - 250) & 250℃ \leqslant T \leqslant 600℃ \\ 0.45 - 0.0012(T - 600) & T > 600℃ \end{cases} \tag{13-8}$$

类似的，混凝土在高温时的弹性模量折减系数K_{cE}可按下式计算

$$K_{cE} = 0.83 - 0.0011T \, (60℃ < T < 700℃) \tag{13-9}$$

混凝土在高温时的抗拉强度折减系数的经验公式为

$$K_{ct} = 1 - 0.001T \, (T < 700℃) \tag{13-10}$$

混凝土在高温冷却后的强度、弹性模量以及应力—应变关系与高温时相应的指标也有较大区别。

3. 钢筋与混凝土之间的粘结力

在火灾作用下，钢筋与混凝土之间的粘结力会受到削弱，随着温度的增高，粘结强度呈连续下降的趋势。试验研究表明，高温时的粘结强度因钢筋表面形状和锈蚀程度有较大差别。图13-16是一些典型的试验结果。由于试验研究的复杂性，目前尚无成熟的定量研究结果。

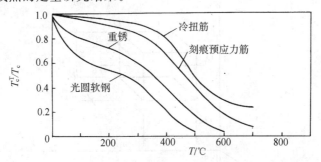

图13-16   高温时钢筋和混凝土的粘结强度

13.3.3   混凝土构件抗火计算原理

混凝土结构在高温下的温度场一般不受其内力和变形的影响，因此，为了计

算混凝土构件在火灾时的承载力,可以先进行构件在标准升温条件下的温度场,再计算构件在给定温度场条件下的承载力。

1. 构件温度场

在给定时刻,空间各点温度分布的总体称为温度场。显然,温度场是空间坐标和时间坐标的函数,在直角坐标系中,温度场可以表达为:

$$T = f(x, y, z, t) \tag{13-11}$$

导热物体内的各种温度场,必须满足导热微分方程。这一方程可以利用传热学中的傅立叶定律和能量守恒定律导出。傅立叶定律指出:在单位时间内通过单位截面面积所传递的热量(即热流强度,记为q)与温度梯度成正比,即

$$q = -\lambda \frac{\partial T}{\partial n} \tag{13-12}$$

式中,λ为材料的导热系数,单位为W/m·℃,其意义为:当材料厚度为1m,两表面温度差为1℃,在1s时间内通过1m^{2}截面面积的导热量。上式中的负号表示热流量与温度梯度方向相反。

为建立导热微分方程,可取一单元体进行分析,如图13-17所示。设单元体的导热系数为λ,比热为c,容量为ρ。若在dt时间内,由x,y,z方向传入单元体的热量为dQ_1,则根据式(13-12),dQ_1在三个方向上的分量可表述为:

$$\begin{cases} \mathrm{d}Q_{1x} = -\lambda \dfrac{\partial T}{\partial x} \mathrm{d}y \mathrm{d}z \mathrm{d}t \\[2mm] \mathrm{d}Q_{1y} = -\lambda \dfrac{\partial T}{\partial y} \mathrm{d}x \mathrm{d}z \mathrm{d}t \\[2mm] \mathrm{d}Q_{1z} = -\lambda \dfrac{\partial T}{\partial z} \mathrm{d}x \mathrm{d}y \mathrm{d}t \end{cases} \tag{a}$$

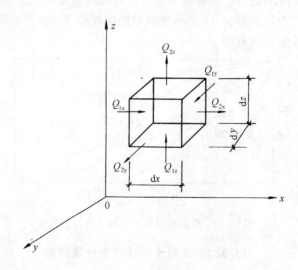

图13-17   分析单元

同理，若在 dt 时间内，由单元体传出的热量为 dQ_2，则有

$$\begin{cases} dQ_{2x} = -\lambda \dfrac{\partial}{\partial x}\left(T + \dfrac{\partial T}{\partial x}dx\right)dydzdt \\[2mm] dQ_{2y} = -\lambda \dfrac{\partial}{\partial y}\left(T + \dfrac{\partial T}{\partial y}dy\right)dxdzdt \\[2mm] dQ_{2z} = -\lambda \dfrac{\partial}{\partial z}\left(T + \dfrac{\partial T}{\partial z}dz\right)dxdydt \end{cases} \tag{b}$$

显然，在 dt 时间内传入与传出单元体的热量差为三个方向之差的和，即

$$dQ = dQ_1 - dQ_2 = \lambda\left(\frac{\partial^2 T}{\partial x^2} + \frac{\partial^2 T}{\partial y^2} + \frac{\partial^2 T}{\partial z^2}\right)dxdydzdt \tag{c}$$

根据能量守恒定律，当单元体内无热源时，dQ 应等于单元体在 dt 时间内贮存的热量，即

$$dQ = c\rho \frac{\partial T}{\partial t}dt \cdot dxdydz \tag{d}$$

综合 (c) (d) 两式，并令 $a = \lambda/c\rho$ （a 称为材料的导温系数），则有

$$\frac{\partial T}{\partial t} = a\left(\frac{\partial^2 T}{\partial x^2} + \frac{\partial^2 T}{\partial y^2} + \frac{\partial^2 T}{\partial z^2}\right) \tag{13-13}$$

此式即为物体的导热微分方程，它表达了物体内部温度随时间与空间位置的变化关系，是物体内各种导热现象必须遵循的规律。

但是，仅有导热方程并不能确定混凝土构件内的温度分布，要想惟一确定构件内的温度场，除了要求已知材料的热物理参数和构件几何形状之外，还要确定求解导热微分方程的边界条件与初始条件。下面，以四面受火混凝土柱为例说明之。

假定柱周围温度均匀地按标准升温曲线升温，由于热量在柱轴线方向不发生传导，因此

$$\frac{\partial^2 T}{\partial z^2} = 0$$

则导热方程简化为：

$$\frac{\partial T}{\partial t} = a\left(\frac{\partial^2 T}{\partial x^2} + \frac{\partial^2 T}{\partial y^2}\right) \tag{13-14}$$

取柱截面坐标系如图 13-18，柱截面宽为 b，高为 h。由于对称性，截面两条对称轴 $x = b/2$ 和 $y = h/2$ 处温度梯度为零，即

$$\left.\frac{\partial T}{\partial x}\right|_{x=\frac{b}{2}} = 0 \tag{13-15}$$

$$\left.\frac{\partial T}{\partial y}\right|_{y=\frac{h}{2}} = 0 \tag{13-16}$$

由于柱四面温度相同，因此柱截面温度场双轴对称。所以，可以计算柱截面

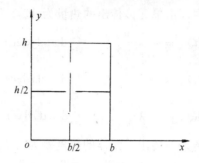

图 13-18　柱截面

1/4 角区范围内的温度场，式（13-15）与（13-16）构成了此角区两条边的边界条件。根据傅立叶定律，另两条边的边界条件可以写为：

$$-\lambda \left.\frac{\partial T}{\partial x}\right|_{x=0} = q_1 + q_2 \tag{13-17}$$

$$-\lambda \left.\frac{\partial T}{\partial y}\right|_{y=0} = q_1 + q_2 \tag{13-18}$$

式中　q_1——对流换热热流强度；

　　　q_2——辐射换热热流强度；

　　　它们均可通过试验测定的经验关系确定。

　　构件受火灾升温前的温度为初始条件，可以写为：

$$\left. T \right|_{t=0} = T_0 \tag{13-19}$$

　　一般可取 $T_0 = 20℃$。

　　联立式（13-14）～（13-19），即构成了完整的求解矩形柱四面受火时的热传导定解方程组。可以采用解析法、差分法和有限元方法求解这一方程组，从而得到矩形柱内的温度场分布。由于这些求解方法均属于数学范畴，故此处不再赘述。

　　其他形式构件及在不同受火条件下的定解方程组均可类似上述过程推导获得。

　　2. 构件抗火承载力

　　在确定了构件温度场分布后，构件的抗火承载力可以按照类似于常温条件下的承载力求解方程求解。新的特殊性仅在于要求根据具体的温度场分布对材料计入相应的强度折减系数。仍以四面受火柱为例说明，为简明计，仅讨论轴心受压情形。

　　通过温度场分析，可以求得柱截面内温度场。根据截面温度场，容易确定钢筋在给定温度下的设计强度。为考虑高温下对混凝土强度的折减，可以采取将高温下混凝土柱截面转化为用有效截面表示的方式。为此，按照图 13-19 所示坐标系，把柱截面分成 $\Delta b * \Delta h$ 的网格，分别求出每一网格的中点温度作为该单元的平

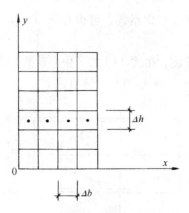

图13-19 截面单元划分

均温度。进而，按式（13-8）求出单元的混凝土强度折减系数。显然，高温下柱截面混凝土所能抵抗的外力为：

$$N_c = \sum_h \sum_b K_c(x_i, y_i) f_c \Delta b \Delta h \qquad (13\text{-}20)$$

令

$$K_i = \frac{\sum_b K_c(x_i, y_i) \Delta b}{b} \qquad (13\text{-}21)$$

称为混凝土在高温下的矩形截面宽度折减系数。

则式（13-20）为

$$N_c = b \sum_h K_i \Delta h f_c \qquad (13\text{-}20a)$$

进而，令有效截面

$$A_{cT} = b \sum_b K_i \Delta h \qquad (13\text{-}21)$$

则有

$$N_c = A_{cT} \cdot f_c \qquad (13\text{-}20b)$$

上述转化过程可以用图13-20形象地加以表示。图中 $K(0.5h)$ 是柱形心处的宽度折减系数。不同受火形式的矩形截面，均可以通过宽度折减系数，把原截面按合力相等、形心不变的原则转化为宽为 $K_i b$、高为 Δh 的小条组成的梯形有效截面。

轴心受压构件在均匀受火条件下正截面达到承载力极限状态时，截面应变均匀分布，钢筋与混凝土均达到其高温下的设计强度。于是，采用图13-20所示的有效截面转化，容易写出其承载力计算公式为：

$$N_{ut} = \varphi_T (K'_s A'_s f'_y + 1.1 A_{cT} f_c) \qquad (13\text{-}22)$$

式中　N_{ut}——柱高温下的轴向承载力；

　　　K'_s——纵向钢筋的强度折减系数；

φ_T——柱的纵向弯曲稳定系数，可由 $l_0/K(0.5h)b$ 的值按本书第3章方法给出；

l_0——柱的计算长度。在式（13-22）中，系数1.1是考虑混凝土后期强度的增长，把 f_c 增大10％的结果。

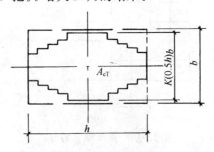

图13-20 柱有效截面

【例题】 四面均匀受火的轴心受压柱，截面尺寸为400mm×400mm，计算长度 $l_0=4.8$m。C20混凝土，配4 Φ 25钢筋。经温度场分析，知受火1.5h后钢筋温度为 694℃，混凝土有效截面面积为 $1.13×10^5$mm²，柱形心处宽度折减系数为0.85，试求柱的承载力，并与常温比较。

【解】 材料参数：

$$f_c = 10\text{N/mm}^2, f'_y = 210\ \text{N/mm}^2, A' = 1964\text{mm}^2$$

（1）常温承载力

$l_0/b = 4800/400 = 12$，由本书第3章有关公式可得 $\varphi = 0.95$

$$N_u = \varphi(A_s f_y + A_c f_c)$$
$$= 0.95(1964 \times 210 + 400 \times 400 \times 10)$$
$$= 1911'.8\text{kN}$$

（2）火灾时的承载力

由钢筋温度查表13-1得 $K'_s = 0.065$

$$l_0/K(0.5h)b = 4800/(0.85 \times 400) = 14.1$$

由本书第3章有关公式可得 $\varphi_T = 0.92$

由式（13-23）有

$$N_{ut} = \varphi_T(K'_s A'_s f'_y + 1.1 A_{cT} f_c)$$
$$= 0.92 \times (0.065 \times 1964 \times 210 + 1.1 \times 1.13 \times 10^5 \times 10)$$
$$= 1168.2\ \text{kN}$$

（3）对比

$$\frac{N_{ut}}{N_u} = \frac{1168.2}{1911.8} \times 100\% = 61.1\%$$

思 考 题

1. 什么是恢复力？恢复力与弹性力有何区别与联系？
2. 低周反复荷载下的滞回曲线与地震过程中的恢复力—变形曲线有何不同点？
3. 怎样理解滞回曲线中的捏拢现象？
4. 低周反复荷载下的延性与单调荷载下的延性相同吗？
5. 怎样理解标准升温曲线？
6. 与高温状态相比，混凝土经高温冷却后的强度是增大还是减小？
7. 怎样计算大偏心柱四面受火时的承载力？

习题参考答案

第3章

思考题答案：

1.C   2.B   3.A   4.D   5.A   6.B   7.D   8.C   9.B   10.C

习题答案：

3-1   484mm^2 3-2   250.4kN；527.8kN

3-3   (1) 56.94kN；47.25kN；9.69kN   (2) 1.05N/mm^2；26.25N/mm^2

   (3) 88.83kN；$2×10^{-4}$ (4) 129.15kN

3-4   653mm^2 3-5   (1) 1132.9kN；   (2) 993.8kN

3-6   (1) 3855kN   (2) 0.54mm；1097kN；103kN   (3) 488.5kN；711.5kN

3-7   (1) 2087.4kN   (2) 2328.5kN   3-8 $\phi10@60$

3-9   3229kN   3-10   1817kN

第4章

4-1   (1) $\sigma_s=15.3$N/mm^2, $\sigma_c=2.79$N/mm^2, $\sigma_{ct}=2.52$N/mm^2, $\phi=3.78×10^{-7}$l/mm；

   (2) $M_{cr}=43.14$kN·m (44.74kN·m——简化公式，下同)，$\sigma_s=32.04$N/mm^2,

   $\sigma_c=5.15$N/mm^2, $\phi=6.87×10^{-7}$l/mm

4-2   (1) $\sigma_s=12.46$N/mm^2, $\sigma_c=2.13$N/mm^2, $\sigma_{ct}=1.85$N/mm^2, $\phi=2.61×10^{-7}$l/mm；

   (2) $M_{cr}=76.11$kN·m (79.66kN·m), $\sigma_s=31.5$N/mm^2, $\sigma_c=5.01$N/mm^2,

   $\phi=6.13×10^{-7}$l/mm；

   (3) $\sigma_s=79$N/mm^2, $\sigma_c=5.95$N/mm^2, $\phi=1.124×10^{-6}$l/mm

4-3   (1) $M_u=322.6$kN·m, $\phi_u=1.951×10^{-5}$l/mm^2；(2) $M_u=324.04$kN·m

4-4 $M_u=4.01$kN·m, $q=5.58$kN/m^2

4-5   (1) $M_{cr}=54.95$kN·m (57.71kN·m), $\sigma_s=19.94$N/mm^2, $\sigma_c=3.64$N/mm^2；

   (2) $\sigma_c=5.92$N/mm^2, $\sigma_s=72.73$N/mm^2；(3) $M_u=268.69$kN·m

4-6   (1) $M_{cr}=420.32$kN·m；(2) $M_u=2450.391$kN·m；

   (3) $M_u=2456.12$kN·m

4-7 $M_u=76$kN·m

4-8　$M_u = 159.35 \text{kN} \cdot \text{m}$

4-9　$M_u = 2322.45 \text{kN} \cdot \text{m}$

4-10　$M_u = 5984.47 \text{kN} \cdot \text{m} > M = 5850 \text{kN} \cdot \text{m}$

4-11　$\mu = 3.825$

4-12　$\mu = 3.551$

第 5 章

5-1　大偏压，$N_u = 733.5 \text{kN}$

5-2　小偏压，$N_u = 1583 \text{kN}$

5-3　大偏压，(1) $A_s = 3040 \text{mm}^2$，$A_s' = 279 \text{mm}^2$；(2) $A_s = 2820 \text{mm}^2$

5-4　大偏压，$A_s = 1537 \text{mm}^2$，$A_s' = 219 \text{mm}^2$

5-5　小偏压，(1) $A_s = 279 \text{mm}^2$，$A_s' = 583 \text{mm}^2$；(2) $A_s' = 563 \text{mm}^2$

5-6　小偏压，$A_s = 2100 \text{mm}^2$，$A_s' = 2764 \text{mm}^2$

5-7　大偏压，$A_s = A_s' = 1235 \text{mm}^2$

5-8　小偏压，$A_s = A_s' = 2130 \text{mm}^2$

5-9　小偏压，$A_s = A_s' = 652 \text{mm}^2$

5-10　大偏压，$A_s = A_s' = 1541 \text{mm}^2$

5-11　大偏压，$A_s' = 1100 \text{mm}^2$，$A_s = 3427 \text{mm}^2$

第 6 章

6-1　纵筋 4 ⊈ 22；箍筋为 ϕ8@200

6-2　(1) $p + q = 45.13 \text{kN/m}$

　　　(2) $p + q = 53.39 \text{kN/m}$

　　　(3) $p + q = 48.89 \text{kN/m}$

6-3　(1) 跨中 6 ⊈ 25，支座 4 ⊈ 25

　　　(2) A 支座：弯起 1 ⊈ 25，箍筋为 ϕ6@300

　　　　　B 支座左：弯起 1 ⊈ 25，箍筋为 ϕ8@150

　　　　　B 支座右：弯起 1 ⊈ 25，箍筋为 ϕ8@150

6-4　(1) 箍筋为 ϕ8@150

　　　(2) 弯起钢筋为 1 ⊈ 22，$A_{sb} = 319 \text{mm}^2$

6-5　(1) 左部分：构造配箍；右部分：箍筋为 ϕ10@200

　　　(2) 弯起 1 ⊈ 20

第 7 章

7-1　取 $f_t = 1.78 \text{N/mm}^2$，$f_y = f_{yv} = 235 \text{N/mm}^2$，则该截面能承受的扭矩为 23.40 kN · m。

7-2 取 $f_t=2.01\text{N/mm}^2$，$f_y=f_{yv}=235\text{N/mm}^2$，$\zeta=1$，则 $A_{st1}/s=-0.066$，按构造配筋

7-3 取 $f_t=1.78\text{N/mm}^2$，$f_y=335\text{N/mm}^2$，$f_{yv}=235\text{N/mm}^2$，则抗弯纵筋面积为 491.1mm^2；取 $\zeta=1$，则 $A_{st1}/s=0.3274\text{mm}$，$A_{stl}=229.65\text{mm}^2$。底部纵筋总面积为 525.55mm^2，顶部纵筋总面积为 34.45mm^2，每侧边纵筋面积为 80.38mm^2。相应地，底部配 3 ⏀ 16，顶部配 2 ⏀ 10，每侧边配 1 ⏀ 10。箍筋用 $\phi8@150$

7-4 取 $f_t=2.01\text{N/mm}^2$，$f_c=20.1\text{N/mm}^2$，$f_{yv}=235\text{N/mm}^2$，$f_y=335\text{N/mm}^2$，$\zeta=1.0$，则抗弯纵筋面积为 786.75mm^2，$A_{st1}/s=0.020\text{mm}$，$A_{stl}=21.75\text{mm}^2$，底部纵筋总面积为 789.65mm^2，顶部纵筋总面积为 2.90mm^2，每侧边纵筋面积为 7.98mm^2。剪扭箍筋按最小配筋率取 $\phi8@150$，底部纵筋 3 ⏀ 20，顶部纵筋配 2 ⏀ 10，每侧边纵筋配 1 ⏀ 10

7-5 取 $f_t=1.54\text{N/mm}^2$，$f_c=13.4\text{N/mm}^2$，$f_{yv}=f_y=235\text{N/mm}^2$，则该截面能承受题中给定的内力

7-6 取 $f_t=2.01\text{N/mm}^2$，$f_{yv}=f_y=235\text{N/mm}^2$，则算得的钢筋面积均小于零，按构造要求配筋即可

7-7 取 $f_t=1.54\text{N/mm}^2$，$f_c=13.4\text{N/mm}^2$，$f_{yv}=f_y=235\text{N/mm}^2$，则该构件能承受给定的内力

7-8 取 $f_t=1.54\text{N/mm}^2$，$f_{yv}=f_y=235\text{N/mm}^2$，则腹板、上翼缘和下翼缘承受扭矩分别为 $5.42\text{kN}\cdot\text{m}$、$1.93\text{kN}\cdot\text{m}$ 和 $1.16\text{kN}\cdot\text{m}$。算得腹板所需配筋为 $A_{at1}/s=0.21\text{mm}$，$A_{atl}=233.1\text{mm}^2$。配箍筋 $\phi6@100$，顶部和底部各配 $2\phi8$，每侧边配 $2\phi8$

7-9 取 $f_t=1.54\text{N/mm}^2$，$f_{yv}=f_y=235\text{N/mm}^2$，$f_c=13.4\text{N/mm}^2$，则抗弯纵筋面积为 554.14mm^2。取 $\zeta=1$，$A_{st1}/s=0.13\text{mm}$，$A_{stl}=148.57\text{mm}^2$，顶部纵筋总面积为 581.15mm^2（配 $3\phi16$），底部纵筋总面积为 27.01mm^2（配 $2\phi10$），每侧边纵筋面积为 47.27mm^2（配 $1\phi10$）。箍筋配 $\phi6@120$

7-10 该截面能承受的最大扭矩为 $66.13\text{kN}\cdot\text{m}$

第 8 章

8-1 算得柱帽宽 $C=582\text{mm}$，取 $C=600\text{mm}$

8-2 取柱帽宽为 $C=1000\text{mm}$ 时可满足冲切承载力要求

8-3 $F_l=163.19\text{kN}$，$0.7f_tb_mh_0=338.69\text{kN}$；不会发生冲切破坏

8-4 $\beta=1.528$

第 9 章

9-1 6 ⏀ 18，锚固长度 520mm；4 ⏀ 22，锚固长度 640mm

9-2　锚固长度 900mm

9-3　略

第 10 章

10-1　$\sigma_l = \sigma_{l1} + \sigma_{l2} + \sigma_{l4} + \sigma_{l5} = 12 + 38 + 49 + 54 = 153\text{MPa}$ 满足抗裂验算要求

构造配筋，$A_s = 0.0015bh_0 = 0.0015 \times 400 \times 1100 = 660\text{mm}^2$，实配 $3\phi20$

第 11 章

11-1　$w_{max} = 0.16\text{mm}$

11-2　$w_{max} = 0.24\text{mm}$

11-3　短期荷载下 $w_{max} = 0.12\text{mm}$；长期荷载下 $w_{max} = 0.15\text{mm}$

11-4　$f = 27.6\text{mm} < l_0/200 = 30\text{mm}$；满足要求

11-5　$f = 27.9\text{mm}$

11-6　$f = 28.4\text{mm} < l_0/100 = 30\text{mm}$；满足要求

主要参考文献

1. 规范编制组 · 混凝土结构设计规范（GBJ 10—89）· 北京：中国建筑工业出版社，1989

2. 规范编制组 · 混凝土结构设计规范（GB 50010）（征求意见稿）

3. 天津大学，同济大学，东南大学主编，混凝土结构（上册），中国建筑工业出版社，1994

4. 朱伯龙主编 · 混凝土结构设计原理（上册）· 同济大学出版社，1993

5. 滕智明主编 · 钢筋混凝土基本构件 · 清华大学出版社，1992

6. 江见鲸主编 · 混凝土结构学，中国建筑工业出版社，1998

7. 袁国干主编 · 配筋混凝土结构设计原理 · 同济大学出版社，1990

8. 丁大钧主编 · 混凝土结构学（上册）· 中国铁道出版社，1988

9. 车宏亚主编 · 钢筋混凝土结构原理 · 天津大学出版社，1990

10. 赵国藩等，钢筋混凝土结构的裂缝控制 · 海洋出版社，1991

11. 《公路钢筋混凝土及预应力混凝土桥涵设计规范》（TB10002.3-99）

12. 《水工钢筋混凝土结构设计规范》（SL/T191-96），中国水利水电出版社，1997

13. 《美国钢筋混凝土房屋建筑规范》（ACI 1993 年公制修订版），中国建筑科学院结构所规范室译，1993 年

14. 中国工程建设标准化协会标准 · 钢筋混凝土深梁设计规程（CECS39：92）· 中国建筑工业出版社，1992

15. 中国建筑科学研究院主编 · 混凝土结构研究报告选集（3）· 中国建筑工业出版社，1994

16. 殷芝霖，张誉，王振东 · 抗扭 · 中国铁道出版社，1990

17. 欧洲混凝土委员会资料通报 182 号 · CEB 耐久混凝土结构设计指南 · 周燕，邸小坛，韩继云等译 · 中国建筑科学研究院，1989

18. James G. MacGregor, Reinforced Concrete Mechanics and Design, 2nd ed. Prentice Hall, Inc. Englewood Cliffs, New Jersey, 1992

19. Arthur H. Nilson and George Winter. Design of Concrete Structures, 11th ed, McGraw-Hill, Inc, 1991

20. Papadakis etal, Fundamental Modeling and Experimental Investigation of Concrete Carbonation, ACI Materials Journal, vol, 88, 1991, pp363~373